微生物生态学

主　编　张晓君

副主编　李志勇　全哲学

Microbial Ecology

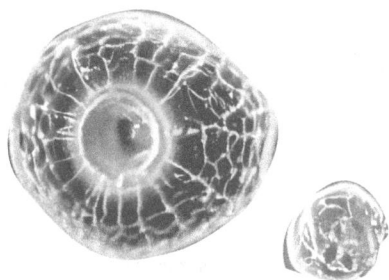

上海交通大学出版社
SHANGHAI JIAO TONG UNIVERSITY PRESS

内容提要

本书包括 4 篇 13 章,详细介绍了微生物生态学的基本概念、微生物组的多样性基础、互作机制、典型生态系统的生态学、微生物组的环境响应与生态功能、微生物生态学研究技术、生态学的应用等内容,全书内容结合近年来国际前沿领域研究进展,力图展示"微生物生态学"学科的概貌和最新前沿。

本书可作为相关专业高等院校研究生的教材,还可供环境技术人员、医疗健康从业人员、养殖业技术人员等阅读参考。

图书在版编目(CIP)数据

微生物生态学 / 张晓君主编. -- 上海 :上海交通
大学出版社,2025.1(2025.11 重印). -- ISBN 978-7-313-32143-5

Ⅰ. Q938.1

中国国家版本馆 CIP 数据核字第 202538AZ90 号

微生物生态学

WEISHENGWU SHENGTAIXUE

主　　编:张晓君

出版发行:上海交通大学出版社　　　　　　地　　址:上海市番禺路 951 号

邮政编码:200030　　　　　　　　　　　　电　　话:021 - 64071208

印　　制:上海新华印刷有限公司　　　　　经　　销:全国新华书店

开　　本:787 mm×1092 mm　1/16　　　　印　　张:22

字　　数:502 千字

版　　次:2025 年 1 月第 1 版　　　　　　　印　　次:2025 年 11 月第 2 次印刷

书　　号:ISBN 978 - 7 - 313 - 32143 - 5

定　　价:98.00 元

编　委　会

主　编： 张晓君

副主编： 李志勇　全哲学

编　委： (按照姓氏排列)

全哲学（复旦大学生命科学学院）

李志勇（上海交通大学生命科学技术学院）

张晓君（上海交通大学生命科学技术学院）

张梦晖（上海交通大学生命科学技术学院）

庞小燕（上海交通大学生命科学技术学院）

蹇华哗（上海交通大学生命科学技术学院）

前 言
FOREWORD

    微生物是生态系统的重要组成部分,直接或间接地参与所有的生态过程。微生物生态学作为基于微生物群体的科学,是一门重要的交叉学科,它利用微生物群体的核酸、蛋白质、脂质等生物标志物,深入研究微生物群落的构建、组成演变、多样性、功能多样性及其与环境的相互作用关系,并在生态学理论的指导下,通过模型拟合和统计分析,揭示出具有普遍意义的规律性认识。微生物生态学涉及自然环境(如江河湖海等水体环境,农田、森林、沙漠等土壤环境)、人工环境(如污水处理、垃圾处理、食品发酵、沼气发酵等工业过程)以及动植物内生环境(如人和动物肠道、植物根际和叶际,以及共生体环境等)中微生物的分布、功能及其与环境的相互作用。该学科涉及医药健康、农业生产、食品发酵、环境修复等领域,与社会经济发展、生态文明密不可分。

    微生物组是一个新兴的概念,它指的是在特定环境或生态体系中,所有微生物及其遗传信息的总和。"微生物组学"作为微生物生态学的一个关键组成部分,已在全球范围内受到高度重视,并被视为探索解决人类健康、环境保护等问题的新途径。

    本书将围绕微生物生态学的基本概念、研究方法,以及微生物组的多样性基础、互作机制、环境响应、生态功能等主题,全面结合近年来国际前沿领域的研究进展,力图深入地展示"微生物生态学"学科的概貌及其最新前沿动态。此书不仅可作为相关专业高等院校研究生的教材,旨在使生物学、环境科学、生物工程与技术领域内的学生掌握微生物生态学的基本概念和原理,熟悉常见环境中微生物的分布与功能关系,深入了解微生物生态学的前沿发展动态,从而建立良好的生态环境理念;而且还可供环境技术人员、医疗健康从业人员、养殖业技术人员等各行各业人士阅读参考。

    本书由上海交通大学张晓君主持编写并制定编写大纲和内容框架;上海交通大学李志勇及复旦大学全哲学担任副主编,其中李志勇参与了大纲的制订。各章节具体分工如下:张晓君负责第 1,2,3,4,5,6,7,8,10,12,13 章,李志勇负责第 9 章第 2、3 节,第 10 章第 4 节,全哲学负责第 5、12 章部分节,塞华晔负责第 11 章和第 13 章第 4 节,庞小燕负责第 9 章第 1 节,张梦晖和向宝玉负责第 12 章第 9,11 节,吴晓刚负责第 5 章第 2 节部分,孙清扬负责第 8 章第 6 节,刘璟璇、张蕾、于丝雨也参加了部分章节的材料准备。

　　本书编写过程中广泛参考了国内外众多微生物生态学领域的著作和论文,鉴于篇幅所限,无法在此一一列出所有引用出处,特向所有原作者致以诚挚的敬意和衷心的感谢。

　　当前,微生物生态学研究正处于一个日新月异的阶段,尽管编者已竭力在书中反映微生物生态学的全貌,但限于篇幅及编者能力所限,书中难免存在遗漏与不足之处,恳请广大读者提出批评与建议,以便不断改进和完善。

目 录
CONTENTS

典型生态系统篇

技术与应用篇

引言篇

第1章 绪论

1.1 生态学的建立

1.1.1 生态学的起源

在人类文明历史的早期,人们就已不自觉地进行着生态学的研究。远古先民们在极端艰苦的生存环境中,通过不懈的努力与奋斗,展现了他们与天地斗争、开疆拓土的英勇事迹,成为他们与自然抗争的生动写照。在适应自然、改造自然的斗争中,中国古人提出的"天人合一"的理念尤为引人注目,这一理念强调人与自然的和谐共生,强调尊重自然发展的客观规律,旨在实现保护、节约自然资源,进而促进自然生态健康、和谐与可持续发展。例如,孟子在《孟子·梁惠王章句上》中通过"数罟不入洿池,鱼鳖不可胜食也"等论述,强调了生态平衡的重要性;《逸周书·大聚解》记载了大禹的生态保护意识;公元前1200年左右的《尔雅》一书中就有关于动物生态的记载,如《释草》《释木》《释虫》《释鱼》《释鸟》《释兽》《释畜》等篇章详细记录了动植物的分类和名称;在公元前200年以前的古籍《管子·地员篇》中就已记载了江淮平原上沼泽植物的带状分布与水文地质的关系;公元前100年,我国农历确立了二十四节气;而晋代《禽经》一书则是鸟类生态的最早著作。

欧洲最早的生态学可追溯到公元前4世纪,当时,亚里士多德(Aristotle)和西奥夫拉斯图斯(Theophrastus)就对植物和动物与环境的关系进行研究和记载。在18世纪和19世纪生物学复兴时期,许多科学家也致力于生态学的研究。18世纪初,欧洲的生态学主要有两大学派,一派是"阿卡迪亚生态学"(Arcadian Ecology),他们提倡"为人朴素、谦逊的生活方式",强调人与自然和谐共处;另一派是"帝国生态学"(Imperial Ecology),他们坚信通过运用理性和努力,人类可建立对自然的支配地位。1758年,卡尔·林奈(Carolus Linnaeus)编写出版了《自然系统》(*Systema Naturae*)一书,对大量的植物和动物进行了描述,为"帝国生态学"学派提供了有力的支持。1805年亚历山大·冯·洪保德(Alexander von Humboldt)出版了《植物地理学概论》(*Idea for Plant Geography*)一书,因此一些学者尊称其为"生态学之父"。1859年达尔文发表了《物种起源》;1866年,德国动物学家恩斯特·海克尔(Ernst Haeckel)创造了"生态学"一词;1875年爱德华·修斯(Eduard Seuss)提出了生物圈(biosphere)一词,用以描述由生物体及其环境共同组成的系统。1895年尤金·沃明(Eugen Warming)发表了他的划时代著作《以植物生态地理为基础的植物分布学》,该书在1909年被改写为《植物生态学》,并在此书中提出了生物地理学的概念。安托尼·拉瓦锡(Antoine

Lavoisier)和西奥多·德·索绪尔(Theodore de Sausure)对氮循环的发现极大地推动了生态学的研究进程。约从 1900 年开始,生态学开始被公认为是生物学的一个独立领域。之后,植物生态学和动物生态学不断发展。1935 年,亚瑟·坦斯利(Arthur Tansley)创造了"生态系统"(Ecosystem)这一术语,用以描述相互作用的生物体及其物理环境所构成的生物群落。该术语的应用使生态学成为生态系统科学。1953 年,尤金·奥德姆(Eugene Odum)和霍华德·奥德姆(Howard Odum)共同编写了第一本生态学教科书,标志着生态学正式成为大学教育中的一门课程。第三次工业革命以来,世界范围内的环境问题日益凸显,与此同时,能源危机、人口爆炸以及动植物的相继灭绝等问题也日益加剧。面对这些严峻的挑战,我们人类迫切需要了解生物与环境之间的相互作用机制,以寻求解决这些重大问题的捷径。这反过来为生态学的发展提供了巨大的推动力,使其成为当代最活跃的学科之一。

1.1.2 生态学的研究内容

生态学这一名词的字面含义可以理解为"生活环境的科学"。生态学研究有机个体与其环境之间的相互作用,包括与同种和其他物种成员的相互作用。现今生态学较为完整并被普遍接受的定义是:研究影响生物分布和丰度的过程、生物之间的相互作用,以及生物与能量和物质转换和流动之间相互作用的科学。由其定义可见,它不仅涉及生物之间的相互关系,其研究内容还包括生物与非生物之间的相互关系。前者包括种群内和种群间关系,后者包括非生命物质,如土壤、水体、空气、温度、湿度和光等。生态学在很广的尺度上讨论问题,从个体分子到全球生态系统,包括个体(individual)、种群(population)、群落(community)与生态系统(ecosystem)。具体而言,生态学的研究内容涵盖以下四个方面:一是探讨个体对其所处环境的反应;二是研究单个物种的种群如何响应环境,并探讨诸如丰度(abundance)及其波动等过程;三是分析群落(即特定环境中不同种群的集合)的组成和结构;四是研究生态系统(即群落与环境中非生物成分的综合体)内的各种过程,如能量流动、食物网构建和营养物质的循环等。同时,生态学的研究并不局限于"自然系统",了解人工生态系统(如农田、污水处理反应器等)也是生态学研究的重要领域。

生态系统的概念——尊重自然

每一个生态系统中生物与生物之间、生物与其周围环境之间都在不断进行相互作用、相互依赖、相互制约,并进行物质、能量和信息的交换。这种生态关系通常是处在相对稳定的状态,称为生态平衡。一个生态系统受到人类干扰或环境污染,可能会造成其生态平衡的破坏。为了维护生态平衡,是否意味着人类就不该干扰环境、不该开发和生产?答案显然是否定的。干扰和保护生态向来都是对立统一的。例如,农业生态系统,一般来说良好的生态平衡能获得较好的收益,但有的生态系统平衡状态的生产力却较低,对生产不完全有利,也难以满足人们的粮食需求。对于这种平衡,人类就需要通过改造来创造高生产力的新平衡。然而,在构建新的生态平衡的过程中,一定要遵循生态系统的自然演替规律。特别是在发挥人的主观能动性的过程中,切不可为所欲为、随意改造,而是要坚持人与自然和谐相处之道。否则,必将事与愿违,甚至适得其反,最终将得到自然的惩罚。

1.2　微生物与微生物生态学

1.2.1　微生物及其作用

我国劳动人民很早就已认识到微生物的存在和作用,并加以应用。据考古学推测,我国在约 8 000 年以前已经出现了曲蘗酿酒的技艺,4 000 多年前,酿酒在我国已十分普遍。而在 2 500 年前,我国人民更是发明了酿造酱、醋的方法。到了公元 6 世纪(北魏时期),我国杰出的农学家贾思勰,在其巨著《齐民要术》中,详细地记载了制曲、酿酒、制酱和酿醋等工艺流程。公元 9 世纪至 10 世纪,我国更是率先发明了鼻苗法种痘技术,并掌握了用细菌浸出法开采铜矿的技艺。而最早看见并描述微生物世界的,则是荷兰人安东尼·范·列文虎克(Antony van Leeuwenhoek,1632—1723)。在 1665 年,他利用自制的显微镜首次揭示了这一崭新的生物世界。

微生物主要分为细胞型微生物和非细胞型微生物两大类。非细胞型微生物主要包括病毒和亚病毒因子。而细胞型微生物又分为原核微生物和真核微生物。原核微生物包括细菌、放线菌、蓝细菌、支原体等。而真核微生物包括真菌、单细胞藻类以及原生动物等。

微生物多数是肉眼难以看见的生物,其大小一般是微米级的,然而也存在少数微生物是肉眼可见的,这些微小细胞的体积有时可以相差成千上万倍:从几十纳米的病毒颗粒,到几百纳米的专性胞内寄生支原体,再到 600 μm 长的费氏刺骨鱼菌(*Epulopiscium fishelsoni*),还有生长在纳米比亚海边肉眼可见的 1 mm 长的纳米比亚硫珠菌(*Thiomargarita namibiensis*)。

无细胞结构的病毒大小一般为纳米级别,多数病毒的直径为 20~200 nm,而一些较大的病毒直径为 300~500 nm。例如,2003 年科学家报道了一种名为 mimivirus 的巨型病毒,这种病毒有 1.18 Mb 的双链 DNA 分子,其长度甚至超过 1 μm。而到了 2014 年,科学家又发现了 Megavirus,这是迄今为止发现的体形最大的病毒,它的基因组规模达 1.26 Mb,其体形甚至大于某些具有细胞结构的细菌类微生物。

微生物是地球上最早出现的生命形式,同时也是分布最为广泛的生命形式,几乎遍布在地球上的每一个角落。它们可利用各种有机化合物、无机盐等作为能源,无论是在有氧或无氧的条件下,都能顽强生存。例如在寒冷的极地、温度高达 100 ℃的热泉,或是在高盐碱度等极端环境中生活。微生物具有丰富的物种和遗传多样性,并以高度的变异性适应不同的生境。作为生态系统中的重要组成部分,微生物在自然界的物质与能量循环、生态系统的演替以及生物多样性的维持中发挥重要的生态功能。微生物是生态系统中的生产者、消费者和分解者。几乎可以说微生物是无处不在的。

　　微生物是地球上维持生命不可或缺的参与者,它们对生物地球化学循环的顺利进行至关重要。在碳循环中,微生物通过分解死亡的有机体,释放出其体内储存的碳,并将其返回土壤。微生物在氮循环中起着重要作用,它们通过固氮、硝化、氨化和反硝化作用将大气中的氮转化为生物可利用的形式。此外,细菌还负责磷元素在有机和无机形态之间的转化。它们能够吸收磷,并将磷储存在土壤中。硫循环则是另一种生物地球化学循环,它依赖细菌在其有机和无机形态之间进行转换。

　　微生物与人类的生活息息相关。一方面,微生物直接或间接地为人类提供了极其丰富的物质资源,包括面包、奶酪、酒等发酵产品,以及抗生素、疫苗、维生素和酶等医学健康领域的产物,为人类带来了不可估量的利益。但同时,微生物也对人类健康造成巨大危害。1347 年的一场由鼠疫杆菌(*Ersinia pestis*)引起的瘟疫几乎摧毁了整个欧洲,约 2 500 万人死于这场灾难,在此后的 80 年间,这种疾病一再肆虐,夺去了大约 75% 的欧洲人的生命,一些历史学家认为这场灾难甚至改变了欧洲文明。我国在 1949 年 10 月前也曾多次流行鼠疫,死亡率极高。当前,随着环境污染的日趋严重,一些以前从未见过的新的疾病,如埃博拉病毒病、霍乱 O139 新菌型、大肠杆菌 O157 以及牛海绵状脑病(疯牛病)等又给人类带来了新的威胁。2019 年全球范围内暴发的新型冠状病毒(2019‑nCoV),具有高传染性和高隐蔽性,截至 2022 年 7 月底,已致全球至少 5.62 亿人感染、637 万人死亡。所以微生物给人类带来的,不仅仅是幸福的享受,也有难以想象的灾难。

1.2.2　微生物生态学的范畴

　　微生物是生态系统的重要组成部分,直接或间接地参与所有的生态过程。微生物生态学(microbial ecology)是基于微生物群体的科学,利用微生物群体 DNA/RNA 等标志物,重点研究微生物群落构建、组成演变、多样性及其与环境的关系,在生态学理论的指导和反复模型拟合下由统计分析得出具有普遍意义的结论。人们从 20 世纪 60 年代初期才开始使用微生物生态学这个名词。在生态学领域,微生物生态学是一个相对较新但日益受到重视的研究方向。尽管传统上不认为微生物生态学是生态学的核心学科,但微生物生态学至关重要,因为微生物不仅代表了地球上绝大多数的遗传和代谢多样性,而且还深刻影响着并推动了物质和能量循环的大多数关键生态系统过程。微生物生态学与环境微生物学密切相关,但是两者在内容的重点和所涵盖的范围是有区别的。微生物生态学包括研究非污染环境和污染环境中的微生物学更关注生态学关系;而环境微生物学讨论的重点是污染环境中的微生物学,主要包括污染物对微生物活动的影响,微生物活动对污染物降解、转化和环境质量变化的影响。

微生物生态学的概念

微生物生态学是一门专注于研究微生物与其周围生物和非生物环境之间相互关系的学科,它深入探索微生物的多样性、分布和丰度特征,解析微生物之间的特定相互作用机制,以及这些微生物如何共同作用于生态系统并产生影响。

复杂微生物群落的活动影响自然和工程生态系统中的生物地球化学变化。因此,准确地定义相互作用的微生物种群和群落,对于推动该领域的积极进展至关重要。微生物群落生态学研究的核心内容包括分析营养资源和能量流的功能途径、理解微生物种群与其环境之间相互作用的机制,以及理解复杂群落的涌现特性。一些涌现特性可从研究植物和动物的群落生态学家所分析的特性得以借鉴,关注生物多样性、功能冗余和系统稳定性等关键指标。然而,由于微生物具有独特的水平传递遗传信息的机制,因此宏基因组也可以被视为一种群体属性。

群落生态学的概念起源于植物和动物生态学。群落被定义为多物种组合,其中生物共同生活在相邻的环境中并相互作用。这门学科试图分析生物组合是如何构造的,它们的功能相互作用是什么,以及群落结构在空间和时间上是如何变化的。克莱门茨(Clements,1916)将群落视为一个"超有机体"(superorganism),它具有一个定义明确的组织层次,有机体之间的紧密相互作用构成了一个因果系统,并产生了涌现的性质。

微生物生态学的研究对象更强调把微生物作为一个群体,这些存在物质交换、能量流动和信息交流的群体有机地组成了微生物基本研究单元,如微生物种群、群落和一系列有机集合体等。这些研究单元共同生活在一个连续的环境中并互相影响,对它们的研究在于寻求这些集合体构建的方法和途径,理解不同物种间功能的交互影响机制,以及群落构建如何随时空的变化而演变。

1.2.3　微生物生态学重点关注的问题

生物多样性的分布格局和维持机制是生态学研究的核心问题,体现了生态系统应对环境条件变化的能力,同时反映出其自身与生态系统过程、功能、恢复力和可持续性间的联系。

(1) 环境中存在哪些微生物? 各类微生物分别有多少? 微生物群落是微生物生态学的研究对象。其目标区域的覆盖范围非常广泛,包括自然地理区域,极端环境甚至人体内部的微生物群落。关于微生物群落,研究者最关心的问题主要包括微生物的多样性、分类、种群丰度、群落结构等。对微生物群落结构的研究包括群落的物种组成和物种丰度两个方面。传统的方法是分离培养和鉴定环境中的微生物,这种方法不仅可以知道环境中存在的微生物的类型,还能获得培养菌株,可用于对该类微生物功能的研究。环境当中大部分的微生物还难以分离培养,因此现代微生物生态学中广泛应用分子生态学技术对环境中的微生物多样性和群落结构进行研究。

（2）微生物与环境之间发生怎样的相互作用？微生物与环境的互作关系包括种群的相互作用、物质交换、信号传递、种群遗传。

微生物生态学所研究的内容包括：在正常自然环境中的微生物种类、分布及其随着不同的环境条件变化而发生变化的规律；在极端自然环境中的微生物种类和它们所起的作用，在极端环境中微生物的生命机理和这些微生物在实际中的特殊用途。在自然界中，生物与生物之间或者生物与环境之间都不是独立存在的，它们是相互联系、相互影响的。对于微生物来说，微生物与微生物相互之间的关系、微生物与动植物之间的相互关系、微生物与自然环境的相互关系在整个生态系统中构成了一个非常复杂的关系网络。对于这个复杂网络的研究必须借助一些实验模型和数学模型，并借助计算机对这些相互作用加以研究，这也是微生物生态学研究的重要内容。

（3）微生物代谢多样性与生物地球化学循环，微生物的新陈代谢活动（生化反应）构成了微生物生存与繁衍的基础。微生物细胞通过新陈代谢展现出其潜在的功能与可能的行为，微生物通过实际的代谢功能参与并驱动着生物地球化学循环。大多数主要的生物地球化学循环是由一系列能量转换代谢途径所主导，这些不同的代谢途径广泛存在于分类地位多样化的微生物之中。

（4）微生物群落的功能是如何发挥的？微生物如何改变其周围环境？微生物群落由于其结构的复杂性，其功能的发挥受到各种因素的影响，包括生物间的相互作用影响，如拮抗、互养、寄生、抗生等，以及非生物环境因素的影响，如酸碱度、氧含量、温度、营养物等。群落中微生物的作用又反过来可以作用于外部环境，影响环境的变化，如产酸、产气、有机物降解、发酵升温、温室气体排放等。

1.2.4　微生物生态学研究的内容与范围

微生物群落的种群多样性一直是微生物生态学和环境学科研究的重点。微生物群落结构也成为研究的热点。首先，微生物群落的结构决定了生态功能的特性和强度。其次，微生物群落结构的高度稳定性是实现其生态功能的关键因素之一。最后，微生物群落结构的变化是反映环境变化的重要指标。因此，深入分析目标环境中微生物群落的种群结构和多样性，并研究其动态变化，可以为优化群落结构、调节群落功能和发现新的重要微生物功能类群提供可靠的依据。在微生物生态学领域，通过研究微生物群落的结构与功能之间的关系，从而有目的性地通过人为干预调控微生物群落结构，从而让它达到最佳的工作状态，这可成为当前一个应用研究方向。微生物因为个体微小，其相互作用关系更加紧密而复杂，群体效应和群体功能更加重要。因此，微生物生态学研究在微生物资源利用方面发挥着重要的作用。

微生物生态学研究的内容非常广泛，例如：微生物生态学研究中的方法和技术；自然环境中的微生物种类、分布及其变化规律；极端自然环境中的微生物种类和它们所起的作用，在极端环境中微生物的生命机理；自然界中微生物与微生物之间的相互关系，微生物与动植物之间的相互关系，这些相互关系对自然界的影响和环境因素对这些相互关系的影响；自然环境中，微生物代谢活动对自然界的影响，环境条件的变化对这些代谢活动的影响；污染环境中的微生物学,主要包括污染物对某些微生物的毒性,微生物对污染物的抗性和抗性机理,微生物对污染物的降解作用,环境条件的变化对污染物降解的影响,自然微生物群落和实验室构建的特殊污染物降解菌在净化废气、废水、固体废弃物和其他污染物的应用;自然环境中某些微生物本身以及某些微生物的代谢产物对环境的污染。

按照研究对象的不同,可以将微生物生态学的研究领域划分为水域微生物生态学(海洋、河口、湖泊等)、土壤微生物生态学、农作物根系微生物生态学、草地微生物生态学、工业发酵微生物生态学(食品、药物、饮料、饲料等)、废水处理系统微生物生态学(工业废水、农业废水等)和肠道微生物生态学(人体、动物、昆虫等)细分领域。研究热点主要包括微生物分子生态、微生物环境修复、微生物碳、氮、磷、硫等元素的生物地球化学循环、未培养微生物、海洋环境微生物生物活性物质、人体肠道微生物菌群健康、环境微生物宏基因组和宏转录组学、极端环境微生物、微生物与动植物相互作用、微生物与全球气候变化、生态进化等。

根据研究方法、对象的不同,可将微生物生态学的研究分为以下 9 个不同的类别:

(1)微生物行为生态学。微生物行为生态学又叫微生物个体生态学。它是以某种微生物为研究对象,研究它与周围环境的相互关系。例如,研究营养、温度、水分对微生物分布、生长繁殖、活动等的影响,以及微生物在生理机能上对环境产生的反应和调节等。

(2)微生物种群生态学。微生物种群生态学研究微生物种群间,以及微生物与周围环境之间的相互关系。例如,微生物种群间的共生、互生、竞争、拮抗等关系,微生物种群在环境中的结构、消长、活动、调节和演替等及其与动植物之间的相互关系。

(3)微生物群落生态学。微生物群落生态学是研究微生物群落与其生存环境之间的相互关系。例如,研究各生态系统中微生物群落的特征、组成、功能和演替规律,以及各类微生物在群落中的地位和作用。

(4)微生物生态系统生态学。微生物生态系统生态学是研究微生物在不同的生态系统中的结构与功能,以及微生物在生态系统中的物质循环和能量流动中所起的作用,阐明微生物在生态系统中的作用与地位。

(5)土壤微生物生态学。土壤微生物生态学是陆地生态系统研究中最重要的组成部分。在森林生态系统、草原生态系统、沙漠生态系统以及农田系统等研究中,土壤微生物的生态分布以及在土壤物质转化中的作用,土壤微生物的群落分布和动物群落之间的相互关系,包括共生、联合、拮抗等影响,以及土壤微生物在土壤中的"能量平衡",特别是碳和氮平衡中的意义和重要性等,都是土壤微生物生态学研究的重要课题。

(6)水域微生物生态学。水域微生物生态学研究水域生态系统中(包括海洋生态系统、湖泊生态系统等)物质的生物地球化学循环,微生物在海洋和淡水生物食物链中的作用和意义,微生物与水生生物之间的相互关系,海水和淡水的自净及水域富营养化的形成和防治等。

(7)污染环境微生物生态学。微生物在污染环境与保护环境中起着重要的作用。因此,微生物生态学的研究已为微生物污染和修复环境提供了有价值的理论基础和经验,成为污染生态学不可分割的一部分。

（8）水处理微生物生态学。水处理微生物生态学研究水处理构筑物装置中微生物群落的结构与功能，以便控制和提高处理效果。一般着重研究好氧处理的微生物生态，研究表面曝气池、生物转盘、生物滤池等水处理构筑物以及氧化塘的好氧微生物种类、菌群及其功能。其中以活性污泥法研究得最多，主要研究菌胶团形成的理论、活性污泥膨胀、活性污泥细菌和活性污泥生态系统模拟等。

（9）极端环境微生物生态学。极端环境一般包括高盐环境、高温和低温环境、高酸和高碱环境、高压环境和其他特殊的环境，如火山地、沙漠、地下的厌氧环境、原子炉高放射性环境等。在异常或极端环境下，微生物为了适应环境，必须对其遗传特性和适应机能进行修饰和改造，使其组织机能具有一定的特异性。这种自然选择，推动了生物的进化。极端环境微生物生态学主要研究异常环境下的微生物物种生态和微生物适应异常极端环境，如高温、高盐、高压和低温等机制。对极端环境微生物适应机制的研究可促进微生物生化生态学的形成和发展，为开发新的微生物资源和进行生物进化理论的研究提供重要依据。

微生物生态学与生态文明

微生物生态学是一门研究微生物与其周围生物和非生物环境之间相互关系的学科，与生物与矿产资源、农业、医学健康、食品工业、环境保护等都有密切的关系。通过微生物生态学学习，我们应该建立以"绿色环保"为核心的生态文明意识，并树立起科学全面的生态文明观。

1.3 微生物生态学的发展

1.3.1 微生物生态学发展历史

微生物学家的研究重心长期聚焦于纯培养物，这在一定程度上造成了长期忽视对微生物生态学领域的研究。此外，由于微生物体积微小，微生物生态学研究一直面临着方法学的障碍。因此，在相当长的一段时间内，主流宏观生态学家倾向于将微生物视为静态粒子或将微生物群落视为"黑箱"，从而忽视了它们在生物地球化学循环中的关键作用。

19世纪初，瑞士人尼古拉·德索绪尔（1767—1845）揭示了土壤氧化氢的能力，并研究了土壤化学的各个方面（德索绪尔，1804）。由于加热土壤或加入硫酸会抑制这种氢氧化能力，他得出结论，氧化活性是由微生物引起的。类似地，法国学者雅克·菲勒·施洛辛和阿基里斯·蒙茨（1877）观察到，废水中的硝酸铵在流经砂柱的过程中发生了氧化反应。事实上，这项活动被氯仿蒸汽破坏，并在添加土壤接种物后得以恢复，因此他们得出结论，这种现象是由微生物活动所驱动的。几乎同时,法国微生物学家巴斯德明确了微生物在有机物质生物降解中的作用。巴斯德还试图证明微生物在矿物质转化中的作用,特别是硝酸铵的氧化,但没有成功。这些研究都是在不使用分离细菌的情况下对自然样品进行的开创性的研究,可以说是微生物生态学研究的开端。

直到 1887 年,俄罗斯微生物学家谢尔盖·威诺格拉德斯基(Sergei Winogradsky,1856—1953)的重大发现,才真正证明了微生物在矿物化合物转化途径中的重要作用。他是第一个提到"自然生物群落的微生物学"(microbiology of natural biotopes)的人。从 1887 年开始,他证明了贝氏硫细菌属(*Beggiatoa*)丝状硫还原细菌的自养能力,他以该菌属作为自己研究的主要微生物模型之一(Winogradsky,1887)。他在 1888 年发现了紫色光合细菌和硫化物产生菌。他对许多无氧光合细菌(图 1-1)、硫酸盐还原细菌、铁氧化细菌、硝化细菌、反硝化细菌和固氮细菌进行了分类学描述。发现并报道了许多代谢途径,展示了微生物代谢的巨大多样性。为了阐明硫循环中细菌之间的相互作用,他设计了一个名为"Winogradsky 柱"的实验装置,在该装置中,能够控制营养物质流和光照。利用这个装置,可以追踪硫化物的产生和硫化物氧化紫色和无色细菌,并为这些微生物的生长创造条件。这些实验使他能够构建沿氧气、硫化物和光的梯度分布同时生长的不同群落,包括厌氧、好氧、微需氧和光合细菌。

1889 年,他在苏黎世一所大学的实验室里研究硝化作用,并证明这一过程分两步进行,涉及两组微生物,即我们现在所熟知的催化铵氧化生成亚硝酸盐的氨氧化菌(ammonium oxiding microorganism,AOM),进一步生成硝酸盐的亚硝酸氧化菌(nitrite oxiding bacteria,NOB)(Winogradsky,1890)。之后他还发现了发酵细菌在大气中的固氮作用,证明一种厌氧芽孢杆菌(巴氏梭菌)能够发挥这一功能。他还对代谢氮、铁和锰的细菌特别感兴趣。他提出了"生态微生物学"的概念,并在 1949 年出版的《土壤微生物学——问题与方法》(Winogradsky,1949)一书中,系统地总结了自己在自然环境、土壤和水的微生物学领域的深入研究。这部著作至今仍被视为微生物生态学的经典之作。考虑到他那个时代可用的观察和分析手段的局限,我们不能不钦佩他提出的微生物生态学概念的广泛性和前瞻性。他的大量工作很难一言蔽之,但从他对硫、氮、铁元素循环的微生物研究,可总结出如下三条对微生物生态学的重要贡献:

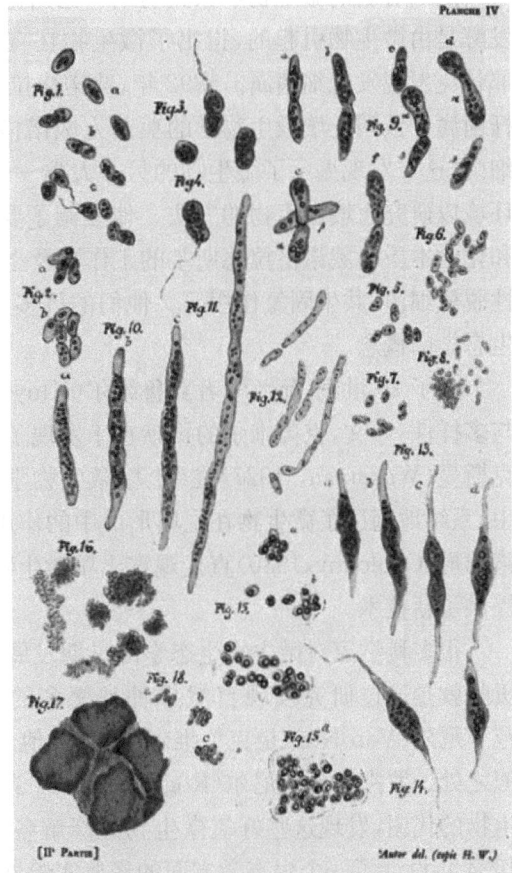

图 1-1　无氧光合细菌细胞形态

> ➤ 发现化能自养原核生物的代谢基于无机化合物(如氨或亚硝酸盐)的氧化,并将其与能量释放耦合;
> ➤ 证明了化能自养原核生物是自养的;
> ➤ 揭示了贝耶林克在 1888 年发现的细菌固氮现象的生理过程机制。

荷兰微生物学家马丁努斯·贝耶林克(Martinus Beijerinck, 1851—1931)是从安东尼·范·列文虎克出生地的代尔夫特大学微生物实验室成长起来的。早在微生物生态学出现之前,他就写道:"微生物世界的研究方法属于微生物生态学,是研究环境条件与存在的生命形式之间的关系"。他发现了固氮共生菌和非共生菌(Beijerinck, 1888),并且是第一个分离硫酸盐还原菌的人。他展示了土壤中硫和氮化合物循环的重要过程,强调了陆地生态系统中生物转化的重要性及其在土壤肥力中的作用(Beijerinck, 1895)。他的工作极大地促进了我们对全球范围内生物地球化学循环和微生物生物转化的理解。他与威诺格拉德斯基的工作共同展示了微生物在元素循环和维持环境质量稳定,以及维持地球生命存续中的重要作用。以荷兰著名的微生物学家卢伦斯·巴斯·贝金(Lourens Baas Becking)的著名论断"所有微生物无处不在,环境选择"为基础,贝耶林克通过富集选择的方法成功地从土壤中分离出了好气性自生固氮菌(Beijerinek, 1921)。

法国著名的微生物学家路易斯·巴斯德(Louis Pasteur, 1822—1895)1857 年发现乳酸发酵是由微生物引起的,指出了微生物在有机物质的降解中起着重要的作用。1889 年,贝耶林克发现发光细菌属。1892 年,威诺格拉德斯基发现并命名了亚硝酸单胞菌属及亚硝酸杆菌属。俄国土壤微生物学的奠基人威诺格拉德斯基在 1890 年左右从土壤中分离出硝化细菌,这一发现揭示了微生物的另一大类——自养性微生物的存在,进一步提出了模拟土壤环境以研究土壤微生物的方法。他强调了要研究土壤微生物的活动,应该研究土壤的物理和化学本质。威诺格拉德斯基的工作涉及土壤微生物学的许多领域。他广泛地研究了厌氧性脱氮细菌、共生固氮作用等。他们的许多开创性微生物学研究中较早地都涉及了微生物生态学的概念。

到了 20 世纪,荷兰学者克鲁维尔(Kluyver AJ)于 1924 年发表了《微生物代谢的统一性与多样性》一文,克鲁维尔的贡献在于发现了微生物间的各种代谢过程都存在相互关系。瓦克斯曼(Waksman, 1927)在《土壤微生物学原理》(*Principles of soil microbiology*)一书中,系统地阐述了微生物在土壤形成中的作用,以及微生物的活动与土壤环境间的关系。霍洛德尼(Cholodny, 1930)直接观察土壤微生物并发展了埋片法,为研究自然环境中的微生物提供了新技术。

很多科学家对微生物生态学的早期发展作出过贡献。克鲁维尔对微生物生态学的最大贡献就是通过研究发现自然界种类繁多的微生物世界中,各种代谢过程都有相互关系。范·尼尔(Van Niel)是克鲁维尔的学生,他发现光合细菌和绿色植物的光合过程有许多相似之处。罗杰·斯坦尼尔(Roger Stanier)是范·尼尔的学生,他利用假单胞菌研究好氧微生物的代谢,发现这些好氧微生物能降解各种结构很复杂的有机化合物。高斯(Gauss)于 1934 年设计了一个生态学方面的经典实验,就是纤毛虫原生动物之间及与真菌间存在有捕食关系,开创了人类对微生物互作关系的认识。这些研究从各个方面推进了微生物生态学的发展。

到了 20 世纪 50 年代末和 60 年代初,由于人口膨胀和工业的迅速发展,环境污染日趋严重。人们发现排放到自然环境中的污染物对土壤和水中的微生物生命和代谢有很大的影响,同时发现许多微生物能降解各种人工合成的和天然的污染物。另外,合成洗涤剂、农药和化肥的大量使用,导致农村的水体受到严重污染并使得许多水体出现富营养化的问题。人们另外还发现许多污染物,如 DDT、PCBs 和汞化合物能在食物链中积累,从而引起生物放大作用(biomagnification)。由于这些问题引起许多科学家对微生物生态学的浓厚兴趣,并使它得到了迅速发展。此外,太空技术的发展给人们提供了研究某些极端环境中微生物的有力工具。在 20 世纪 70 年代,由于氮肥的短缺促使人们研究共生固氮微生物和非共生固氮微生物。

20 世纪后半叶微生物生态学得以迅速发展,特别是核酸检测技术的发展,使得微生物生态学发展迎来第二个春天。1962 年,美国微生物学家布罗克(Brock)编著了《微生物生态学原理》(*Principles of Microbial Ecology*),该书的出版标志着微生物生态学作为一门独立学科的诞生。另外一个重要的里程碑是 1972 年在瑞典乌普萨拉举行的有关微生物生态学新方法的国际会议,此次会议的交流成果后经托马斯·罗斯沃尔(Thomas Rosewall)等人整理编纂成《微生物生态学研究的现代方法》(*Modern methods in the study of microbial ecology*),此后国际知名学术期刊如《自然微生物学综述》(*Nature Reviews Microbiology*)、《国际微生物生态杂志》(*The ISME Journal*)、《分子生态学》(*Molecular Ecology*)、《应用与环境微生物学》(*Applied and Environmental Microbiology*)、《环境微生物学》(*Environmental Microbiology*)、《欧洲微生物学联合会微生物生态学杂志》(*FEMS Microbiology Ecology*)、《微生物生态学》(*Microbial Ecology*)等不断创刊出版,这期间也见证了许多重要科研成果的诞生。1976 年,卡尔·乌斯(Carl Woese)等通过研究小亚基核糖体(SSU rRNA)序列差异确立了生物三域学说,将原核生物分为真细菌(bacteria)和古细菌域(archaea)两大类,与真核生物(eukarya)并列为三大域。随着研究的深入,分子生物学研究技术在微生物生态学研究中发挥了巨大的推动作用,克服了传统技术在非可培养微生物研究方面的局限性,在物种遗传多样性、分子适应性、变异分子机制及其进化意义等基础理论方面不断取得突破。

基于微生物生态学研究队伍的不断扩大,1970 年成立了国际微生物生态学委员会(International Commission of Microbial Ecology),并在詹姆斯·泰德杰(James Tiedje)的倡议下,于 1998 年在加拿大哈利法克斯(Halifax)举办的第八届国际微生物生态学大会(ISME‑8)上正式更名为国际微生物生态学学会(International Society for Microbial Ecology,ISME)。使微生物生态学的研究有了一个更好的国际交流平台。自 2000 年以来,每两年一届的学会会议吸引了近 2 000 名来自世界各地的学者参会交流。

1986 年,N. R. 佩斯(N.R. Pace)和 D. A. 斯塔尔(D.A. Stahl)及其合作者首次提出了直接从环境样本中克隆 DNA 的革命性想法,以分析自然微生物种群的复杂性。1998 年,美国科学家乔·汉德尔斯曼(Jo Handelsman)首次提出了宏基因组学(metagenomics)的概念:一种以环境样品中的微生物群体基因组为研究对象,以功能基因筛选和测序分析为研究手段,以微生物多样性、种群结构、进化关系、功能活性、相互协作关系以及与环境之间的关系为研究目的的新的微生物研究方法。宏基因组学作为一种新技术,无须预先培养即可直接利用环境样品基因组资源,从而获得活性物质和功能基因,因而绕过了菌种纯培养障碍,可直接从自然界获取遗传信息,极大拓宽了微生物资源的利用空间,成为国际生命科学研究最重要的热点之一。2000年,诺贝尔奖获得者约书亚·莱德伯格(Joshua Lederberg)提出了微生物组(microbiome)的概念。文特尔(Venter)及其同事在2004年采取鸟枪法对马尾藻海水进行了测序分析,这一开创性的工作为宏基因组学领域提供了极具说明性的例证,充分展示了宏基组学作为积累基因组知识的一种有效的技术。

进入21世纪,微生物生态学得益于高通量测序技术的发展而进入快速发展期。由美国在2007年发起的人体微生物组计划(human microbiome project,HMP)和2010年发起的地球微生物组计划(earth microbiome project,EMP)极大地深化了对重要环境的微生物组的认识。而中国科学家发起的"万种微生物基因组计划"标志着我国在微生物基因组研究领域中也占据了一定的国际地位,同时也为我国自主知识产权的微生物基因资源的开发和产业化奠定了基础。

自从宏基因组研究开始以来,微观世界正逐渐被从一个全新的角度来认识,将对社会的许多方面产生深远的影响。值得注意的是,对人类微生物组的研究为从前被认为是完全由人体基因编码的表型提供了新的视角,例如疾病易感性、免疫反应以及社会和营养行为等。这些基础工作的推进,在肠道菌群与健康等研究领域掀起了一股热潮,使人们对人体微生物组与宿主生态互作关系的认识获得了极大提升。与此同时,宏基因组学也通过不断发现具有全新或改进的生物化学功能的新基因、酶、途径和生物活性分子,在"暗物质"遗传特征的挖掘和生物技术应用的发展中发挥了重要作用。

1.3.2 微生物生态学的研究热点及应用

微生物生态学作为一门独立的学科,与农业、工业、医药、环保、能源等领域有着密切的联系,已成为解决环境污染、能源短缺、资源匮乏等日益严重的社会问题的关键之一,微生物生态学研究也成为微生物学乃至整个生物学中最活跃和最有潜力的研究方向。随着高通量测序技术、生物信息学、计算生物学、人工智能(artificial intelligence,AI)技术和系统生物学的发展,近十多年来微生物生态学也得到了迅猛的发展。人类活动对环境微生物及其在污染物清除、温室气体排放等方面的功能产生了深远的影响,理解微生物的生态学机制不仅仅是一个学术研究活动,它也与人类社会的福祉直接相关。微生物组在地球生态系统和人类健康中的作用超乎想象,它不仅将极大地帮助人类克服当今所面临的生存挑战,还能指引人类未来生存之道。美国、欧洲等国家和地区的"国家微生物组计划"在各类自然生态系统及人造生态系统里推动着最前沿的微生物科学研究,已然在改变世界,并造福人类,如在环境污染治理、固体废弃物资源化利用、人体健康提升等诸多方面的大量应用。

植物微生物组被认为是下一场绿色革命的关键。结合植物育种、精准农业、农业管理和微生物组研究的系统方法,为在不断变化的世界中改善可持续作物生产提供了强有力的支持。

微生物生态学是一个相对年轻的学科,但是其潜力无穷。技术的进步不断推动着人们对微生物生态学认识的拓展,对微生物群落和生态系统的操控能力也随之不断增强,相信微生物生态学技术未来在健康、资源、能源和环境等重要领域的应用必将越来越广泛,它正在逐渐成为社会与经济"绿色高效发展"的重要驱动力。

参考文献

[1] BARTON L L, NORTHUP D E. Microbial Ecology[N]. Wiley-Blackwell, 2011.

[2] MARAMOROSCH K, MURPHY F A. Advances in Virus Research[M]. Elsevier, 2013.

[3] TURNBAUGH P J, LEY R E, HAMADY M, et al. The Human Microbiome Project[J]. Nature, 2007, 449(7164): 804 - 810.

[4] BERTRAND J C, CAUMETTE P, LEBARON P, et al. Environmental Microbiology: Fundamentals and Applications[M]. London: Springer, 2011.

[5] 邓子新,陈峰.微生物学[M].北京:高等教育出版社,2017.

[6] 陈声明,吴甘霖.微生物生态学导论[M].北京:高等教育出版社,2015.

[7] 池振明.微生物生态学[M].济南:山东大学出版社,1999.

[8] 张鸿雁,李敏,孙冬梅.微生态学[M].哈尔滨:哈尔滨工程大学出版社,2010.

[9] 沈萍,陈向东.微生物学[M].北京:高等教育出版社,2016.

[10] 许光辉,李振高.微生物生态学[M].南京:东南大学出版社,1991.

生态学原理篇

第2章　微生物多样性

2.1　微生物的分类和系统发育

2.1.1　微生物的分类单元

分类是人类认识微生物的一种手段,了解其亲缘关系与演化关系,为人类开发利用微生物资源提供依据。微生物分类学是一门按微生物的亲缘关系把它们安排成条理清楚的各种分类单元或分类群(taxon)的科学,它的具体任务有三个方面,即分类(classification)、命名(nomenclature)和鉴定(identification)。分类是根据一定的原则对微生物进行分群归类,根据相似性或相关性水平排列成系统并对各个分类群的特征进行描述,以便查考和对未被分类的微生物进行鉴定;命名是指依据既定的命名法规,为每一个分类群赋予一个独特且专有的名称;鉴定是借助于现有的微生物分类系统,通过特征测定,确定未知的或新发现的或未明确分类地位的微生物所应归属分类群的过程。概括来说,微生物分类学是对各个微生物进行鉴定,按分类学准则排列成分类系统,并对已确定的分类单元进行科学命名的科学。

根据林奈(Linnaean)分类系统(图2-1),微生物的主要分类单位依次为界(kingdom)、门(phylum)、纲(class)、目(order)、科(family)、属(genus)、种(species)。其中种是最基本的分类单位,是一大群表型特征高度相似、亲缘关系极其接近,与同属内其他种有明显差别的菌株的总称。

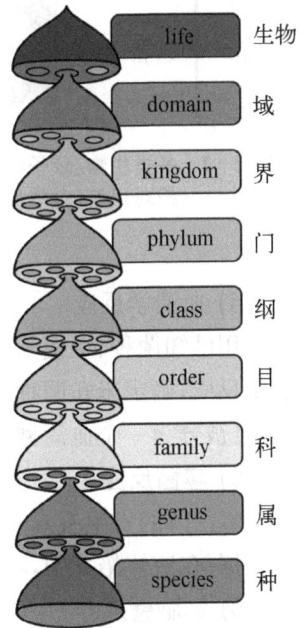

图2-1　林奈分类系统

此外,每个分类单位都可分亚级,即在两个主要分类单位之间,可添加"亚门""亚纲""亚目""亚科"等次要分类单位。在"种"以下还可以分为亚种(subspecies)或变种(variety)、型(form)、菌株(strain)等。菌株表示任何由一个独立分离的单细胞繁殖而成的纯种群体及其一切后代(起源于共同祖先并保持祖先特性的一组纯种后代菌群),菌株强调的是遗传型纯的谱系。

2.1.2　微生物的分类依据

微生物种类繁多,包括细菌、真菌、藻类和原生动物等。30亿~40亿年前,单细胞微生物是地球上发展起来的第一批生命形式。细菌、古细菌和真核生物在细胞形态和结构上存在一些基本差异,有助于表型分类和鉴定。

分类旨在通过根据相似性对生物体进行命名和分组,以描述细菌物种的多样性。微生物可以根据细胞结构、细胞代谢或细胞成分(如DNA、脂肪酸、色素、抗原和醌)的差异进行分类。

1) 形态特征

形态特征包括个体形态和培养特征。如镜检细胞的形状、大小、排列,革兰氏染色反应,

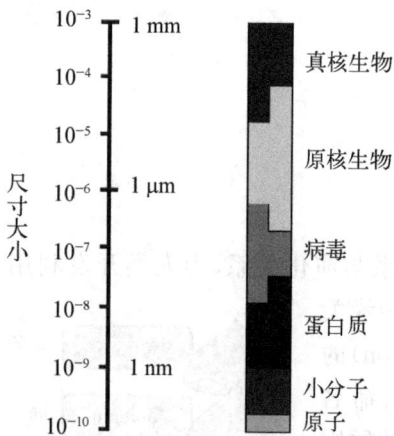

图 2-2　各类生物、分子和原子的相对尺度(对数尺度)

运动性,鞭毛位置、数目,芽孢有无、形状和部位,荚膜,细胞内含物;放线菌和真菌的菌丝结构,孢子丝、孢子囊或孢子穗的形状和结构,孢子的形状、大小、颜色及表面特征等。菌落(colony)和菌苔(lawn)的性状(形状、光泽、透明度、颜色、质地等),液体培养的混浊程度,液面有无菌膜、菌环,管底有无絮状沉淀,培养液颜色等。图2-2为各类生物、分子和原子的相对尺度(对粒尺度)。

2) 生理生化特征

生理生化特征包括能量代谢方式,如利用光能还是化学能;对O_2的要求(专性好氧、微需氧、兼性厌氧及专性厌氧等);营养需求和代谢特性等。

3) 生态习性

生态习性包括生长温度,酸碱度,嗜盐性,致病性,寄生、共生关系等。

4) 血清学反应

用已知菌种、型或菌株制成抗血清,然后根据它们与待鉴定微生物是否发生特异性的血清学反应,确定未知菌种、型或菌株。抗原性相同的微生物菌株可被视为有较近的亲缘关系,且被分为一个血清型。

5) 噬菌反应

噬菌体的寄生有专一性,在有敏感菌的平板上产生噬菌斑,斑的形状和大小可作为鉴定的依据;在液体培养中,噬菌体的侵染液由混浊变为澄清。

6) 细胞壁成分

革兰氏阳性细菌的细胞壁含肽聚糖多,脂类少。革兰阴性细菌与之相反。链霉菌属(*Streptomyces*)的细胞壁含丙氨酸、谷氨酸、甘氨酸和2,6-氨基庚二酸。含有阿拉伯糖是诺卡氏菌属(*Nocardia*)的特征。霉菌细胞壁则主要含壳多糖。据此通过细胞壁成分进行分类。

7) 细胞吸收光谱

利用红外或拉曼吸收谱技术测定微生物细胞的化学成分,了解微生物的化学性质,并作为分类依据之一。

8) DNA 的 GC 含量

生物遗传的物质基础是核酸,核酸组成上的异同反映生物之间的亲缘关系。就一种生

物的 DNA 来说,它的碱基排列顺序是固定的。测定四种碱基中鸟嘌呤(G)和胞嘧啶(C)所占的摩尔分数值,就可了解各种微生物 DNA 分子的不同源性程度。亲缘关系接近的微生物的 G+G 含量相同或近似,G+C 含量的比较主要用于分类鉴定中的否定。具有相似 G+C 含量的生物并不一定表明它们之间具有相近的亲缘关系。每个生物种都有特定的 (G+C)%范围,因此可以作为分类鉴定的指标。细菌的(G+C)%范围为 25%～75%,变化范围最大。同一个种内的不同菌株 G+C 含量差别应在 4%～5%;同属不同种的差别为 10%～15%。

9) DNA 杂交率

不同生物 DNA 碱基排列顺序的异同直接反映生物之间亲缘关系的远近,碱基排列顺序差异越小,它们之间的亲缘关系就越近,反之亦然。根据双链 DNA(dsDNA)分子解链的可逆性和碱基配对的专一性,将不同来源的待测 DNA 在体外分别加热使其解链成单链 DNA (ssDNA),然后在合适条件下进行混合,使其重新接合并形成杂合的 dsDNA,最后根据生成双链的情况,测定其间的杂交百分率。杂交率越高,表示两个 DNA 之间碱基顺序的相似性越高,它们之间的亲缘关系也就越近。

10) 蛋白质分析

蛋白质是遗传信息的第二级表达产物,它决定微生物的性状。尽管蛋白质在合成过程中会因 mRNA 的转录和翻译造成某些变异,但较一些形态、结构特征,它还是更客观地反映了生物遗传基因的本来特征。因此,在特定条件下对蛋白质组的质谱分析,可对微生物物质进行鉴定或鉴别。

11) 其他

如磷脂酸(PLFA)等脂类分析、核磁共振(NMR)谱、细胞色素类型,以及辅酶 Q 的种类(所含异戊二烯侧链的长度)等也常被用于微生物的鉴定。

2.1.3 微生物的系统发育分析

虽然形态或代谢差异允许对细菌菌株进行鉴定和分类,但难以界定这些差异到底是代表不同物种之间的差异,还是代表同一物种菌株之间的差异。这种不确定性是由于大多数细菌缺乏独特的结构,以及不相关物种之间进行的横向基因转移。这对微生物的分类造成很大障碍。随着越来越多的基因组的揭示,微生物分类关系的确定也变得越来越复杂。由于横向基因转移,一些密切相关的细菌可以有非常不同的形态和代谢。为了克服这种不确定性,现代细菌分类强调分子系统学,使用基因技术进行分类,如鸟嘌呤胞嘧啶含量测定、基因组杂交,以及未进行广泛横向基因转移的基因的测序,如 rRNA 基因。

微生物系统发育学是研究不同微生物群之间进化关系的学科。微生物系统发育分析的分子方法彻底改变了我们对微生物世界进化的看法。系统发育分析不仅可以帮助我们进行生物的分类,还可以帮助我们了解生物过去的进化路径。现代分子生物学的技术创新和计算机科学的快速发展,精确推断基因或生物体的系统发育已变得完全可行了。

系统发育分析(phylogenetic analysis)是根据同源性状的分歧来评估物种或分子之间的进化关系,通过比较生物大分子序列的差异而构建的系统树称为系统发育树(phylogenetic tree),其特点是用一种树状分支的图形来概括各种(类)生物之间的亲缘关系。在系统发育树的图形中,分支的联结点称为节(node),代表生物类群,分支末端的节代表具体的物种。分枝长度表示分子序列的差异大小。系统树分无根树(unrooted tree)和有根树(rooted tree)两种形式(图2-3)。无根树只是表示生物类群之间的系统发育关系,并不反映进化途径。有根树中,不仅表示出各物种的亲疏,而且反映出它们有共同的起源及进化方向。

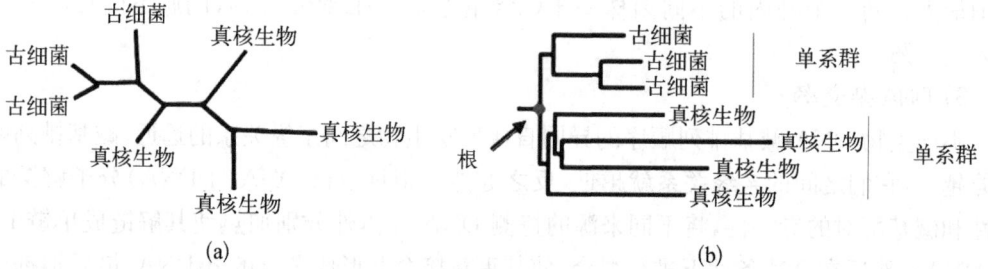

图2-3 系统树形式
(a) 无根树;(b) 有根树

20世纪70年代末,美国伊利诺斯大学的卡尔·乌斯(Carl Woese)和乔治·福克斯(George Fox)等人对大量微生物和其他生物进行16S和18S rRNA基因的核苷酸测序,并比较其同源性后,提出了一个与以往各种界级分类不同的新系统,称为三域学说(图2-4),"域"是一个比界更高的界级分类单元。三个域指的是细菌域(以前称"真细菌域")、古细菌域(或称古生菌域)和真核生物域。建立16S rRNA系统发育树,为微生物多样性和微生物生态学研究建立了强有力的研究方法,特别是不经培养直接对生态环境中的微生物进行研究。微生物系统发育分析的分子方法彻底改变了我们对微生物世界的了解。

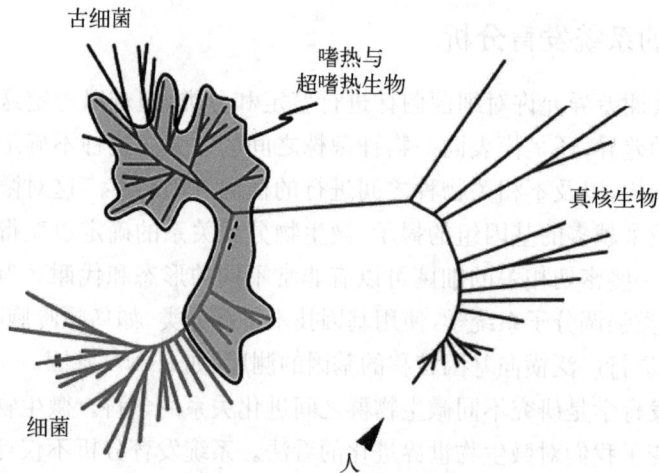

图2-4 三域学说的生物进化树

基于基因组序列构建的生命树,树的根(root)的左下分支为细菌,右侧分支为真核生物,左上分支为古细菌。树中还标出了细菌和古细菌中嗜热类群的位置。

2.1.4 微生物的命名

微生物的名字有俗名和学名两种。如：粗糙脉孢霉俗称红色面包霉。学名是微生物的科学名称，它是按照国际微生物分类委员会拟定的法则命名的。学名由拉丁词或拉丁化的外来词组成。学名通常采用双名法，由属名＋种名构成，典型细菌的学名还在种名后加定名人和定名年份，如大肠埃希氏杆菌 *Escherichia coli*（Migula）Castellani et Chalmers 1919。当泛指某一属的微生物，而不特指该属中某一种（或未定种名）时，可在属名后加 sp. 或 ssp.（分别代表 species 缩写的单数和复数形式）。按照现行规则，微生物的名称中用到属名和种名时需要斜体，而属以上分类的名称，如门、纲、目、科等则使用正体字。

2.1.5 微生物生态学分类

在生态学中，微生物可按其所需的栖息地类型或营养水平、能源和碳源进行分类。

1) 栖息地类型

微生物生命多样且分布极为广泛，在极端环境中具有惊人的适应性，尽管这种环境对复杂的生物体来说是完全不适宜的。极端微生物是在物理或地球化学极端条件下繁衍生息的生物体。大多数已知的极端生物都来自微生物。而生活在更温和环境中的生物体可以被称为嗜中性生物或中性生物（*mesophiles* or *neutrophiles*）。极端微生物有许多不同的种类，每一种都对应于特定的环境生态位。也有许多极端微生物属于多个类别，被称为多嗜极生物（*polyextremophiles*）。极端微生物类型的一些例子：在 pH 为 3 或更低的条件下生长最佳的嗜酸菌；能在极度干燥的条件下生长的嗜旱菌，如沙漠中的微生物；生长需要至少 0.2 mol/L盐（NaCl）的嗜盐菌；能在 45～122 ℃ 的温度下生长的嗜热菌；在 40～104 MPa 高压环境下生长的嗜压微生物。

2) 营养水平、能源和碳源类型

（1）光营养型（*Phototrophs*）：利用光的能量进行各种细胞代谢过程。可分为光异养生物（*Photoheterotrophs*）和光能自养生物（*Photolithoautotroph*）。前者通过光磷酸化产生ATP，但使用环境获得的有机化合物来构建结构和其他生物分子。后者利用光能、无机电子供体（如 H_2O、H_2、H_2S）和 CO_2 作为碳源的自养生物。大多数公认的光养生物是自养生物。

（2）化学有机营养型（*Chemoorganotrophs*）：氧化有机化合物中的化学键作为能量来源并获得细胞功能所需碳分子的生物体。氧化有机化合物包括糖、脂肪和蛋白质。化学有机异养菌或称有机异养菌（*Chemoorganoheterotrophs*）利用还原碳化合物作为能源。化学石无机异养菌或无机营养异养菌（*Chemolithoheterotrophs*）利用无机物质产生 ATP，包括硫化氢和元素硫，但它们不能固定 CO_2，因此仍需要有机物保证生长需求。

（3）无机自养型（*Lithoautotroph*）：从矿物来源的还原化合物中获取能量，也可称为化石自养生物，反映其自养代谢途径。无机自养生物仅为微生物，大多数为细菌。对于无机自养细菌，只有无机分子可以用作能源，并且固定 CO_2 合成有机物。

（4）混合营养型（*Mixotroph*）：可以混合使用不同的能源和碳源。这些可能是光营养和化学有机营养、无机自养之间的交替,或两者的组合。可以是真核生物也可以是原核生物。

传统微生物学家根据表型性状分析功能性状,而高通量测序的分子革命使得从微生物基因组推断功能性状的努力工作得以广泛开展。由于大多数微生物没有培养物,并且不能在原位直接观察到,因此与微生物表型性状相关的数据比与基因型性状相关的数据要少得多。微生物的功能性状潜能可以在基因、有机体、组或群落的生物层次中被识别出来,如图 2-5 所示。具体来说,它们可以是单一的,也可以是包含功能途径、亚类或类别的功能基因的集合。

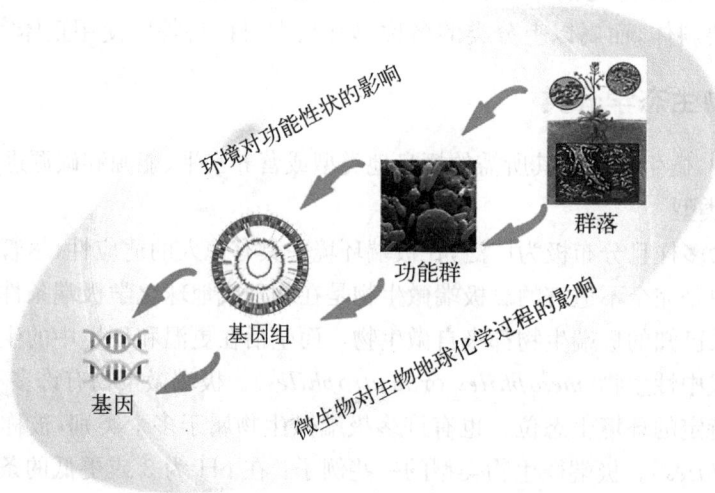

图 2-5　微生物功能性状和环境之间的相互作用

2.2　微生物多样性的定义、表征和影响因素

2.2.1　生物多样性的定义

生物多样性(biodiversity 或 biological diversity)是一个描述自然界多样性程度的概念。威尔逊(Wilson)等认为,生物多样性就是生命形式的多样性。生物多样性是生物及其环境形成的生态复合体,以及与此相关的各种生态过程的综合,包括动物、植物、微生物和它们所拥有的基因,以及它们与其生存环境形成的复杂的生态系统。生物多样性是人类社会赖以生存和可持续发展的基础。

生物多样性通常包括遗传多样性、物种多样性和生态系统多样性三个组成部分。

(1) 遗传多样性(genetic diversity)是生物多样性的重要组成部分。广义的遗传多样性是指地球上生物所携带的各种遗传信息的总和在基因水平上数目和频率的分布差异,主要体现在组成核酸分子的碱基数量的差异性和排列顺序的多样性上;这些遗传信息储存在生物个体的基因之中。因此,遗传多样性也就是生物的遗传基因的多样性。任何一个物种或一个生物个体都保存着大量的遗传基因,因此,可被看作是一个基因库(gene pool)。一个物种所包含的基因越丰富,它对环境的适应能力越强。基因的多样性是生命进化和物种分化的基础。微生物的遗传多样性代表生物种群之内和种群之间的遗传结构的变异。种群之内的变异即微多样性(fine-scale diversity)。关于微多样性,将在后续 2、5 节中进行介绍,本节重点介绍微生物群落生态的物种多样性。

(2) 物种多样性(species diversity)指地球上动物、植物、微生物等生物种类的丰富程度。物种多样性包括两个方面:其一是指一定区域内的物种丰富程度,可称为区域物种多样性;其二是指生态学方面的物种分布的均匀程度,可称为生态多样性或群落物种多样性。物种多样性是衡量一定地区生物资源丰富程度的一个客观指标。微生物具有丰富的物种多样性。据推算,全球微生物多样性高达 1 万亿种。根据一项基于全球 492 项 16S rRNA 基因高通量测序结果进行的估算,全球有 80 万～160 万种细菌。截至 2023 年 12 月 GTDB 数据库中收录的细菌基因组约 40 万个,其中的物种数量为 80 789 种,表明对于 90%～95% 的细菌还缺乏认识。

(3) 生态系统的多样性(ecosystem diversity)指地球上生态系统组成、功能的多样性,以及各种生态过程的多样性,如生态环境的多样性、生物群落和生态过程的多样化等多个方面。生态系统是各种生物与其周围环境所构成的自然综合体。所有的物种都是生态系统的组成部分。在生态系统之中,不仅各个物种之间相互依赖,彼此制约,而且生物与其周围的各种环境因子也是相互作用的。从结构上看,生态系统主要由生产者、消费者、分解者所构成。生态系统的功能是对地球上的各种化学元素进行循环和维持能量在各组分之间的正常流动。环境的多样性体现在各种对微生物生长代谢产生影响的环境因素的差异,如营养物、光照、氧气、水分等的供应的不同。其中,生态环境的多样性是生态系统多样性形成的基础,生物群落的多样化可以反映生态系统类型的多样性。

遗传多样性是物种多样性和生态系统多样性的基础,也是生物多样性的内在形式。而物种多样性是构成生态系统多样性的基本单元。因此,生态系统多样性离不开物种的多样性,也离不开不同物种所具有的遗传多样性。

狭义的微生物多样性指微生物物种多样性。而广义来讲,从微生物生命活动层次的角度,将微生物多样性分为遗传多样性、生理多样性、物种多样性和生态多样性四个层面。生理多样性可以分为生理结构和生理功能的多样性。

物种多样性的主要研究对象是微生物系统分类、物种数量、物种构成等;生态多样性这个层面可以分为生态结构多样性(taxonomic diversity)以及生态功能多样性(functional diversity)。生态结构多样性包括生境分布广泛性和种群、群落结构的多样性,生态功能多样性主要指微生物与其他生物和非生物环境的关系。

总之,物种多样性是生物多样性最直观的体现,是生物多样性概念的中心;基因多样性是生物多样性的内在形式,一个物种就是一个独特的基因库,可以说每一个物种就是基因多样性的载体;生态系统的多样性是生物多样性的外在形式。保护生物的多样性,最有效的形式是保护生态系统的多样性。

2.2.2　微生物多样性的表征

生态学研究中常用 α、β 和 γ 多样性来描述不同范围的样本的多样性。

1) α 多样性

α 多样性主要关注局域均匀生境下的物种数目,因此也被称为生境内的多样性(within-habitat diversity);多样性指数是反映丰富度和均匀度的综合指标。α 多样性主要与两个因素有关:一是种类数目,即丰富度(richness);二是多样性,群落中个体分配上的均匀性(evenness)。群落丰富度(community richness)的指数主要包括 Chao1 指数和 ACE 指数等。群落多样性(community diversity)的指数包括 Shannon 指数和 Simpson 指数。Shannon 指数是一种既包括丰富度又包括均匀度的常用指标,以从事信息理论工作的数学家兼电气工程师克劳德·香农(Claude Shannon, 1916—2001)的名字命名。需要注意的是,应用多样性指数时,具低丰富度和高均匀度的群落与具高丰富度和低均匀度的群落,可能得到相同的多样性指数。

物种丰富度(richness)常用群落中操作分类单元(operational taxonomic unit, OTU)的数量来表示。表征丰富度的一种方法是通过计算特定数量的个体(细菌)或基因样本的 OTU 数量构建"稀疏曲线"(rarefaction curve)。均匀度(evenness)用于评价样本中各个 OTU 的个体数的差异。一个高度均匀的群落每个 OTU 的个体数量相同,而高度不均匀的群落则由少数几个 OTU 占优势。

稀释性曲线(rarefaction curve)一般是从样本中随机抽取一定数量的个体,统计出这些个体所代表的物种数目,并以个体数与物种数来构建曲线。它可以用来比较测序数量不同的样本物种的丰富度,也可以用来说明样本的取样大小是否合理。分析采用对优化序列进行随机抽样的方法,以抽到的序列数与它们所能代表 OTU 的数目构建稀释性曲线图(图 2-6)。稀释性曲线图中,当曲线趋向平坦时,说明取样的数量合理,更多的取样只会产生少量新的 OTU,反之则表明继续取样还可能产生较多新的 OTU。因此,通过作稀释性曲线,可以得

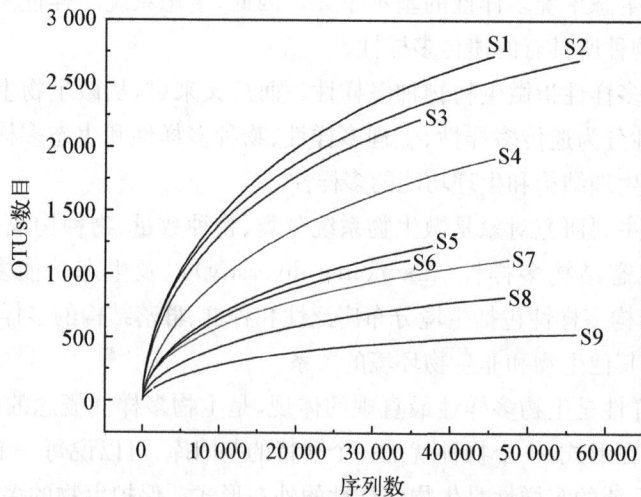

图 2-6　多样本微生物群落 DNA 序列的稀释性曲线

出样品的取样深度情况。

2) β 多样性

指沿环境梯度不同生境群落之间物种组成的相异性或物种沿环境梯度的更替,也被称为生境间的多样性(between-habitat diversity)。β 多样性是惠特克(Whittaker)于 1960 年提出的,定义为群落组成变化的程度,或群落分化的程度,与环境的复杂梯度或环境的模式有关。在宏观生态学,控制 β 多样性的主要生态因子有土壤、地貌及干扰等。β 多样性计算不再是直观地依据物种数量,而是均以群落相似(或相异)程度为基础,即不同群落之间的距离。β 多样性不仅可以反映样本之间的多样性距离关系,而且还可以反映生物群落之间的分化程度。常用的距离指数包括 Bray-Crutis 距离、Unifrac 距离等。具体的分析方法,通常包括 PCoA、NMDS 等分析(图 2-7)。

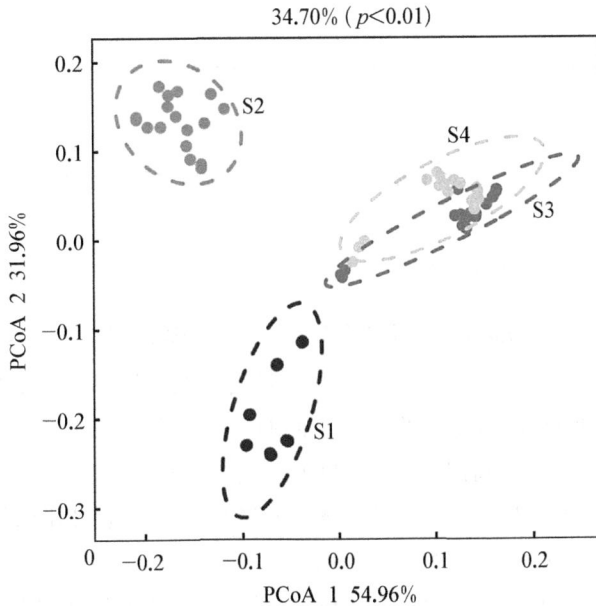

图 2-7　多样本基于 Bray-Crutis 距离 PCoA 分析的 β 多样性

不同群落或某环境梯度上不同点之间的共有种越少,β 多样性越大。精确地测定 β 多样性具有重要的意义。这是因为:① 它可以指示物种被生境隔离的程度;② β 多样性的测定值可以用来比较不同地段的生境多样性;③ β 多样性与 α 多样性一起构成了总体多样性或一定地段的生物异质性。β 多样性指样本间的相对差距,针对的是样本间的变化,需注意要与 α 多样性所针对的样本内的多样性有所区分。

3) γ 多样性

描述区域或大陆尺度的多样性,是指区域或大陆尺度的物种数量,也被称为区域多样性(regional diversity)。控制 γ 多样性的生态过程主要包括水热动态、气候因素以及物种形成及演化的历史。衡量 γ 多样性的主要指标是物种数(S)。图 2-8 为 α、β 和 γ 三种多样性之间的关系示意图。

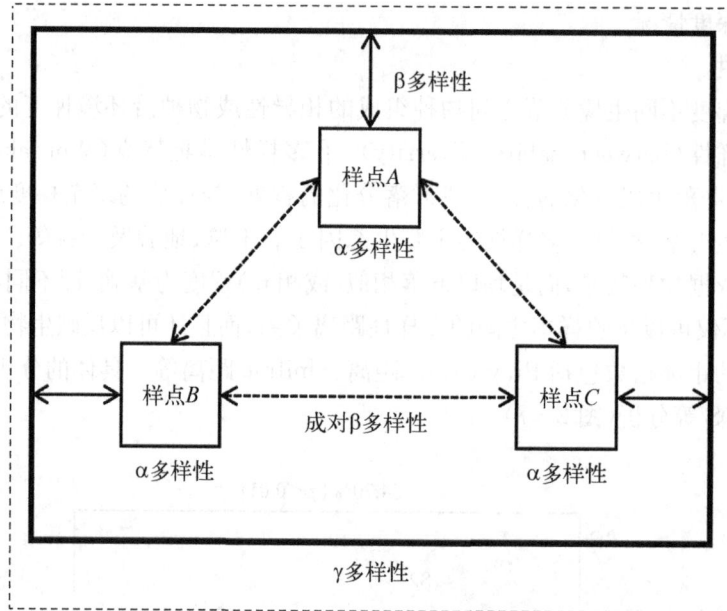

图 2−8　α、β 和 γ 三种多样性之间的关系示意图

2.2.3　微生物多样性的影响因素

　　微生物多样性(microbial diversity)受到多种环境条件的影响,例如,土壤微生物对重金属复合污染所做出的反应是基于种群的群体性反应,不同种类的微生物不仅仅是对重金属的敏感性不同,而且对不同程度的重金属污染敏感性也是不同的。同时从 Simpson 指数、Shannon Weaver 指数及 McIntosh 多样性指数可以看出,不同程度的重金属污染虽然改变了土壤微生物群落遗传多样性,但是多样性并不简单地随着污染程度的增大而降低。尽管通常情况下微生物生物量碳与重金属含量呈显著负相关关系,其多样性的改变取决于多种因素,包括群落物种组成特性。鉴于微生物种群之间存在复杂的相互关系,如偏利、协同、共生、偏害、竞争等,其原因可能是一定程度的重金属污染能改变原有群落内部的种群之间的竞争关系,导致原始优势种群失去了优势作用,或者是一部分微生物产生的重金属抗性保护了其他种群的微生物,从而使土壤微生物群落多样性增加。

　　微生物多样性:特定范围的环境中微生物组成的丰富程度和变化性。微生物多样性包括分类、系统发育和功能多样性。微生物多样性还包括 α、β 和 γ 多样性。以功能性状为例,微生物 α 多样性是微生物群落中功能性状(性状丰富度)的数量,有或没有加权性状丰富度。微生物 β 多样性是两个群落之间的比较,用群落组成的差异来衡量。微生物 β 多样性通常在从零到一的标准化尺度上测量。高 β 多样性指数表明相似性水平低,而低 β 多样性指数表明相似性水平高。微生物 γ 多样性是一个区域内不同生态系统总体多样性的量度,也称为地理尺度多样性。

2.3　微生物多样性的遗传基础

2.3.1　微生物遗传的物质基础

从本质上讲,生物多样性源于遗传的多样性。从分子水平上讲,遗传的多样性主要是由于遗传物质的碱基排列顺序的多样性和组成核酸分子的碱基数量的变化性共同决定。不同的微生物种群间的遗传多样性在基因水平上具有很大的差异性。具体表现为:① 基因组大小和基因组数目的多样性;② 遗传物质化学组成和 DNA 序列的差异;③ 基因组序列所揭示的遗传背景多样性。

微生物遗传的多样性也在不断地变化扩展当中。首先,构成微生物的主要遗传物质不仅仅是 DNA 分子双链结构,还存在单链 DNA、双链 RNA 和单链 RNA 等遗传信息的存在形式;其次,诸如转导(transduction)、转化(transformation)、接合(conjugation),以及准性生殖(parasexuality)等微生物特有的基因转移与重组方式,对加强微生物之间的基因交流、推动新物种的形成,以及物种的进化具有重要作用。此外,人类的生物技术手段,如诱变育种、原生质体融合、基因工程、基因编辑等技术的应用,使微生物遗传的多样性大大扩展,也为微生物遗传变异提供了多样化手段。微生物正是通过改变遗传物质使自身不断地发生变化,从而适应不同的生态环境和环境的变化。

2.3.1.1　微生物的基因组结构

1) 基因组(genome)

基因组是指存在于细胞或病毒中的所有基因。细菌在一般情况下是单倍体(haploid),真核微生物通常是二倍体(diploid)。由于发现许多非编码序列也具有重要的功能,因此目前基因组的含义实际上是指细胞中基因以及非基因的 DNA 序列组成的总称。2016 年,科学家人工合成了一个基因组,并将它转入一个去除了原本基因组的支原体中,使之成为能进行独立生活的最小基因组(531 kbp),它只含 473 个基因。通过与流感嗜血菌序列的比较研究,研究者提出了 256 个基因可能是维持细胞生命活动所必需的最低数量的假说。微生物基因组随不同类型(真细菌、古细菌、真核微生物)表现出多样性。近年的研究还表明,即使是同一种细菌的基因组也显示出广泛的多样性,从而形成了泛基因组(pan-genome)的概念。

2) 泛基因组(pan-genome)

对微生物基因组进行测序的早期,研究人员通常用一种"类型"的基因组来描述物种,其测序对象主要是自然界或实验室容易获得的某一菌种的典型或模式菌株,如第一个完成全基因组测序的大肠杆菌用的是实验室 K-12 株系的 MG1655 菌株。随着基因组测序技术的迅速发展,大量细菌和古细菌的全基因组序列不断被报道,科学家发现一个物种的基因组表现得极其多样。在一些种中,甚至在多个菌株的基因组被测序后,还会不断有新的基因被发现。数学模型预测,每一个种即使在测序几百个基因组后,还会有新的基因被发现,因此,美国 JGI 研究所的泰特林（Tettelin）等提出了微生物泛基因组概念（pan-genome，pan 源自希腊语"παν"，全部的意思）。所谓泛基因组是指一个物种的所有个体的全部基因的加和。这一概念主要是适用于细菌和古细菌，因为在它们的同一物种的不同菌株的基因组成有很大的变化，具有广泛的多样性。主要是细菌和古细菌存在着广泛的水平基因转移（见第 6 章）所致。对 60 多株已测序的大肠杆菌基因组比较发现，该菌显示出极大的多样性：每一个基因组中只有约 20% 的序列是在所有分离株中都共有的，而每一个基因组中约 80% 的序列是彼此不同的，每一个单株含有 4 000 和 5 500 个基因，两个菌株间的差异可超过 30%。而在所有已测序的大肠杆菌菌株中，基因的总数已超过 16 000 个。

泛基因组包括核心基因组（core genome）和次要基因组（dispensable genome），前者是指存在于所有菌株中的基因；后者是指只存在部分菌株中的基因，以及单个菌株特有的"独特基因（strains-specific gene）"（图 2-9）。根据菌种的泛基因组大小与菌株数目的关系，又将菌种的泛基因组分为开放型泛基因组和闭合型泛基因组。开放型的泛基因组是指随着测序的基因组数目的增加，菌种的泛基因组大小也不断增加；闭合型的泛基因组是指随着测序的基因组数目增加，物种的泛基因组大小增加到一定的程度后收敛于某一值。泛基因组概念的提出，突破了对基因组传统认识的局限性，即不能只用一种"类型"的基因组来描述物种，细菌种可以用泛基因组来描述其遗传多样性和生态分布的广泛性，具开放型泛基因组的细菌种必然具有较高的遗传多样性和广泛的生态分布，也反映它们具有较强的获取外源基因的能力。泛基因组中的核心基因组在流行病学的疫苗或抗微生物制剂的研制方面具有重要意义，特别是对具有高度遗传变异株的致病菌种尤为重要。

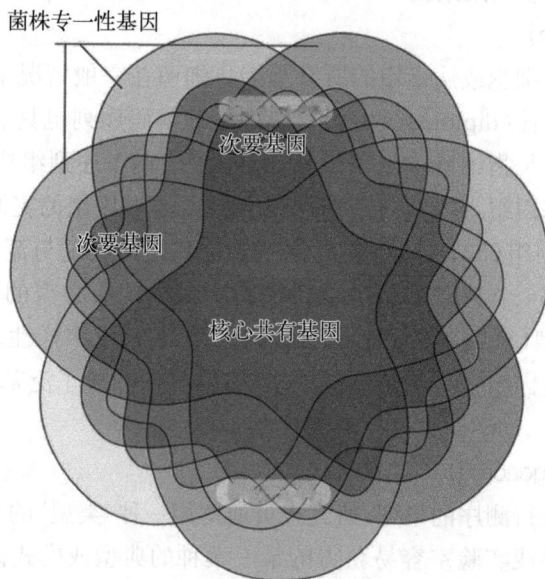

菌株专一性基因

次要基因

次要基因

核心共有基因

图 2-9　泛基因组与菌株基因组的关系

3) 宏基因组及宏基因组学（metagenomics）

微生物因其微小，因此必须借助于显微镜和纯培养技术才能对它们进行研究。但是，在现有技术条件下,自然界存在的微生物95%以上是不能被培养的,所以采用传统的分离培养技术所获得的微生物信息是极其有限的,也就是说,只认识或利用了不到5%的微生物。在过去的几十年里,很明显,地球上的大多数微生物多样性从未在实验室培养中得到表征。这些未知的微生物,有时被称为"微生物暗物质",在地球上的所有主要环境中,在数量上占主导地位。但人体除外,人体内大多数微生物都是可培养的。据估计,地球上大约1/4的微生物细胞属于没有任何培养物的门(phylum),这表明这些从未被研究过的生物可能对生态系统的功能很重要。所谓宏基因组(metagenome,又称元基因组),最早是由美国科学家乔·汉德尔斯曼(Jo Handelsman)于1998年提出,是指生境中全部微生物遗传物质的总和。它包含了可培养的和未可培养的微生物的基因。所以也称微生物环境基因组(microbial environmental genome)。而宏基因组学(metagenomics)是在微生物基因组学的基础上发展起来的一种研究微生物多样性、开发新的生理活性物质(或获得新基因)的新理念和新方法。其主要含义是:对特定环境中全部微生物的全部DNA进行克隆,并通过构建宏基因组文库和筛选等手段获得新的生理活性物质;或者根据rDNA数据库序列设计引物,通过PCR技术从提纯的宏基因组中扩增细菌rRNA基因并进行测序,从而获得特定环境中的各种细菌的rRNA基因序列,通过系统学分析获得该环境中微生物的遗传多样性和分子生态学信息。因此,宏基因组学研究的对象是特定环境中的总DNA,而不是某特定的微生物或其细胞中的总DNA,不需要对微生物进行分离培养和纯化,这对我们认识和利用环境中占绝大多数的未培养微生物提供了一条新的途径,因此有学者称宏基因组学是通向"微生物宇宙的窗口"(window to the microbial universe)。利用宏基因组学对极端微生物进行生物挖掘是发现对不利胁迫条件具有有效耐受性的新微生物和酶的一种有效的替代方法。微生物被视为天然产品的重要来源,在医药、农业、环境安全和材料生产等许多领域具有重要意义。然而,在标准的实验室条件下,只能培养少量的微生物,而生态系统中的大部分微生物仍然未知,这一现状限制了我们对未培养微生物代谢机制的了解。独立于培养的宏基因组学研究方法,通过克隆和分析直接来自环境样本的微生物DNA,可以克服微生物难培养这一核心问题。用于基因组组装的下一代测序技术和基因工程工具的最新进展,极大地拓宽了宏基因组学的研究边界,为探索和揭示未培养微生物的生命奥秘提供了前所未有的前景。宏基因组学与NextGen测序技术相结合,有助于直接从环境样本中对微生物DNA进行测序,并扩展和改变了我们对微生物世界的认识。然而,从数以百万计的基因组序列中筛选有意义的信息对生物信息学家来说是一个严峻的挑战。已有研究表明,利用宏基因组学对人体口腔微生物区系进行研究,发现了50多种新的细菌,这些未培养细菌很可能与口腔疾病有关。此外,在土壤、海洋和一些极端环境中,也发现了许多新的微生物种群和新的基因或基因簇,通过克隆和筛选,获得了新的生理活性物质,包括抗生素、酶及新的药物等。此外,宏基因组学在探究人体微生物方面开辟了一个崭新的研究领域——人体微生物组学(human microbiome)。

2.3.1.2 遗传多样性的来源

1) 基因突变

一个基因内部遗传结构或DNA序列的任何改变,包括一对或少数几对碱基的缺失、插入或置换,而导致的遗传变化称为基因突变(gene mutation),其发生变化的范围很小,所以又称点突变(point mutation)或狭义的突变。广义的突变又称染色体畸变(chromosomal aberration),包括大段染色体的缺失、重复、倒位。基因突变是重要的生物学现象,它是一切生物变化的根源,连同基因转移、重组一起提供了推动生物进化的遗传多变性,也是获得优良菌株的重要途径之一。

种内多样性是由变异和随后的选择和漂变造成的。突变和基因流使遗传变异进入其他相同的克隆子细胞谱系中。DNA复制过程中的错误、DNA修复和重组机制的错误使基因组中不断出现突变(替换、插入、缺失和反转)。尽管在双螺旋DNA中10^9个核苷酸复制一次才约有一个核苷酸改变,但物种间和物种内部的突变率可以相差一个数量级。选择较低或更高的比率可以平衡突变频率降低的代谢成本以及有害突变的影响。这种平衡的方向取决于栖息地条件、种群大小和等位基因突变强度。一个细菌谱系内突变的累积速率取决于突变率以及影响突变的自然选择和遗传漂变。此外,并非所有的细菌基因组都容易发生突变。一般来说,缺失比插入更为频繁,非功能性序列很容易从细菌基因组中丢失。一个基因组中发生的突变可以垂直传递给后代,也可以水平传递给邻近的细胞。

(1)基因突变的类型。碱基变化与遗传信息的改变,不同的碱基变化对遗传信息的改变是不同的,可分为4种类型。

同义突变(synonymous mutation)是指某个碱基的变化没有改变产物氨基酸序列的密码子变化,显然,这是与密码子的简并性相关的。

错义突变(mis-sense mutation)是指碱基序列的改变引起了产物氨基酸的改变。有些错义突变严重影响到蛋白质活性甚至使之完全无活性,从而影响了生物体表型特征。如果该基因是必需基因,则该突变为致死性错义突变。

无义突变(nonsense mutation)是指某个碱基的改变,使代表某种氨基酸的密码子变为蛋白质合成的终止密码子(UAA、UAG、UGA),从而使得蛋白质的合成提前终止,产生截段的蛋白质。

移码突变(frameshift mutation)是由于DNA序列中发生1～2个核苷酸的缺失或插入,使翻译的可读框发生改变,即从改变位置以后的氨基序列的完全变化。

(2)基因突变导致的表型变化。表型(phenotype)和基因型(genotype)是遗传学中常用的两个概念,前者是指可观察或可检测到的个体性状或特征,是特定的基因型在一定环境条件下的表现;后者是指贮存在遗传物质中的信息,也就是它的DNA碱基顺序。上述4种类型的突变,除了同义突变外,其他3种类型都可能导致表型的变化。下面介绍几种常用的表型变化的突变型。

营养缺陷型(auxotroph)是一种缺乏合成其生存所必需的营养物的突变型,只有从周围环境或培养基中获得这些营养或其前体物(precursor)才能生长。营养缺陷型是微生物遗传学研究中重要的选择标记和育种的重要手段,由于这类突变型在选择培养基(或基本培养基)上不生长,所以是一种负选择标记,需采用影印平板(replica plating)的方法进行分离。

抗药性突变型(resistant mutant)是由于基因突变使菌株对某种或某几种药物,特别是抗生素,产生抗性的一种突变型,普遍存在于各类细菌中,也是用来筛选重组子和进行其他遗传学研究的重要正选择标记。在加有相应抗生素的平板上,只有抗性突变能生长。所以很容易分离得到。

条件致死突变型(conditional lethal mutant)是指在某一条件下具有致死效应,而在另一条件下没有致死效应的突变型。这类突变型常被用来分离那些对生物体生长繁殖必需的突变基因。因为这类基因一旦发生突变是致死的(如为 DNA 复制所必需的基因),因而也就不可能得到这些基因的突变。常用的条件致死突变是温度敏感突变,用 f 表示温度敏感(temperature sensitive),这类突变在高温下(如 42 ℃)是致死的,但可以在低温(如 25～30 ℃)下得到维持这种突变的个体。

形态突变型(morphological mutant)是指造成形态改变的突变型,包括影响细胞和菌落形态、颜色以及影响噬菌体的噬菌斑形态的突变型,这是一类非选择性突变,因为在一定条件下,它既没有像抗性突变那样的生长优势,也没有像营养缺陷性和条件致死突变那样的生长劣势,形态突变和非突变型均同样生长在平板上,只能靠看得见的形态变化进行筛选。其中以颜色变化较易筛选。

2) 水平基因转移(horizontal gene transfer, HGT)

从一个物种转移到另一物种(基因流)的遗传变异会使基因组重排。DNA 可以通过转化、转导、接合、转染和膜囊泡等 HGT 途径在细胞之间转移 DNA。新获得的供体 DNA 可以作为质粒或裂解噬菌体在受体细胞内保持分离,或者可以通过同源重组等多种机制掺入受体基因组中。HGT 在种内更常见,但在种间甚至更远的分类群间(如原核生物与真核生物间)也存在。HGT 可以通过物种内同源重组用供体同源物替代遗传片段,获得新的遗传物质。就 HGT 对物种内变异的影响而言,最重要的不是同源重组而是所传递的遗传物质对受体物种而言是否是新的。接合过程缺乏表面相容性、CRISPR 介导的微生物免疫力和噬菌体宿主特异性受限是限制 HGT 的主要过程(见第 6 章)。

自然选择和遗传漂变决定了通过突变和基因流引入的物种内部变异。遗传漂变随机消除了种群内的遗传变异,而自然选择则维持或消除了带来适应性优势或劣势的变异。自然选择是由多种生物和非生物因素驱动的,这些因素不同程度地影响了亚群生存和复制的能力。这些因素可以通过群落聚集和经典进化力来影响物种间和物种内微生物群落的组成。选择压力因子随生境而异,可能包括 pH、温度、氧气和其他气体的浓度、养分的可利用性、与其他细菌的直接竞争或合作、噬菌体和真核生物的捕食,以及压力诱导产生的药物、抗菌化合物和重金属等异源物质的存在。

2.3.1.3　微生物群体遗传结构

群体遗传结构是指遗传变异在物种或群体中的一种非随机分布,即遗传变异在群体内、群体间的分布样式以及在时间上的变化。群体遗传结构能反映遗传变异在群体内、群体间以及物种间的分布样式以及在时间上的变化,从而理解该物种或群体的进化史及演化潜能。研究发现,许多因素,诸如种群大小、变异、生殖方式、基因流和选择作用等均能影响微生物群体遗传结构的演化。因此,要阐明物种的遗传变异和分化过程,必须首先探讨生物群体遗传变异的大小,遗传结构及其变化规律以及影响群体遗传结构的各种因素等。

近些年,对于微生物的群体遗传结构研究,科学家们也逐渐掌握了一些规律。例如,就种群大小而言,一般认为气流传播的微生物比土传的微生物有效群体大,高基因流的比低基因流的有效群体大。通常情况下，病毒，尤其是 RNA 病毒的突变率比真菌和细菌的高；而核基因组的突变率比线粒体基因组突变率高。就基因重组而言，几乎所有真菌都能通过有性生殖产生基因重组；细菌则可通过转化、接合和转导等方式产生重组；病毒则可通过重组和重排完成遗传交换。通常情况下，远距离扩散（如通过气流或昆虫作为载体）的微生物比短距离扩散（如通过雨水作为载体、土传、种传）的微生物发生基因交流的可能性更高。目前对于微生物群体遗传结构的大部分研究工作都局限在对群体的遗传多样性及地理分布进行简单分析，而很少探讨群体遗传结构的时空动态及其进化机制，这应是今后群体遗传研究需要关注的。

2.3.2 微生物的物种与物种形成

了解微生物的物种形成过程对于认识物种的起源与进化，及理解微生物遗传多样性具有重要的意义。微生物的物种形成与其生活方式和地理分布紧密相关。此外，生殖模式也是影响微生物物种形成的重要因素。真菌是研究真核生物的物种形成模式的良好材料。因为许多真菌在实验室条件下培养能快速生长，并且完成杂交。另外，在真菌中有许多已知的复合种，这些复合种内包含许多近期分化的姊妹种，这使得研究物种形成的过程中的遗传分化成为可能。

已报道的真菌物种形成模式主要有异地物种形成、同地物种形成、杂交物种形成等等。异地物种形成是指在不同的地方发现同一物种的不同隐存种。同地物种形成主要来自病原真菌对不同寄主的选择性适应。例如，小麦的病原真菌 *Mycosphaerella graminicola* 是从野生草类的寄生物种中随着小麦在人工驯化过程的不断积累，通过同地物种分化形成的。杂交物种形成则由于许多真菌并不是完全的生殖隔离，从而给个体间的杂交带来了机会。在草类的内寄生真菌属 *Epichloe* 中，通过杂交产生无性阶段的 *Neotyphodium* 属的真菌能寄生草类，而 *Epichloe* 属的真菌则不能。此外，染色体重排在真菌的物种形成中也起重要作用，如在子囊菌 *Sordaria macrospora* 和担子菌 *Coprinus cinereus* 中，种内的同宗配合使得物种体内含有不同的染色体组型，为后代自我繁殖提供了机会。除了生殖隔离在物种形成中发挥重要作用外，也有学者认为生态因素可能在共同生存的生物体的物种形成过程中起重要作用。

现代分类体系源自林纳尤斯（Linnaeus）在 18 世纪的工作。林纳尤斯的物种概念涵盖了 3 个不同的属性：独特的且单型的；由来已久且永恒不变的；可育的。在 18 至 19 世纪，随着大量物种被发现和收集，自然学家和博物学家开始意识到，物种和更高分类层级的定义必须基于可识别的一致性形态学特征。由此发展出了形态学物种的鉴定方法，并形成了"物种是一个或者一些相近的群体，它们的形态学特征足够独特和明确，以至于训练有素的分类学家可以给予它们一个确定的命名"的基本概念。

到了 20 世纪初，随着恩斯特·迈尔（Ernst Mayr）的《系统学与物种起源》（*Systematics and the Origin of Species*）一书的出版，生物学物种的概念在遗传学、分类学以及进化学领域得到了统一。这形成了一个人所熟知却也最饱受争议的物种定义，即物种是一组有相互杂交行为或者有杂交可能的自然群体，并且与其他的群体保持有生殖隔离。在原核生物领域,科恩(Cohn)是首先提出细菌是否能够和动植物一样被划分成不同物种的人之一。不过科恩认为,对于微生物来说,属的概念是自然界中真实存在的实体,而种的概念则很大程度上是人为定义的。其后微生物领域发展出了各种各样的概念来描述微生物中的物种,但其中并没有任何一个被广泛接受。其中一个很重要的因素是不同的定义源自不同的分析方法和技术,因此缺乏普遍性。最终研究者们一致认为,需要同时结合尽可能多的表型和基因组的特征来完成物种的鉴定。

"种"(species)是物种分类的一个重要的等级,历史上针对种的划分存在着不同的概念和理论。最原始的物种分类定义要求一个实体要得到定义必须具有充分性和必要性,这意味着一个物种的所有个体需要至少具有一个这样的必要和充分的特性来成为该物种的成员,与此同时,只要是显示此属性或这些属性的每个个体都会被划分进该物种。这样的观点在后来受到了广泛的质疑,大卫·赫尔(David Hull)在其文章《本质主义对分类学的影响:两千年的停滞》(*The effect of essentialism on taxonomy: Two thousand years of stasis*)中抨击了这种理念对物种分类发展的阻碍。最终,这种哲学意义上的枷锁被达尔文革命性的进化理论所打破。

在达尔文的进化论被提出后,越来越多的不同角度的"种"的定义被提出,其包括无性繁殖生物的无配生殖种(agamospecies)、有性繁殖生物的生殖隔离、基于生态位的生态种、基于细胞系的进化、基于基因库的遗传、基于形态或表型以及由分类学家确定的物种分类等。总而言之,物种是进化、分类和生物多样性的基本单位,其是物种形成过程的产物,是一个分类的层级。

在环境压力等筛选条件下,同一个种内的不同菌株可能会向着不同的方向发展,加之多种多样基因组变化发生的可能,种的水平似乎很难有效地描述一个物种。在这种情况下,要想更好地捕捉和描述一个物种的特征,使用基因组测序技术寻找分辨率更高的分类单元会更加有效,菌株水平的差异对物种的外延进行了拓展。

现在的研究中,对菌株的划分通常可以从单克隆菌落培养,宏基因组测序和系统发育分析的角度出发进行,如图 2-10 所示。在对基因组相似性进行比对分析后,研究人员发现基于基因组进行的分析精度是高于基于菌株水平进行分析的,与种水平的分析相比,菌株和基因组的准确性则要高出很多。

在核酸水平上,对于原核生物而言,目前被科学界所认同的"种"的分类界定标准是:DNA-DNA 杂交重组率大于 70%,16S rRNA 的相似性为 97% 以上,G+C 含量差异小于 5%,ΔTm 小于 $5\,^{\circ}\mathrm{C}$。DNA-DNA 杂交作为基因组水平上的原核物种界定的黄金标准已经被使用了将近 50 年。它作为唯一的提供数字化和相对稳定物种界定的分类学方法,对现在的分类方法有着重要的影响。通常情况下,若想确定一个从环境中分离获得菌株的分类学地位,需要通过一些分析手段找到与其亲缘关系最近的种类,选择其标准菌株,再进行 DNA-DNA 杂交。常用的判定属于同种的原核生物的基本条件是:在严谨型杂交条件下,菌株相互之间(特别是与该种的标准菌株之间)进行全基因组 DNA-DNA 杂交,杂交百分率为 70% 及以上,则被认为属于同一个种。16S rRNA 基因序列则又为分类提供了系统发育基础。而对于真菌的分类一般基于 ITS 区域序列、18S、28S 和 beta-tubulin 基因等。

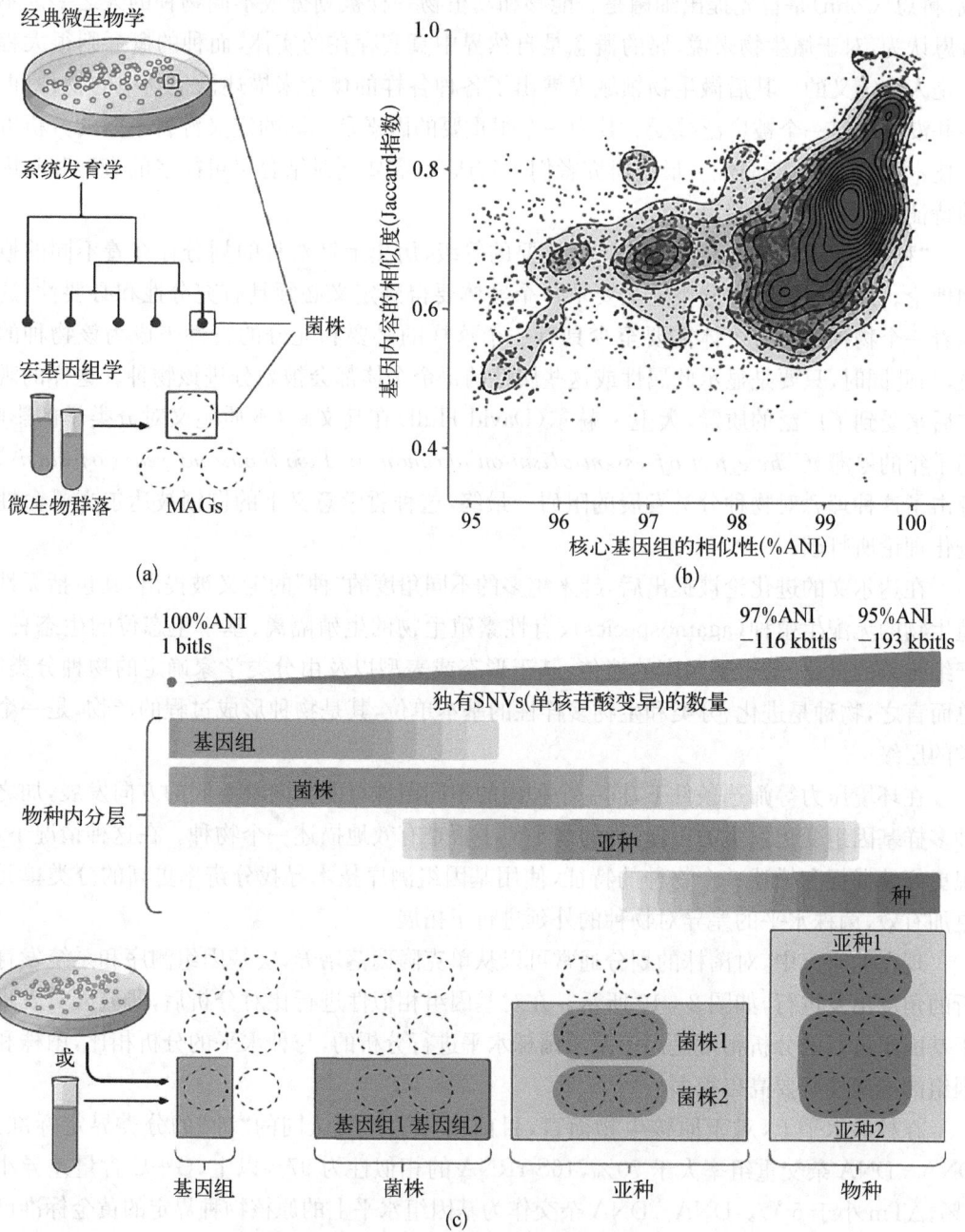

图 2-10   不同研究策略精度比较

(a) 单克隆菌落培养;(b) 宏基因组测序;(c) 系统发育分析

综上所述,由于"种"的定义不能很好地解释生命的动态变化,并且也存在分辨率不足的问题,往往会忽略种内差异等关键信息。因此,在某些特定情况下,使用种水平进行研究可能会遇到各种问题。特别是在研究细菌群落功能时,如果仅在种的水平上进行研究,可能会错过抓住关键的功能菌株的机会。

2.3.3　常用于表征微生物多样性的分子

虽然经过了 1 个多世纪的努力来不断改进微生物培养技术,但是 70%～80% 的微生物多样性(又被称为"微生物暗物质")仍然没有得到培养。在早期尝试鉴定和取样这些迄今尚未培养的分类谱系时,广泛使用了扩增核糖体 RNA 基因并对其进行测序的方法。微生物生态学的新方法正在彻底改变对环境中微生物的结构和功能的理解。细胞分离技术、DNA 扩增和高通量 DNA 测序平台的最新发展,使得通过使用宏基因组技术和单细胞基因组学,从不同环境中发现未培养微生物的基因/基因组成为可能。宏基因组和单细胞技术的协同使用已成为研究微生物多样性的强大工具。这些技术已经被成功地应用于挖掘用于生物技术应用的新酶或天然产物、来自极端环境微生物的新基因,以及来自未培养微生物的全基因组。

发现新的微生物并描述其功能是微生物多样性研究的主要目标。传统方法是通过培养并进行菌株鉴定来实现的。但这种方法不足以代表自然环境中常见的复杂微生物群落。在许多环境中,多达 99% 的微生物无法通过标准技术进行培养,非培养微生物构成了地球生物多样性的大部分。因此,不依赖于培养的方法对于了解大多数微生物的遗传多样性、种群、结构和生态作用至关重要。可用于表征微生物多样性的分子标记主要有核基因序列标记和线粒体 DNA 标记。

2.3.3.1　核基因序列标记

由于核基因组结构大而复杂,大部分核基因中又存在直系同源基因(orthologous gene)和旁系同源基因(paralogous gene),使得核基因的应用复杂化。在众多的核基因分子标记中,使用最广泛的是核糖体 RNA(rRNA)基因。

1) rRNA 基因

核糖体广泛分布于现存的所有生物中,执行着蛋白质合成的功能,它由几十种蛋白质和 rRNA 组成。在真核微生物中,核糖体转录区的重复单位包括 *5S*、*5.8S*、*18S* 和 *28S* rRNA 基因。位于 *18S* 与 *5.8S* 之间的 ITS1 区和位于 *5.8S* 与 *28S* 之间的 ITS2 区一起构成内转录间隔区 ITS(internal transcribed spacer)。*18S*、*5.8S*、*28S* rRNA 基因序列进化缓慢且相对保守,其中 *18S* 比 *28S* 基因更保守,常常作为种(Species)以上阶元的良好分子标记;*5.8S* 基因高度保守,为真菌 rRNA 基因 PCR 扩增的通用引物的设计提供了极大的方便;ITS 序列受到的选择压力较小,进化速率较快,序列长度适中,含足够量的遗传信息,在绝大多数的真核生物中表现出了极为广泛的序列多态性,因此被广泛用于真核物种的分子鉴定,以及属内物种间或种内差异较明显的微生物群间的系统发育关系分析。在原核微生物中,核糖体转录区的重复单位包括 *5S*、*16S* 和 *23S* rRNA 基因三种。其中 *5S* rRNA 信息量少,不适合分析;*23S* rRNA 分子大,但碱基突变速率要比 16S rRNA 快得多,对于较远的亲缘关系不适用;16S rRNA 大小在 1 500 bp 左右,具有良好的进化时钟性质,在结构与功能上具有高度的保守性,有"细菌化石"之称。因此,16S rRNA 基因序列分析已广泛应用于原核微生物多样性的研究。此外,16S rRNA 基因序列分析还奠定了有关古细菌、真细菌和真核生物"三域"理论的基础。除了核糖体 RNA 基因外,一些发育较为古老而序列又较稳定的特异性酶的基因也可用于分析微生物的遗传多样性。

2) 其他核基因标记

除了核糖体 rRNA 序列外,一些核基因序列,如 β-微管蛋白基因(β-tubulin)、转录延长因子 α(Elongation factor 1-α,EF1α)、RNA 聚合酶Ⅱ大亚基(RNA polymerase II largest subunit,RPB1)、RNA 聚合酶Ⅱ第二大亚基(RNA polymerase II second largest subunit,RPB2)、丝裂原活化蛋白激酶(mitogen activated protein kinase,MAPK)等也常被用来进行物种遗传多样性分析。这些序列无一例外地都具有保守的序列结构,但又能在各级分类水平上将物种有效区分开来,反映出物种的系统进化关系。在众多序列中,β-微管蛋白基因(β-tubulin)使用频率较高。该基因序列具有高度保守的外显子,已经被广泛用于真菌各级分类水平上的系统发育研究和在分子生物学研究中被用作内参基因,它无论在低分类阶元的系统发育研究中,还是复合种研究中,甚至对种内不同地域菌株间的亲缘关系研究,均具有重要意义。

随着测序速度的加快和成本的降低,人们在进行遗传多样性分析时,有时并非基于一条序列进行分析,而是通过 PCR 扩增多个基因序列(通常为持家基因),通过对序列进行遗传变异分析,从而了解物种的遗传特征,该方法也被称为多位点序列分型技术(multilocus sequence typing,MLST)。目前,该方法已经广泛运用到各类微生物的遗传多样性研究中,极大地推动了人类对微生物遗传多样性的认识。此外,基于多个位点序列进行分析,还能对微生物的系统发育及演化提供更加充分的信息,帮助人们更加客观准确地认知微生物的进化历程。例如,有研究利用 *18S rRNA*、*28S rRNA*、*ITS*、*EF1α*、*RPB1* 和 *RPB2* 等 6 个基因序列,对接近 200 个真菌物种进行系统发育构建,探讨真菌的演化历史。

2.3.3.2 线粒体 DNA 序列标记

以线粒体 DNA(mtDNA)序列作为分子标记的微生物遗传多样性的研究主要集中在含有线粒体的真核微生物,尤其是真菌领域。真菌线粒体 DNA 分子进化的速度介于动物和植物之间,其 DNA 变异丰富,能为真菌的系统发育及系统演化的研究提供大量的信息。对真菌线粒体 DNA 的多态性分析已被普遍用于真菌种群学及进化生物学的研究。例如,利用线粒体细胞色素氧化酶亚基 I 基因 *COX1* 的多态性作为酵母菌株遗传多样性分析的工具;对疫霉属 *Phytophthora* 真菌的 6 个种的线粒体 DNA 进行 RFLP 分析,发现线粒体 DNA 不仅可以对种进行有效划分,还可以用于区别种以下的分类单元——亚群。线粒体 DNA 作为一种核外遗传物质,所含的遗传信息量有限,若能将线粒体 DNA 信息与基因组 DNA 结合分析,可为物种遗传多样性、分类,以及系统进化研究提供更多的信息。

2.4　微生物多样性的生理学基础

2.4.1　微生物的细胞结构与功能

具有细胞构造的微生物可以分成原核微生物和真核微生物两个大类。前者包括细菌

(bacteria)和古细菌(archaea),后者则包括真菌、原生动物和显微藻类等。

2.4.1.1 原核微生物

原核微生物包括细菌(狭义)、放线菌、蓝细菌、支原体、立克次氏体和衣原体等,它们的共同点是细胞壁中含有独特的肽聚糖(无细胞壁的支原体例外),细胞膜含有由酯键连接的脂质。古细菌域发现得较晚,虽然它们在某些细胞成分和重要生化反应上与真核生物关系较为密切,但其细胞构造属于原核类型。

1) 细胞壁

细胞壁(cell wall)是位于细胞最外的一层厚实、坚韧的外被,有固定细胞外形和保护细胞等多种生理功能。原核生物的细胞壁除了具有一定的共性以外,还在革兰氏阳性菌、革兰氏阴性菌和抗酸细菌,以及古细菌中均具有各自的特点,支原体则是一类无细胞壁的原核生物。

(1) 革兰氏阳性菌的细胞壁。革兰氏阳性菌细胞壁的特点是厚度大(20~80 nm),化学组分简单。它一般只含有 90% 肽聚糖和 10% 磷壁酸,与层次多、厚度低、成分复杂的革兰氏阴性菌的细胞壁形成明显的差别。

肽聚糖(peptidoglycan)又称胞壁质(murein),是细菌细胞壁中的特有成分。革兰氏阳性菌-金黄色葡萄球菌(staphylococcus aureus)具有典型的肽聚糖层,其厚度为 20~80 nm,由 25~40 层的网格状分子交织成的"网套"覆盖在整个细胞上。肽聚糖分子由肽与聚糖两部分组成,其中的肽有四肽尾和肽桥两种,聚糖则由 N-乙酰葡糖胺和 N-乙酰胞壁酸相互间隔连接而成,呈长链骨架状。

肽聚糖由肽聚糖单体聚合而成,每一肽聚糖单体由 3 部分组成:① 双糖单位由一个 N-乙酰胞壁酸分子和一个 N-乙酰葡糖胺分子通过 β-1,4-糖苷键相连构成。② 四肽尾或四肽侧链(tetrapeptide side chain)连在 N-乙酰胞壁酸上的一段 4 个氨基酸组成的肽链,由 L 型与 D 型氨基酸交替。不同的微生物的肽尾氨基酸组成会有所差异。③ 肽桥或肽间桥(peptide interbridge)。金黄色葡萄球菌肽聚糖中的肽桥为甘氨酸五肽,它起着连接前后两个四肽尾分子的"桥梁"作用。目前所知的肽聚糖已经超过 100 种,主要的变化发生在肽桥上。四肽尾成分中的任一氨基酸均可出现在肽桥中,此外在肽桥上可以出现甘氨酸、苏氨酸、丝氨酸和天冬氨酸等。这些构成了细胞壁组成的多样性。

磷壁酸(teichoic acid)是革兰氏阳性菌细胞壁上的一种酸性多糖,主要成分为甘油磷酸或核糖醇磷酸。磷壁酸可以分两类:其一为壁磷壁酸,它与肽聚糖分子共价接合,其含量会随培养基成分而发生变化,一般占细胞壁质量的 10%,有时可接近 50%;其二为跨越肽聚糖层并与细胞膜相交联的膜磷壁酸(又称脂磷壁酸),它通过甘油磷酸链分子与细胞膜上的磷脂共价接合。其含量与培养条件关系不大。磷壁酸有 5 种类型,主要为甘油磷壁酸和核糖醇磷壁酸两类,前者在干酪乳杆菌(Lactobacillus casei)等细菌中存在,后者在金黄色葡萄球菌和芽孢杆菌属(Bacillus)等细菌中存在。

(2) 革兰氏阴性菌的细胞壁。革兰氏阴性菌的细胞壁比阳性菌更复杂,除了肽聚糖层以外,还有外膜和周质空间。

革兰氏阴性菌的肽聚糖可以大肠杆菌为代表。它的肽聚糖埋藏在外膜层内,是仅由 1~

2层肽聚糖网格状分子组成的薄层(2～3 nm),含量占细胞壁总量的 5%～10%。其结构单体与革兰氏阳性菌略有不同。革兰氏阴性菌细胞壁的肽聚糖含量和连接方式决定了其肽聚糖层较为稀疏,机械强度也较革兰氏阳性菌细胞壁差。

外膜(outer membrane)位于革兰氏阴性菌细胞壁外层,由脂多糖、磷脂和脂蛋白等蛋白质组成,有时也称为外壁。虽然其基本结构与细胞质膜相似,均为双层脂膜,但因其外层嵌入了大量的脂多糖,而内层嵌入了脂蛋白,因此与细胞质膜有很大的差别。脂多糖(lipopolysaccharide, LPS)位于革兰氏阴性菌细胞壁最外层,由类脂 A、核心多糖(core polysaccharide)和 O-特异侧链(O-specific side chain,或称 O-多糖或 O-抗原)3 部分组成。其中类脂 A 嵌入外膜,O-抗原暴露于细菌的表面。脂多糖的结构多变,决定了革兰氏阴性菌细胞表面抗原决定簇的多样性。例如,根据 LPS 的抗原性,已报道的沙门氏菌属(Salmonella)的抗原型多达 2 107 种(1983 年)。

外膜蛋白(outer membrane protein)指嵌合在 LPS 和磷脂层外膜上的蛋白,种类很多,但许多蛋白的功能还不清楚。

周质空间(periplasmic space)又称周质(periplasm)或壁膜间隙,指革兰氏阴性菌中外膜与细胞膜之间的狭窄空间。周质呈胶状,肽聚糖薄层夹在其中。周质空间有多种周质蛋白(periplasmic protein),包括:① 水解酶类,如蛋白酶、核酸酶等;② 合成酶类,如肽聚糖合成酶;③ 接合蛋白(具有运送营养物质的作用);④ 受体蛋白(与细胞的趋化性相关)。

(3) 古细菌的细胞壁。在古细菌中,除了热原体属(Thermoplasma)没有细胞壁外,其余都具有与细菌类似功能的细胞壁。然而,两者细胞壁的化学成分差别甚大,古细菌的细胞壁非常多样,其中没有真正的肽聚糖,而是由多糖(假肽聚糖)、糖蛋白或蛋白质构成的。

甲烷杆菌属(Methanobacterium)等革兰氏阳性古细菌的细胞壁假肽聚糖(pseudopeptidoglycan)的多糖骨架是由 N-乙酰葡糖胺和 N-乙酰塔罗糖胺糖醛酸(N-acetyltalosaminouronic acid)以 β-1,3 糖苷键(不被溶菌酶水解)交替连接而成,连在后一氨基糖上的肽尾由 L-Glu、L-Ala 和 L-Lys 3 个 L 型氨基酸组成,肽桥则由 L-Glu 一个氨基酸组成。甲烷八叠球菌(Methanosarcina)的细胞壁含有独特的多糖,这种多糖含半乳糖胺、葡萄糖醛酸、葡萄糖和乙酸,不含磷酸和硫酸。而极端嗜盐古细菌-盐球菌属(Halococcus)的细胞壁是由硫酸化多糖组成的,含葡萄糖、甘露糖、半乳糖和相应的氨基糖,以及糖醛酸和乙酸。盐杆菌属(Halobacterium)的细胞壁是由糖蛋白(glycoprotein)组成的,其中包括葡萄糖、葡糖胺、甘露糖、核糖和阿拉伯糖,而它的蛋白部分则由大量酸性氨基酸尤其是天冬氨酸组成。

(4) 缺壁细菌。细胞壁是原核生物的最基本结构,但在自然界的长期进化和在实验室菌种传代中的自发突变都会导致出现缺少细胞壁的种类,如 L 型细菌。1935 年,英国李斯特预防医学研究所发现一种由自发突变形成的细胞壁缺损细菌-念珠状链杆菌(Streptobacillus moniliformis),它的细胞膨大,对渗透敏感,在固体培养基上形成"油煎蛋"似的小菌落。

2) 特殊的休眠构造——芽孢

1876 年,科赫在研究炭疽芽孢杆菌(Bacillus anthracis)时首先发现了细菌的芽孢。1877 年,英国学者丁达尔(J. Tyndall)证明枯草芽孢杆菌(B. subtilis)有两种存在状态,一种是经过几分钟煮沸就可杀死的状态,另一种是煮沸几小时都不能使其死亡的状态。同年,德国学者科恩(F. Cohn)又在形态学上证明芽孢杆菌属(*Bacillus*)和梭菌属(*Clastridium*)的耐热构造是其芽孢。某些细菌在其生长发育后期,在细胞内形成一个圆形或椭圆形、厚壁、含水量极低、抗逆性极强的休眠体,称为芽孢(endospore 或 spore)。由于每一营养细胞内仅生成一个芽孢,故芽孢无繁殖功能。芽孢是整个生物界中抗逆性最强的生命体之一,可抗热、抗化学药物、抗辐射和抗静水压等。一般细菌的营养细胞不能经受 70 ℃以上的高温,可是,它们的芽孢却有很强的耐高温能力。例如,肉毒梭菌(*Clostridium botulinum*)的芽孢在 100 ℃沸水中要经过 5.0~9.5 h 才能被杀死,至 121 ℃时,平均也要 10 min 才被杀死;热解糖梭菌(*C. thermosaccharolyticum*)的营养细胞在 50 ℃下经数分钟即可杀死,但其芽孢经 132 ℃处理 4.4 min 才能杀死 90% 的细胞。芽孢的抗紫外线能力一般是其营养细胞的 2 倍。巨大芽孢杆菌芽孢的抗辐射能力要比大肠杆菌的营养细胞强 36 倍。芽孢的休眠能力更是突出。在其休眠期间,不能检查出任何代谢活力,因此称为隐生态(cryptobiosis)。一般的芽孢在普通条件下可以保持几年至几十年的生活力。但文献中还有许多更突出的记载,如环状芽孢杆菌(*B.circulans*)的芽孢在植物标本上(英国)已保存 200~300 年;一种高温放线菌(*Thermoactinomyces sp.*)的芽孢在建筑材料中(美国)已保存 2 000 年;普通高温放线菌(*T. vulgaris*)的芽孢在湖底冻土中(美国)已保存 7 500 年;一种芽孢杆菌(*Bacillus* sp.)已被发现包埋在美国的蜜蜂肠道内琥珀中,其保存时间为 2 500 万~4 000 万年。

能产芽孢的细菌主要是属于革兰氏阳性菌的两个属——好氧性的芽孢杆菌属(*Bacillus*)和厌氧性的梭菌属(*Clostridium*),球菌中只有芽孢八叠球菌属(*Sporosarcina*)产生芽孢,螺菌中的孢螺菌属(*Sporospirillum*)也产芽孢。此外,还发现少数其他杆菌可以产生芽孢,如芽孢乳杆菌属(*Sporolactobacillus*)、脱硫肠状菌属(*Desulfotomaculum*)、考克斯体属(*Caxiella*)、鼠孢菌属(*Sporomusa*)和高温放线菌属(*Thermoactinomyces*)等。大多数芽孢杆菌属细菌是无害的,但有一些对人和动物是有致病性的。蜡样芽孢杆菌可引起食物中毒,症状与金黄色葡萄球菌食物中毒相似。一些菌株在食物中可产生耐热性毒素,该毒素与芽孢萌发有关,在被食入后 1~5 h 出现呕吐症状。其他菌株产生不耐热肠毒素,在食入后 10~15 h 内引起腹泻。已知蜡样芽孢杆菌在免疫受损患者可引起菌血症,以及其他症状如呕吐和腹泻。炭疽杆菌可引起人和动物炭疽。

3) 细胞壁以外的构造

在某些原核生物的细胞壁外,会着生一些特殊的附属物,包括糖被、S 层、鞭毛、菌毛和性毛等。

(1) 糖被。包被于某些细菌壁外的一层厚度不定的胶状物质,称为糖被(glycocalyx)。糖被的有无、厚薄除与菌种的遗传背景相关外,还与环境(尤其是营养)条件密切相关。糖被主要可以分为荚膜(capsule)和黏液层(slime layer)两类。荚膜是常见的一种糖被,其与细胞壁接合紧密,含水量很高,经脱水和特殊染色后可在光学显微镜下看到。糖被的主要成分是多糖、多肽或蛋白质,尤以多糖居多。少数细菌如黄色杆菌属(*Xanthobacter*)的菌种既具有 a-聚谷氨酰胺荚膜,又含有大量多糖的黏液层。

糖被的有无及其性质的不同可用于菌种的鉴定。例如,某些具有难以观察到的微荚膜的致病菌,只要用极为灵敏的血清学反应即可鉴定。在制药工业和试剂工业中,人们从肠膜明串珠菌的糖被中提取葡聚糖以制备"代血浆"或葡聚糖试剂(sephadex);利用野油菜黄单胞菌(*Xanthomonas campestris*)的黏液层可提取十分有用的胞外多糖-黄原胶(xanthan 或 Xc,又称黄杆胶),它可用于石油开采中的钻井液添加剂,也可用于印染、食品等工业中。产生糖被的细菌在污水的微生物处理中具有分解、吸附和沉降有害物质的作用。当然,有些细菌的糖被也可对人类带来不利的影响。

(2) S层。S层是一层包围在原核生物细胞壁外、由大量蛋白质或糖蛋白亚基以方块形或六角形方式排列的连续层,类似于建筑物中的地砖。有的学者认为S层是糖被的一种。在革兰氏阳性菌、革兰氏阴性菌和古细菌中都可找到S层结构。例如,常见的细菌有芽孢杆菌属(*Bacillus*)、梭菌属(*Clostridium*)、乳酸杆菌属(*Lactobacillus*)、棒杆菌属(*Corynebacterium*)、弯曲菌属(*Campyrobacter*)、异常球菌属(*Deinococcus*)、气单胞菌属(*Aeromonas*)、假单胞菌属(*Pseudomonas*)、水螺菌属(*Aquaspirillum*)、密螺旋体属(*Treponema*),以及一些蓝细菌等。S层与细胞壁表面的接合方式在不同的菌中有所不同。在革兰氏阳性菌中,S层一般接合在肽聚糖层表面。在革兰氏阴性菌中,S层一般都直接黏合在细胞壁的外膜上。在有些古细菌中,S层可直接紧贴在细胞质膜外,由它取代了细胞壁。

(3) 鞭毛。生长在某些细菌体表的长丝状、波曲形的蛋白质附属物,称为鞭毛(flagellum,复数形式为 flagella),其数目可从一根至数十根不等,具有运动功能。鞭毛的结构、数量等特征在不同的微生物种类中表现出显著的多样性。

2.4.1.2　真核微生物

凡是细胞核具有核膜,细胞能进行有丝分裂,细胞质中存在线粒体或同时存在叶绿体等细胞器的生物,称为真核生物(eukaryote)。微生物中的真菌、显微藻类、原生动物以及地衣均属于真核生物。真核细胞与原核细胞相比,其体积更大,结构也更为复杂。真核生物的细胞质中有许多由膜包围着的细胞器(organelle),如内质网、高尔基体、溶酶体、微体、线粒体和叶绿体等,还有由核膜包裹着的完整的细胞核,其中存在着构造极其精巧的染色体,它的双链DNA长链与组蛋白和其他蛋白密切结合,以更完善地执行生物的遗传功能。

2.4.2　微生物的营养

2.4.2.1　微生物的营养物质

一切生物在营养上都具有统一性,在元素水平上都需20种左右,以碳、氢、氧、氮、硫、磷6种元素为主,在营养要素水平上都需要碳源、氮源、能源、生长因子、无机盐、水。

微生物从环境中获取营养元素并用于生长和代谢的物质。在细胞生长、能量需求、细胞组成、发育、有机分子构建等方面发挥重要作用。必需营养素(碳、氧、氢、磷和硫)是生物体绝对需要的营养素,这6种元素占微生物细胞干重的95%左右,微生物对必需元素的需求量差异很大。

微生物要生存,就要进行各种代谢活动,必须从周围环境吸收营养物质,这是代谢活动的起点。通过新陈代谢作用,从中获得能量并合成新的细胞物质,同时把体内废物排出体外。所以,营养物质是微生物进行新陈代谢和一切生命活动赖以正常进行的物质基础。

如果营养物质不足将会导致微生物生长所需要的能量、碳源、氮源、无机盐等成分不足,此时机体一方面降低或停止细胞物质合成,避免能量的消耗,或者通过诱导合成特定的运输系统,充分吸收环境中微量的营养物质以维持机体的生存;另一方面机体对胞内某些非必要成分或失效的成分进行降解以重新利用。例如在碳源、氮源缺乏时,机体内蛋白质降解速率比正常条件下的细胞增加 7 倍,同时减少 RNA 合成和降低 DNA 复制的速率,导致生长停止。

1) 碳源

凡能提供微生物营养所需的碳元素(碳架)的营养源都称为碳源(carbon source)。碳源物质在微生物细胞内经过一系列复杂的化学变化后成为微生物自身的细胞物质(如糖类、脂质、蛋白质等)和代谢产物,碳可占一般细菌细胞干重的一半。绝大部分碳源物质在细胞内生化反应过程中还能为机体提供维持生命活动所需的能源,因此碳源物质通常也是能源物质。但是有些以 CO_2 作为唯一或主要碳源的微生物生长所需的能源则并非来自碳源物质。微生物在利用碳源物质时具有选择性,且不同种类的微生物利用碳源物质的能力也有差别。有些微生物能广泛利用各种类型的碳源物质,而有些微生物则可利用的碳源种类就很少。例如,假单胞菌属(Pseudomonas)中的某些种可以利用 90 种以上的碳源物质,而甲基营养型(methylotrophic)微生物则只能利用甲醇或甲烷等一碳化合物作为碳源物质。常用的碳源物质主要有糖类、有机酸、醇类、脂质、烃、CO_2 及碳酸盐等。

2) 氮源

凡是可以被微生物用来构成细胞物质的或代谢产物中氮素来源的营养物质通称为氮源(source of nitrogen)物质。

能被微生物所利用的氮源物质有蛋白质及其各类降解产物、铵盐、硝酸盐、亚硝酸盐、分子态氮、嘌呤、嘧啶、脲、酰胺、氰化物。氮源物质为微生物提供氮素来源,这类物质主要用来合成细胞中的含氮物质,一般不作为能源,只有少数自养微生物能利用铵盐、硝酸盐同时作为氮源和能源。在碳源物质缺乏的情况下,厌氧微生物在厌氧条件下可以利用某些氨基酸作为能源物质。

微生物吸收利用铵盐和硝酸盐的能力强,铵盐被细胞吸收后可直接利用,而硝酸盐被吸收后需进一步还原成铵后才能再被微生物利用。许多腐生型细菌、肠道菌、动植物致病菌等可利用铵盐或硝酸盐作为氮源,如大肠杆菌、产气肠杆菌(Enterobacter aerogenes)、枯草芽孢杆菌(Bacillus subtilis)、铜绿假单胞菌(Pseudomonas aeruginosa)等均可利用硫酸铵和硝酸铵作为氮源,放线菌可以利用硝酸钾作为氮源。

3) 无机盐

无机盐(inorganic salt)是微生物生长必不可少的一类营养物质,它们在机体中的生理功能主要是作为酶活性中心的组成部分、维持生物大分子和细胞结构的稳定性、调节并维持细胞的渗透压平衡、控制细胞的氧化还原电位和作为某些微生物生长的能源物质等。

微生物生长所需的无机盐一般有磷酸盐、硫酸盐、氯化物以及含有钠、钾、钙、镁、铁等金属元素的化合物。在微生物的生长过程中还需要一些微量元素。微量元素是指那些在微生物生长过程中起重要作用,而机体对这些元素的需要量极其微小的元素。微量元素一般参与酶的组成或使酶活化。

4) 生长因子

生长因子(growth factor)通常指微生物生长所必需而且需要量很小,但微生物自身不能合成或合成量不足以满足机体生长需要的有机化合物。根据生长因子的化学结构和它们在机体中的生理功能的不同,可将生长因子分为维生素(vitamin)、氨基酸以及嘌呤与嘧啶三大类。

自养微生物和部分异养微生物(如大肠杆菌)不需外源生长因子也能生长。而且,同种微生物对生长因子的需求也会随着环境条件的变化而改变,如鲁氏毛霉(*Mucor rouxii*)在厌氧条件下生长时需要维生素 B 与生物素,而在好氧条件下生长时自身能合成这两种物质,不需外加这两种生长因子。

5) 水

水是微生物生长所必不可少的。微生物生长的环境中水的有效性常以水活度值(wateractivity, a_w)表示,水活度值是指在一定的温度和压力条件下,溶液的蒸气压力与同样条件下纯水蒸气压力之比,即 $a_w = P_w/P_w^0$。式中 P_w 代表溶液蒸气压力,P_w^0 代表纯水蒸气压力。微生物一般在 a_w 为 0.60~0.99 的条件下生长,不同的微生物,其生长的最适 a_w 不同。一般而言,细菌生长最适 a_w 较酵母菌和霉菌高,而嗜盐微生物生长最适 a_w 则较低。

2.4.2.2　最小因子定律和耐受性法则

最小因子定律(liebig's law)或李比希法则,又称 Liebig 定律,该定律是由德国农业化学家尤斯图斯·冯·李比希(Justus Von Liebig)提出来的,其内容为:任何生物的总产量或生物量取决于外界供给它的所需养分中数量最少的那一种。反过来就是说这种最小量的营养物限制着生物的生长,这种营养物就是一种限制性因子。营养物量的多少是比较而言的,如果很多种营养物都是过量的,仅缺少一种,则生物量就取决于这种缺少的营养物。增加限制微生物生长的营养物的数量可以使微生物得以大量生长繁殖,直到另外的营养物成为限制因子。当然不同的生物有不同的营养需要,在同一个生态系统中某一种营养物对一种生物是最小量,对其他的生物就不一定是最小量。

Liebig 定律适用于动物、植物和微生物。利用这个定律的原理可以进行定量的生物分析,以确定一种微生物对某种营养物的需要量。例如,要测定一种微生物对维生素的需要量,可以提供过量的其他营养物而限制维生素的量,从而可以根据微生物生物量的多少来大致确定这种微生物对维生素的需要量。同时还可以用营养物的数量来有目的地促进有益微生物、抑制有害微生物的生长。这是微生物菌群生态调控的重要理论基础。不同的微生物在生理上对营养物的要求有差异,一些微生物能在特定的营养条件下生长,而另一些微生物则不能;在同一生态环境中,一些微生物的生长可能受某种营养物的限制,而另一些微生物则不受这种营养物而受其他的营养物所限制。在实际工作中就可以利用这一点。例如,在污水处理中,碳氮比例要维持在一定的水平上,当碳源过量、氮源不足时,污水处理中的正常微生物类群的生长受到限制,而球衣细菌等丝状菌却可以大量繁殖,造成污泥膨胀。如果加入的碳氮比例合适,则正常的微生物类群能大量生长,球衣细菌等丝状菌的生长受到抑制,从而进行正常的污水处理。再如,通过饮食结构的调整,可以调控任何动物的肠道菌群结构,达到调整健康状况的目的。

1913 年,生态学家谢尔福德(Shelford V E)在最小因子定律的基础上又提出了耐受性法则(law of tolerance)。该法则认为生物不仅受生态因子最低量的限制,也受生态因子最高量的限制,生物对各种生态因子都有其耐受的上下限和范围(图 2 - 11)。对某个生态因子而言,不同的生物的耐受范围是千差万别的,生物的分布受到其对生态因子的耐受范围的影响,也会受到与其共处的竞争者的影响。例如,一些沙生植物分布在沙漠环境中,可能并非因为沙漠是它们的最适环境,而是因为它们在沙漠中具有更大的竞争力。

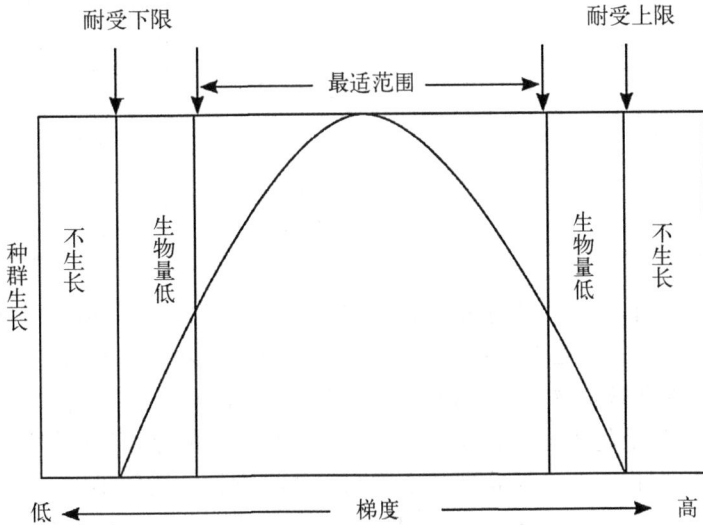

图 2 - 11 生物对生态因子的耐受性

2.4.2.3 微生物的营养类型

营养类型是指根据生物生长所需要的主要营养要素即能源和碳源的不同而划分的生物类型。生物的营养类型有:光能自养型、光能异养型、化能自养型、化能异养型。

微生物的营养类型是多样的。根据微生物生长所需的营养物质的性质不同分为异养型生物和自养型生物。根据能量来源不同,分为化能营养型和光能营养型。蓝细菌、红硫细菌、绿硫细菌是光能自养型生物,它们含有叶绿素或细菌叶绿体,能进行光合作用。红螺菌属于光能异养型微生物。在化能利用菌中又分为无机化能利用菌(*Lithotrophs*)和有机利用菌(*Organotrophs*)。利用无机能源而需有机碳源的是混养菌(*Mixotrophs*),但有更多种细菌能利用的有机物极为相同,如石油、苯、酚、磷苯二酚、丙烯腈、多种染料和农药等。因而利用微生物能降解稳定有机物的特征来处理自然环境中的污染物,以达到保护环境、防治污染的目的。微生物还能以 CN^-、OCN^-、SCN^-、$NCNZ^-$、NO 为氮源,最为独特的是有些微生物固定大气中的 N_2。

微生物种类繁多,其营养类型(nutritional types)比较复杂,人们常在不同层次和侧重点上对微生物营养类型进行划分。根据碳源、能源及电子供体性质的不同,可将绝大部分微生物分为光能无机自养型(photolithoautotrophy)、光能有机异养型(photoorganoheterophy)、化能无机自养型(chemolithoauto-trophy)及化能有机异养型(chemoorganoheterotrophy)4 种类型(表 2 - 1)。

表 2 - 1　微生物的营养类型

营养类型	电子供体	碳源	能源	举例
光能无机自养型	H_2、H_2S、S、或 H_2O	CO_2	光能	着色细菌、蓝细菌、藻类
光能有机异养型	有机物	有机物	光能	红螺细菌
化能无机自养型	H_2、H_2S、Fe^{2+}、NH_3、或 NO_2^-	CO_2	化学能（无机物氧化）	氢细菌、硫杆菌、亚硝化单胞菌属（Nitrosomonas）、硝化杆菌属（Nitrobacter）、甲烷杆菌属（Methanobacterium）、醋酸杆菌属（Acetobacter）
化能有机异养型	有机物	有机物	化学能（有机物氧化）	假单胞菌属、芽孢杆菌属、乳酸菌属、真菌、原生动物

光能无机自养型和光能有机异养型微生物可利用光能生长,在地球早期生态环境的演化过程中起重要作用;化能无机自养型微生物广泛分布于土壤及水环境中,参与地球物质循环;对化能有机异养型微生物而言,有机物通常既是碳源也是能源。目前已知的大多数细菌、真菌、原生动物都是化能有机异养型微生物。值得注意的是,已知的所有致病微生物都属于此种类型。根据化能有机异养型微生物利用的有机物性质的不同,又可将它们分为腐生型(metatrophy)和寄生型(paratrophy)两类,前者可利用无生命的有机物(如动植物尸体和残体)作为碳源,后者则寄生在活的寄主机体内吸取营养物质,离开寄主就不能生存。在腐生型和寄生型之间还存在一些中间类型,如兼性腐生型(facultive metatrophy)和兼性寄生型(facultive paratrophy)。

某些菌株发生突变(自然突变或人工诱变)后,失去合成某种(或某些)对该菌株生长必不可少的物质(通常是生长因子,如氨基酸、维生素)的能力,必须从外界环境获得该物质才能生长繁殖,这种突变型菌株称为营养缺陷型(auxotroph),相应的野生型菌株称为原养型(prototroph)。营养缺陷型菌株经常用来进行微生物遗传学方面的研究。

无论哪种分类方式,不同营养类型之间的界限并非绝对的,异养型微生物并非绝对不能利用,只是不能以 CO_2 为唯一或主要碳源进行生长,而且在有机物存在的情况下也可将 CO_2 同化为细胞物质。同样,自养型微生物也并非不能利用有机物进行生长。另外,有些微生物在不同生长条件下生长时,其营养类型也会发生改变。例如,紫色非硫细菌(purple nonsulphur bacteria)在没有有机物时可以同化 CO_2,为自养型微生物,而当有机物存在时,它又可以利用有机物进行生长,此时它为异养型微生物。再如,紫色非硫细菌在光照和厌氧条件下可利用光能生长,为光能营养型微生物,而在黑暗与好氧条件下,依靠有机物氧化产生的化学能生长,则为化能营养型微生物。微生物营养类型的可变性无疑有利于提高微生物对环境条件变化的适应能力。这体现了细菌的生态功能多样性。

2.4.2.4　微生物利用营养物质的方式

营养物质能否被微生物利用的一个决定性因素是这些营养物质能否进入微生物细胞。

只有营养物质进入细胞后,才能被微生物细胞内的新陈代谢系统分解利用,进而使微生物正常生长繁殖。影响营养物质进入细胞的因素主要有三个:

(1) 营养物质本身的性质。营养物质的相对分子质量、溶解性、电负性及极性均对其穿越细胞膜的难易程度有显著影响。

(2) 微生物所处的环境。温度通过影响营养物质的溶解度、细胞膜的流动性及运输系统的活性来影响微生物的吸收能力;pH 和离子强度通过影响营养物质的电离程度来影响其进入细胞的能力。例如,当环境 pH 比细胞内 pH 高时,弱碱性的甲胺进入大肠杆菌后以带正电荷的形式存在,而这种状态的甲胺不容易分泌而导致细胞内甲胺浓度升高,当环境 pH 比细胞内 pH 低时,甲胺以带正电荷的形式存在于环境中而难以进入细胞,导致细胞内甲胺浓度降低;当环境中存在诱导物质运输系统形成的物质时,有利于微生物吸收营养物质;而环境中存在的代谢过程抑制剂、解偶联剂,以及能与原生质膜上的蛋白质或脂类物质等成分发生作用的物质(如巯基试剂、重金属离子等)都可以在不同程度上影响物质的运输速率。另外,环境中被运输物质的结构类似物也影响微生物细胞吸收被运输物质的速率,例如 L-刀豆氨酸、L-赖氨酸或 D-精氨酸都能降低酿酒酵母吸收 L-精氨酸的能力。

(3) 微生物细胞的透过屏障(permeability barrier)。所有微生物都具有一种保护机体完整性且能限制物质进出细胞透过屏障,渗透屏障主要由原生质膜、细胞壁、荚膜及黏液层等组成的结构。荚膜与黏液层的结构较为疏松,对细胞吸收营养物质影响较小。革兰氏阳性细菌由于细胞壁结构较为紧密,对营养物质的吸收有一定的影响,相对分子质量大于10 000 的葡聚糖难以通过这类细菌的细胞壁。真菌和酵母菌细胞壁只能允许相对分子质量较小的物质通过。与细胞壁相比,原生质膜在控制物质进入细胞的过程中起着更为重要的作用,它对跨膜运输(transportaccross membrane)的物质具有选择性。根据物质运输过程的特点,可将物质的运输方式分为扩散、促进扩散、主动运输与膜泡运输。

2.4.3　微生物的生理代谢

代谢(metabolism)是细胞内发生各种化学反应的总称。代谢主要包括分解代谢(catabolism)和合成代谢(anabolism)。分解代谢是指细胞将大分子物质降解成小分子物质,并在这个过程中产生能量;合成代谢是指细胞利用简单的小分子物质合成复杂大分子,在这个过程中消耗能量。合成代谢所利用的小分子物质来源于分解代谢过程中产生的中间产物或环境中的小分子营养物质。微生物通过分解代谢产生化学能,光合微生物还可将光能转换成化学能,这些能量除用于合成代谢外,还可用于微生物的运动和营养物质的运输,另有部分能量以热或光的形式释放到环境中。

生物在其新陈代谢的本质上既存在着高度的统一性,又存在着明显的多样性。代谢的多样性可表现在不同的层次上,如营养类型的多样性、产能途径的多样性、代谢条件的多样性。与动植物比较,微生物的代谢多样性更为明显。

微生物是物质循环中的分解代谢的主要执行者类群,代谢类型的多样性也表现在物质的分解代谢上。代谢所利用的能源有光能也有化学能;代谢中产生的电子受体可以是有机物也可以为无机物;代谢的环境可以有氧也可以无氧。

除此之外,同一种微生物还会因环境的变化而改变代谢类型,如紫色硫细菌在白天利用光合作用获得能量,并氧化 H_2S 为元素硫,还原 CO_2 为储存物质糖原;而在夜晚或阴天时进行化能营养,氧化糖原产生乙酸。自养营养是细菌特有的生活类型,但目前对细菌的自养营养方式,我们也只了解固氮作用和 CO_2 固定作用,而对铁、氢及硫代谢了解相对较少。

无论从能量代谢还是从物质代谢角度讲,微生物代谢类型的多样性也是动植物不可比拟的。从营养代谢类型看,主要由光能自养型、光能异养型、化能自养型和化能异养型 4 种类型组成。光能自养型,目前已知有 3 种形式,不产氧型光合作用——循环光合磷酸化,产氧型光合作用——非循环光合磷酸化(似绿色植物),嗜盐紫膜菌型光合作用——一种无叶绿素或菌绿素(通过细菌视紫红质)参与的独特光合作用。化能自养型代谢是微生物独有的营养代谢类型,通过氧化无机物(NH_4^+、NO^-、$2H_2S$、S^0、H_2、Fe^{2+} 等)作为还原 CO_2 所需要的 ATP 和还原力。化能异养型包括发酵、无氧呼吸、有氧呼吸等不同生物氧化形式及诸多代谢途径产能。

笼统地讲,自然界只要存在某种有机物(包括人工合成的),就会有相应的微生物去分解利用它,如石油、苯酚、甲苯、丙烯腈、多种染料和农药等。微生物在对碳源利用及氮源利用方面具有极其广泛的多样性,也发挥着非常重要的作用。

2.4.3.1 异养微生物的生物氧化

异养微生物将有机物氧化,根据氧化还原反应中电子受体的不同,可将微生物细胞内发生的生物氧化反应分成发酵和呼吸两种类型,而呼吸又可分为有氧呼吸和无氧呼吸两种方式。

1) 发酵

发酵(fermentation)是指微生物细胞在无氧或低氧环境下将有机物氧化释放的电子直接交给底物本身未完全氧化的某种中间产物,同时释放能量并产生各种不同的代谢产物。在发酵条件下,有机物只是部分地被氧化,只释放出一小部分的能量。发酵过程的氧化与有机物的还原相偶联,被还原的有机物来自初始发酵的分解代谢产物,即不需要外界提供电子受体。

(1) 乙醇发酵(alcoholic fermentation)。包括酵母型乙醇发酵和细菌型乙醇发酵。在酵母型乙醇发酵过程中,葡萄糖经过糖酵解(EMP 途径)分解产生的丙酮酸被还原为乙醛,乙醛接受电子还原产生乙醇。细菌型乙醇发酵过程中,葡萄糖经 ED 途径(即 Entner-Doudoroff 途径)分解产生丙酮酸,进一步形成乙醇,同时产生少量能量。另外,一些肠道细菌及高温细菌由于缺少丙酮酸脱羧酶而含有乙醛脱氢酶,可利用乙酰辅酶 A 产生的乙醛进一步还原产生乙醇,且不产生 CO_2。

(2) 乳酸发酵(lactic acid fermentation)。包括同型乳酸发酵和异型乳酸发酵。同型乳酸发酵中,葡萄糖经过糖酵解(EMP 途径)产生丙酮酸,这些丙酮酸直接接受来自糖酵解过程中的还原型辅酶(如 $NADH^+ H^+$)的氢离子($[H^+]$),被还原为乳酸。异型乳酸发酵中,葡萄糖则可能通过磷酸己糖途径(HMP 途径)或磷酸解酮酶途径(PK 途径)进行代谢,产生乳酸及乙醇或乙酸等。除乙醇发酵与乳酸细菌外,有些化能异养微生物还可进行混合酸发酵(mixed acid fermentation)、丁二醇发酵(butanediol fermentation)等。

2) 呼吸

在有氧或其他外源电子受体存在的情况下,底物分子可被完全氧化为 CO_2,并且在此过程中合成 ATP 的量远大于发酵过程。微生物在降解底物的过程中,将释放出的电子交给 NAD(P)$^+$、FAD 或 FMN 等电子载体,再经电子传递系统传给外源电子受体,从而生成水或其他还原型产物,并释放出大量能量。这个过程被称为呼吸作用。其中,以分子氧作为最终电子受体的称为有氧呼吸(aerobic respiration);以氧化型化合物作为最终电子受体的称为无氧呼吸(anaerobic respiration)。

许多不能被发酵的有机化合物能够通过呼吸作用而被分解,这是因为在呼吸作用的电子传递系统中发生了 NADH 的再氧化和 ATP 的生成,因此只要生物体内有一种能将电子从该化合物转移给 NAD$^+$ 的酶存在,而且该化合物的氧化水平低于 CO_2 即可。

(1) 有氧呼吸。在氧气充足条件下,好氧或兼性厌氧微生物以外源分子氧作为最终电子受体时发生的一类高产能效率的呼吸方式。以通用底物葡萄糖为例,有氧呼吸可分为 3 个阶段:第一阶段是 1 分子葡萄糖在细胞质基质中通过糖酵解(EMP)产生 2 分子丙酮酸,该阶段不需要氧气,通过底物水平磷酸化产生少量 ATP;第二阶段是丙酮酸氧化脱氢产生的 2 分子乙酰 CoA 进入三羧酸循环(TCA)后脱氢,该阶段需要 O_2 的参与,发生在真核生物的线粒体基质或原核生物的细胞基质中;第三阶段是上述两个过程中脱下的电子进入电子传递链,与氧化磷酸化相偶联生成 ATP,O_2 与 $[H^+]$ 接合生成水,发生在真核生物的线粒体内膜和原核生物的细胞膜上。

有氧呼吸是化能异养微生物的主要产能方式,利用外源 O_2 将有机底物彻底氧化,并通过电子传递链与氧化磷酸化产生大量能量,满足细胞的生命活动。

(2) 无氧呼吸。在无氧或缺氧条件下,厌氧或兼性厌氧微生物以外源无机氧化物(少数为有机氧化物如延胡索酸)作为最终电子受体时发生的一类产能效率较低的呼吸方式。根据最终电子受体的不同可将无氧呼吸分类。

① 硝酸盐呼吸(nitrate respiration)或反硝化作用(denitrification)。某些细菌如脱氮副球菌(*Paracoccus denitrificans*)等兼性厌氧菌以硝酸盐作为最终电子受体将硝酸盐还原为亚硝酸、NO、N_2O 及 N_2 的过程。在农业生产中,与作为氮源比硝酸盐更易利用反硝化形成气态氮,造成农田氮的损失,使土壤肥力减弱,同时增加了温室气体排放。另一方面土壤中的硝酸盐会溶于水,流入其他水体,虽然减少了农田硝酸盐的沉积,但也往往导致水体富营养化。硝酸盐呼吸是海水中微生物的主要产能方式之一,促进了自然界氮素循环。

② 硫酸盐呼吸(sulfate respiration)。脱硫弧菌属(*Desulfovibrio*)、脱硫杆菌属(*Desulfofaba*)等的细菌以硫酸盐作为最终电子受体将硫酸盐还原为 H_2S 的过程,这些细菌常常是专性厌氧的硫酸盐还原细菌。硫酸盐呼吸可促进厌氧环境中的有机物循环并对自然界硫素循环具有重要意义。

③ 碳酸盐呼吸(carbonate respiration)或碳酸盐还原(carbonation reduction)。一些专性厌氧细菌如产甲烷菌(*Methanogens*)等以 CO_2 或 HCO_3^- 作为最终电子受体,将其还原产生乙酸或甲烷等的过程,这一过程与地下某些缺氧环境中存在的甲烷有关。

④ 延胡索酸呼吸(fumarate respiration)。一些兼性厌氧菌如巨大脱硫弧菌

（*Desulfovibrio gigas*）等以延胡索酸作为外源末端电子受体，还原产生琥珀酸并产能的过程。

除上述类型外，无氧呼吸类型还包括利用 Fe^{3+}、Mn^{2+} 等作为最终电子受体的产能方式，如金属还原地杆菌（*Geobacter metallireducens*）、奥奈达希瓦氏菌（*Shewanella onedensis*）等。

与有氧呼吸相比，无氧呼吸也利用电子传递链与氧化磷酸化相偶联产能，只是其电子受体比氧的标准还原势更低，即电势差小，故产能较少，效率较低。但无氧呼吸却具有非常重要的生物学意义：在长时间的无氧条件下为微生物持续供给能量，保证微生物的生长繁殖，在短时间无氧条件下，微生物也可迅速将产能方式调整至无氧呼吸。无氧呼吸也是自然界中氮循环、硫循环中的重要环节。

2.4.3.2　好氧菌、兼性厌氧菌和厌氧菌与呼吸/发酵的关系

根据不同微生物对氧的需求及其耐受能力将化能异养微生物分为好氧菌、兼性厌氧菌及厌氧菌。好氧菌只有在分子氧存在的条件下才能生长繁殖，具有完整的呼吸链，通过有氧呼吸产能，无氧或缺氧条件下其生长受到抑制，如枯草芽孢杆菌（*Bacillus subtilis*）和铜绿假单胞菌（*Pseudomonas aeruginosa*）等。兼性厌氧菌在有氧、无氧或缺氧条件下都能生长，具有完整的呼吸链，有氧时通过有氧呼吸产能并迅速分裂增殖，无氧可转换为无氧呼吸或发酵产能。例如，大肠埃希氏菌（*Escherichia coli*），在氧气充足时通过有氧呼吸产能生长，在无氧条件下，进行以硝酸盐为最终电子受体的无氧呼吸或混合酸发酵。一般在有氧条件下，由于电子传递链对 $NADH^+$ 的亲和力更高，故兼性厌氧菌会优先进行有氧呼吸。

耐氧型厌氧菌不具有呼吸链，故不能利用呼吸产能。该类型菌有氧条件下可以生存，但却不能利用氧气，仅依靠专性发酵或底物水平磷酸化获取能量。例如，乳酸杆菌（*Lactic acid bacteria*）通过同型乳酸发酵产能供给生长。专性厌氧菌不能分解或转化分子氧产生的超氧化物，即使短暂地接触氧也会导致生长抑制甚至死亡。专性厌氧菌不具有完整呼吸链，但一些厌氧细菌含有细胞色素，故可利用无氧呼吸或发酵供给其生命活动所需要的能量。如普通脱硫弧菌（*Desulfovibrio vulgaris*）由于含有单一细胞色素 C3，可通过无氧呼吸将硫酸盐逐步还原为硫化物。

论 文 快 递

属于 *Micrarchaeota* 门和 *Parvarchaeota* 门的小型嗜酸古细菌，与自然界中的一些 *Thermoplasmatales* 目的成员相互作用。然而，由于缺乏纯培养菌株和基因组序列，它们的生物多样性、代谢途径和生理特性在很大程度上仍不清楚。研究者从世界各地的酸性矿山排水（AMD①）和温泉环境中获得了 39 个基因组。基于 16S rRNA

---

① acid mine drainage.

基因的分析显示,*Parvarchaeota* 只在 AMD 和热泉环境中被发现,而 *Micrarchaeota* 也在其他包括土壤、泥炭、高盐环境生物膜和淡水等栖息地中被发现,这表明该门具有相当高的多样性和广泛的栖息地分布。尽管它们的基因组很小(0.64~1.08 Mb),这些古细菌可能通过降解多种糖类和蛋白质来促进碳和氮的循环,并通过有氧呼吸和发酵产生 ATP。此外,作者在 6 个 *Parvarchaeota* 基因组中鉴定了几个与铁氧化相关的同源基因,表明它们在铁循环中发挥潜在作用。然而,这两个门都缺乏氨基酸和核苷酸的生物合成途径,这表明它们可能从环境和/或其他群落成员中捕获这些生物分子。这些结果扩展了对这些神秘的古细菌的理解,揭示了它们在碳、氮和铁循环中的作用,并在基因组尺度上说明它们与 *Thermoplasmatales* 目之间的潜在相互作用。

——ISME J. 2018;12(3):756 – 775. doi:10.1038/s41396-017-0002-z

2.4.3.3　自养微生物的生物氧化

1) 氨的氧化

氨(NH_3)同亚硝酸根离子(NO_2^-)是常见的无机氮化合物,但它们通常并不直接用作能源。然而,它们可以被某些微生物,特别是硝化细菌,作为电子供体进行氧化反应。硝化细菌可分为两个亚群:亚硝化细菌(或称氨氧化微生物 AOM,又分为氨氧化细菌 AOB 和氨氧化古细菌 AOA 两大类)和硝化细菌(或称亚硝酸氧化细菌 NOB)。氨氧化为硝酸的过程可分为两个阶段,先由亚硝化细菌将氨氧化为亚硝酸,再由硝化细菌将亚硝酸氧化为硝酸。由氨氧化为硝酸是通过这两类细菌依次进行的。硝化细菌都是一些专性好氧的革兰氏阴性菌,以分子氧为最终电子受体,且大多数是专性无机营养型。它们的细胞都具有复杂的膜内褶结构,这有利于增强细胞的代谢能力。

2) 硫的氧化

硫氧化菌(sulfur-oxidizing bacteria,SOB)通过氧化单质硫或还原性硫化物产生能量或者参与光合作用,将低价态的还原性硫化物或单质硫完全氧化为硫酸盐(SO_4^{2-})或部分氧化为更高价态的硫化物的类群。SOB 不但种类多样,而且分布广泛,在海洋、热液口、冷泉、土壤、河流和湖泊等多种环境都有发现。这些 SOB 能够在不同温度、pH 和氧气浓度等条件下进行硫氧化,暗示 SOB 可能存在多种酶和硫氧化途径。SOB 常见的有绿硫细菌、紫硫细菌、紫色非硫细菌和无色硫细菌,其他类群 SOB 还有厚壁菌门(Firmicutes)中的 *Alicyclobacillus* spp.、绿色非硫细菌中的 *Chloroflexus aurantiacus* 和水生菌门(Aquificae)中的 *Sulfurihydrogenibium* spp.等。

硫杆菌能够利用一种或多种还原态或部分还原态的硫化合物(包括硫化物、元素硫、硫代硫酸盐、多硫酸盐和亚硫酸盐)作能源。H_2S 首先被氧化成元素硫,随之被硫氧化酶和细胞色素系统氧化成亚硫酸盐,放出的电子在传递过程中可以偶联产生 4 分子 ATP。亚硫酸盐的氧化可分为两条途径:一是直接氧化成 SO_2 的途径,该过程由亚硫酸盐-细胞色素 c 还原酶和末端细胞色素系统催化,产生 1 分子 ATP;二是经磷酸腺苷硫酸的氧化途径,每氧化

1 分子 SO_2 产生 2.5 分子 ATP。

3）铁的氧化

亚铁向高铁状态的氧化过程对于某些特定细菌来说也是一种产能反应,尽管在这种氧化过程中只有少量的能量可以被利用。亚铁的氧化过程仅在嗜酸性的氧化亚铁硫杆菌（*Thiobacillus ferrooxidans*）中进行了较为详细的研究。在低 pH 环境中,这种菌能利用亚铁放出的能量生长。在该菌的呼吸链中,发现了一种含铜蛋白质（rusticyanin）,它与几种细胞色素 c 和一种细胞色素 a 氧化酶共同构成电子传递链。尽管电子传递过程中的放能部位和放出有效能的多少还有待研究,但已知在电子传递到氧的过程中,细胞质内有质子消耗,从而驱动 ATP 的合成。

4）氢的氧化

氢细菌都是一些呈革兰氏阴性的兼性化能自养菌。它们能利用分子氢氧化产生的能量同化 CO_2,也能利用其他有机物生长。氢细菌的细胞膜上有泛醌、甲基萘醌及细胞色素等呼吸链组分。在该菌中,电子直接从氢传递给电子传递系统,电子在呼吸链传递过程中产生 ATP。在多数氢细菌中,有两种与氢的氧化有关的酶。一种是位于壁膜间隙或接合在细胞质膜上的不需 NAD^+ 的颗粒状氧化酶。它能够催化 $H_2 \rightarrow 2H^+ + 2e^-$ 反应。该酶在氧化氢并通过电子传递系统传递电子的过程中,可驱动质子的跨膜运输,形成跨膜质子梯度,为 ATP 的合成提供动力。另一种是可溶性氢化酶,它能催化氢的氧化,而使 NAD^+ 还原为 NADH 的反应。所生成的 NADH 主要用于 CO_2 的还原。

2.4.3.4 自养微生物的产能途径

自养微生物的生物合成的起始点是建立在对氧化程度极高的 CO_2 进行还原（CO_2 的固定）的基础上,为此,化能自养微生物必须从氧化磷酸化所获得的能量中,花费一大部分 ATP 以逆呼吸链传递的方式把无机氢转变成还原力。例如,硝化细菌可利用亚硝酸氧化酶和来自 H_2O 的氧把亚硝酸根氧化为硝酸根,并引起电子流经过一段很短的呼吸链而产生少量 ATP。而在光能自养微生物中,ATP 是通过循环光合磷酸化,非循环光合磷酸化或紫膜光合磷酸化产生的,而还原力则是直接或间接利用这些途径产生的。例如,原核生物真细菌的光合细菌在光能驱动下利用还原态的无机物（H_2S,H_2）作为还原 CO_2 的氢供体,电子从菌绿素分子上逐出,通过类似呼吸链的循环,又回到菌绿素,其间产生 ATP 和还原力。藻类和蓝细菌在光和氧气的条件下裂解水以提供细胞合成的还原力,电子则经过叶绿素的两个光合系统接力传递,在 Cyt bf 与 Pc 间产生 ATP。嗜盐菌在无氧的条件下,利用光能所造成的紫膜蛋白上视黄醛辅基构象的变化,可使质子不断驱至膜外,从而在膜两侧建立一个质子动势,再由它来推动 ATP 酶合成 ATP。

2.4.4 微生物的初级代谢与次级代谢

2.4.4.1 初级代谢与次级代谢

1）概念不同

在微生物的新陈代谢中,一般将微生物从外界吸收各种营养物质,通过分解代谢和合成代谢,生成维持生命活动的物质和能量的过程,称为初级代谢。次级代谢是相对于初级代谢而提出的一个概念。一般认为,次级代谢是指微生物在一定的生长时期,以初级代谢产物为前体,合成一些对微生物的生命活动无明确功能的物质的过程。

2) 产物不同

初级代谢的产物,即为初级代谢产物。如单糖或单糖衍生物、核苷酸、维生素、氨基酸、脂肪酸等单体以及由它们组成的各种大分子聚合物,如蛋白质、核酸、多糖、脂质等生命必需物质。通过次级代谢合成的产物称为次级代谢产物,大多是分子结构比较复杂的化合物。根据其作用,可将其分为抗生素、激素、生物碱、毒素等类型。次级代谢产物可积累在细胞内,但通常都分泌到细胞外,有些与机体的分化有一定的关系,并在同其他生物的生存竞争中起着重要的作用。

3) 存在范围不同

初级代谢的代谢系统、代谢途径和代谢产物在各类生物中都基本相同,它是一类普遍存在于各类微生物中的一种基本代谢类型。次级代谢只存在于某些微生物中,并且代谢途径和代谢产物因生物不同而不同,就是同种生物也会由于培养条件不同而产生不同的次级代谢产物。

4) 对微生物的作用不同

通过初级代谢,能使营养物转化为结构物质、具生理活性物质或为生长提供能量,因此初级代谢产物通常都是机体生存必不可少的物质,只要在这些物质的合成过程的某个环节上发生障碍,轻则引起生长停止,重则导致机体发生突变或死亡。次级代谢产物一般对菌体自身的生命活动无明确功能,不参与细胞结构组成,也不是酶活性必需的,不是机体生长与繁殖所必需的物质,即使在次级代谢的某个环节上发生障碍,也不会导致机体生长的停止或死亡,至多只是影响机体合成某种次级代谢产物的能力。但许多次级代谢产物通常对人类和国民经济的发展有重大影响。

5) 同微生物生长过程的关系不同

初级代谢自始至终存在于生活的菌体中,同菌体的生长过程呈平行关系,只有微生物大量生长才能积累大量初级代谢产物。次级代谢则是在菌体生长到一定时期后(通常是微生物的对数生长期末期或稳定期)产生的,它与机体的生长不呈平行关系,一般可明显地表现为菌体的生长期和次级代谢产物形成期两个不同的时期。

6) 对环境条件的敏感性或遗传稳定性上有明显不同

初级代谢产物对环境条件的变化敏感性小(即遗传稳定性大),而次级代谢产物对环境条件变化很敏感,其产物的合成往往因环境条件变化而停止。

7) 相关酶的专一性不同

相对来说,催化初级代谢产物合成的酶专一性强。而催化次级代谢产物合成的某些酶,其专一性不强。因此,在某种次级代谢产物合成的培养基中,加入不同的前体物时,往往可以导致机体合成不同类型的次级代谢产物。

另外,催化次级代谢产物合成的酶往往是一些诱导酶。它们是在菌体对数生长末期或稳定生长期里,由于某种中间代谢产物积累而诱导机体合成的一种能催化次级代谢产物合成的酶,这些酶通常因环境条件变化而不能合成。

8) 两者间具有连续性

微生物的新陈代谢中,先产生初级代谢产物,后产生次级代谢产物。初级代谢是次级代谢的基础,它可以为次级代谢产物合成提供前体物和所需要的能量;初级代谢产物合成中的关键性中间体也是次级代谢产物合成中的重要中间体物质,比如糖降解过程中的乙酰 CoA 是合成四环素、红霉素的前体,在菌体生长阶段,被快速利用的碳源的分解物会阻遏次级代谢酶系的合成,只有在对数后期或稳定期,这类碳源被消耗完之后,解除阻遏作用,次级代谢产物才能得以合成。次级代谢是初级代谢在特定条件下的继续与发展,可避免初级代谢过程中某种(或某些)中间体或产物过量积累对机体产生的毒害作用。

2.4.4.2　次级代谢与次级代谢产物

一般将微生物从外界吸收的各种营养物质通过分解代谢和合成代谢生成维持生命活动的物质和能量的过程称为初级代谢。次级代谢(secondary metabolism),也叫次生代谢,是微生物新陈代谢的支流代谢。次级代谢是相对于初级代谢而提出的一个概念。这个概念是1958 年由植物学家罗兰德(Rohland)首先提出,在 1960 年由微生物学家布洛克(Bu'Lock)引入微生物学领域。

一般认为,次级代谢是指微生物在一定的生长时期,以初级代谢产物为前体,合成一些对微生物生命活动无明确功能的物质过程。这一过程的产物即为次级代谢产物。有人把超出生理需求的过量初级代谢产物也视为次级代谢产物。次级代谢产物大多是分子结构比较复杂的化合物,根据所起作用,可将其分为抗生素、激素、生物碱、毒素及维生素等类型。

次级代谢与初级代谢关系密切。初级代谢的关键性中间产物往往是次级代谢的前体。次级代谢一般在菌体指数生长后期或稳定期进行,但会受到环境条件的影响。某些催化次级代谢的酶专一性不高;次级代谢产物的合成因菌株不同而异,但与分类地位无关。质粒与次级代谢的关系密切,控制着多种抗生素的合成。次级代谢不像初级代谢那样有明确的生理功能,因为次级代谢途径即使被阻断,也不会影响菌体生长繁殖。次级代谢产物通常都是限定在某些特定微生物中,因此它们一般没有生理功能,也不是生物体生长繁殖的必需物质(尽管对它们本身可能是重要的)。关于次级代谢的生理功能,目前尚无一致的看法。

次级代谢并没有一个严格的定义,也有人将超过生理需求的过量初级代谢产物看作次级代谢产物,如微生物发酵产生的谷氨酸、维生素、柠檬酸等。这些次级代谢产物,大都是分子结构比较复杂的化合物,虽然尚不明确这些化合物对微生物本身生命活动所行使的功能,并且缺乏次级代谢产物也不会导致机体的立即死亡,但有研究表明,次级代谢产物的缺失在一定程度上会造成生物生存性及繁殖力等方面的损伤。而且,关于微生物次级代谢产物,也有报道指出,它们可能具有重要的生态学意义。次级代谢产物的化学组成多种多样,包括糖苷类、芳香类、萜烯类、多肽类等,而根据其作用,又可以将其细分为多种类型,如抗生素(青霉素、四环素、利福平、红霉素等)、激素(赤霉素等)、毒素(破伤风毒素、白喉毒素、伴胞晶体等)、生物碱(麦角生物碱等)、色素(灵菌红素等),以及维生素(维生素 B_{12}、烟酰胺、生物素等)等类型。它们的合成过程复杂,其前体物质常来自初级代谢中的糖代谢、脂肪代谢、氨基酸代谢,以及柠檬酸循环等关键代谢途径的中间产物。并且合成的次级代谢产物可以在菌体内或环境中积累。

　　微生物的次级代谢产物具有抗真菌、抗细菌、抗肿瘤、抗病毒、抗藻、免疫抑制等多种生物活性,是微生物药物开发和新药创制的重要来源。英国微生物学家弗莱明于 1929 年发现青霉素,之后用于临床治疗,1944 年,瓦克斯曼从链霉菌中发现链霉素,之后用于临床治疗结核病和其他细菌感染性疾病。这些重要突破和革命性进展,激发了研究人员从微生物次级代谢产物中寻找更多抗生素药物的热情。目前报道出来的抗生素种类已多达上千种,它们在临床治疗中占据着举足轻重的地位。不仅如此,微生物次级代谢产物在农业生产中也发挥着重要作用,如用于抗病虫害的春雷霉素、井冈霉素等。除了抗生素之外,其他种类繁多的次级代谢产物在工业、食品、医疗、保健、农业甚至国防领域等都占有一席之地,产生着巨大的经济效益。尽管对于微生物次级代谢的研究已经取得了一定的进展,目前的研究却是主要集中在少数几个微生物种群中,如放线菌、黏细菌等。随着微生物研究的不断发展,大多数微生物被重新分离和筛选,其活性天然产物不断被重复分离,发现新的活性天然产物不仅难度越来越大,概率也越来越低。根据保守估计,目前世界范围内已经报道发现的微生物只占到整个微生物界的 1%,科研人员对于微生物领域的研究任重而道远。无处不在的微生物,在长期进化过程中,也与其宿主形成复杂的寄生、共生关系,对这些微生物进行次级代谢及次级代谢产物的研究,不仅能丰富微生物药物资源,更具有重要的生理学和生态学意义。

　　真菌来源的天然产物具有广泛的生物活性,是新型药物及先导化合物的重要来源。自 1981 年至 2010 年所批准的 1 135 种新药物中,只有 36% 是通过纯合成的方法得到的,而超过 50% 则是天然产物及其衍生物或类似物。就目前天然产物的研究现状来看,人们的研究创新点主要是从极端环境,如高温、高海拔、寡营养、高盐、高压等环境下的微生物中分离天然产物。因此,海洋微生物研究越发受到人们的青睐。由于在深海中生长条件特殊,深海真菌的代谢途径也与正常条件下有所不同,因此往往能产生结构新颖、活性显著的次级代谢产物。

　　有研究表明,真菌中有大量基因处于沉默状态。以黑曲霉 *Aspergillus niger* 为例,研究显示,有超过 70% 的真菌次级代谢产物合成相关基因簇处于沉默状态。因此,找到激活真菌沉默基因的方法是当下研究天然产物迫切需要解决的问题。小分子诱导是激活沉默基因的有效手段,目前已开发的方法有:共培养技术、核糖体工程、染色质重构及 OSMAC 策略等。常用的小分子诱导剂:寡聚多糖、酶抑制剂、溶剂及金属离子等。小分子诱导真菌产生新颖的天然产物具有发酵周期短、投入成本低、简便易行且适合高通量筛选等优势,已成为天然产物研究中的热点之一。

2.4.4.3　次级代谢的调节

1) 初级代谢对次级代谢的调节

　　与初级代谢类似,次级代谢的调节过程也有酶活性的激活和抑制及酶合成的诱导和阻遏。由于次级代谢一般以初级代谢产物为前体,因此次级代谢必然会受到初级代谢的调节。例如青霉素的合成会受到赖氨酸的强烈抑制,而赖氨酸合成的前体 a-氨基己二酸可以缓解赖氨酸的抑制作用,并能刺激青霉素的合成。这是因为 a-氨基己二酸是合成青霉素和赖氨酸的共同前体。

2) 碳、氮代谢物的调节作用

次级代谢产物一般在菌体指数生长后期或稳定期合成,这是因为在菌体生长阶段被快速利用碳源的分解物阻遏了次级代谢酶系的合成。因此,只有在指数后期或稳定期,当这类碳源被消耗完之后,解除阻遏作用,次级代谢产物才能得以合成。高浓度的 NH_4^+ 可以降低谷氨酰胺合成酶的活性,而后者的比活力与抗生素的合成呈正相关性,因此高浓度的 NH_4^+ 对抗生素的生产有不利影响。另一种含氮化合物——硝酸盐,却可以大幅度地促进利福霉素的合成,因其可以促进糖代谢和三羧酸循环酶系的活力,以及琥珀酰辅酶 A 转化为甲基丙二酰辅酶 A 的酶活力,从而为利福霉素的合成提供了更多的前体。同时,硝酸盐可以抑制脂肪合成,使部分原本用于合成脂肪的前体乙酰辅酶 A 转为合成利福霉素脂肪环的前体。另外,硝酸盐还可提高菌体中谷氨酰胺合成酶的比活力。

3) 诱导作用及产物的反馈抑制

次级代谢中也存在着诱导作用。例如,巴比妥虽不是利福霉素的前体,也不直接参与利福霉素的合成,但能促进将利福霉素 SV 转化为利福霉素 B 的能力。同时,次级代谢产物的过量积累也能像初级代谢那样,反馈抑制其合成酶系。

2.4.5 微生物群落的生理代谢

2.4.5.1 微生物群落的代谢互养

物种多样性的产生和维持机制一直是生态学领域的热点问题。传统的竞争排斥原理曾认为,在多物种竞争单一有限的资源时,只有竞争力最强的物种可以存活,而其他参与者则会消亡。然而,现代竞争共存理论则提出,竞争物种也可以在同一环境中实现共存。那么,如何从物种间相互作用的角度来解释竞争共存的机制呢? 近年来,微生物生态学的发展揭示出,微生物物种之间普遍存在的代谢互养关系(cross-feeding)可能是维持微生物多样性的一种重要机制。实验室的连续培养实验表明,在受到单一资源限制的微生物群体中(如肠道微生物、土壤微生物),这些群体会进化出稳定的多态性。进一步对种群结构进行分析,发现优势生长的菌株所排放出的产物可以作为另一种菌株的底物资源,从而促使其生长。这种物种 1 所产生的代谢资源可以被物种 2 利用,进而促进物种 2 生长的关系,被称为单向互养关系。如果将多个竞争同一有限碳源的微生物物种混合在一起进行培养,发现它们能够稳定共存,此时外界碳源耗尽,培养基中的碳源都来自这些微生物细胞的代谢副产物。这种物种间利用彼此代谢资源的关系称为双向互养关系。

戈德福德(Goldford)等通过经典的麦克阿瑟(MacArthur)消费者-资源模型模拟验证了包括非特异性互养关系的群落构建过程,所有共存的物种都能够在单一供应资源和其他物种的分泌物中生长,但这些模型的细节缺乏普遍性,无法解释其他实验结果。孙(Sun)等建立两物种间互养关系的模型,两者产生的代谢资源可以被对方利用,并对模型进行定性分析,当营养资源的外部供应有限且代谢资源的合成率较高时,共存是有可能的。代谢资源的存在是自然生态系统的重要现象。资源竞争理论说明生态系统中随着外界供给资源的消耗只保留一种优势物种的现象。

1) 酵母发酵过程中微生物间的相互作用

为保证自然发酵的质量,需要尽可能利用有益的微生物,产生优良的代谢产物,同时抑制病原体和腐败微生物的活动。这需要了解微生物菌种之间的相互作用。从现象上看,两个微生物种群之间的相互作用可能是积极的,也可能是消极的,意味着生长促进或抑制。微生物对代谢产物的相互利用,即其中一个群体受益于另一个群体的代谢副产物就是一种积极的相互作用,这可以降低种群间争夺资源的程度。微生物间的负相互作用可能是对资源的竞争(包括电子供体和受体、营养物、光或物理空间),也可能是直接的细胞间接触,或者产生毒素和分泌抑制化合物等。例如,A. pullulans 具有控制果实腐败微生物(Aspergillus rots)的潜力,Epicoccum nigrum 能够有效地拮抗 B. cinerea 和 P. viticola 病原体。卡斯菲(Kasfi)等对果实中 Aspergillus flavus、A. niger 和 A. ochraceus 分泌的黄曲霉毒素和赭曲霉毒素 A 的积累进行拮抗实验,筛选出了 5 株酵母和 2 株细菌,它们表现出明显的抗真菌活性,其拮抗微生物的作用具有替代杀菌剂使用的潜力。在自然发酵过程中,非酿酒酵母与酿酒酵母之间的相互作用与葡萄醪的初始糖浓度、酸浓度、可同化氮浓度、发酵温度以及氧浓度有关。最近的研究表明,一些酿酒酵母可以在稳定生长期发生细胞间接触,产生抑菌肽抑制其他非酿酒酵母菌株。有些霉菌分泌的真菌毒素也能抑制发酵过程中酵母菌的生长,例如某些代谢产物如短至中链脂肪酸(如乙酸、己酸、辛酸和癸酸)和酵母杀手毒素可以促进酵母细胞死亡。同时,还有研究发现,自然微生物细胞间存在群体感应现象,即微生物细胞间接触达到一定的密度时可以触发群体感应,通过分泌特定的群体感应分子抑制细胞的生长。例如,当 C. albicans 培养达到细胞高密度时,法尼醇在培养基中积累会抑制酵母细胞向丝状生长过渡,在 S. cerevisiae、H. uvarum、Torulaspora pretoriensis、Zygosomyces bailii、C. zemplinina 和 Dekkera bruxellensis 的研究中也发现了 2 - 苯乙醇、色氨酸和酪氨酸等群体感应分子在细胞达到高密度时在培养基中释放,产生原因可能与酵母的氮代谢有关,关于不同微生物之间可能的防御机制和相互作用机理也需深入研究。

2) 植物分泌物与根际微生物群落关系

(1) 植物生长阶段影响根际微生物组成。植物在生长发育的过程中,会经历许多阶段,有研究表明,植物在不同的生长阶段拥有不同的根际微生物组。有研究报道,利用苯并恶唑嗪酮类(BXs)突变体来阐明玉米根际微生物群落中的 Verrucomicrobia 门和 Acidobacteria 门的菌群会因为 BXs 的渗出而被富集。然而,这些渗出物是随着植物生长阶段而变化的,因此在玉米不同的生长阶段检测到了不同的根际微生物菌群结构。另一研究报道了拟南芥在幼苗、一般生长和开花阶段的根系分泌物情况,发现四个门(Acidobacteria, Actinobacteria, Bacteroidetes 和 Cyanobacteria)菌群的丰度在不同的发育时间点上存在显著差异。值得注意的是,这四个门与所提到的根分泌化合物(氨基酸、酚类、糖或糖醇)具有显著的相关性。

(2) 胁迫条件影响根际微生物组成。在复杂环境中生长的植物通常面临多种胁迫,也有研究表明,不同的胁迫条件会影响根际微生物组。例如,营养胁迫能驱动根部微生物组的组装过程。磷作为广泛存在于自然环境中的元素,植物却只能利用无机磷酸盐形式。磷酸盐胁迫可以激活磷酸盐饥饿反应(PSR)来调节合成初级和次级代谢产物的大量基因,进而驱动根部微生物组的重组,最终帮助植物缓解磷酸盐胁迫。除了营养胁迫外,农药残留和其他类型的污染胁迫也会改变根际微生物群落的结构。徐等发现,在使用除草剂阿特拉津污染土壤后,根际微生物中显著富集了三个操作分类单元。农药可以通过调节植物的分泌物来改变根际微生物组,例如在用双氯芬酸处理后,水稻幼苗根系显著增加了氨基酸、有机酸和脂肪酸的分泌。这增加了马赛利亚属(Massilia)和安德森氏菌属(Anderseniella)的相对丰度,并改变了根际微生物群落总体的多样性和丰度。另外,植物感染病原体后也会改变根际微生物群落。例如,莎苔草(Carex arenaria)在遭受镰刀菌感染后,其根部会向根际释放出一组挥发性有机化合物,这些化合物能够招募一个不同于健康植物根际的特殊微生物群落。此外,在干旱胁迫条件下,一些根际微生物能赋予植物更强的耐旱性或更快的恢复能力。其中,在干旱条件下,一些根际链霉菌的富集在植物的抗旱性中起着重要的作用。

(3)根际微生物促进植物生长。根际微生物可以促进植物对营养物质的吸收,使植物更好地生长。氮营养素在土壤中主要以硝酸盐、铵和有机氮的形式存在。硝酸盐的摄取和利用对植物来说十分重要,张静莹等发现,籼稻(indica)品系的水稻有更强的硝酸盐吸收活性,这是因为 indica 水稻里能招募更多氮同化作用强的根际细菌,因此增加了其的氮素利用效率,随后,研究人员筛选了 indica 水稻根际的微生物组成,并成功构建了一个人工合成的微生物群落。当这个群落被接种到不同品种的水稻上时,发现水稻根的长度、鲜重等生长指标均有增加,该根际微生物群落确实能促进水稻生长。磷是植物生长所需的另一种重要营养资源。研究表明,植物根际微生物通过对磷的矿化作用或溶解作用,能影响植物对磷元素的吸收。安琪卡(Angeiica)等发现,可溶解磷酸盐的龙舌兰根际细菌对龙舌兰植物的生长具有协同作用,尤其是黄假单胞菌和芽孢杆菌。铁也是所有植物生长和繁殖的另一个重要元素。铁元素主要是通过铁的三价氧化物提供给植物,然而植物对三价铁氧化物的利用率却很低。有研究表明,根际微生物可分泌铁载体,从而间接促进植物对铁的吸收和利用,进而促进植物生长。此外,根际微生物还会诱导植物产生某些化学物质,这些物质有助于微生物在植物体内的定植,这一过程叫作系统诱导根际分泌代谢。伊利莎(Elisa)等的研究表明,不同的微生物群落在番茄根部渗出液中形成了特定的系统性变化。例如,酰基糖次级代谢产物的系统渗出是由芽孢杆菌属细菌在局部的定植引起的。此外,叶片和根部代谢组和转录组均随根际微生物群落结构而变化。

2.5　微生物的微多样性

2.5.1　微生物种内多样性

不断发展的测序技术和日益提高的基因组分辨率,使得环境中群落的分辨从系统发育群向更精细的分类尺度扩展。在精细的分类学尺度上,微生物之间的遗传变异已被普遍称为"微多样性"(micro-diversity 或 fine scale diversity)。微生物多样性被确定为微生物群落的基本属性,一些文献综述了产生微生物多样性的机制及其对微生物群落的功能和生物地理效应。微生物多样性通常代表着密切相关的微生物群之间的生态位差异,这些微生物群可被称为"亚类群"(subgroup)。微生态亚类群之间的变异类似于大生态尺度上的"种内"变异,它们在原位具有显著的生态差异。

微多样性以前被用来指代具有高度序列相似性的不同基因组。穆尔(Moore)等人(1998 年)首次使用 microdiversity 来描述具有 97% 相似的 16S rRNA 基因和不同光照优化的原绿球菌。然而,最初并不清楚这些微序列分化是代表具有不同生态位的亚分类群,还是仅为没有适应性影响的基因漂移。早期的研究表明,在某些群体中,微宇宙中序列的差异不具有功能性后果。例如,在具有大于 99% 的 16S rRNA 基因一致性的 *Vibro splendidus* 分离株中,菌株的总基因含量变化高达 30%。16S rRNA 基因的大部分变异在生态上是中性的。然而,对原绿球菌和包括弧菌在内的一大批其他微生物的研究表明,序列的微小差异可能与微生物类群的生长和分布的差异相对应,尤其是对 16S rRNA 基因之外的其他可变基因的差异而言。因此,微多样性可定义为较大系统发育群(一般指种水平)中的微生物亚类群,它们的 16S rRNA 基因相似性大于 97%(有时甚至可达 100%)。

种内变异的一个典型的例子来自大肠杆菌。大肠杆菌不同菌株之间的变异可超过 30%;一般来说,不同大肠杆菌(*E. coli*)基因组中的基因都非常保守。在 *E. coli* 中发现了 16 373 个同源基因簇(HGCs)组成的泛基因组(Pan-genome)。如果将在 95% 的基因组中出现的 HGC 定义为"核心 HGC",则 *E. coli* 含有 3 051 个 HGC 组成的核心基因组。如果采用更加严苛的标准,将在所有的菌株中出现的 HGC 定义为核心,则 *E. coli* 的核心基因组是由 1 702 个 HGC 组成。在另外一个例子中,代表优势种群 *Salinibacter ruber* 的 100 个分离物基因组的泛基因组(pangenome)由大约 13 000 个非冗余基因组成,揭示了广泛的基因多样性,这与从 NCBI 随机取样的 100 个大肠杆菌基因组中观察到的相似。但所研究的大肠杆菌基因组起源于不同的生态位和样本,包括疾病(病原体)、健康(共生)和环境样本,因此,不难预计它们会有一个开放的泛基因组。而 ruber 菌株来源于同一地点和时间的样品。而来自同一个生境的 *Salinibacter ruber* 的自然种群的泛基因组也包含如此巨大的基因多样性并呈现开放的泛基因组,这一现象超出了我们的理论认识。但这很可能就是自然环境中的一种常态。

既然种内的多样性如此之大,种内的变异幅度也超出想象,那到底如何定义"种"呢?一般的认识是:如果两个生物同时满足 DNA - DNA 杂交至少为 70% 与 16S rRNA 基因的一致性≥97%,则两个生物被视为属于同一物种。但是事实并非总是如此,比如,三种芽孢杆菌(炭疽杆菌、苏云金杆菌和枯草杆菌)的 16S rRNA 基因的同源性>99%,但它们生理学的关键特征差异很大,它们并非属于同一个物种;再如,*Escherichia*(大肠杆菌属)与 *Shigella*(志贺氏菌属)的 16S rRNA 基因的同源性>99%,但因它们基因组与功能的差异被确定为不同的属(genus)。

目前的生态学研究很多都在门水平和属水平进行,大部分情况下种水平已经被认为是足够精确的分类单元。但是,随着高通量测序和生物信息学的迅速发展,越来越多的证据证明种水平可能并不是我们想象中的那般精准。在过去,研究种水平内部的变异仅能通过培养并分离出由一株菌组成的单菌落的形态或功能比较,或使用低分辨率的微生物群落指纹图谱技术进行基因组比较。测序和基因组技术使对种水平内变异的研究进入了新的时代,通过这些高分辨率的方式,我们可以更敏锐地捕捉到同一个种内的菌株之间的差异。在一项对大肠杆菌的研究中,研究人员对大肠杆菌的不同菌株进行了基因组测序,并且对全基因组序列进行了系统发育分析,如图 2-12 所示,仅在大肠杆菌的一个种内,不同菌株可能是致病菌,也可能是益生菌,其也可能是宿主相关的或环境相关的菌株,这揭示了种内不同菌株之间的差异可以非常显著,也印证了种水平分辨率并不够高。菌株水平的研究对微生物功能的确认更为关键。

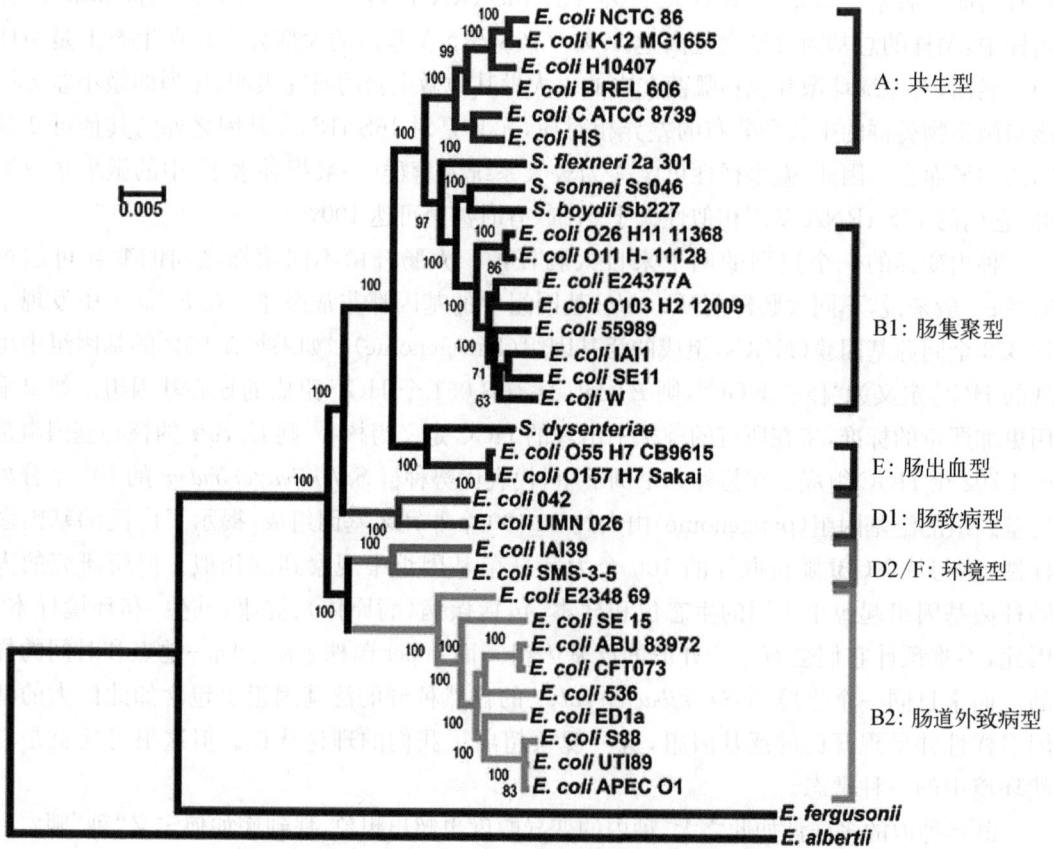

图 2-12 基于 *E.coli* 全基因组构建的系统发育树

每一个物种通常都包括由许多个体组成的若干种群。各个不同种群由于突变、自然选择或其他原因,造成了遗传组成有所不同。因此,某些种群具有在另一些种群中没有的基因突变(等位基因),或者在一个种群中的稀有的等位基因在另一个种群中出现频率高。这些遗传差别使得部分种群的个体能在局部环境中的特定条件下更加适应。同时,同一个种群之内也有基因多样性,即在一个种群中,某些个体常常具有基因突变。具有较高基因多样性的种群,可能有某些个体能忍受环境的不利改变,并把它们的基因传递给后代。环境的加速改变,使得基因多样性的保护在生物多样性保护中占据着十分重要的地位。

2.5.2 基因组内的微多样性

一项研究对细菌和古细菌的完整基因组序列进行了分析,在 585 种微生物的 952 个基因组中发现了基因组内异质性,检测到 87.5% 的差异都低于 1%。基因组内异质性往往集中在特定位置,16S rRNA 基因的 V1 和 V6 可变区域的基因组内异质性最大,V4 和 V5 可变区域的基因组内异质性最小。很多研究也都报道了细菌基因组内 16S rRNA 基因的多拷贝间的变异。细菌细胞基因组内的 16S rRNA 基因的拷贝数随不同的种属有较大的差异,通常有 1~5 个拷贝,但也有的细菌会有超过 10 个拷贝,目前报道的最多达到 21 个拷贝。这些同一基因组内的不同拷贝的序列往往会有一些差异,甚至有时差异超过 5%,这都超过了一些不同属的微生物的 16S rRNA 基因间的差异。

2.5.3 微多样性的形成机制

微多样性可以通过一系列机制形成,包括水平基因转移和其他基因组突变,导致生态位空间的适应性进化。尽管微多样性亚类群的存在从根本上与环境中的生态位划分有关,但这一概念不同于科汉(Cohan)等学者提出的生态型假说,因为微多样性具体指的是一个更大的系统发育群或分类群中的亚类群。微多样性与细菌物种形成的"纳米生态位"模型最为相似,该模型假定亚生态型以不同的比例使用同一组资源。

当基因组变化导致微生物细胞获得新性状时,就会形成新的微多样性亚类群。获得一个新性状的结果导致微多样性亚分类群能够在特定条件下生长,使用其他的亚分类群无法获得的特定资源。HGT 是微生物获得新性状的主要基因组机制。在 Maestro 模型中,微多样性亚类群通过适应度优化,沿每个类群当前的性状上分化。单核苷酸多态性和基因复制的积累可以使微多样性亚类群改变生理特性,并改变最佳生长条件。通过沿着单一性状轴改变生长最优值或适应度,微多样性亚类群可以基于该性状划分其环境。许多微生物亚类群已经被证明可以微调它们的适应度,从而通过基因复制和 SNP 来划分所适应的环境。例如,在海洋环境中,蓝藻聚球藻、无处不在的寡营养 SAR11 和沿海弧菌种群都通过基因复制事件、SNP 和等位基因变体,在关键功能途径中展示了基因及其相关特征的变化。

种水平内的差异是由多重因素带来的。首先,基因的变异会使菌株之间存在基因组上的突变;其次,基因也可以在不同宿主之间进行流动与交流。在这个过程中,HGT 起到了关键的作用。HGT 的发现揭示了生命的流动性和不固定性(图 2 - 13)。

图 2 - 13 种内多样性与环境变化导致的群落水平的变化

　　基因的水平转移毕竟是一个小概率事件。这些小概率的事件如何导致转移的基因在其他物种的种群中扩散和繁盛，是受到环境选择影响的。极小比例的带有通过外源转移而来的基因（或自发突变的基因），如图 2-13 所示。在一些特定的环境条件下，这些基因可能会为具有它们的个体带来竞争优势，从而使得其在种群（或群落）中的比例得以提升。

参考文献

［1］ BRONSTEIN J L. The Exploitation of Mutualisms[J]. Ecology Letters, 2001, 4(3)：277-287.

［2］ BUENO E, MESA S, BEDMAR E J, et al. Bacterial Adaptation of Respiration from Oxic to Microoxic and Anoxic Conditions：redox control[J]. Antioxid Redox Signal, 2012, 16(8)：819-852.

［3］ CHEN L X, MÉNDEZ-GARCÍA C, DOMBROWSKI N, et al. Metabolic Versatility of Small Archaea Micrarchaeota and Parvarchaeota[J]. ISME Journal. 2018;12(3)：756-775.

［4］ VRIES F T D, GRIFFITHS R I, KNIGHT C G, et al. Harnessing Rhizosphere Microbiomes for Drought-resilient Crop Production[J]. Science, 2020, 368(6488)：270-204.

［5］ GOLDFORD J E, LU N X, BAJIC D, et al. Emergent Simplicity in Microbial Community Assembly [J]. Science, 2018, 361(6401)：469-474.

［6］ SUN D L, JIANG X, WU Q L, et al. Intragenomic Heterogeneity of 16S rRNA Genes Causes Overestimation of Prokaryotic Diversity[J]. Applied and Environmental Microbiology, 2013, 79(19)：5962-5969.

［7］ KAAS R S, FRIIS C, USSERY D W, et al. Estimating Variation within the Genes and Inferring the Phylogeny of 186 Sequenced Diverse *Escherichia coli* Genomes [J]. BMC Genomics, 2012, 13 (1)：577.

［8］ MORRIS B E L, HENNEBERGER R, HUBER H, et al. Microbial Syntrophy：Interaction for the Common Good[J]. FEMS Microbiology Reviews, 2013, 37(3)：384-406.

［9］ WILSON E O. The Current State of Biological Diversity[M]. Washington：Biodiversity, National Academies Press, 1988.

［10］ ZHANG J, LIU Y X, ZHANG N, et al. NRT1.1B is Associated with Root Microbiota Composition and Nitrogen Use in Field-grown Rice[J]. Nature Biotechnology, 2019；37(6)：676-684.

［11］ HULL, D. L. The Effect of Essentialism on Taxonomy—two Thousand Years of Stasis (I)[J]. The British Journal for the Philosophy of Science 1965,15，314-326.

［12］ ZACHOS F E. In Species Concepts in Biology：Historical Development, Theoretical Foundations and Practical Relevance[M]. London：Springer, 2016.

［13］ VAN ROSSUM T, FERRETTI P, MAISTRENKO O M, et al. Diversity within Species：Interpreting Strains in Microbiomes[J]. Nature Reviews Microbiology, 2020(18)：491-506.

［14］ KEELING P J, PALMER J D. Horizontal Gene Transfer in Eukaryotic Evolution[J]. Nature Reviews Genetics, 2008(9)：605-618.

［15］ ROSSELLÓ-MORA R, AMANN R. The Species Concept for Prokaryotes[J]. FEMS Microbiology Reviews, 2001, 25(1)：39-67.

［16］ E.罗森伯格,I.齐尔博-罗森伯格.共生总基因组[M].孟和,译.北京：科学出版社,2019.

［17］ 沈萍,陈向东.微生物学[M].北京：高等教育出版社,2016.

第3章　生态学基本原理

3.1　生物环境与生态位

3.1.1　生境

生境（habitat，或 biological environment）是指物种或物种群体赖以生存的生态环境。指生物的个体、种群或群落生活地域的环境，包括必需的生存条件和其他对生物起作用的生态因素。生境是指生态学中环境的概念，生境又称栖息地。生境一词最早是美国科学家约瑟夫·格林奈尔（Joseph Grinnell）于1917年提出的。生境是由生物和非生物因子综合形成的，而描述一个生物群落的生境时通常只包括非生物的环境。环境总是针对某个主体而言的，离开主体就失去了讨论的基础和意义。生境也是动态的，如四季的变化、气候的变暖，以及生物的迁徙都造成其生境的动态变化。

生境可大可小，大到地区环境、地球环境；小到植物根际、动物肠道，甚至小到诸如动物肠道黏膜表面、土壤颗粒的孔隙等。

3.1.2　生态因子

生境包括环境中的物理、化学和生物因素，如温度、湿度、养分和生物种类。这些因素中对生物发挥作用的因素构成了生态因子（ecological factors），具体就是指环境中对生物的生长、发育、生殖、行为和分布有着直接或间接的影响的环境因素。生态因子是生物生存必不可少的条件。

在任意一个生境中都存在多种生态因子，这些生态因子在性质、特性和作用方式上都各不相同，它们彼此相互制约、相互组合，一起构成了多样性的生存环境，为各类不同的生物的生存和进化提供了多样的生境类型。

3.1.2.1　生态因子的分类

常见的分类方式主要有以下几类：按照有无生命特征可分为生物因子（biotic factor）与非生物因子（abiotic factor）。生物因子指生物之间的各种相互关系，如捕食、寄生、竞争和互惠共生等，可以分为动物、植物和微生物，其中包括动物对植物的生态作用，植物与土壤微生物的相互作用以及植物间的相互作用。按照来源与性质分为气候因子、土壤因子、地形因子、生物因子以及人为因子等。按照生态因子的稳定性及其作用特点，分为恒定因子和变动因子。恒定因子指地心引力、磁力、太阳常数等；变动因子可以分为周期性变动因子和非周期性变动因子,前者如四季变化、潮汐涨落,后者如降雨、捕食等。

3.1.2.2 生态因子与生物之间的相互作用类型

1) 综合作用

环境中生态因子不是孤立、单独存在的,而是总是在与其他因子相互联系、相互影响、相互制约的过程中发挥作用。例如,山脉阴阳坡景观的差异,主要是光照、温度、湿度以及风速等生态因子综合作用的结果;而光照强度的变化,也会引起大气和土壤温湿度的变化。

2) 主导因子作用

虽然影响同一时空条件下某种生态现象的生态因子众多,但各个生态因子对生物的影响程度是非等价的,其中往往有少数因子是具有决定性作用的。以热泉中的微生物群落为例,温度便是其主导因素。

3) 阶段性作用

由于生态因子的规律性变化,生物生长发育会出现阶段性。在不同发育阶段,生物需要不同强度不同类型的生态因子。例如,植物需要低温春化处理,但在其后的生长阶段中,低温是有害的。又如,在沼气池中,农业废弃物的水解需要氧气参与,但是后期的甲烷形成却需要形成厌氧条件。

4) 不可替代性与补偿作用

对生物作用的诸多生态因子虽然非等价,但均关键不可或缺,具有不可替代性。然而,在一定条件下,当某一生态因子减弱时,可依靠改变其他的生态因子而得到补偿,以获得相似的生态效应。如:光照强度减弱时,植物光合作用下降可依靠 CO_2 浓度的增加而得到补偿。

5) 直接作用和间接作用

生态因子对生物行为、生长、繁殖和分布的作用,可以分为直接型和间接型。直接作用于生物的生态因子,如光照、温度、水分、CO_2 等;间接作用于生物的,如山脉的坡向、坡度等,则是通过对光照、温度、风速等影响,进而对生物产生作用。例如,在冬季苔原地区,土壤中冻结水增加,活动水减少,但叶片蒸发仍继续失水,这造成土壤在冬天呈现干旱状态,即干旱由寒冷通过冻结水而间接实现。

3.1.3 生态位

3.1.3.1 生态位定义

正如物种是生物学的核心概念,生态位是生态学中最基本的概念。

生态位(niche)是一个种群在生态系统中,在时间空间上所占据的位置及其与相关种群之间的功能关系与作用。是具有特定资源和环境条件、可供个体生物利用的空间。是生态系统中每种生物生存所必需的生境最小阈值。是维持物种生存所必需的所有生物和非生物条件的总和。

蔡斯(Chase)和莱博尔德(Leibold, 2003)重新定义了这一概念,他们称生态位是对环境条件的综合描述,允许物种满足其最低要求,使当地种群的出生率等于或大于其死亡率,以及该物种对这些环境条件的影响的集合。这个定义加入了生态位的两个组成部分,它认识到当资源和环境条件被生物体所改变时,生物体本身也会被改变。

　　两个拥有相似功能生态位但分布于不同地理区域的生物,在一定程度上可称为生态等值生物。生态位的概念已在多方面使用,最常见的是与资源利用谱(resources utilization spectra)概念等同。所谓"生态位宽度"(niche breath)是指被一个生物所利用的各种不同资源的总和。在没有任何竞争或其他敌害的情况下,被利用的整组资源称为"原始"生态位(fundamental niche)。因种间竞争,一种生物不可能利用其全部原始生态位,所占据的只是现实生态位(realized niche)(图 3 - 1)。

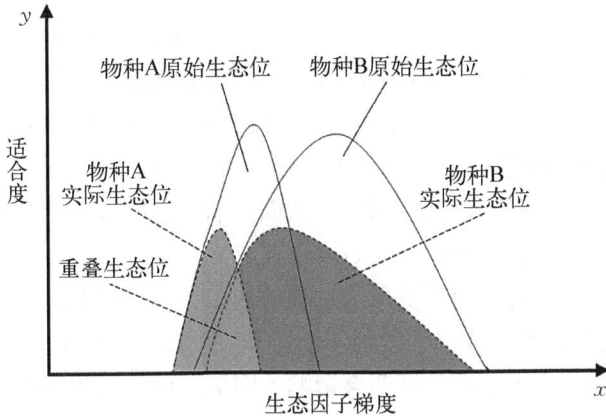

图 3 - 1　生态位与物种间的分布关系

3.1.3.2　生态位的重叠与互补性

　　当两种生物利用同一资源或相同的生态因子时,它们的生态位就会重叠,但两个物种一般不会在相同的空间具有百分之百的重叠生态位,通常只会部分重叠,从而避免过于激烈的竞争。如果资源有限时,生态位重叠部分必然会发生竞争,通过生态位的分异,可以降低竞争的激烈程度。资源量与供求比以及资源满足生物需要的程度对生态位重叠与竞争的关系非常重要。

　　生活在同一个群落中的各种生物的功能是明显不同的,每一个物种的生态位都同其他物种的生态位明显分开,这种现象就是生态位分离(niche separation)。当很多生物共同占有一个特定生境的情况下,资源会被有效地瓜分,这些资源将被充分利用,并支撑尽可能多的物种,还会使种间的竞争降低到最低程度。比如,草原上的动物吃不同种类的植物或吃同一植物的不同部位而降低竞争,而植物资源也可以得到充分的利用。

　　生态位的宽度对生物的生存和分布影响较大。一个物种的生态位越宽,则它的特化程度越低,而适应的生态环境越广泛,这个物种越接近于一个泛化物种(generalist),它对资源利用的效率一般较低,但适应范围广。相反,生态位越特化,它对特定资源的利用能力越强,但它适应的生态环境越窄,那它就越趋近于特化物种(specialist)。当特定资源供应充足时,特化物种的竞争能力将超过泛化物种,成为优势物种。

　　生态位互补性(niche complementarity)是多个共存物种之间的关系,其中每个物种所受到的资源的限制不同,从而避免了直接的底物利用的竞争。群落中物种的功能特性(如根系深度、冠层高度、生长速度、竞争能力及对不良环境的耐受力等)的多样化和差异,可实现对有限的资源在不同的时间、空间,以不同的方式进行利用,使资源利用率最大化,也可以减小不同物种间的竞争压力。

由于内外部竞争的变化,群落中各个物种的生态位会发生变化。当群落内的物种的生态位较宽的情况下,遇到外来物种的入侵,竞争加剧,本地物种可能会被迫压缩它们的实际生态位,这种压缩会导致利用资源的改变,这种情况称为生态位压缩(niche compression)。相反,当竞争减弱时,物种可扩大自己的实际生态位,这称为生态释放(ecological release)。

3.1.3.3　群落建立过程中的生态位问题

虽然目前在群落组成的决定性因素(deterministic drivers)研究方面取得了巨大进展,但对其中历史偶然性(historical contingency)发挥的作用仍然知之甚少。

生态学理论(ecological theory)和野外实验(field experiments)表明,生态群落的初始形成或受干扰后的恢复可能取决于物种到达的顺序等历史过程。当较早到达的物种通过改变资源或环境条件的方式影响较晚到达的物种,从而影响它们在群落中立足的能力的时候,这些相互作用被称为优先效应(priority effects)。

长期以来,对复杂微生物群落历史形成过程的认识,一直受到分析微生物群落成员及其相互作用的方法学限制。随着分析手段的不断进步,越来越多的证据表明微生物群落也存在重要的优先效应,这些效应已经被证明会影响不同栖息地的微生物群落,如哺乳动物的肠道和皮肤,植物叶片、花蜜和根以及陆生和水生环境等。优先效应的机制如下:

初代生物(primary succession,无菌底物中的第一批生物)和二代生物(secondary succession,再生长和受干扰后恢复的生物)可能具有多种发展轨迹,这取决于早期定植的物种如何影响后到达物种。早到物种和晚到物种之间的相互作用可以由营养资源(trophic resources,如限制性营养)或非营养资源(non-trophic resources,如提供应激保护的微环境)介导。

在陆地生态系统中,大型生物之间和它们携带的微生物组成员之间往往存在优先效应。例如,种植豆科作物有利于保留氮,以促进玉米等谷物高产;耐氧细菌消耗氧气以促进专性厌氧菌在新生儿肠内的定植;牛踩踏影响土壤压实和水分保持,抑制新幼苗的萌发和生长;在许多哺乳动物中,早期接触病原体可使其对亲缘关系较近的细菌产生交叉免疫;早种植的植物通过抢占养分和光照来抑制晚种植植物的生长;早到的根际相关细菌可以通过抢占铁等必要营养物质来抑制晚到的菌株。

(1)"抢占生态位"(niche pre-emption)。当一个早到物种耗尽系统资源,从而抑制了晚到物种在该群落的建立,这种情况称为"抢占生态位"。多项证据表明,"抢占生态位",特别是营养竞争,是微生物组形成的一个重要过程。

其他限制性营养素的相对浓度可能可以改变或抑制抢占营养素的效果。例如,藻类之间存在对硅酸盐或磷酸盐的竞争关系,它们可以共存或相互排斥,这取决于淡水中这些营养物质的浓度。同样,细菌和花蜜菌群中的酵母菌对氨基酸的竞争关系依赖于温度,可能一部分原因是竞争者新陈代谢的改变。因此,一般来说,不适宜居住的环境可能会通过限制早到达种群的增长,减少其增加到不可侵入密度的机会等方式,来弱化微生物群落的优先效应。

非营养性资源对物种的建立也至关重要,具有形成优先效应的可能。"抢占生态位"也可能通过空间竞争(包括干扰竞争)的形式发生。例如,外生菌根真菌在植物根上竞争生存空间。在小鼠肠道中,较早到达的拟杆菌 Bacteroides 渗透并占满结肠深部隐窝,迫使后续到达的细菌只能占据易于被免疫系统清除的位置。

(2)"优化生态位"(niche facilitative modification)。当一个早到物种改变环境,使另一个晚到物种受益的情况称为促进生态位(niche facilitative modification)。促进作用(facilitation)在微生物群落中也很常见,许多菌株可以代谢其他生物的副产物。

在宿主相关的微生物群中,早到达的物种也可以通过改变宿主的生理或免疫状态的方式为晚到达的物种的建立提供有利条件。例如,一些与植物相关的细菌可以改变宿主组织,促使营养物质外泌。此外,许多微生物,特别是病原微生物,在它们建立宿主免疫时,会抑制宿主免疫系统。

(3)"抑制生态位"(niche inhibitory modification)。"抑制生态位"指一个系统中早到的物种改变了环境状况(而不是资源水平)以减缓或阻止晚到物种在该系统的建立。"抑制生态位"由明显竞争(apparent competition)或干扰竞争(interference competition)引起。共同的原生动物或病毒捕食者导致的明显竞争可能在微生物群落中很常见,因此这可能是早期到达的物种抑制其他物种随后定植的重要机制。

尽管近些年人们对微生物群落进行了深入的研究,但对微生物群落组成的生态过程(即选择、漂移、扩散和物种形成)及其在不同环境和不同尺度下的相对重要性的认识仍然有限。个体之间的水平基因转移、群落之间的功能冗余、群落动态中的优先效应和随机性,以及宿主生命周期内的快速进化等重要的生态问题都值得深入研究。

3.2 生态学中的重要概念

(1)分散(dispersal)。生物体在空间中的移动,这一行为代表着物种的迁移或引入。分散的结果深受迁入和迁出群落多样性、丰富度以及组成的影响。作为生物体的一种基本且广泛存在的特征,分散在许多生态和进化过程中起着关键作用。

(2)漂移(drift)。由出生/死亡事件引起的物种丰度的随机变化。

(3)选择(selection)。分类群之间在生长或存活方面基于适应度的差异。

(4)内源动态(endogenous dynamics)。群落组成或成员基因表达随时间的变化,这是由物种间的相互作用引起的,甚至在恒定的环境条件下也会发生(即没有外源干扰的情况下)。

(5)干扰竞争(interference competition)。一种对抗性相互作用,其中一种物种将另一种物种排除在资源或栖息地之外,通常涉及特定的物理或化学机制(例如抗生素的生产)。

(6)底物利用竞争(exploitation competition)。物种之间争夺单一的限制性营养素的一种相互作用。

(7)恒压扰动(press disturbance)。一种持续的干扰,可能会出现一个快速急剧增长,然后会在很长一段时间内保持恒定水平。在工程领域,也称为"阶跃扰动"。

(8) 脉冲干扰(pulse disturbance)。一种短期的强烈干扰,其程度在短时间内迅速降低。

(9) 水平基因转移(horizontal gene transfer,HGT)。通过 DNA 转移,从另一个生物体获得一个新基因。

(10) 微生物多样性(microbial diversity)。一个环境中微生物的可变性。微生物多样性包括分类、系统发育和功能多样性。微生物多样性还包括 α、β 和 γ 多样性。以功能性状为例,微生物 α 多样性是微生物群落中功能性状(即性状丰富度)的数量。微生物 β 多样性是两个群落之间的比较,用群落组成的差异来衡量。微生物 β 多样性通常在从零到一的标准化尺度上测量。高 β 多样性指数表明相似性水平低。微生物 γ 多样性是一个区域内不同生态系统总体多样性的量度,也称为地理尺度多样性。

(11) 生态型(ecotype)。同种生物的不同个体群,长期生存在不同的生态环境和人工培育条件下,发生趋异适应,并经自然和人工选择而分化形成的生态、形态和生理特性不同的基因型类群。生态型是由美国植物学家图雷森于 1992 年提出的概念,指物种表型在特定的生境中产生的变异群,是同种中最小单位的种群,位于种群之下。生态型是遗传变异和自然选择的结果,代表不同的基因型,所以即使将它们移植于同一生境,它们仍保持其稳定差异。生态型的形成可由多种因素引起,包括气候因素、土壤因素、生物因素,以及人为活动(例如引种以扩大其分布区)。

(12) 随机过程(stochastic process)。可以影响微生物生态学中种群和群落动态的随机事件,就像掷硬币一样。这些事件包括繁殖、死亡、扩散和建模中涉及随机数的扰动。

(13) 确定性过程(deterministic process)。生态学中影响生物群落模式和行为的一种确定性机制。确定性过程是基于生态位的。因此,模式和行为可以由非生物和生物环境因素预测。

(14) 生态不一致性(ecological incoherence)。一个分类单元的成员与同一分类单元的其他成员没有相同的生活策略与功能性状的现象。

(15) 生态系统过程(ecosystem process)。发生在生态系统中的物理、化学和生物行为或事件。

(16) 功能性状(functional trait)。影响生物体健康、性能或代谢功能的任何可遗传性状。

(17) 功能丰度(functional abundance)。一个功能性状的总丰度。相对功能丰度可以通过扩增子或宏基因组测序数据计算,而绝对功能丰度可以通过结合微生物生物量信息计算。

(18) 功能组成(functional composition)。个体生物的功能性状相对于拥有该功能性状的总群体的比例。功能成分一般用百分比表示,这样所有成分加起来就是 100%。它是一个组或群落级别的变量。

(19) 功能差异(functional divergence)。一个群落级变量,用来表示一个群体内性状值的功能差异程度,也称为性状范围或功能 β 多样性。功能差异强调物种间生态差异导致的各种功能性状的存在,这导致资源的完全利用,使其对生态系统过程具有信息价值。

（20）功能多样性（functional diversity）。功能性状的可变性。它包括功能 α 多样性，当考虑性状丰富度时，功能 α 多样性由功能性状丰富度或香农和辛普森指数计算。它还包括 β 多样性，反映了其成员之间的功能差异。

（21）功能敏感性（functional sensitivity）。随着时间的推移，由于可能的环境干扰，生物体或群落的功能所发生的变化程度。

（22）功能稳定性（functional stability）。在受到干扰后恢复平衡状态的能力，或者生态系统功能不随时间而发生显著变化的能力。因此，功能稳定性包括功能恢复性和抗性。

（23）功能冗余（Functional redundancy）。一个以上的物种或成分具有执行同种功能的现象，这样生态系统中某个物种或成分的丧失不会对整个系统功能产生太大的影响。因此，功能冗余通常与应对不断变化的环境的功能稳定性相关联。

（24）资产组合效应（portfolio effect）。系统中由于在变化的环境条件下分别由不同成员执行某个或某些特定功能，因此在面对干扰时由于功能的冗余而可维持整个生态系统功能的状态稳定。

（25）涌现特性（emergent property），或称为一种高阶特性（higher-order property）。是指从分子到全局的任何层次的实体在有组织的系统中发挥作用时所获得的额外特性。在生态学中是指微生物群落的成员的相互作用产生的系统行为，是部分成员在成为更大系统时获得的特性。也就是说，在一定的组织层次上出现的新特性称为涌现特性。这些特性来自系统各组成部分之间的相互作用。如果仅通过单独检查单个成员的特性是无法检测到它们成为系统后的属性。涌现特性有助于生物更好地适应环境，增加生存机会。涌现特性也常被理解为"系统整体大于部分之和"。

（26）恢复力（resilience）。系统在一定时间内响应给定类型和大小的扰动，在状态或功能上恢复到扰动前状态的程度。

（27）抵抗力（resistance）。系统的状态或功能对给定类型和大小的干扰不敏感的程度。

（28）合成生态学（synthetic ecology）。一种利用设计原理来设计群落的方法，其中的构建模块不是基因模块，而是微生物细胞，以种群细胞的混合物搭建群落，以产生一个自我调节、相互增强、稳定的系统，并执行特定的功能。

（29）设计原则（design principles）。控制复杂生物系统功能的基本规则和基本概念，可用于设计新系统。

3.3 微生物生态学的基础与重要问题

微生物在环境中扮演着基础角色。通过大量的基因、新陈代谢和生理多样性，它们驱动了全球营养物质循环等，并且产生和消耗了温室气体。这些不同方面的多样性提供了有趣且令人兴奋的科学挑战，确保了人们对微生物群落或微生物群系（microbiomes）的生态学的理解，对预测人体肠道、农业土壤和海洋、湖泊河流等生态健康和其恢复力至关重要。

在早期，人们对微生物群落的理解受到在实验室培养微生物能力的严重限制。基于基因的分子分析以及最近的宏基因组和蛋白组等独立于培养技术的发展和应用,为我们带来一个过去难以想象的微生物多样性,包括众多的新发现的门。

随着微生物群落生态学技术的发展,当前又面临一个新的挑战。我们对样品的微生物多样性进行快速分类已经变得既简单又相对便宜,但目前研究微生物群落的概念框架远远落后于这些数据的产生。因此需要强调发展微生物群落生态学概念的潜在重要性。首先,概念框架、相关分析和理论方法的应用将加快该领域科学发展的速率。未来研究者能够更好地设计(实验),以鉴定和检测一般原理并超越当地的、技术的和限于特定生境的实验室的具体发现。其次,常规生态学理论并不够"常规",除非它能适应最丰富的、多样的和具有全球重要影响力的微生物群落。此外,微生物群落比植物和动物更容易控制、操控和检测,因此它们能够为生态理论的发展和更多的验证实验提供可能。

就像新技术应用所面临的一般问题一样,微生物群落生态学最近被大量描述性研究所主导,如报道有关基因序列的调查,或描述环境因素或环境变化对微生物群落的影响。这种状况导致了微生物生态学和它适应的概念和理论方法的发展停滞不前。因此,需要重新关注微生物生态学中由问题和假设驱动的方法。下面是一些可以取得进展的优先领域。

第一个方面即微生物群落生态学不能够忽视进化,并且必须同时考虑生态和进化过程。在自然界中,这种生态进化过程(eco-evolutionary)驱动了微生物群落组成和多样性的形成,而微生物群落为研究生态进化过程提供了一个良好的体系。这方面的研究面临横跨微观和宏观进化尺度的挑战。例如,群落基因组学和微生物群落之间的关系,如何能在具有生态学意义的生物学机制的基础上,估算基因流并以此对群落能够加以描述;在微生物群落多样性的背景下研究生态进化过程,在此过程中还要考虑水平基因转移的普遍性及其对群落功能的影响;寻找生态和进化力如何形成的证据,包括共生体的微进化与宿主之间的宏观进化关系,并结合宿主内微生物群落组装过程的形成等。

第二个方面是需要更多地关注微生物之间的相互作用。例如,物种间的资源竞争可以影响到浮游植物的实验进化的潜力和进程;在生态时间尺度,有关进化过程在驱使微生物群落组成中的重要性的证据,提出对于多物种群落种间互作的进化的概念模型。总之,微生物物种间的互作是微生物群落功能发挥的重要决定因素,也是认识微生物群落的极为重要的方面。

第三个方面是空间环境对微生物群落的影响。尽管研究空间在群落生态学中是常规工作,但是微尺度上的调查却尤其具有挑战性。有学者使用合成的细菌群落来研究物理表面对空间格局的影响,并将其对局部多样性的影响可视化;也有研究土壤微尺度上的异质性,如何影响微生物资源使用,如土壤有机质分解的潜力等。

第四个方面是微生物群落组成对环境变化的响应,以及这种组成变化与功能之间的相关性。这个问题涉及所有类型的群落,它也涉及微生物生态学领域最重要的科学挑战之一,即预测人为的全球变化将如何改变微生物群落,以及微生物群落变化又将如何反馈影响我们的气候。首先关注微生物群落的反应,有学者采用实验方法证明了开放分散的群落对升温具有极高的恢复力,且证明了休眠和耐热微生物成员的重要性;对全球变化野外实验中的微生物群落数据的荟萃分析,发现土壤细菌群落的反应在系统发育上是保守的,并且在各地都一致,结果表明,宏观进化方法可用于预测细菌对各种环境变化的反应。但是,不同地理区域各种环境中多样性的微生物群落使得微生物群落与环境变化的关系错综复杂,其中的机制还有待深入研究。

最后,也是最复杂的核心问题,就是复杂微生物群落的形成与维持机制。大量物种在自然界共存并相互作用,组成复杂的生态群落。生态学的核心挑战之一是理解大量物种如何共存,它们作为群落的复杂动力学行为,以及这些行为如何塑造生态系统的功能。关于物种多样性是增加还是减弱种群稳定性,这是一个长期争论的问题。生态学家通过观察自然群落,发现很多环境因素可以同时影响物种多样性和群落稳定性,因此解析两个变量之间的因果关系显得尤为重要。

3.4　微生物生态学相关理论

微生物生态学相关理论如下。

3.4.1　生态代谢理论

新陈代谢是生命的重要属性之一,它是生物与周围环境间进行物质交换与能量流动的有序过程,同时也是生物生长、分化、繁殖、遗传、适应及演替的基础。新陈代谢的速率决定了几乎所有生物活动的速率。

基于"代谢速率(即有机体摄取、转化和消耗能量与物质的速率)是最基本的生物学速率"这一假设,在1997年,由杰弗里·B.维斯特(Geoffrey B. West)、詹姆斯·H.布朗(Jame H. Brown)和布莱恩·J.恩奎斯特(Brian J. Enquist)首先提出了代谢生态学理论。2002年,艾伦(Allen)等提出用这一理论框架解释大尺度上生物多样性梯度变化的机制,尤其是纬度梯度多样性。代谢理论可以解释个体生长、发育、种群动态、分子进化、环境中化学元素的通量,以及物种多样性模式等。代谢生态学理论认为,所有生命受到共同的物理和生物进化规律的制约,都受到个体质量的制约。通过代谢速率这个桥梁,动物和植物、个体生物学和种群、群落以及生态系统生态学之间可建立起有机的联系。布朗等人2004年发表的论文"迈向生态学的代谢理论"(Toward a Metabolic Theory of Ecology)中进一步明确。该理论源自Kleiber's-3/4法则,该理论认为生物代谢速率是制约多数生态格局形成的重要决定因素。通过比较不同类群和生境条件下生物体代谢过程与生物个体大小、温度等的关系,研究人员发现个体的代谢与其生态学具有某种关联关系,在此过程中透过复杂的生命现象发现了统一的生态学规律,由此诞生了生态代谢理论。该理论指出,较高的温度会加快物种的代谢速率,进而提高地区的物种形成速率,而较高的物种形成速率会使物种多样性维持较高的水平,可以用于解释物种多样性大尺度格局的机制。

生态学代谢理论关注从生物个体到生物圈中所有生命的生态过程的生物的代谢速率调控,包括个体的发育过程、死亡率和寿命、种群的生长率和相互作用,以及生态系统的生产力、呼吸与营养级动态、群落结构和物种多样性,该理论适用于众多生态学现象和过程的机制解释。

正如《代谢生态学：一种标度方法》(*Metabolic Ecology: A Scaling Approach*)一书中所指出的,生态学是研究所有关于生物与环境相互作用的科学,探究能量与物质是如何在这些相互作用过程中进行交流,以及这些通量是如何影响生物体和环境本身,这是生态学研究的一个重要研究领域。

3.4.2　拉波波特法则与中域效应

物种地理分布格局是宏观生态学和生物地理学的核心问题之一。1975 年,拉波波特(Rapoport)发现美洲哺乳动物亚种的地理分布幅在低纬度地区较于高纬度地区更小,人们将这种现象称之为拉波波特法则。例如,海洋细菌多样性存在纬度梯度变化,其丰富度随纬度增加而减小,低纬度地区物种丰富度较高,而越趋于两极,物种丰富度会变低,并且细菌类群的分布区在热带地区较窄,而在高纬度地区则相对较宽。阿门德(Amend)等人的研究,在探讨全球尺度上的细菌分布格局时,也同样证实了拉波波特法则的存在,即细菌类群的分布区会随纬度的增加而变宽。

1994 年科尔韦尔(Colwell)和赫特(Hurtt)发现了地理区域边界(如山顶、海陆边界)对物种分布边界的限制作用并探讨了这些边界对物种丰富度分布格局的影响。他们发现,由于地理区域边界限制了物种的分布,不同物种分布区在地理区域中心重叠多,而在地理区域边缘重叠少。这种分布模式导致物种丰富度从地理区域边缘向中心逐渐增加,形成了所谓的"中域效应(mid-domain effect,MDE)"。

中域效应可作为 Rapport 假说的解释机制,但常常又难以解释。尽管生物学家和生态学家对动植物与生态系统功能间的关系已有了很多成熟的研究成果,对于微生物群落组成和多样性对生态系统功能和过程的解释机制尚待明确。对微生物生态学理论的发展,包括群落构建与演化、分布特征、执行群体功能的机制、对环境变化的响应、适应与反馈的机制等方面的研究都是微生物生态学需要关注的方面。

3.5　描述生态学的模型

虽然生态学出现于 19 世纪,但其大部分理论直到 20 世纪才出现。生态学的理论实践主要包括生命系统与其环境相互作用的模型构建,并在实验室和现场检验这些模型。生态学的核心问题包括解释生态多样性和稳定性的相关概念以及多样性和稳定之间的关系。其他生态学中还有很多有争议的问题,如生态学中法则和理论的性质、模型构建策略和还原论等。

与进化论不同,生态学没有如孟德尔遗传规则那样的公认的普遍性原则。生态学由多个子学科组成,包括种群生态学、群落生态学、保护生态学、生态系统生态学、集合种群生态学、元群落生态学、空间生态学、景观生态学、生理生态学、进化生态学、功能生态学和行为生态学。以上领域的共同观点是:不同的生物群相互作用的方式应当用精确性和概括性来充分地进行科学的描述；生态相互作用为进化的发生奠定了基础，它们提供了提高生物适合度的外部环境。正如范·瓦伦(Van Valen)曾经说过的那样："进化是生态对发育的控制的结果"。进化可以是适应性的(adaptive)，这种适应性进化是由自然选择所驱动和塑造的。进化也可以是中性的(neutral)，既被基因漂变(drift)所主导，也可以是非适应性的(maladaptive)，进化并非只产生更高适应性的结果，也能产生可能不利的结果。总体而言，进化和生态学还缺乏一个统一的理论框架加以理性地描述。

3.5.1　种群水平的生态学描述

每个种群由属于同一个物种的、具有潜在相互作用的个体所组成。种群可以通过其状态变量(这些变量代表种群的整体属性，如大小、密度、增长率等)或个体变量(即种群中个体的属性，如繁殖力、相互作用方式等)来进行表征。经典的种群生态学往往局限于基于状态变量的模型的研究，这类模型易于操作，便于进行预测和解释。种群生态学通常通过确定性模型和随机模型来进行描述，可以说，经典种群生态学是生态学中理论上最为完善的部分之一。

1) 确定性模型

如果种群规模较大，可以使用确定性模型进行研究，即可以忽略偶然因素(如意外出生和死亡)导致的种群规模波动。通常，模型考虑单个或极少数相互作用物种的成员，例如一些捕食者和被捕食物种。基于Lotka-Volterra(耦合微分方程)模型的一个典型结果是捕食者-食饵相互作用导致种群的周期变化。随着被捕食种群的增加，资源的增加使得捕食者种群数量在稍晚时间增加。捕食者的增加会导致猎物数量的减少，随之资源的缺乏导致捕食者数量的下降。当捕食者种群减少时，猎物种群增加，再次启动循环(图3-2)。

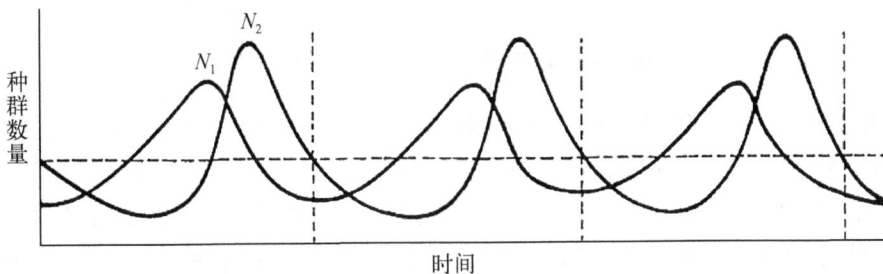

图 3 - 2　捕食者-食饵种群周期

该模型是由洛特卡(Lotka)和沃尔泰拉(Volterra)分别于1925年和1926年提出的。模型描述了两个物种的变化，一个种群为N_2的捕食者物种，仅以种群为N_1的单个被捕食物种为食。(t 是时间的度量单位。)洛特卡-沃尔泰拉(Lotka-Volterra)模型在数学上预测了这些周期。该模型体现了生态学的研究目标：不仅有一个预测准确的定量模型，而且模型中包含的机制具有清晰的生物学解释。可惜的是，在生态学中，这种清晰的生物学解释往往难以看到。

对于单一物种的简单情况，两个标准模型是指数增长和逻辑斯蒂增长。指数增长模型被认为是在没有资源限制的情况下种群的行为;当存在这样的限制时,逻辑斯蒂增长模型是一种最简单的方法,描述种群规模的自我调节。

指数增长模型只涉及一个基本生态参数,即种群的内在增长率(r),它代表了在没有外部因素限制增长时,种群增长的速度。指数增长的前提是:生态系统中不存在天敌,且食物和空间等资源充足。

逻辑斯蒂模型也适用于承载能力(K),被解释为在给定环境中能够持续的种群的最大规模(图3-3)。自然界中大部分种群符合逻辑斯蒂模型规律,刚开始,由于种群密度小,增长会较为缓慢,而后由于种群数量增多而环境适宜,会呈现 J 型的趋势,但随着数量进一步增多,就会出现种内斗争和种间竞争的现象,死亡率会加大,出生率会逐渐与死亡率趋于相等,种群增长速率会趋于零,此时达到环境最大容纳量,即 K 值,会以此形式达到动态平衡而持续下去。图3-3显示模拟的理论曲线。"几何增长"表示文中讨论的指数增长模型;"饱和种群"是指环境承载能力。

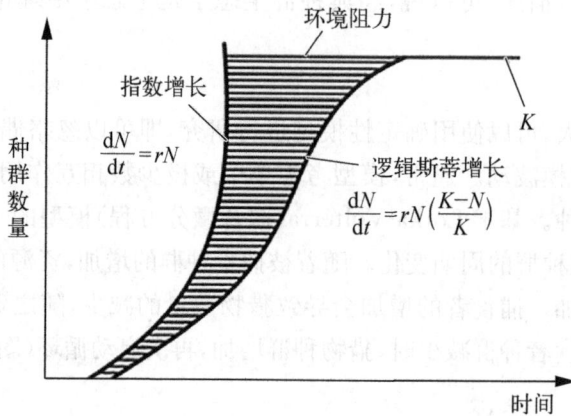

图3-3　生物种群随时间增长的两种模型

阿利氏效应(Allee effect),是指有些生物在种群密度很低时,其种群数量是下降的,并且会因为每个个体增长率的下降而走向灭绝的实际情况。阿利氏规律的核心内容是任何一个生物种群都有自己的最适密度,密度过高和过低对种群的生存和发展都是不利的。当种群密度过低时,雌雄个体相遇机会过少,也会导致出生率的下降和种群的萎缩。而且,种群只有在一定的密度条件下才能表现出群体效应,如抵抗被捕食和不良环境压力的能力提高,更有利于索饵等。

总之,生物学经验表明,所有种群都会调节其大小,表现出自我调节能力。

2) 随机模型

如果种群规模较小,那么模型应该是随机的:需要分析种群规模引起的波动的影响。生态学中的随机模型是数学上最复杂的模型之一。随机性和不确定性的性质仍然缺乏深入的生物学机制的探索。

随机性的标准分类可以追溯到1978年谢弗(Shaffer)的一篇论文。这篇论文的背景为科学的社会决定提供了一个经典的范例。《美国国家森林管理法》要求某地林业局"根据特定土地区域的适宜性和能力,提供植物和动物群落的多样性。并维持规划区域内现有原生和非原生脊椎动物物种的生存种群"。对于属于确定性模型范围内的大型种群,建立生存能力相对来说是很容易的,但对于小种群来说,即使其平均规模在增加,偶然波动也可能导致灭绝。随机模型是预测参数的必要条件,如特定时间段内的灭绝概率或预期灭绝时间。谢弗(Shaffer)对黄石公园的灰熊(ursus arctos)进行了分析,推测它们面临着随机灭绝的前景,他区分了四种可能导致随机灭绝的不确定性来源:

(1)种群统计随机性,这种随机性是由有限数量个体的生存和生殖成功中的偶然事件所产生的。

(2)环境随机性,这种随机性源于出生率和死亡率的时间变化、环境承载能力以及竞争对手、捕食者、寄生虫和疾病的数量等因素。

(3)洪水、火灾、干旱等自然灾害。

(4)遗传随机性,是由随机交配或近亲繁殖引起的基因频率变化导致的。

谢弗进而认为,随着种群规模的缩小,上述所有因素的重要性都会逐渐增加,兰德(Lande)等人则提出,种群统计随机性"是指个体死亡和繁殖的偶然事件,这些事件通常被认为是个体之间独立的",而环境随机性"是指种群中所有个体的死亡率和生育率以相同或类似的方式在时间上的波动。环境随机性对小型和大型种群的影响大致相同"。他们进一步阐述了这一点:"与种群密度无关的预期适应度的随机变化,构成了环境随机性。而个体适应度的随机变化,加上有限种群中的抽样效应,共同产生了种群统计随机性。"环境波动,甚至是随机灾难,只在影响生殖率和死亡率的范围内对种群规模产生影响,即造成种群波动。至少在这个意义上,第二类和第三类随机性在概念上并不独立于第一类随机性。此外,兰德等人将随机灾难视为环境随机性的一个极端案例。通常,种群随机性模型与环境随机性模型的区别在于,是否将随机因素明确依赖于种群规模作为参数。如果是的话,所讨论的模型被归类为种群随机性模型;如果不是,则被视为环境随机性模型。

这些模型的数学分析虽然重要,但面对种群、环境和灾难性随机性,模型的可靠性仍需要分析更多的种群数据来加以验证。此外,这些模型的结构不确定性,假设和技术上的明显细微差异通常会导致预测结果大相径庭。对黄石公园的灰熊进行大量深入研究的例子,就可以说明这一点。1994 年为该种群建立的一个模型,仅考虑环境随机性,并以种群的内在增长率和环境的承载力为主要决定参数。该模型的预测对灰熊来说是好消息:根据承载能力的合理值和固有增长率的测量值,该模型对灰熊灭绝的预期时间约为 12 000 年。1997 年另一个构建的模型,同时包含了种群和环境随机性,但可以选择将其中一部分设置为 0。当种群随机性等于 0 时,该模型给出了与 1994 年模型相同的结果。但根据弗利(Foley)设置的种群随机性的参数,预测灰熊灭绝的时间就远短于之前的预测。

3.5.2 群落水平的生态学描述

群落生态学由相互作用的物种模型组成。生态"群落"中每个物种被视为一个单元。可通过物种地理联系来定义群落,或者通过要求大量的相互作用结构,使群落类似于生物体。以上给出的互动定义之所以具有吸引力,有两个原因:① 仅仅是联系就没有什么理论或实际意义可供研究,而要求某些特定的更高层次的互动,又会在群落定义中引入不必要的任意性;② 前者会使任何物种组合成为群落,而后者通常会引入太多结构限制,以至于几乎没有任何组合会构成群落。

与种群生态学相似,一个最关键的问题同样是群落随时间的变化。而这也正是生态学中最有趣和最复杂的问题,即多样性和稳定性之间的关系。生态学家们普遍存在一个根深蒂固的观念,那就是多样性带来的稳定性。然而,从一开始就混淆这个问题的是"多样性"和"稳定性"的定义的多样性。例如,定义多样性的第一个尝试是将群落的多样性等同于其中的物种数量,即其物种"丰富度"。实际上丰富度并不能涵盖多样性的所有方面。例如,第一个群落由 50%物种 A 和 50%物种 B 组成,第二个群落由 99.9%的物种 A 和 0.1%的物种 B 组成。两个群落具有相同的丰富度,因为它们都有两个物种;但是第一种情况比第二种情况更为多样或更不同质。如果多样性确实导致了这些群落的稳定,那么这种稳定一定是两个物种之间某种相互作用的结果。如果物种 B 仅占群落的 0.1%,则这种相互作用的范围通常比物种 B 占 50%时小得多,因而两个群落具有的相互作用相去甚远。

稳定性更难定义。在一个极端情况下,稳定性可以定义为要求群落真正处于平衡状态:它的组成(每个成分的丰度)或这些成分之间的相互作用都不会改变。

在实际层面上,几乎没有一个自然群落满足如此严格的平衡要求。此外,几乎每个群落都经历了严重的扰动。考虑到这一点,对稳定性进行了不同的解释,如使用系统对干扰的响应,或其即使在没有干扰的情况下的变化也不超过规定限值的情况等。

这些稳定性指标与多样性有何关系?如果多样性被解释为丰富性,传统上通常认为多样性至少与持久性正相关。然而,从来没有多少确凿的证据支持这一假设。人们一度认为,自然生态系统通常处于平衡状态("自然平衡")。现在大量的数据表明,自然生态系统远未达到平衡。此外,如果物种之间的自然选择发生在向平衡过渡的过程中,则平衡群落的丰富度将低于尚未达到平衡的群落。在短时间尺度上(短到无法形成物种),利用相同资源的物种(即占据相同的"生态位")之间的选择将导致通过"竞争排斥"将较不适合的物种排除在外。

自 20 世纪 70 年代以来,多样性(如丰富度)和稳定性之间普遍正相关的传统假设在理论和经验上都受到了严重挑战。然而,蒂尔曼(Tilman)提出了草原生境中丰富度和稳定性之间的联系,虽然他的结论的普遍性仍有待研究。此外,普菲斯特和施密德提出了同样令人信服的经验证据,证明丰富度与稳定性成反比。

在群落生态学中,有研究者特别关注岛屿生物地理学理论及其与生物保护区网络设计的相关性。该理论的基础是物种-面积关系:同一栖息地类型的较大区域通常比较小区域包含更多物种。因此,物种丰富度与面积之间存在单调关系。但是,这种关系的形式是如何定量描述?此外,是什么机制造成的?仍然是悬而未决的问题。对于第一个问题,最流行的答案可能是阿伦尼乌斯的幂律 $S = cAz$,其中 S 是物种数,A 是面积,c 和 z 是常数,但没有给出运行机制的暗示。这种幂律代表了通常被称为"物种-面积曲线"的现象。关于机制问题,传统上,物种-面积关系被归因于环境异质性。更大的区域被认为具有更大的栖息地异质性,因此可以容纳更多的物种,每个物种都有自己的特定需求。近年来,这种关系更多地归因于这样一种假设,即更大的区域可以支持任意物种的更大种群。因此,在任何特定时间间隔内,在较大区域内灭绝的种群数量可能比在较小区域内灭绝的种群数量少。因此,平均而言,即使两个区域的物种密度相同,但在较大区域的物种数量可能比较小区域的物种数量更多。

3.5.3　生态系统水平的生态学描述

"生态系统"一词由坦斯利于 1935 年提出,他将其定义为"整个系统"(在物理学意义上),不仅包括有机体的群体(即群落),还包括形成我们称之为生物群落环境的物理因素的复合体,即最广义的栖息地因素。生态系统"是地球表面上自然的基本单位",是对其栖息地中的群落的物理描述。"生态系统"一词的引入和迅速普及,特别是在 20 世纪 50 年代末和 60 年代,标志着生态学实践中的两个主要认知和一个社会学转变:① 在 20 世纪 20 年代末和 30 年代所谓的理论种群生态学黄金时代结束时,转向生态系统有助于将重点从具有互动个体的种群转向更大、更具包容性的系统。生态系统论的偏好者遵循自然史上长期的整体性传统,倾向于将复杂性神化,并否认根据整体的部分来解释整体的可能性,以"系统思维"取代还原论(即为了便于分析而将整体分解为部分)。② 第二个认知转变是,生态系统研究涉及至少部分基于非生物变量的模型。例如,模型可以跟踪整个食物网中的能量或物质流,而不是跟踪社区中的个体甚至物种。③ 在社会学层面,生态系统研究的扩展导致了历史学家所称的"大生物学"的兴起,该概念于 20 世纪 60 年代在美国兴盛。这些研究,如大规模的哈伯德布鲁克生态系统研究,需要的不仅仅是许多生物学家的合作。他们还要求引入其他领域专家,包括地球化学家和土壤科学家,以便能够同时跟踪生态系统的所有相关物理参数。

3.6　微生物生长的环境影响

在群落中不同微生物的生长的差异是它们之间竞争的一个重要方面,对群落的构建和群落结构造成直接的影响。生长速率和生长量是细胞重要的表型特征,直接影响微生物在特定环境中生存的能力。而生长特性会受到很多因素的影响,例如细胞的遗传背景、细胞生长环境的理化性质、营养浓度和组成等。微生物细胞的生长速率与生长量之间存在一定的权衡,并由此可将它们归结为两种生态策略:快速增长的低生长量竞争策略(r 策略)和缓慢增长的高生长量竞争策略(k 策略)。

3.6.1　影响细胞生长速率的因素

细胞的生长速率强烈依赖于由核糖体的丰度、功能和蛋白质的合成速度,而这些因素又被用于蛋白质合成的资源量所限制。环境中营养成分和浓度决定其生长速率,埃伦贝格(Ehrenberg M)的研究评估了从琥珀酸盐基本培养基到含有葡萄糖加所有 20 种氨基酸的培养基对大肠杆菌生长速度的影响,发现转移到营养上调的培养基的大肠杆菌的 rRNA、 tRNA 合成增加,RNA 聚合酶浓度显著增加,可用于转录稳定的 RNA 操纵子。另外,较高的氨基酸库也导致 tRNA 增加,以及核糖体功能的提高。它们共同导致 RNA 和蛋白质合成速率的增加,大肠杆菌生长速度显著提升。

环境的理化因素也会影响细胞的生长速率,如温度、pH 等,温度会影响酶的活性,温度适当升高时,细胞内化学和酶反应以较快速率进行,生长速率加快。但当超过某一温度时,蛋白质、核酸和细胞其他成分就会发生不可逆的变性。除此之外,温度还可以通过影响细胞质膜的流动性进而影响物质运输,即营养物质的吸收与代谢产物的分泌,从而影响细胞生长速率。pH 通过影响细胞质膜的透性、膜结构的稳定性和物质的溶解性来影响营养物质的吸收,从而影响微生物的生长速率。此外,生长速率与环境跨度和细菌物种在其栖息地中遇到的竞争水平显著正相关。当生物体面临大量共栖物种时,往往会选择提升生长速率来对抗竞争。例如,病原体金黄色葡萄球菌在宿主细胞内(与其他细菌物种的竞争很少)的增长率比在人体皮肤(与其他细菌物种的竞争很多)慢得多。

3.6.2　限制因子与生物生长的因素

生物种群或群落的丰度取决于环境条件,任何超过生物耐受程度的条件即为限制因子(limiting factor)。生物学家李比希提出"植物的生长取决于那些处于最小量供应的营养成分",被后人称为李比希最小因子定律(Liebig's law)。

最小因子定律并非适用于一切情况,有些环境条件并非只是缺乏对生物造成限制。比如,温度太高也不利于生物的生存,污染物浓度太高对生物也是一种胁迫。因此,生物对环境因子有最大和最小的需求,这两者之间就是生物的耐受范围。把最大量与最小量的限制作用综合考虑就有了后来的谢尔福德耐受性定律(Shelford law of tolerance)。

对限制因子的研究揭示了生态学的一些原理。例如:一种生物对某一因子的耐受范围广,但对另外一种因子的耐受可能很窄;对所有因子的耐受范围广的生物的分布范围也广;一个物种的某种因子不是适宜状态时,对其他因子的耐受能力也降低;自然界中的生物并不一定在其最适宜的环境中生长得更好,这可能是由于其他的因子发挥了更大的作用,如某种植物在淡水中比在盐水中长得更好,却发现它仅生长在盐水中,这是因为它的排盐能力使它战胜了盐地中的其他竞争者,但是在淡水中反而竞争不过其他植物。

3.6.3　影响细胞生长量的因素

微生物广泛存在于自然界之中,并且在生态系统的能量流动和物质循环中发挥着重要的作用。微生物的生长速率(growth rate)是衡量微生物生长的重要参数。微生物的生长速率受多种因素影响,包括营养物的组成和浓度以及一些环境因素。影响微生物生长速率的因素主要有营养物的组成和浓度、温度、气体浓度、pH 值、矿质离子浓度、水的活度等。

通常,培养基的营养物越丰富,富营养型微生物生长就越快;而降低营养物浓度,微生物的生长速率也会随之减小。不同微生物对营养物质的需求各异,因此,营养物的组成也会影响微生物的生长速率。温度也是影响微生物生长的一个重要因素,它通过多种方式作用于微生物的生长过程,如温度影响酶的活性、细胞质膜的流动性、物质的溶解性,微生物的生长存在最低温度、最适温度,以及可以承受的最高温度。随温度不断升高,微生物的生长速率也会升高;然而,一旦超过最高温度,由于蛋白质和酶变性,微生物将无法生长。O_2 和 CO_2 是影响微生物生长的重要气体,O_2 对于好氧微生物十分必要,气体的浓度也影响着微生物的生长速率。pH 值也影响着微生物的生长,pH 值通过影响细胞质膜的透性、膜结构的稳定性和物质的溶解性或电离性来影响营养物质的吸收,从而影响微生物的生长速率,微生物一般都具有生长的最适 pH 值。矿质离子的浓度影响着微生物的生长速率,一些金属离子如 K^+、Ca^{2+}、Mg^{2+} 等是微生物合成酶和蛋白质所必需的。此外,水的活度即水的可利用性也影响着微生物的生长速率,培养基中水的可利用性决定了代谢的速率和微生物的生理活动,水是许多微生物代谢所需底物的溶剂。

微生物生长量(biomass yield)受微生物所产生的 ATP 的总量的影响,微生物最终产生的 ATP 的总量越大,微生物的生长量越大。反之,微生物通过底物磷酸化、氧化磷酸化产生的 ATP 越少,最终的生长量越小。而微生物的 ATP 产生量既受微生物自身代谢状态的影响,也受外界环境因素的影响。因而,可以说,营养物的浓度、温度、pH 值、矿质离子的浓度等因素也间接影响微生物的生长量。

细胞生长量取决于细胞的分裂和死亡,它会受到营养素的可用性、细胞的代谢状态和生长速率的影响。细胞所处环境的营养状态会显著影响 DNA 的复制和细胞分裂。营养素可用性是 DNA 复制启动的关键决定因素。DNA 复制起始蛋白 DnaA 和其他必需组分的产生与碳的可用性和细胞生长速率成比例。氨基酸通过产生鸟苷四磷酸和鸟苷五磷酸[统称为(p)ppGpp]直接抑制复制起始。而在复制过程中更是高度依赖于脱氧核苷 $5'$-三磷酸(dNTP),因此非常容易受到养分状况的影响。研究表明,对于生长需要胸腺嘧啶的细菌而言,改变外源胸腺嘧啶水平会显著影响复制延伸率。除此之外,营养素可用性和氨基酸饥饿也影响染色体分离和细胞的分裂。

细胞自身代谢水平也会影响其生长量。研究表明,代谢信号可直接调节复制蛋白的活性。比如,来自枯草芽孢杆菌的遗传数据,指出了糖代谢和复制延伸之间的联系。另外,研究发现,在大肠杆菌中,(p)ppGpp 的增加可诱导的细胞分裂周期停滞。而 SeqA 或 DNA 腺嘌呤甲基化酶(Dam)的缺失消除了(p)ppGpp 诱导的细胞周期停滞。

3.6.4　细胞生长速率和生长量的权衡

生态学的最佳觅食理论(optimal foraging theory, OPT)描述了生物体在单位时间内试图摄取最大净能量的觅食行为和条件。OPT 在宏观生态学中得到了很好的研究,也产生许多假设。以一只蜂鸟喝花蜜为例,当蜂鸟到达一朵新鲜的花朵上时,它很快就获得了花蜜,但随着它吸食的时间延长,吸食花蜜变得越来越困难,因为蜂鸟已经耗尽了供应的花蜜。对于蜂鸟来说存在一个觅食问题,它需要时间和精力才能移动到一个新的花朵,那么它应该花多长时间在已找到的花朵上,然后再转移到另一个新的花朵呢?这是觅食理论的经典问题之一。图 3-4 以图形方式显示了花蜜耗竭的概念:从花蜜中提取的能量随着动物在花朵中停留的时间而增加,但瞬时食物增加率(由该函数的斜率表示)却稳步下降。动物从一个花朵移到另一个花朵需要 T 个单位的时间;t 是动物在每个花朵中停留的时间。经典的觅食

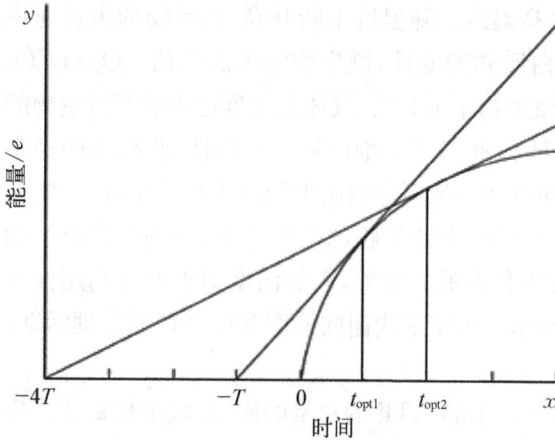

图 3-4　蜜蜂觅食能耗与花蜜耗竭的关系图

模型旨在确定一个最佳斑块停留时间 t，从而获得最高的食物摄取率。图 3-4 显示了如何以图形方式找到这个"最佳时间"。具体操作是，连接 x 轴上的点 T（即时间轴上的点）和增益函数曲线上的点 $(T, e[T])$ 所构成的直线的斜率，该斜率代表了动物在总共花费时间 T 内可以预期的能量摄取率。当这条直线与增益函数曲线相切时，其斜率达到最大（即能量摄取率达到最大值,）此时对应的 t 值即为最优停留时间 t_{opt1}。这一简单的图形方法预测表明，当觅食者需要更长时间才能到达新的花朵时，觅食者应在一个花朵停留更长时间。

该理论阐述了觅食的两个关键概念，如专才消费者（specialist）和通才消费者（generalist）。通才消费者往往是机会主义的觅食者，他们会迅速对资源的短时变化做出反应，而专才在资源消耗方面很挑剔。由专才主导的生态群落往往对资源有高强度的种间竞争，这可能导致物种隔离的形成。相反，通才类型表现出较少的种间资源竞争，从而允许许多分类群利用相同的资源。普罗瑟（Prosser）等（2007 年）提出可应用觅食理论来描述微生物对广泛资源的反应。尽管一些研究强调细菌的通才和专才行为，及其在营养加工、执行生态系统功能中的作用，对他们作为底物（病原体-宿主相互作用或宿主栖息地特化等）和 OPT 背景下的生态资源的消费者的角色知之甚少。此外，通才和专才行为进化背后的生态进化机制是什么？这些觅食策略对微生物群落的生态学和生态系统功能的影响在今天并不为人所知。了解觅食生态对于管理全球碳和其他营养资源，及了解微生物选择宿主物种作为生态资源也很重要。

（1）细胞生长速率和生长量存在权衡。根据热力学第一原理，生长量和速率之间往往存在权衡：对于化学反应，底物和产物之间的能量差（ΔG）可以部分地投入到 ATP 的产生中，但是如果反应具有最大的 ATP 产率，则不会留下能量来驱动反应向前；因此，为了增加反应的速率，产率必须降低。大量研究表明，上述权衡也存在于细胞层面中。贾斯敏（Jasmin）和韦斯特伊斯（Weusthuis）发现，长时间的恒化器培养会导致酿酒酵母进化出生长速度增加，生物量产量减少的菌株。在 LTEE 中，诺瓦克（Novak）发现，进化的大肠杆菌种群内细胞的生长速度和生长量之间呈负相关。

（2）细胞生长的生长量/速率权衡与代谢策略的选择有关。杰斯敏（Jasmin）表明，增加恒化器中的稀释率（即增加生长速率）与生物量生长量呈负相关，并通过观察到酵母菌株所采用的代谢途径的变化来解释这一点。在低生长速率下，碳通量主要通过高效呼吸途径，而在较高的生长速率下，主要部分的碳通量通过高速发酵途径。研究表明，在碳源限制的细胞培养中，从主要发酵到主要呼吸代谢的转变是在最大化增长生长量和最小化其成本之间的权衡取得的（图 3-5）。莫利纳尔（Molenaar）等的计算机模型进一步证实了这一点，显示了不同的代谢策略如何根据环境所加的自然选择来优化适应度。除酵母外，其他生物也有同样的趋势。另外一篇论文中,利用 *M. extorquens* AM1 的两个菌株突变体,在代谢水平上证明了生长速率和生长量之间的权衡关系。其主要差异发生在甲酸和C3 - C4 相互转化途径中。具体而言,当甲酰基四氢叶酸连接酶、磷酸烯醇丙酮酸羧化酶和苹果酸酶的相对通量增大时,生物量生长量会相应提高,而当丙酮酸激酶和丙酮酸脱氢酶的相对通量增大时,生长速率则会加快。

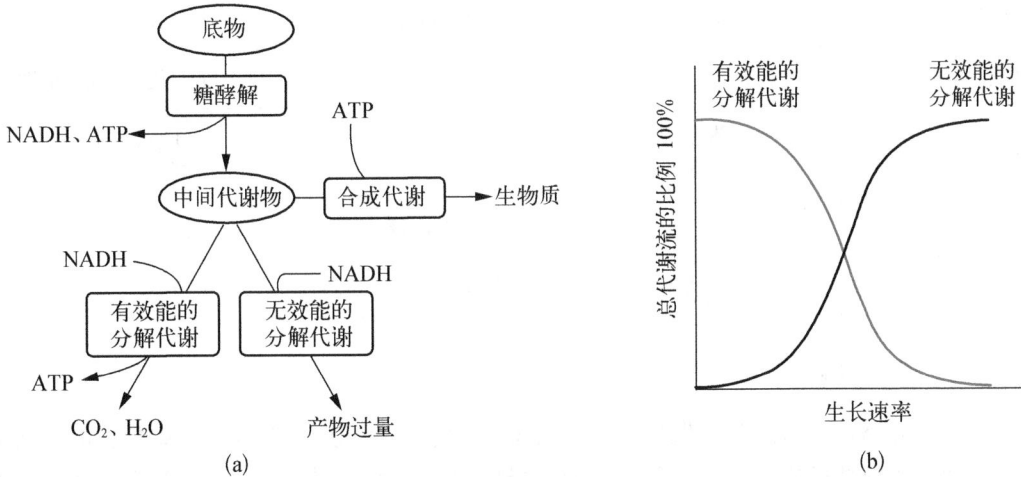

图 3 - 5　细胞生长的生长量/速率权衡与代谢策略的选择
(a) 流程图;(b) 曲线图

(3) 代谢策略的转变是通路的代谢或能量效率与合成酶途径的成本之间的折中的结果。为了响应由营养压力或抗生素引起的生长条件的变化,许多微生物系统会积极地重新分配其蛋白质组。部分原因在于:由于生长速率受到特定代谢活动的限制,细胞只需通过微调蛋白质组就可以将更多资源投入到限制活动中(即通过合成更多专用于它的蛋白质)。然而,这通常伴随着新陈代谢的整体重组,旨在通过不同途径重新配置资源来改善营养限制下的生长量。但是就细胞资源的消耗而言,蛋白质表达也是有代价的。由于蛋白质表达成本很高,因此不能通过增加蛋白质生长量来简单地实现适应性优化。适应性最大化要求蛋白质的益处和成本之间的差异应该最大化。例如,乳酸乳球菌在混合酸发酵和乳酸发酵中ATP 产量与酶成本之间的权衡。

3.6.5　不同培养方法下的微生物生长速率和生长量的权衡

目前常见的实验室微生物培养技术有批式培养、恒化反应器培养,以及乳化培养。每种培养方法都施加不同的选择压力,故微生物对于生长量和生长速率也有着不同的权衡方式(表 3 - 1)。

批式培养特征在于微生物在生长期间会直接竞争有限的可用资源,直至达到资源利用的瓶颈。然后再进行稀释步骤以继续培养。存在许多微生物实例,其在分批延长培养后,显示出增加的生长速率。批量培养给微生物的生长速率带来了相当大的选择压力。而生长速率的优化通常是重新组合潜在代谢网络的结果。

表 3 - 1 培养方法的主要特点

	批式培养	恒化反应器培养	乳化培养
适合度的测量项目	生长率(μ)	稀释率(D)底物浓度$[S]=m$	细胞数(N)
进化目标	最大 m	稀释率(D)时最小$[S]=m$	最大 N
可能的策略	高 m_{max}	低 K_m，高 m_{max}	高代谢产量，小细胞
例子	酵母菌发酵；大肠杆菌的过量代谢	代谢转换	乳酸菌的混合酸发酵代谢
权衡	低产量	低 m_{max}；低产量	低 m_{max}
预测最优化的方法	EFM＋酶动力学	EFM＋酶动力学	FBA

注：$\mu = \mu_{max} \dfrac{s}{s+K_m}$，$K_m$ 为莫诺常数。

恒化反应器培养将细胞群保持在反应容器中，其中连续供应新鲜培养基并且流出物确保培养物体积保持恒定。这种培养方式的选择压力随着恒化器的稀释率(D)而变化。那些能在限制性营养物的最低浓度下达到特定生长速率（设定的稀释率）的微生物在恒化反应器中占优势。

乳化培养是将单个细胞在油包水的乳液中分隔，生长至平台期，随后混合在一起并稀释到新鲜培养基中，之后重复循环。在这种情况下，能够产生最高数量的可存活后代的菌种占据优势，它们会产生更小但更多的细胞或者提升自己的代谢产率。这说明空间结构化的环境将消除细胞之间的竞争，并将对生长速率的选择压力转移到生长量上。

细胞生长速率和生长量的权衡本质上可以说是一种适应甚至可以称为进化。可以看出，选择特定的培养方法可以筛选出具有所需特性的特定生物，这是一种对生物技术菌株开发大有助益的方法。目前微生物主流研究中运用的液体富集培养方法倾向于选择高生长速率、低生长量的细菌。这引导我们按照一定频率使用稀释培养来挑选出在给定条件下生长得最多的物种，或许可以培养出一部分所谓的未可培养微生物，例如 *H. foetida* 的分离。除此之外，环境时间尺度与表型和遗传适应性之间的相互作用还可以帮助我们进一步认识微生物进化的潜力和极限。

3.6.6 生长与环境承载力

生物及人类对资源环境条件的适应，导致了其特定的资源需求特征、利用效率和生态效应，并形成了生物种群的生态位及适宜性、自然界的资源供给总量和有效性。生物种群发展承载力(carrying capacity of biological population development，CCBPD)：自然资源和环境塑造的生态系统承载生物种群发展的能力，即生态系统的生物学承载力(biological carrying capacity of ecosystems)，它是指在自然地理区域的生态系统、资源和环境要素系统稳定可持续承载的植物、动物和微生物种群数量，以及由此所衍生而来的生物生产、经营管理、资源利用的经济活动规模,前者为自然生物种群的最大种群密度、生态密度,后者为人为经营活动的最大允许强度,如种植密度、载畜量、采伐量、捕获量等。

根据种群增长曲线的形状,将种群增长分为 J-型增长和 S-型增长。在 J-型增长中(图 3-6),种群密度呈指数型迅速增长,而当限制因子或环境阻力发生有效影响时,增长会突然停止。这种增长型可以用简单的指数方程模型描述(式 3-1):

$$dN/dt = rN \qquad\qquad (3-1)$$

S-型增长型(图 3-6)的开始时期,种群增长速率初期较为缓慢,随后增速明显,而后因环境阻力的增加,种群增长速率逐渐降低,直到种群达到平衡状态。这种增长型可以用简单的逻辑斯蒂模型描述(式 3-2):

$$dN/dt = rN \times (K-N)/K \qquad\qquad (3-2)$$

方程式中常数 K 表示种群增长可能达到的最高水平,是 S-型曲线的潜在渐近线,称为种群增长的生态环境容量;拐点 I 时,种群增长率最高,因为理论上在这个点上所收获的生物量可以得到迅速恢复,渔业经营者将其称为最大可持续产量。巴雷特(Barrett)等将这一理论应用于生态系统承载力及可持续性的概念阐述中,他们认为根据生态系统水平上的热力学条件,承载力指的是所有可用的输入能量用以维持所有基础结构和功能达到的状态,即生产量与呼吸消耗相等。在这些条件下所能支持的总生物量被称为最大承载力(Km),即在某个特定生境资源所能维持的最大密度。但是 K 水平并不是绝对的,当增长率很高时可能会导致种群数量超过 K,而在此之后可获得资源的周期性减少会暂时降低 K(图 3-6)。食物或空间等相关资源在没有用尽时所能维持的较小密度可被称为最适承载力(Ko),并且最适承载力总要低于最大承载力。大部分的种群增长都遵循逻辑斯蒂方程,它代表的是空间和资源限制作用在生长初始阶段时就出现的一种最小的 S-型生长。然而,在现实中,生物

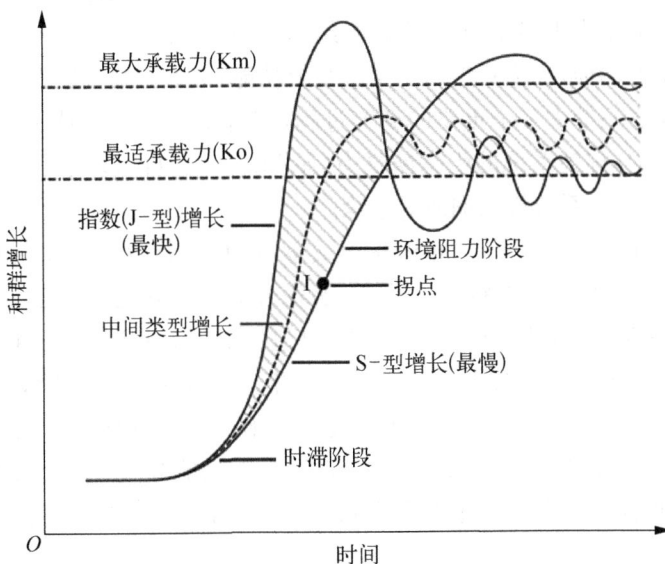

图 3-6　生物及种群增长曲线的两种基本型

生长开始时期并不会受到环境限制,而当密度逐渐增大时,其环境限制才会发挥作用,种群增长速率才会减慢,所以大多数的种群增长是介于种群理论增长的上限(指数生长型)和下限(逻辑斯蒂生长型)之间的中间类型,即图 3-6 中的阴影部分。承载力的变化一般也介于最大承载力和最适承载力之间。

种群的自疏与种间竞争。在个体和种群方面,承载力不仅取决于生物数量和生物量,还取决于生活型。该模式的两个关键点在于,生物生长的食物资源、土地资源、水资源供给是有限的,且是不可替代的,生物个体之间对资源的利用是竞争关系,有限的资源供给将限制种群的最大容量。

生态系统是一个自然过程与人文过程紧密联系的复杂系统,具有多稳态、自适应、自组织、生态阈值等特征,而资源环境承载力也随着这些特性的演变而变化。多稳态(alternative stable states)的概念由乐翁亭(Lewontin)在 1969 年提出,后来学者给出的定义认为多稳态是生态系统的另一种形态,并由负反馈调节维持其功能和组成变化。在相同的外力驱动或干扰的情况下,其生态系统内生物群落的结构、物质和能量都会发生变化,并且可能表现为由负反馈调节维持的两种及以上不同的稳定状态。

生态系统的演替也可以理解为多个稳态转换过程,在演替的不同阶段维持着不同状态,并拥有不同的承载能力。在生态系统发生状态转变时,承载力也会随之发生变化。所以,多稳态理论有助于对生态系统状态和资源环境承载力变化的预测。

自适应性是指生物能够通过改变自己的结构或习性从而适应新生境的性质,即系统通过改变自身的形状、结构和功能以适应外界环境的扰动,从而保持稳定或达到新的平衡的特征。

在 20 世纪 50 年代,针对复杂系统现象产生了自组织理论,它的研究对象主要是复杂自组织系统的形成和发展机制,即在一定条件下,系统是如何自动地由无序走向有序,由低级有序走向高级有序。资源环境承载力也往往随着系统自组织的情况而发生相应改变。生态系统自组织过程会涌现出很多新功能,而在自组织空间格局形成的过程中,系统往往体现出个体所不具备的生态功能,称为自组织的生态系统功能,也称为涌现属性。

自组织也是生态系统中一个重要的调节过程,即自组织空间格局的形成可以提高生态系统抵抗干扰的能力,称为系统的生态恢复力(resilience)。自组织过程不仅能促进生态系统的稳定,还可以将生态系统推向崩溃的边缘。

每种生态系统的稳态都有自己的承受力或承载力,当外界和自身的压力超过系统自身的适应能力时,生态系统状态将发生转变,承载力也随之变化。生态阈值是指生态系统稳态突然变化的关键点或者区域,阈值类型主要包括阈值点和阈值带;生态阈值应用研究主要包括森林退化管理、草地承载力、植被演替、生态系统安全和风险评估等方面。生态系统结构、功能和特性等在生态阈值点前后发生变化,是从一种稳定状态到另一种稳定状态的变换过程,在该变换过程中伴随着生物组成、生态功能和生产力的变化,也就是说,生态系统状态变化可能会导致生态环境变化和生物多样性变化,从而导致资源环境承载力的变化。

系统的适应能力则由其自身的抗压性、稳定性和脆弱性所决定,而生态系统的恢复力则由系统的可塑性和弹性,以及对外在压力的抗性所决定。如果系统无法抵抗外界的压力,则可能导致生态系统的退化和功能的衰退,甚至是系统崩溃和资源枯竭。生态系统退化是一种渐变过程,主要体现在生态系统的稳态转换、生态功能的衰退、资源环境承载力的减小。生态系统的崩溃是一种突变的过程,具体表现为资源的枯竭、环境的转型和生态系统灾变,而生态系统的承载力也会随着系统的崩溃而快速下降。

3.7　微生物生活策略与适应机制

3.7.1　资源供给与利用

大量证据表明,共生微生物在不同营养位上的竞争能力可能存在很大差异,与动物宿主和土壤相关的群落表现出特别高的代谢分化水平。资源的可获得性和动态性在调节微生物群落动态方面发挥重要的作用。此外,微生物群落规模和人均资源消耗决定了生物地球化学循环速度。

1) 资源收益

微生物资源增加的速度在很大程度上取决于分解和养分吸收的情况,这也取决于酶浓度和微生物生物量之间的关系。微生物生物量可以影响分解速率,酶浓度的任何增加有时也被认为与微生物生物量成正比并加速分解。更高生物量浓度下微生物之间的竞争更多,则可能发生密度依赖性分解。底物、微生物和酶的扩散以及空间动态变化对于人均的影响至关重要。

2) 资源损失

微生物种群主要通过矿化、死亡和捕食而失去资源。根际土壤中动物能够更有效地捕获根系丰富分泌物周围的高密度细菌。也可以通过枯枝落叶层中的捕食关系促使微生物死亡。

3) 微生物相互作用

竞争是微生物群落中经常出现的相互作用,决定了资源增加和减少的速度。微生物的竞争关系与跨环境梯度的养分循环关系密切,因为不同类型的竞争会导致不同的结果。资源可用性最终限制了微生物生物量。捕食者出现的竞争是微生物群落中较为复杂的生态过程,捕食者效应可以与营养物质可用性等其他重要因素相互作用,从而产生特定的竞争结果。

3.7.2　种群数量生态

(1) 哈-温定律(Hardy-Weinberg law)。对于一个大的种群,个体的交配是随机的,没有其他因素干扰(选择、漂变),基因频率和基因型频率保持一定,不发生大的变化,达到了平衡。小种群的基因频率变化大,等位基因频率很低时,易丧失基因。而等位基因中的遗传变异是种群适应环境变化的遗传基础,基因的丧失将影响种群在变化环境中的适应性。小种群的稀有等位基因的丧失和杂合性下降可能会造成对环境变化无法适应,从而导致种群的灭绝。

（2）阿利氏定律（Allee's law）。种群密度过大或过小都对种群的生存不利,每一种生物都有自己的种群密度最适值（optimum density）。种群密度是种群生存的重要参数,外界环境对种群密度有影响,种群自己对密度也有自我调节作用。

3.7.3　生态学的 r/k 选择理论

同样,"r/k 选择理论"描述了根据现有资源和一个物种面临的竞争水平,在快速增长和缓慢增长之间做出选择。r-k 选择是生态进化中的两个方向。通常,r 和 k 策略分别描述了在资源盈余和匮乏条件下,在生态系统中生存的最大和最小增长率。

k 选择的生物,其种群密度比较稳定,经常处于 k 值周围。这类动物通常出生率低、寿命长、个体大多具有较完善的保护后代的机制,子代死亡率低,多不具较强的扩散能力,它们适应于稳定的栖息生境。r 选择的物种,其种群密度很不稳定,通常展现出高出生率、短寿命、体型小等特征,缺乏保护后代的机制,子代死亡率高、有较强的扩散能力,适应于多变的栖息生境。r 选择的物种称为 r 对策者,它们倾向于发展较大的 r 值,是新生境的开拓者,但存活要靠机会,所以在一定意义上它们是"机会主义者";k 选择的物种也称为 k 对策者,它们倾向于竞争能力的增加,某种意义上,它们是保守主义者,是稳定环境的维护者,当生存环境发生灾变时,很难迅速恢复,如果再有竞争者抑制,就可能趋向灭绝。r 对策者和 k 对策者代表了两个不同的进化策略,鉴于两者间还存在多种过渡类型的物种（图 3-7）。

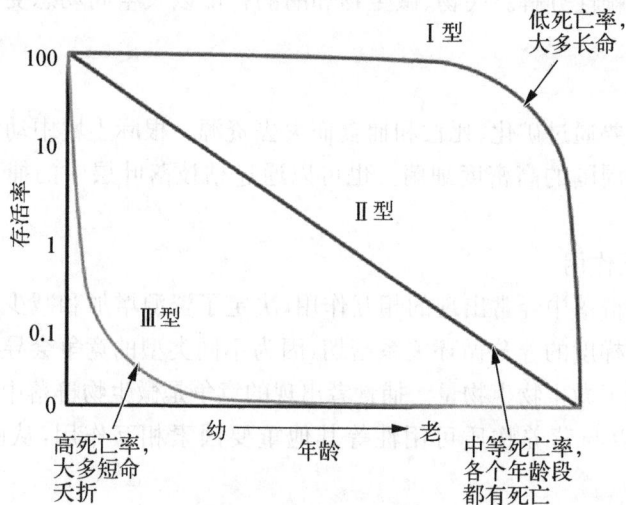

图 3-7　生存曲线图

肠道微生物群落倾向于遵循 r/k 选择理论,而在资源条件下广泛观察到的微生物休眠以及陆地生态系统和宿主生态系统（病原体、结核分枝杆菌）中的环境压力被认为是 k 策略的一部分。特别是宿主生态系统的微生物群被认为是对不同文化背景的人日常饮食习惯不同而形成的差异的营养资源的强响应。因此,消耗的资源可能改变宿主相关微生物群的资源利用策略。总的来说,这一过程可能对宿主-微生物的相互作用、适应性和协同进化有重要影响。例如,2010 年有论文报道西方(欧洲)饮食与非洲农村饮食相比(非洲农村饮食含有高量的纤维)相对来说更加同质和不平衡,这倾向于减少宿主相关微生物组的多样性,而这不利于共同进化的宿主-微生物伙伴关系。例如,非洲农村儿童的肠道微生物群中拟杆菌显著富集,厚壁菌群显著减少,此外,他们的肠道微生物群中还存在一定丰度的其他细菌,如普氏菌属和木杆菌属,已知这些细菌拥有负责纤维素和木聚糖水解的基因。而欧洲的儿童完全缺乏这些细菌。另一方面,非洲孩童肠道具有明显更多的短链脂肪酸。

3.8　微生物及其与宿主的共进化

3.8.1　红皇后假说

该假说最早由美国生物学家利·范·瓦伦(Leigh Van Valen)于 1973 年提出,是一个共同进化假说,描述了物种之间的相互进化效应。该理论旨在解释共同环境中相互作用物种的进化。在这一理论中,范·瓦伦认为,一个物种的有益进化将对其他物种产生负面影响。一个物种是否生存,不是看它现在的进化程度,而是要看它未来的进化潜力。在一个稳态的自然环境中,物种的进化压力不是来自自然环境的变化,而是来自其他生物的进化。如果自身的进化追不上其他生物的进化速度,那这个物种就会被淘汰。换句话说,一个物种要努力进化,才能维持自身在自然界的位置。

互惠主义者是生态位适应的促进者,被认为在宿主物种形成中发挥着重要作用。尽管由特定病原体或共生生物驱动的物种进化的例子不胜枚举,但情况可能更为复杂,因为动物(和植物)拥有复杂的多样的微生物群落,这些微生物对宿主进化产生广泛的潜在贡献。尽管其中一些更适应其宿主,另一些则是宽泛型的,或仅是短暂的过客。

通过介导宿主和其他生物(如寄生虫)之间的相互作用,保护宿主免受感染的共生体("防御"或"保护"微生物)可以在宿主-寄生虫共同进化过程中发挥直接作用。迄今为止,大多数研究共同进化过程的模型和实验室实验,如红皇后假说,主要基于成对物种相互作用的研究。然而,在自然环境中,许多因素,如多样的物种相互作用网络可能会影响共同进化。

3.8.2　黑皇后假说

在微生物环境中,一些生物通过选择性地失去特定基因来优化适应性,不同的物种争相"堕落",尽可能摆脱那些代价高昂的生理功能——生物不是越来越复杂,而是越来越简单。原绿球藻属($Prochlorococcus$ sp.)的细菌,是这世界上最柔弱的生物之一。这些微生物难以自力更生地独立生活,非常不可思议的是它们却是世上数量最多的光合生物。在漫长的演化过程中,这些细菌显然一副"成功人士"的样子。它们慢慢地失去了分解过氧化氢(H_2O_2)等有毒物质的能力,让别的生物替自己做这些事。

研究者据此现象提出了"黑皇后假说"(图 3-8)。"黑皇后假说"认为,某些微生物基因编码细胞外产物(如代谢产物或酶),这些产物可以被所有或大多数微生物使用。如果一个生物一直在群落中,那么它可以选择放弃编码合成产物的基因,选择依赖群落其他成员产生的代谢物。但是,这类失去基因的物种如果离开共同进化的群落,身处新的环境或者孤立无援时,它们可能无法生存。

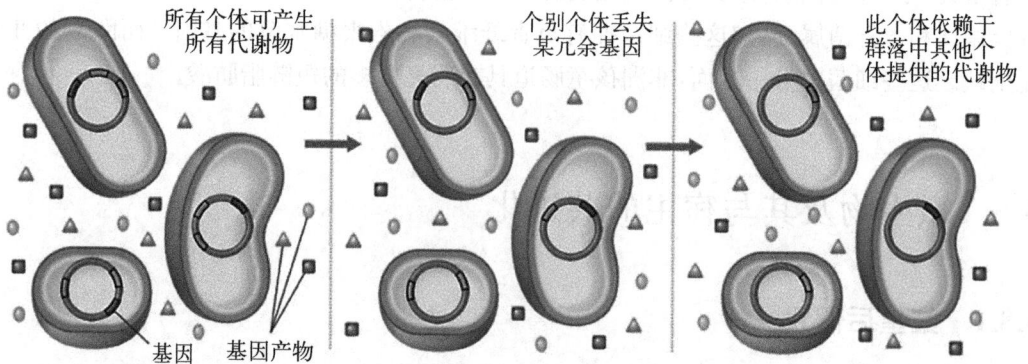

所有个体可产生所有代谢物   个别个体丢失某冗余基因   此个体依赖于群落中其他个体提供的代谢物

基因   基因产物

图3-8　生物进化的黑皇后假说示意

像"红皇后假说"阐述了捕食者与猎物、寄主与寄生生物之间,双方如何进行"军备竞赛"一样,黑皇后假说可以用于解释3种主要种间关系类型,即寄生、共栖和互利共生。种间关系最终会演变为其中的哪一种,完全取决于生物生长和相互影响的具体情况。两者之间的区别在于,"红皇后假说"的重点,是解释一种"主动"的演化,不同物种竞相获得能让自己胜过竞争者或捕食者的能力。相较而言,"黑皇后假说"则描述了一个被动的过程,是反其"道"而为之的事——摒弃复杂性。不同的物种争相"堕落",它们都尽可能多地摆脱那些代价高昂的生理功能。

参考文献

[1] KREFT, J.-U. The Evolution of Groups of Cooperating Bacteria and the Growth Rate Versus Yield Trade-off[J]. Microbiology, 2005, 151(3): 637-641.

[2] FREILICH S, KREIMER A, BORENSTEIN E, et al. Metabolic-network-driven Analysis of Bacterial Ecological Strategies[J]. Genome Biology, 2009, 10(6): R61.

[3] PFEIFFER B T, SEBASTIAN B. Evolutionary Consequences of Tradeoffs between Yield and Rate of ATP Production[J]. International Journal of Research in Physical Chemistry & Chemical Physics, 2002, 216(1/2002): 51-63.

[4] MOLENAAR D, VAN BERLO R, DE R D, et al. Shifts in Growth Strategies Reflect Tradeoffs in Cellular Economics[J]. Molecular Systems Biology, 2009(5): 323.

[5] RABBERS I, VAN HEERDEN J H, NORDHOLT N, et al. Metabolism at Evolutionary Optimal States[J]. Metabolites, 2015, 5(2): 311-343.

[6] DRAGOSITS M, MATTANOVICH D. Adaptive Laboratory Evolution - principles and Applications for Biotechnology[J]. Microbial Cell Factories, 2013, 12(1): 64.

[7] BACHMANN H, FISCHLECHNER M, RABBERS I, et al. Availability of Public Goods Shapes the

Evolution of Competing Metabolic Strategies[J]. Proceedings of the National Academy of Sciences, 2013, 110(35): 14302 - 14307.

[8] DEBRAY R, HERBERT R A. Priority Effects in Microbiome Assembly[J]. Nature Reviews Microbiology, 2021(10): 1038.

[9] SIBLY R M, BROWN J H, KODRIC-BROWN A. Metabolic Ecology: A Scaling Approach[M]. Chichester: John Wiley & Sons, 2012.

[10] PROSSER J I, MARTINYJ B H. Conceptual Challenges in Microbial Community Ecology[J]. Philosophical Transactions of the Royal society of Lodon. B: Biological Sciences, 2020 (375): 20190241.

第4章　微生物群落生态学

4.1　微生物群落的结构与特征

　　微生物群落的结构和功能对于维持生态系统的稳定性和功能具有重要影响。在各种自然生态系统中，微生物群落在能量流动、物质循环和生物多样性等方面起着重要调节作用。微生物群落在能量流动中起到关键的媒介和转化者的作用。它们通过降解有机物质和废弃物，将有机物转化为能量，并促进能量在生态系统中的流动。微生物群落参与养分的分解和循环，将有机物质分解为无机形式，使其能够再次被生物利用。这些过程对于维持生态系统的能量平衡和物质循环至关重要。微生物群落对于维持生态系统的稳定性也至关重要。当生态系统受到外界干扰时，多样性的微生物群落通过协同作用和功能重组来适应新的环境条件，保持生态系统的稳定性。微生物群落的多样性还能够减少病原微生物的扩散和影响，维护生态系统的健康。此外，微生物群落对于维持生态系统的生物多样性也具有重要影响。微生物群落中的各种微生物形式相互作用，构建了复杂的食物网和营养循环，为其他生物提供了食物源和生境，促进了生物多样性的维持。因此，了解微生物的结构、功能和相互作用对于阐明生态系统的组成和探究其结构和功能至关重要。

4.1.1　微生物群落组成单元

　　微生物群落是广泛存在于生态系统中的一种结构单位和功能单位，它们是生态系统内最具有活力的一部分，群落中各种不同的种群能以一定的规律共处，同时各个种群又具有各自明显的营养和代谢类型。

　　生态学中对于群落的定义为"特定时空条件下，生活于具有明显表观特征的生境下、相互关联的不同类群生物的有序集合体"。其基本特征包括外貌、种类组成与结构（如捕食关系等）、群落环境、分布范围和边界特征等。例如土壤微生物群落，是在生物和非生物因素的综合调控作用下，一定面积或体积的土壤中的病毒、细菌、放线菌和土壤藻类等构成的生物群体。其区系组成、种群数量、生物活性等与土壤类型、植被、气候等密切相关。对于微生物群落的表征则取决于所要研究的问题，可以面向包括真核生物和原核生物的所有微生物，也可以只针对执行特定功能的某些类群。

　　微生物生态系统里面存在三个层次的基本单元，第一个单元是种群（populations），是由单个细胞（或多细胞的单个生物体）生长繁殖形成的一群细胞生物体。种群是微生物群落、微生物生态系统的一个最基本的结构。几个种群一起执行相关的代谢功能，形成共资源群(guilds)。共资源群具体是指以类似方式获取食物能量的不同生物体的组合,它通常代表一种强烈的物种相互作用。而各种共资源群的生物组合在一起,最后形成微生物群落(microbial communities)(图 4-1)。微生物都以群落的形式存在于自然界中,不可避免地与其他生物及环境发生相互作用。从某种意义上说,群落的发展导致了生物的进化与发展。

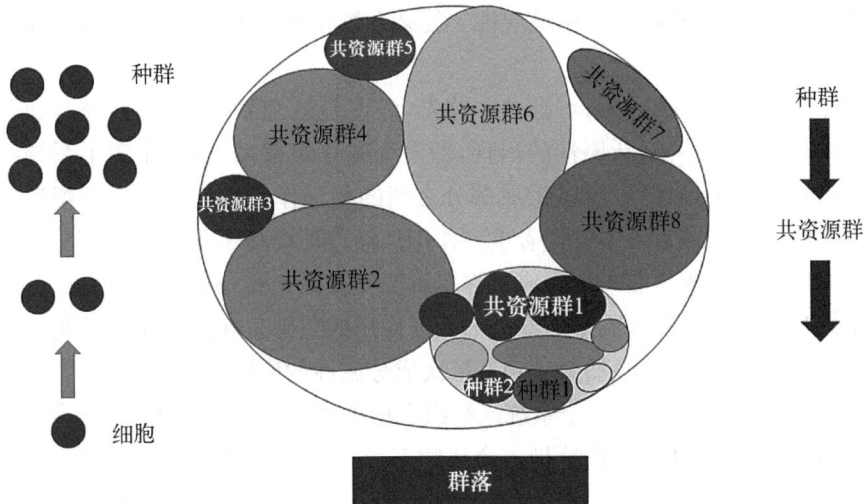

图 4-1　群落的组成单元

生物群落并非种群的简单集合。哪些种群可组合在一起构成一个群落,主要取决于两个条件:一是必须共同适应其所处的无机环境;二是它们内部的相互关系必须达到协调与平衡的状态,且物种之间的相互关系也会不断地发展和完善。例如,通过交叉喂养各获所需,或者沿食物链存在着物质和能量的传递,又或者通过竞争适者生存。各种微生物具有各自明显的营养、代谢类型和独特的生态功能,在生物地球化学循环中发挥着不可替代的作用。群落与其环境是不可分割的。任何一个群落在形成过程中,生物不仅对环境具有适应作用,生物对环境也具有巨大的改造作用。例如固氮细菌的固氮作用为寡营养盐大洋提供了大量的生物可利用氮,支撑了海洋环境的初级生产;作为海洋生态系统最主要的能量来源,浮游植物光合作用不仅供养着表层的生物,表层的大的有机物的沉降还为深海提供了碳源;同时,生物泵的作用使得大气的 CO_2 经由光合作用和生物的层层捕食后,最终沉积入海底,不再参与碳循环,对缓解全球变暖具有深远的意义。

对群落的结构和群落环境的形成起主要作用的种称为优势种(dominant species),它们通常是群落中个体数量多、盖度大、生物量高、生命力强的种,即优势度较大的种。其中,优势层的优势种称为建群种(constructive species),也有称基石种(keystone species)。例如,森林群落中,乔木层、灌木层、草本层常有各层的优势种,而乔木层的优势种即为建群种,它对整个群落的结构起着决定性的作用;妇女阴道中的乳杆菌就是阴道微生物群落的基石种,作为最优势细菌通过产生乳酸,影响菌群的构建。

4.1.2　微生物群落的特征

群落是由多样的生物按照一定的规律组合在一起的一个集合体,种类多样,种群间关系错综复杂,各个种群、其资源群与周围环境的关系也极为复杂,因此群落本身就是一个复杂系统。复杂系统(complex system)是指由一些相对简单的个体部件由于相互之间错综复杂的作用而形成的一个统一而复杂的整体,通过简单运作规则产生出复杂的集体行为和复杂的信息处理,并通过学习和进化产生适应性。复杂系统在本质上都是相似的,其主要共性特性有:

(1)涌现特性(emergent properties)。首先,涌现是复杂系统的根本特征,通常指复杂系统在自组织过程中新结构、新属性的出现,即多个要素组成系统后,出现了系统组成前单个要素所不具有的性质,来自系统各组成部分之间的相互作用。涌现性质在塑造微生物群落和由微生物构成的生态系统中发挥着重要作用。涌现性质指不能从组成部分的特性经由线性叠加推断出的模式或功能——构成了许多重要生态系统特征的基础,如系统韧性、生态位扩展和空间自组织。涌现性质是种群内部相互作用的结果。在生物层次结构的某一层次上表现出来的新出现的属性,必然会受到低层次成分属性的影响和制约。

(2)鲁棒性(robustness)。一个系统或组织有抵御或克服不利条件、在异常和危险情况下生存的能力。在生物学中,鲁棒性指一个生物系统在受到外部扰动或内部参数摄动等不确定性因素干扰时,系统仍保持其结构和功能稳定。生物鲁棒性最能体现在生物体对环境的适应上,是生物系统中普遍存在的特征。稳定鲁棒性是指系统对外界环境或系统本身变化所保持状态稳定能力的特性,品质鲁棒性是指系统在受到外界环境或系统本身变化时,用来衡量系统各种性能指标的鲁棒性能。

(3)功能冗余(functional redundancy)。生物系统中可以经多条途径来实现某一生物功能,当其中一条途径发生问题而不能工作时,可以由其他冗余的途径来实现功能,称为冗余机制,它是生物鲁棒性的另一种重要机制,对于保持生物系统功能稳定至关重要。高生物多样性是维持功能冗余的重要条件。如一个群落中有更多的物种可执行某个特定功能,则这个功能在该群落中的冗余度就可能更高,在不同的环境条件下该功能的稳定性更高。

(4)模板化设计(modularity)。具有相同或相似功能的系统成分组成一个相对独立的模块,多个模块构成一个系统,称为系统模块。生物体为了保证系统的鲁棒性把执行相同功能的组分和结构分为若干个模块。系统模块对于降低内外干扰因素对整个系统的影响发挥了重要的作用。生物体系统模块是普遍存在的,是生物系统构成的基本原则。

(5)整体调控(global regulation)。有组织整体,是各类系统的本质性征,系统能否在复杂环境的作用与影响下,具有自身特定的独立性与稳定性,能否在与其环境相互作用过程中既不被淘汰而又能够持续发展,在很大程度上取决于系统整体调控的作用范围及其限度,只有在系统通过此中介与其环境不断相互作用的条件下,才能形成其一定的自组织演化过程,从而调整其结构,发挥其功能。

其他特性如下:

(1)非均匀性。比如,基本单元分布的非均匀性,它们之间相互作用的非均匀性,在时间演化中表现的不可逆性等。

（2）非线性。基本单元的相互作用，导致系统在各种条件下可能存在有序和无序的解，也就是无序和有序之间的转化的问题。

（3）自适应性。由于复杂系统的开放性，它必定与周围环境发生作用，从生物学上适者生存法则自然可以想到系统有能力对外界环境的改变做出反应。自适应的来源，有系统参数的自适应和系统结构上的自适应性。

（4）网格性。复杂系统所构成的网格往往具有小世界性和（或）无标度性质，这种网格的构成是由确定和随机两种因素决定的。

4.2　微生物群落与环境的关系

4.2.1　生态位

生态位是指一个种群在生态系统中，在时间空间上所占据的位置及其与相关种群之间的功能关系与作用。生态位表示生态系统中每种生物生存所必需的生境最小阈值。生态位决定了可在该环境生存的物种的范围，但是在群落形成过程中，哪些物种能够成为群落的成员受到复杂因素的影响。两个拥有相似功能的生态位，但分布于不同地理区域的生物，在一定程度上可称为生态等值生物（ecologically equivalent microorganism，EEM）。

4.2.2　环境因素变化对微生物群落结构的影响

在微生物学生态学领域中有个著名的信条——万物皆存，唯环境择之（Everything is everywhere，but environment selects），这句话突出了环境因子对微生物群落结构的重要影响作用。环境因子与微生物群落间的关系较为复杂，首先，环境因子本身就有着内在关联性（如：光照强度与温度变化存在正相关）；其次，环境因素各自对微生物群落有着不同的影响；同时，不同类型群落（细菌、真菌）与所处的环境间的关联性不完全一致。因此，一个完善的环境因子分析需要从多个方面入手解释环境对微生物群落的影响。

群落生态学由于其固有的复杂性、多维性、时空尺度的广泛性、多重因果关系，以及数据收集和分析的极端困难性，它的研究仍处于起步阶段。群落生态学也是非常有前途和重要的，但它也是所有科学中最具挑战性和最困难的科学之一。

微生物群落存在于空间斑块中并组装成细胞聚集体，种群建立复杂的网络并决定了微生物群落的功能，而网络中的相互作用将在群落组装中发挥重要作用。例如，微生物相互作用可以驱动地球化学过程或肠道系统中的营养吸收和宿主生理。许多微生物相互作用是由有助于细胞交流或竞争的次级代谢产物所介导的。因此，可以说生态学是由各种时间和空间尺度上的化学物质介导的。由于许多微生物自然存在于空间结构异质性的环境中，如生物膜，因此表征微生物的化学通信网络对于理解种群水平上相互作用的规则至关重要，也就是说表征环境结构对微生物群落组成和功能的影响很重要。

　　结构化环境包含许多由化学或物理屏障定义的栖息地,这些屏障可以影响微生物群落的结构及其时空动力学(栖息地异质性、生态位构建、稳定性)。结构化环境将导致更多的环境梯度,而非结构化环境将包含更少的环境梯度(栖息地)。结构可能是由营养物质或化学物质(如氧气或光)的微尺度梯度,以及物理屏障(如表面)微生物产生的。结构可以通过微生物自身的代谢活性,如通过营养降解和参与信号传导或竞争的代谢物的产生而建立。总的来说,梯度产生了空间异质性,为不同的群体提供了更多的分类空间。正是当种群试图在这些梯度中聚集或竞争时,微生物才会相互作用,所以生物多样性和化学多样性之间存在内在联系和相互影响。

　　结构化环境提供了一个栖息地的分异和斑块化,在这些斑块中,邻居可以相互影响,也可以影响它们的周围环境。结构化环境对微生物种群的影响已被在一些生物中所研究,如产肠绞痛蛋白和对肠绞痛蛋白敏感的微生物菌株,其中环境的结构和种群大小决定了产蛋白菌株是否能胜过敏感菌株。与持续混匀的非结构化环境相比,结构化环境也对细菌的表型多样化产生选择。总体而言,结构化环境可以提供多个生态位空间,选择微生物和功能多样性,从而创造生态机会。

　　从进化和生态学的角度来看,了解微生物适应极端环境的机制至关重要。与单独研究特定分类群的适应机制不同,群落层面的微生物进化研究代表了一种是将生态模式与进化过程联系起来的新研究方法。原核生物通常在自然环境中进化为包含各种系统发育镶嵌种群。这些异质的群体可被看作为负责栖息地选择的单位,因此可能代表实际的进化单位。

4.2.3　群落特性和功能与微生物种群的关联

　　微生物群落功能是许多生态系统的核心本质。虽然可以通过分子技术鉴定出数量丰富的微生物物种,它们的生态生理学和在生态系统功能中的作用却难以确定。因此,当前微生物生态学研究的一个主要目标是了解未培养的微生物在其栖息地中的作用,包括它们的代谢特性是什么,以及哪些微生物物种负责其栖息地的特定过程。

1) 代谢转化能力是群落功能的最终体现

　　对一个四世同堂的中国健康家庭成员的肠道菌群与宿主代谢组学分析的研究是一个很典型的例子。该研究的对象是有 7 位成员的四代大家庭,该研究对象成员有不同性别、不同年龄和不同遗传关系的成员。使用 DGGE 及 16S rRNA 基因克隆测序的方法对这些个体中的肠道菌群进行了分析,还用 NMR 的方法对他们尿液中的代谢物谱进行了解析。通过构建模型,对 DGGE 条带所代表的肠道菌群和 NMR 中的各个代谢物进行关联分析(图 4-2)。

　　图 4-2(c)显示了 NMR 代谢物和 DGGE 条带之间的相互关系,用颜色及其深浅反映群落结构与代谢物间的关系。结果一共筛选获得了 10 种重要的细菌,其中绝大多数都是已知的对人体健康有着重要作用的肠道细菌。例如,多形拟杆菌是已知的对宿主能量代谢和免疫功能有重要作用的细菌,*Faecalibacterium* 是肠道中重要的丁酸盐产生菌,它能够代谢食物中的多糖产生短链脂肪酸,为宿主提供能量,而放线菌门中的假小链双歧杆菌也是一种

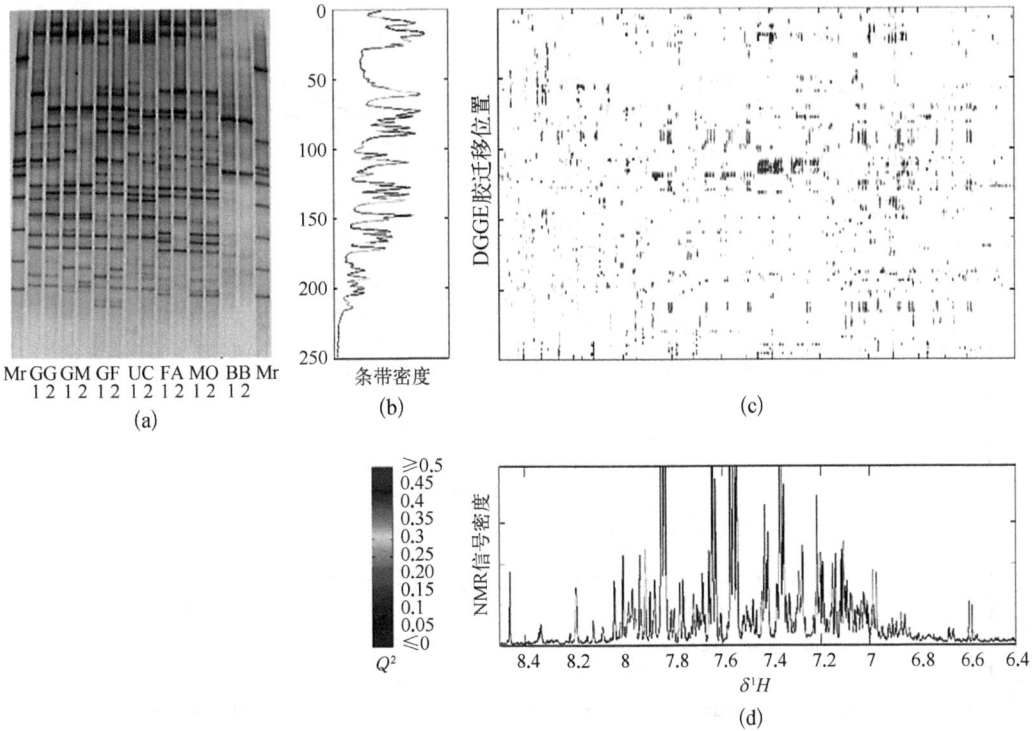

图 4-2 人体肠道菌群 DGGE 数据与尿液 NMR 数据的多变量统计关联分析(引自 Li et al., 2008)
(a) DGGE 图谱;(b) DGGE 图谱的替代密度数字化显示的峰图;(c) DGGE 条带与 NMR 峰的相关性系数的图示;
(d) 核磁共振(NMR)氢谱的峰图

很重要的益生菌(图 4-3)。同样与这些细菌对应的代谢物也大多是由肠道菌群代谢的或肠道菌群与宿主共代谢的产物。例如,4-甲酚硫酸盐,是甲酚的代谢产物,但是甲酚是人体自身不能代谢的,只能由少数微生物代谢,如艰难梭菌。研究中发现了 4-甲酚硫酸盐与 *Subdoligranulum* 呈负相关关系,而这种菌其进化地位非常接近梭菌,因此该菌与能代谢甲酚的邻居之间存在竞争的关系。这些结果说明,尽管宿主的代谢在很大程度上取决于宿主自身的代谢,但是,肠道菌群的代谢也会对宿主的代谢产生重要的影响。同时,肠道的微生物组成特性也决定了肠道菌群的代谢物特征,这些代谢物将在宿主的体液代谢物中以一定方式体现。因此,肠道菌群的组成会影响宿主的代谢。

2) 关键物种种群动态决定群落的功能变化

有研究建立了一个以喹啉为唯一碳源的反硝化反应器,使用克隆文库的方法对驯化前后活性污泥中微生物群落的组成进行了比较。发现当反应器喹啉降解能力从几乎没有上升到 90.2% 的时候,菌群的组成发生了显著的变化。其中变化最明显的是 *Thauera* 属细菌,它们从种子污泥的不到 4% 上升到了驯化后的 56%。这个结果表明,*Thauera* 属细菌可能与喹啉在反硝化条件下的降解密切相关。为监测这一类重要功能菌,建立了类群特异性 PCR 及 DGGE 的方法。这种先通过对群落结构和功能的动态监测,发现其中的功能菌,再设计特异性的分子研究方法进行专一性的研究,并利用特异性分子标记为靶向将功能菌分离出来进行深入研究。这一研究策略可以广泛地应用于其他环境中微生物的研究,为复杂环境

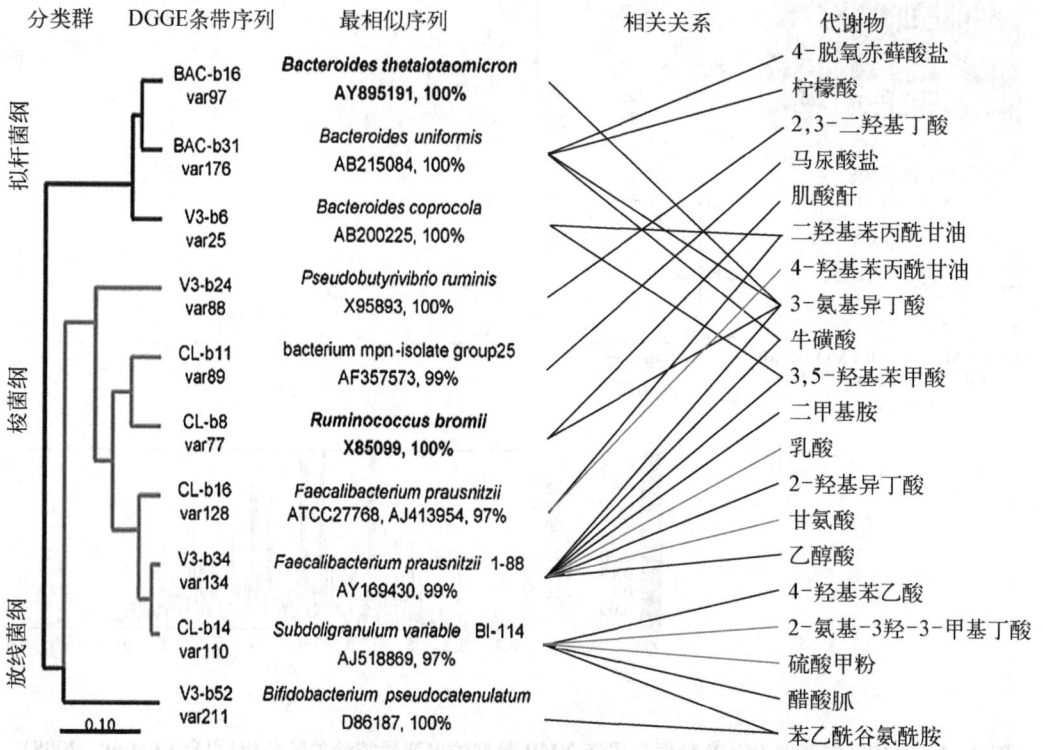

图 4-3　人体肠道细菌与尿液代谢物间的关联(引自 Li et al., 2008)
注:相关关系中黑色线条代表正相关,灰色线条代表负相关。

微生物系统中重要菌群的研究提供了思路。

4.3　微生物群落的发育与群落的构建

4.3.1　微生物群落构建的定义

驱动生物群落构建的因素可归纳为 4 个过程:选择(selection)、扩散(dispersal)、成种/多样化/突变(speciation/diversification/mutation)、生态漂变(ecological drift)。对微生物群落构建的研究通常聚焦于环境选择和扩散限制,而忽略生物互作、生态漂变、均匀扩散、多样化等过程。

4.3.1.1　选择过程

选择过程包含环境选择和生物互作两个层面的内容。

(1) 环境选择。大量研究已发现微生物群落结构与各种生物和非生物因子及人类活动相关。例如,细菌和真菌及其功能类群组成受到空间、土壤、植被、气候等因素的影响。古细菌群落组成与土壤水分、养分和 pH 值等因素密切相关。病毒组成则与海拔、土壤 pH 值和钙含量等相关。根据作用方式的不同,环境选择对微生物群落的影响不同。例如,异质性选择(heterogeneous selection)过程会导致微生物群落间组成差异变大,而同质性选择(homogenous selection)过程则会导致微生物群落间组成趋同。不管异质性选择还是同质性选择,通常认为环境选择对微生物群落的影响是确定性的过程。

(2) 生物互作。对于微生物组数据,目前主要利用共现网络表征生物之间的互作关系。然而,共现网络在多大程度上对应现实中的生物互作仍存在争论。胁迫梯度假说认为随着胁迫增加,生物间的竞争将减弱而互惠增强。对微生物的研究发现,资源限制、互养(cross-feeding)、重金属胁迫等都可促进微生物间的合作。然而,关于生物互作对微生物群落构建的影响,目前在理论和分析方法上都仍处于快速发展阶段,如网络分析、代谢互补分析、毒素-抗毒素互作分析、合成群落等。

4.3.1.2　生态漂变过程

生态漂变是指物种相对多度的随机波动。通常认为环境选择压力比较小的时候生态漂变对群落的影响较大,导致随机性升高。研究发现,当干旱、盐碱、pH 值、养分限制和捕食者等的胁迫消除后,细菌、真菌、丛枝菌根真菌等群落相异性显著升高。此外,另一个假说认为当群落较小的时候生态漂变对群落的影响较大,导致随机性升高。近期对植物生长发育过程中真菌组的研究发现,随机性强度与真菌群落大小限制负相关,表明生态漂变在植物生长发育早期导致真菌群落相异性升高。然而,目前大多数关于微生物群落的研究通常将随机性等同于生态漂变。

4.3.1.3　扩散过程

扩散是指生物个体在空间的迁移。扩散过程对群落的影响与其强度有关。扩散限制通常会导致群落相异性升高,而均匀扩散则造成群落相异性降低。目前,对微生物扩散的直接检测还非常少,大多数研究利用微生物的分布来推测扩散过程。扩散限制对微生物群落的影响通常与研究的尺度密切相关:在区域和全球尺度上扩散限制作用较大,而在局域和微小尺度上较小。相比限制性扩散,均匀扩散对微生物群落的影响还缺乏研究。

4.3.1.4　成种/多样化/突变过程

成种/多样化/突变(speciation/diversification/mutation)等新遗传多样性的产生是影响群落的重要过程。由于微生物具有数量巨大、生长迅速、遗传变异方式多样等特点,因此即使在较小的时间尺度上多样化过程亦可对群落产生影响。已知的微生物遗传多样性产生机制包括点突变、基因家族扩张与收缩、转座、水平基因转移等。然而,关于多样化过程对微生物群落的贡献目前还缺乏认识。

微生物群落生态学的一个主要目标是了解物种丰度随时间和空间变化规律的形成过程。有两种过程类型会影响物种在群落中的装配,即确定性过程和随机性过程。在确定性过程中,非生物和生物因素决定物种的存在/缺失和相对丰度,这与生态选择有关。随机过程包括概率分布和物种相对丰度的随机变化(生态漂变),而这些变化不是由环境决定的适应性结果。

微生物群落的装配一直是从确定性的角度进行研究的,经验证据表明,各种环境因素——如 pH 值、盐度和有机碳——在不同的尺度上影响群落的建立。然而,最近的研究越来越支持随机性过程在某些微生物系统中起主导作用。一个更全面的视角应该集成这两个过程,并努力理解它们的相对影响是如何以及为什么在不同的系统、时间和空间中发生变化的。

群落构建(community assembly,也翻译为群落装配或群落组装)的含义是指多个物种形成群落的过程,菌群构建主要包括以下几个过程:迁入与扩散(immigration and dispersal)、成种与多样化(speciation and diversification)、选择(selection)、漂变(drift)。群落构建机制是群落中生物多样性的形成及其维持的机制,这是现代生态学研究中的核心问题之一。目前有两种不同的理论解释群落构建机制,即生态位理论与中性理论(图4-4)。

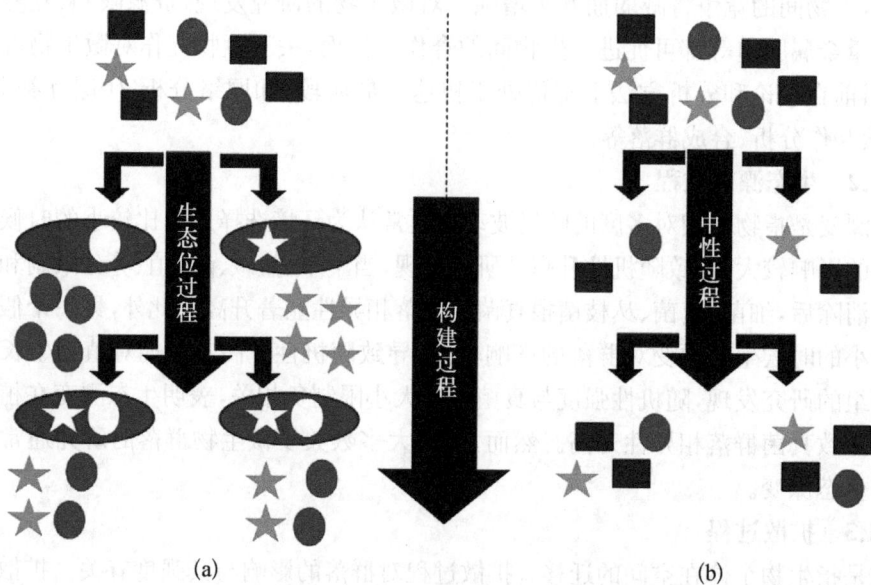

图4-4　微生物群落构建中的生态位过程与中性过程的示意图
(a)生态位理论解释下的群落构建模式;(b)中性理论解释下的群落构建模式

生态位理论和中性理论最早建立于宏观生态学中,有大量的文献报道了宏观群落构建的机制。然而,微生物与大型植物和动物有显著的区别,微生物生态和宏观生态环境的群落生态学过程也有显著的差别。微生物的高扩散性为测试生态位与中性过程在构建生物群落中的相对重要性提供了合适的条件,因此它的研究可以进一步完善生态学的理论。然而,生态位和中性过程在群落构建过程中的相对贡献程度到底是怎样决定的却是一个仍待回答的问题。这个问题也被列为英国生态学学会在2013年选出的100个最基本的生态学问题之一。

4.3.2　菌群构建的生态位理论

经典的生态位理论认为,环境因素决定了群落构建的过程,每个物种都有自己特定的生态位。生态位(niche)的概念最早是约翰逊(Johnson)在1910年提出的,它是指基于环境条件和营养水平,每个物种在生态环境中都有属于自己的特定空间以及位置。生态位理论的观点认为,群落构建的过程是指在区域物种库中,能够适应环境条件的本地物种基于生境条件被筛选出来,并且该构建过程是确定性的、可预测的过程。生态环境中各物种都拥有不同的资源和营养的利用方式,这决定了每个物种在群落中所占有的生态位的差异,进而导致了不同的物种之间的稳定共存的关系。

根据生态位理论,环境因素在决定群落构建过程中更为重要,每种微生物在群落构建过程中都有自己独特的生态位,这些条件决定了菌群的多样性的形成。比如有研究表明,当华北平原农田土壤在空间尺度距离在 900 km 以上时,生态位过程主导了土壤细菌群落构建的过程,当青藏高原土壤空间距离在 130 至 1 200 km 范围内生态位过程同样主导了土壤细菌群落构建的过程。该理论认为群落的稳定是由物种间的竞争互作、种间密度、物种对当地环境的适应性以及生态位分化所决定的。

4.3.3　菌群构建的中性理论

中性理论提出的一项假设是"不同的物种在生态和功能上是具有等价性的"。著名的生态学家斯蒂芬·哈贝尔(Stephen Hubell)于 2001 年发表了"生物多样性和生物地理学中的统一中性理论"(The Unified Neutral Theory of Biodiversity and Biogeography, UNTB),强调了群落构建中的随机过程。该理论认为,物种的差异性并不是生态位分化的充分必要证据,否定了所有的物种在生态学和功能学上是不等价的观点,也不同意环境因素是决定群落结构的主要因素。然而,中性理论并不否认所有物种都具有相异的特征,它更关注这些差异对群落构建的过程是否有意义。

哈贝尔统计了在 50 hm² 地域中植物茎的直径大于 1 cm 的所有乔木和灌木物种,发现 75% 的物种都可以生长在耐荫避光的生态位上,但这些物种的亲缘关系较远、生物学特征存在差异,在中性理论的框架中,由于物种存在生态等价性,参与群落构建的不同物种适应多种不同的生态位。因此,随机因素所影响的构建过程导致了群落之间的差异。

在微生物生态学的领域中,中性理论也被广泛应用于对菌群构建机制的解释和探讨上。根据中性理论,由于每种微生物都可能是生态等价的,环境因素对各种微生物的影响是中性的,并不选择性地影响这些物种去构建菌群。而迁入、扩散、物种的形成、物种的死亡和漂变过程等随机因素是微生态多样性和菌群构建的主要驱动力。

生态位理论强调确定性过程的重要性,将群落变化归因于环境因素、生物竞争和生态位分化。相比之下,中性理论认为所有物种在迁移、繁殖和死亡方面都是生态等价的;因此中性理论认为群落是由随机过程决定的。这两种理论都适用于解释分类分歧和功能趋同的观察结果。然而,越来越多的证据表明,确定性过程对功能性状的影响可能比微生物分类学更强。例如,环境条件很好地预测了塔拉海洋项目中细菌和古细菌群落的功能性状,但对它们的分类组成预测很弱。

群落生态学中的确定性与随机过程

微生物群落生态学的一个主要目标是了解物种丰度随时间和空间变化规律的形成过程。这一过程受到两种主要类型的影响:确定性过程和随机性过程,它们共同作用于物种在群落中的装配。在确定性过程中,非生物和生物因素决定物种的存在/缺失和相对丰度,这与生态选择有关。随机过程包括概率分布和物种相对丰度的随机变化(生态漂变),而这些变化不是由环境决定的适应性结果。

确定性过程,也称为基于生态位的过程,是涉及非随机机制的生态过程。它们通常分为由环境因素如酸碱度、温度、水分、盐度、土壤容重或黏土含量所施加的非生物选择,以及由协同、拮抗或掠夺性相互作用所产生的生物选择,如微生物群落成员之间的互利共生、促进、竞争、捕食和权衡。这些确定性的过程共同导致了群落内生态位空间的划分。也有人将确定性过程分为同质选择和可变选择,前者即引起低组成变化的持续选择,而后者是由于非生物或生物因素的变化而引起的高组成变化。

随机过程,也称为基于中性的过程,是随机事件,如随机出生和死亡,物种灭绝和物种形成的长时间尺度的进化,描述物种在新栖息地定居的随机机会的概率扩散,以及导致生物丰度随机变化的生态漂变。其中,扩散可以进一步分为同质扩散和限制性扩散,前者由于高分散速率而具有低组成变化,后者由于低分散速率而具有高组成变化。

确定性和随机过程共同影响环境微生物群落的组成。然而,直到最近才尝试量化确定性和随机过程的相对贡献。与土壤环境相比,流体环境中的微生物群落组合更具随机性。在极端环境中,由于恶劣条件强加的非生物选择,确定性过程将发挥主导作用。因此,环境压力,如酸化、干旱和抗生素选择,通常会减少微生物多样性,增加确定性过程的相对贡献,而在营养有限的环境中供应食物会刺激随机过程。随机过程在具有高多样性的微生物群落中占主导地位,但是当微生物多样性急剧减少时,确定性过程变得占主导地位,这可能与功能分类群丧失相关的专门功能的减少有关。在脉冲干扰后,随机过程可以在控制微生物群落演替的中期比早期或后期更起主导作用。

4.3.4 探究菌群的群落构建机制的研究方法

分子生物学的研究手段推动了微生物学领域的发展,更清楚地在不同的时间和空间的层次水平上探究微生物的群落结构的变化。由于测序成本的下降,微生物生态学数据量近年来呈指数增长,计算方法与分析工具的进步,使研究人员能够充分利用这些数据分析微生物群落的构建机制。

在分析单一样本的菌群构建机制时,研究人员通常是根据菌群中的物种多度的分布来进行判定生态位过程和中性过程的相对重要性。基于中性理论,群落结构的物种多度分布具有随机分布的特点,符合零和多项式分布模型(Zero-sum multinomial distribution model)或者是零模型(null model)。而生态位理论认为群落结构的物种多度并不是随机分布的,其菌群组成的物种多度分布符合以下几种模型的其中之一:抢占模型(preemption model),断棍模型(broken stick model),对数正态模型(log-normal model)以及齐普夫-曼德尔布罗特模型

(Zipf-Mandlebrot model)。除此之外,净亲缘关系指数(net relatedness index,NRI)和最近分数群指数(nearest taxon index,NTI)也常用于分析单一的群落特征,这两个指数的值可以反映细菌群落的系统发育均一化或发散的程度,以及群落内各物种之间的亲缘关系。

在分析不同时间与空间条件下多样品的菌群构建机制时,经常通过计算样本之间的βNTI 指数(beta Nearest Taxon Index)来分析确定性因素和随机性因素的相对重要性。βNTI 指数是标准化的 betaMNTD(beta mean nearest phylogenetic taxon distance)的观察值,是指 betaMNTD 的测定值的分布与零模型分布的差异。当 βNTI 指数的值为−2 与 2之间时,群落的构建过程与零模型条件下的随机群落无显著差别,表示群落构建的过程主要是由中性过程决定的。βNTI 指数的绝对值大于 2,代表群落构建的过程由生态位过程所决定(图 4 - 5)。

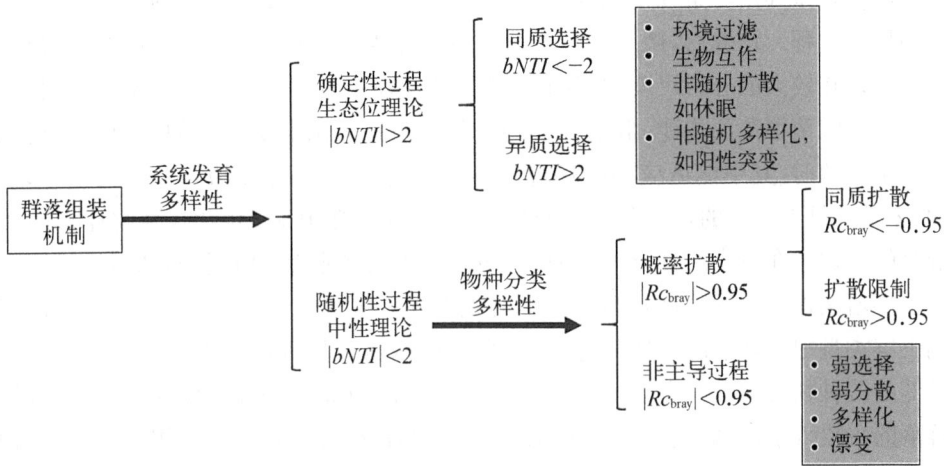

图 4 - 5　群落组装机制与定量分析方法(修改自 Zhou & Ning,2017)

除去上述的基于计算的分析方法,还有以实验的方法探究群落构建的机制,这是一种被称作微生物组转移(microbiome transfer)的方法,将菌群整体转移至新的无菌环境(如灭菌土壤和培养基)之中,以微宇宙培养实验来模拟群落构建过程,分析不同因素在微生物群落构建过程中的作用。

4.3.5　环境选择和菌群迁入的作用

利用灭菌培养基进行的模拟从零开始群落构建的微观实验,为测定接种物以及环境因素对微生物菌群落构建的相对重要性提供了一个理想的系统。在一项接种培养实验中,研究人员选取了来自英格兰的草地土和意大利的林地土,分别取部分样品进行灭菌处理后作为受体,未灭菌的新鲜土壤作为接种物,进行交换接种和自我接种,结果显示受体类型决定了土壤菌群的结构和功能基因的组成。该研究展示了环境因素对群落构建的决定性作用。

在另一项研究中,研究者选取来自 8 个不同水生生境的细菌群落作为接种物对不同的培养基进行接种与培养,结果表明,接种物的因素影响比环境条件更大,群落的构建主要是由接种物因素所决定的。另一项类似的实验也同样支持这种结论,研究人员选取采自 7 个不同来源细菌群落明显不同的沉积物和水样,作为接种物被接入到无菌的受体中,通过培养实验,结果显示,细菌群落的结构是由接种物因素决定的,表明了样本的群落结构具有来源依赖性。在一项探究水蚤(*Daphnia*)的肠道菌群的研究中,研究人员先分别用不同剂量的抗生素进行处理,使肠道菌群结构发生了不同的变化,然后分别使用这些肠道菌群作为接种物,接入到无菌(germ-free)的水蚤中,结果表明,主要由菌群接种物决定了重新构建的菌群,并且对水蚤的生长产生不同的影响。上述的研究说明了菌群迁入在群落构建过程中的决定性作用。

另外一项工作更为系统地研究了菌群构建过程中生态位过程与菌群迁入等随机性过程的作用。该研究采用两种具有较大差异的土壤样本(农田土和工业污染场地土),以新鲜土壤作为菌群接种物,将同源菌群或外源菌群分别接入经过辐照灭菌的两种土壤中,经过 2 个月的在不同接种量和培养条件下的培养实验,模拟了土壤中细菌群落在典型的工业和农业土壤中的构建过程。培养后,微生物群落结构的分析结果显示,首先是接种物因素决定了土壤菌群结构。在较大的分析尺度和范围内,当迁入土壤的物种库的相似度不一致时,中性理论解释了土壤细菌群落的构建,群落构建的过程是由迁入菌群所决定的。因为当迁入物种的多样性不一致时,其中能适应不同环境的生态等价菌(*Ecologically equivalent bacteria*,EEB)的多样性是不一致的,这部分物种是不受环境条件限制和影响的,因此迁入的菌群决定了群落的构建。在较小的分析尺度和范围内,当迁入物种的相似度一致时,环境选择的过程主导了群落构建的过程。这是因为其中的生态等价菌多样性一致,而非生态等价细菌则被不同土壤类型中的环境因子所筛选,所以群落的构建过程表现为由环境条件所主导。相似度较低的接种物之间含有更多不同类型的生态等价细菌,接种物中的迁入菌群将是决定细菌群落的主要因素,从而使得构建之后的群落之间存在着显著差异。相反,如果接种物中菌群的多样性更相似,则迁入菌群中的生态等价细菌的多样性也更一致,此时受体菌群的差异主要来自特异性地选择非生态等价细菌的结果。在相同的接种物条件下,当生态等价菌越少,而非等价菌越多时,不同受体的环境对非等价菌的选择效应则越强(图 4 - 6)。这一结论也符合连续体(continum)假说(Chase,2011),生态位和中性理论解释了一个连续体的两个极端,现实中大部分的自然群落处于连续体的一个定位点,关键在于确定性过程和随机性过程在群落构建过程中的相对重要性。

4.3.6 环境选择和菌群互作的案例

一些案例可以很好地说明两种机制的共同作用及其转变。例如,在冰川前陆初级演替的早期阶段,土壤微生物群落高度多样化,以能够利用多种资源的类群为主。这些现象可作为弱竞争的证据,弱竞争意味着弱选择,这时随机性的影响很大。再如,幼苗根系释放的糖分提供了一个资源丰富的环境,降低了竞争压力,从而导致随机性主导了根际群落的初始建立。更笼统地说,当一个特定的环境中有广泛的生物体能够成功生长时,随机性可能会主导群落装配的初始阶段。随着微生物群落的初步建立,确定性的选择可能逐渐变得越来越重要,这主要是由于微生物对环境产生的影响所致(如通过资源的耗竭)。因此,随着选择强度的增加,越来越多的分类单元被排除在外。

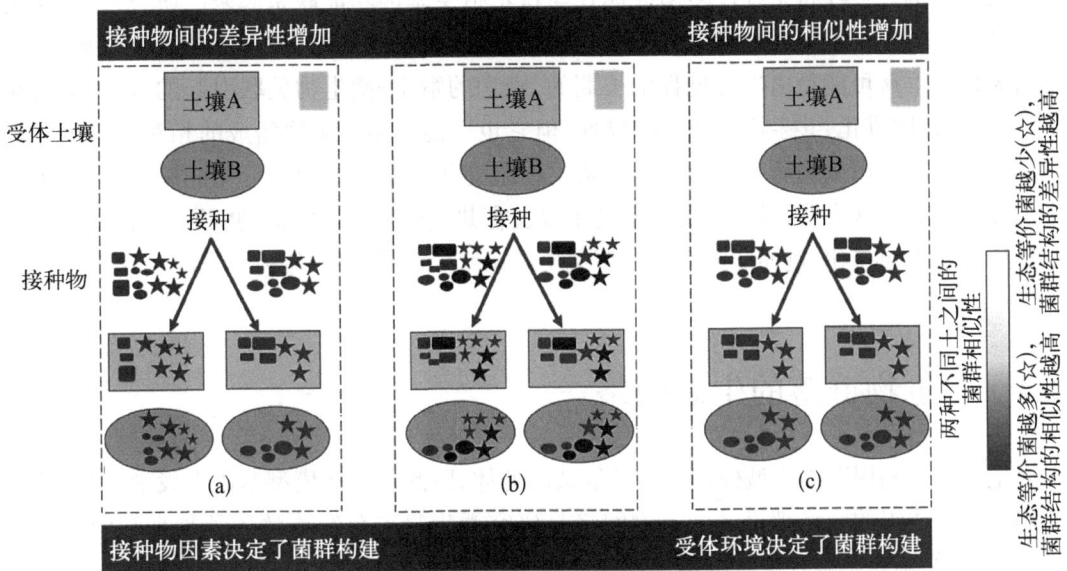

图 4 - 6　由接种物和受体分别驱动土壤菌群的群落构建过程的示意图

（a）使用的两种接种物含有种类完全不同的细菌；（b）使用的两种接种物同时含有不同和相同种类的细菌；（c）使用的两种接种物含有种类完全相同的细菌

　　基于对野生猿、圈养猿和人类中的 16S rRNA 基因的 ASV 和更高度可变的 *gyrB* 基因的 ASV 的分析表明,圈养的大型猿类的肠道微生物群发生了变化并趋同,表现为野生类人猿中存在的菌株缺失和仅限于人类的菌株的增加。圈养的类人猿在控制了栖息地后,没有显示出根据宿主物种而分异的证据。通过增加圈养类人猿的采样,并进行宏基因组分析,结果显示,圈养类人猿的微生物群组成发生趋同,变得与人类相似,而与宿主物种或地理位置无关。这与野生类人猿的情况形成了明显差异,在野生类人猿中,微生物组分对于宿主物种来说是特定的,即使是从多个物种同域且具有相同季节性的地方取样。野生类人猿和圈养类人猿之间差异的一个潜在原因是,圈养类人猿食用类似灵长类的食物,并补充人类饮食中常见的栽培水果和蔬菜,而野生类人猿物种即使居住在同一地理区域,也会以不同的方式觅食。虽然圈养类人猿通常生活在工业化人类附近（城市动物园）,但圈养类人猿的微生物组总是与非工业化的人类的微生物群更为相似。圈养的大型类人猿物种中,来自 *Treponema* 和 *Prevotella* 属的细菌的频率增加,这与非工业化人群中复杂碳水化合物的代谢有关,尽管圈养类人猿通常比野生类人猿消耗的膳食纤维少得多。而人类的情况相反,工业化常伴随着人肠道中 *Treponema* 和 *Prevotella* 的消失。这些结果很好地说明了环境对菌群的影响。

　　系统发育共生（Phylosymbiosis）指"概括宿主系统发育的微生物群落关系"。系统发育共生首先是宿主系统发育关系和宿主相关微生物群落关系之间的重要联系,其中"Phylo"指宿主分支,"共生"指宿主内或宿主上的微生物群落。系统发育共生可能源于随机和/或确定性的进化和生态作用。例如,随机效应包括微生物群落的扩散波动（生态漂移）或宿主地理范围的变化。系统发育共生也可以通过宿主谱系之间的生态和饮食生态位变化来形成。确定性效应包括微生物对某些宿主背景的定植偏好或宿主调节,其中微生物群落组成受到宿主特征的影响。一项将系统性多菌症模式与特定宿主基因功能联系起来的研究发现,山竹抗菌肽的敲低(knock down)破坏了在几种淡水和实验室水螅物种中常见的系统性多胞症。尽管系统菌群病可能是由进化过程中长期的、密切的宿主-微生物关联引起的,例如通过宿主-微生物共同进化、共多样化和共特异性,但它也可能是由微生物组成的相对短期变化驱动的。最近的一项果蝇研究揭示了肠道微生物组变化对宿主基因组分化的影响,只需五代即可显示效应。这表明,微生物群落不是系统发育共生体系统病的被动病原体,而是有可能诱导宿主基因组变化,进而影响系统发育共生体系统疾病的建立、维持或去除。

4.4　微生物群落的生态网络

生态领域利用网络模型处理大量且复杂的群体,因此在网络模型基础上发展理论,建立适用于微生物组的网络理论。微生物网络是研究微生物群落结构的一种越来越流行的工具,因为它们整合了多种类型的信息,并可能代表系统水平的行为。

要解决实验室和体内环境之间的差异,就需要更好地了解微生物群落的各个方面。考虑到生态学、宏组学和代谢组学的信息,网络提供了一种灵活的分析工具。生物网络是微生物组数据的直观可视化,因为它们可以同时处理其规模和多样性(scale and diversity)。除了数据可视化之外,网络的一个主要优点是它们能够展示涌现性(emergent properties)。涌现性是指那些如果网络的一部分被单独研究就不会被观察到的特性。这些特性可能有助于解释复杂系统的行为,如它们明显的鲁棒性或模块化(robustness or modularity)。

网络分析(network analysis)是指通过连接法,寻找变量之间的联系,以网络图或者连接模型(connection model)来展示数据的内部结构,从而简化复杂系统并提取有用信息的一种定量分析方式。在生态学中常利用相关性来构建网络模型,可以使用一个数据集例如物种群落数据进行分析,这时候展现物种之间的共出现模式(co-occurance pattern),也可以结合多个数据集进行分析,如分析环境因子对物种的影响等,网络分析是一种比较自由的分析方法。

微生物网络是由两个部分组成的生态系统的时间或空间快照:节点和边。节点通常代表微生物,但也可以代表其他感兴趣的变量,如氧饱和度或酸度。边表示节点之间的统计意义关联,连接到节点的边数称为节点的度。

用于网络推理的工具包是多种多样的,工具使用一系列不同的方法来推断关联性以及处理具有挑战性的微生物数据。作为第一批微生物网络推断的工具之一,斯帕CC(SparCC)的开发是为了利用艾特奇森(Aitchison)对数比方差导出的相关度量来处理组分问题的。与SparCC不同,斯派克-易思(SPIEC-EASI)利用协方差的逆矩阵来分析关联。康奈特(CoNet)试图通过集成方法来提高网络的准确性,包括诸如Bray-Curtis这样的稳健的差异性度量。还有其他可用的工具;例如,吉科达(gCoda)通过估计逻辑正态分布的绝对丰度来解决组分问题,并使用它计算协方差矩阵的逆矩阵。最大信息系数(maximum information coefficient,MIC)是一种基于互信息的关联测量。其中一些工具试图删除间接边缘。例如,SPIEC - EASI 计算协方差矩阵逆矩阵,其中非零项表示直接相互作用。相反,基于相关的工具,如 CoNet 和 Spar C C,并不试图删除间接边。

　　我们能够高精度地推断出网络特性,但这些特性却不会产生有用的生物学知识。例如,网络健壮性是生态鲁棒性的一种表示,但这并不意味着这一定是一种生物相关性。如果要实现网络特性在微生物学中的价值体现,就需要更好地理解网络的健壮性如何反映生态的稳健性,或者在什么意义上关键物种对微生物群落是重要的。这些问题目前仍是未解的难题,有待更多的研究投入。

参考文献

[1] YANG Y F. Emerging Patterns of Microbial Functional Traits[J]. Trends in Microbiology, 2021, 29 (10): 874 - 882.

[2] BURKEA C, STEINBERG P, RUSCH D, et al. Bacterial Community Assembly Based on Functional Genes rather than Species[J]. Proceedings of the National Academy of Sciences of the United States of America. 2011,108 (34): 14288 - 14293.

[3] LOUCA S, JACQUES S, PIRES A, et al. High Taxonomic Variability despite Stable Functional Structure across Microbial Communities[J]. Nature Ecology & Evolution. 2017(0015): 1.

[4] ESCALAS A, HALE L, VOORDECKERS J W, et al. Microbial Functional Diversity: From Concepts to Applications[J]. Ecology & Evolution, 2019,9(20): 12000 - 12016.

[5] LIM S J, BORDENSTEIN S R. An Introduction to Phylosymbiosis[J]. Proceeding of the Royal Society B. 2020, 287(1922): 20192900.

[6] NISHIDA A H, OCHMAN H. Captivity and the Co-diversification of Great Ape Microbiomes[J]. Nature Commun 2021(12): 5632.

[7] ZHOU J, NING D. Stochastic Community Assembly: Does It Matter in Microbial Ecology? Microbiol and Molecular Biology Reviews[J]. 2017,81(4): e00002 - 17.

[8] WU X, WANG Y, ZHU Y, et al. Variability in the Response of Bacterial Community Assembly to Environmental Selection and Biotic Factors depends on the Immigrated Bacteria, as Revealed by a Soil Microcosm Experiment[J]. System, 2019(4): e00496 - 19.

[9] LI M, WANG B, ZHANG M, et al. Symbiotic Gut Microbes Modulate Human Metabolic Phenotypes [J]. Proceeding of the National Academy of Sciences of the United States of America. 2008, 105(6): 2117 - 22.

第5章　微生物群落生理生化与物质循环

5.1　微生物群落与碳代谢

　　碳元素会以不同的形态存在于自然界。碳循环指的是碳元素在地球上的生物圈、岩石圈、水圈及大气圈中交换,并随地球的运动循环不止的现象。碳循环是生物地球化学循环中最重要的一环。碳源指的就是碳储库中向大气释放碳的过程、活动或机制,如毁林、煤炭燃烧发电等过程(图5-1)。而碳汇恰恰相反,是指通过种种措施吸收大气中的CO_2,从而减少温室气体在大气中浓度的过程、活动或机制。世界上主要的碳汇包括森林碳汇、草地碳汇、耕地碳汇、土壤碳汇及海洋碳汇等。

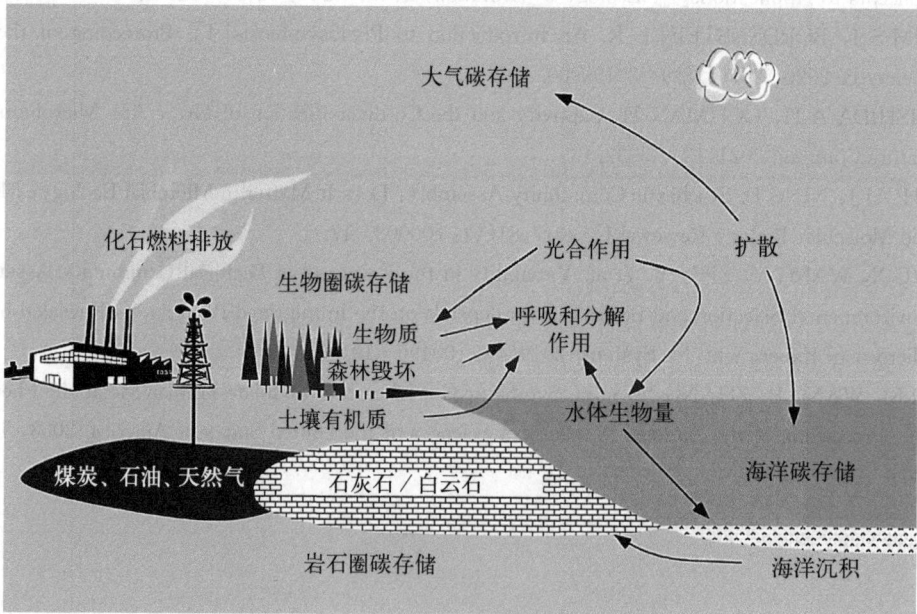

图5-1　碳代谢及自然界的碳循环过程

　　岩石圈化石燃料是地球最大的碳库,其含碳量约占地球碳总量的99.9%。岩石中的碳,经过自然和人为的各种化学作用分解后进入大气和海洋;同时死亡生物体及其他含碳物质又以沉积物的形式返回地壳,由此构成了全球碳循环的重要一环。然而,尽管岩石圈化石燃料库储量巨大,其碳交换活动却显得十分缓慢。相比之下,大气圈库、水圈库和生物库这三个碳库,虽然碳容量小,但却十分活跃,它们所储存的碳在生物和无机环境之间迅速交换,起着交换库的作用。如土壤微生物量碳,虽只占土壤有机碳的 3% 左右,但由于土壤微生物对环境变化敏感,碳的周转快,土壤微生物量碳也在土壤养分的转化和供应上起到了决定性的作用,此外,它还可以及时反映土壤质量的变化以及土壤受干扰的程度。

研究表明,微生物群落丰度、组成及其活性的变化可在一定程度上影响土壤有机碳的矿化。丰富度较高的微生物群落具备更加多样化的分解有机物能力,如腐生营养真菌的多样性显著加快了有机质的分解。土壤微生物数量大、种类多,其所具有的高多样性包含了大量的功能冗余微生物,不同功能之间可能存在相互的制约,因而环境因子诱导的微生物群落变化可能导致其功能的突变。

土壤微生物对有机碳的利用和转化,主要包括以细菌和真菌为主导的两种方式。相比之下,真菌对有机碳的存储能力更强,主要原因可能是微生物代谢产物及对基质选择利用的差异。一般而言,细菌和真菌对不同活性的有机碳具有明显不同的偏好。当土壤活性有机碳被 r 对策微生物消耗后,k 对策微生物就逐渐获得竞争优势。由于 k 对策微生物需要分配更多的能量生产次级产物,所以它对有机碳的利用较缓慢。即使土壤中存在大量的活性有机碳,k 对策微生物也无法充分利用。以真菌为主导的微生物群落可引起土壤有机碳的积累,导致稳定性的提高。另一方面,土壤微生物分泌的胞外酶在稳定有机碳转化为活性有机碳的过程中起重要作用。

微生物碳循环过程主要包括碳固定、碳降解以及甲烷循环 3 个基本过程。

5.1.1　微生物的碳固定

目前已知的微生物固定 CO_2 的途径有卡尔文循环(Calvin cycle)、还原性乙酰辅酶 A 途径(reductive acetyl-CoA pathway)、还原性柠檬酸循环途径、3-羟基丙酸双循环途径、3-羟基丙酸/4-羟基丁酸循环和 2-羧酸/4-羟基丁酸循环。这几种固碳途径在微生物中的分布有显著差异,但是卡尔文循环始终是光能自养型微生物和化能自养型微生物的主要固碳途径。

5.1.1.1　卡尔文循环

卡尔文循环(Calvin cycle)是自然界普遍存在于植物和藻类中的 CO_2 固定途径,也是光能自养微生物固定 CO_2 途径,对调节和响应全球 CO_2 浓度具有关键作用。卡尔文循环中的关键酶是核酮糖-1,5-二磷酸羧化/加氧酶,即 RubisCO 酶,它催化卡尔文循环中的第一步 CO_2 固定反应。已经发现的 RubisCO 酶有 4 种形式,而参与卡尔文循环的 RubisCO 酶主要有两种存在形式:Ⅰ型 RubisCO 和Ⅱ型 RubisCO,分别对应的功能基因为 *cbbL*(或者 *rbcL*)和 *cbbM*。目前 RubisCO 的功能基因 *cbbL* 和 *cbbM* 在水生生态系统、陆地生态系统以及极端环境等各个类型的生态系统中都被检出。

水生生态系统,尤其是海洋生态系统是一个巨大的碳库。水生生态系统中存在的光合细菌、化能自养菌及微藻类等微生物是最主要的固碳生物,通过卡尔文循环来固定 CO_2。*cbbL* 和 *cbbM* 可作为分子标记研究固碳微生物的差异。固碳微生物多样性极其丰富,并且在自然界中有着广泛的分布。

5.1.1.2 还原型三羧酸循环

还原型三羧酸循环是另一种重要的 CO_2 固定途径，该途径由埃文斯（Evans）1966 年提出，它主要存在于少数光合紫色细菌和绿硫细菌中，作为它们自养固定 CO_2 的方式。在还原型三羧酸循环中，以下三个酶最为关键：① 丙酮酸：铁氧化还原蛋白氧化还原酶（pyruvate：ferredoxin oxidoreductase），其编码基因为 *porCDAB/nifJ*。② 氧戊二酸：铁氧还原蛋白氧化还原酶（2-oxoglutarate：ferredoxin oxidoreductase），其编码基因为 *oorDABC*。③ 柠檬酸裂解酶（citrate lyase），其编码基因为 *aclAB*。

利用还原型三羧酸循环固定 CO_2 的微生物类群通常存在于厌氧与富含硫磺酸的极端环境中。例如，深海热液喷口和热泉环境中，有关还原三羧酸循环的功能基因研究集中于高温厌氧环境中，并且可能与硫循环过程相关。一项研究对深海热液口样品中的 *aclB*、*porA*、*oorA*、*nifJ* 等功能基因构建克隆文库，发现深海热液口环境中 ε-变形菌（epsilon-proteobacteria）是主要微生物类群，也是该环境中利用还原型三羧酸循环固定 CO_2 的主要微生物类群；对美国黄石公园一个热泉的微生物功能类群的研究，通过对热泉样品中的 16S rRNA 基因和 *aclB*、*cbbM* 等功能基因构建克隆文库和 qPCR 分析，发现热泉样品中存在还原型三羧酸循环的功能基因 *aclB*，进化分析表明该环境中所有的 *aclB* 序列与 *Sulfurihydrogenibium* 相关。

5.1.1.3 还原乙酰辅酶 A 途径

还原乙酰辅酶 A 途径是在可利用氢的化能自养厌氧菌（产乙酸菌、硫酸盐原菌和产甲烷菌等）中发现的 CO_2 固定途径。还原乙酰辅酶 A 途径（Reductive acetyl-CoA pathway）有两个分支，一个分支固定 CO_2 后，通过一系列反应生成甲基化合物；另一条分支固定 CO_2 以后，生成羰基化合物。一氧化碳脱氢酶（CODH）和乙酰辅酶 A 合成酶（ACS）是还原乙酰辅酶 A 途径中的关键酶，编码这两种酶的功能基因分别为 *acsA* 和 *acsB*。

还原乙酰辅酶 A 过程中存在的一氧化碳脱氢酶（CODH）对氧气非常敏感，该途径主要存在于严格厌氧的条件下。有报道还原乙酰辅酶 A 功能基因来自产乙酸的毛螺菌科（Lachnospiraceae）、梭菌科（Clostridiaceae），以及红假单胞菌属（*Rhodopseudomonas*）和斯塔普氏菌属（*Stappia*）等微生物。

5.1.1.4 3-羟基丙酸双循环

3-羟基丙酸双循环（3-Hydroxypropionate bicycle）由侯罗（Holo）1989 年在绿色非硫细菌中首次发现，后在 2009 年被扎尔基茨基（Zarzycki）和福克斯（Fuchs）等最终确认。该途径包含 2 个循环过程。第一个循环中，两分子的碳酸氢盐被固定形成乙醛酸盐；在第二个循环中乙醛酸盐和丙酰辅酶 A 歧化生成乙酰辅酶 A 和丙酮酸。3-羟基丙酸双循环过程中包括 3 个关键的酶：丙二酰辅酶 A 还原酶（Malonyl-CoA reductase）、丙酰辅酶 A 合成酶（Propionyl-CoA synthase）和苹果酰辅酶 A/β-甲基苹果酰辅酶 A/柠苹酰辅酶 A 裂解酶（Malyl-CoA/β-methylmalyl-CoA/citramalyl-CoA lyase）。

5.1.1.5 3-羟基丙酸循环/4-羟基丁酸循环

3-羟基丙酸/4-羟基丁酸酯循环与 3-羟基丙酸双循环存在一些类似的中间产物，但涉及的酶不相关，且该循环存在于严格厌氧的环境中。已经发现的 3-羟基丙酸/4-羟基丁酸循环存在于硫化叶菌目(Sulfolobales)、勤奋金属球菌(*Metallosphaera sedula*)等泉古细菌以及一些奇古细菌中,关键酶是乙酰辅酶 A/丙酰辅酶 A 羧化酶(Acetyl-CoA/propionyl-CoA carboxylase)、4-羟丁酰辅酶 A 脱氢酶(4-Hydroxybutyryl-CoA dehydratase)和丙二酰辅酶 A 还原酶(malonyl-CoA reductase)。已报道的 3-羟基丙酸/4-羟基丁酸循环功能基因主要包括 *accA* 和 *hcd*。

5.1.2　微生物群落的碳降解功能

微生物作为生态系统食物网中的分解者,能够分泌多种酶降解动植物残体和其他有机物,包括一些天然多聚物如淀粉、半纤维素、纤维素及木质素等。这些天然多聚物汇集了自然界中大量的碳元素,而除淀粉之外的几类物质都属于难降解的有机物范畴。微生物将这些物质中储存的碳进行转化与迁移,进而加速了碳元素的生物地球化学循环过程。微生物的分解作用对于碳循环而言,具有重要的促进作用,特别是对于难降解的有机质的生物降解过程具有重要的生态学意义。不同功能的微生物群落参与到碳循环的各个过程中,在维持生态系统稳定方面起到了不容忽视的作用。

5.1.2.1　淀粉分解

淀粉是一种高分子的葡萄糖聚合物,包括直链淀粉和支链淀粉两种形态。淀粉水解酶主要包括 α-淀粉酶、β-淀粉酶、葡糖糖化酶、α-葡糖苷酶、异淀粉酶、支链淀粉酶和环糊精糖基转移酶等,这些酶不仅存在于植物中,还广泛存在于微生物中。

5.1.2.2　纤维素分解

纤维素结构复杂,其降解主要通过内切葡聚糖酶(EG)、外切纤维素酶(CBH)和 β-葡糖苷酶(BG)这 3 种酶的协同作用实现。外切酶可以水解纤维素结晶区,(CBH Ⅰ)从纤维素链的还原端或(CBH Ⅱ)非还原端开始持续水解,释放纤维二糖;内切葡聚糖主要作用于纤维素的非结晶区,随机水解纤维素链中的糖苷键,把纤维素长链切断,转化成大量不同聚合度的纤维素短链,降低纤维素分子聚合度,使可供外切酶作用的纤维素链末端数增加;β-葡萄糖苷酶则主要水解纤维二糖和可溶性纤维寡糖,最终将纤维素转化为可利用的葡萄糖。

目前报道的纤维素降解菌主要包括真菌和细菌两大类,真菌常见的是木霉属(*Trichoderma*)、青霉属(*Penicillium*)、曲霉属(*Aspergillus*)、白腐菌(White rot fungi)等,细菌常见的有纤维杆菌属(*Fibrobacter*)、纤维单胞属(*Cellulomonas*)等。纤维素降解菌常存于堆肥、反刍动物瘤胃、家蚕肠道、白蚁肠道及一些厌氧反应器。

5.1.2.3　半纤维素分解

半纤维素与纤维素通常一起存在,构成植物细胞壁,不可溶且水解过程缓慢,其降解需要多种酶的联合作用。已经发现的半纤维素和纤维素的微生物降解途径可分为 3 种:① 好氧微生物分泌不同胞外酶协同降解半纤维素,这些酶将半纤维素多聚物完全降解成单糖或二糖而被周围微生物利用;② 厌氧细菌如梭状芽孢杆菌(*Clostridia*)通过酶复合体——纤维小体来降解纤维素和半纤维素;③ 在好氧微生物(*Cytophaga hutchinsonii*)和厌氧微生物(*Fibrobacter succinogenes*)中,通过细胞接合型非复合体来降解半纤维素和纤维素。半纤维素的降解酶主要包括木聚糖酶、β-甘露糖酶、α-L-阿拉伯糖苷酶、α-D-葡萄糖苷酸酶、β-

木糖苷酶及一些半纤维素酯酶等。木聚糖酶是最主要的半纤维素降解酶,在很多环境中已被发现。

5.1.2.4　壳多糖分解

壳多糖是自然界产量次于纤维素的有机聚合物,是没有分支的链状 β-1,4-N-乙酰葡糖胺多聚物主要存在于虾、蟹等甲壳纲动物外壳,以及真菌和藻类细胞壁中。壳多糖主要分为三类:α-壳多糖、β-壳多糖、γ-壳多糖。壳多糖降解酶根据作用位点的不同可分为外切壳多糖酶和内切壳多糖酶两类,而外切壳多糖酶又进一步分为壳二糖酶和乙酰葡萄糖胺糖苷酶。主要的细菌壳多糖降解酶属于 GH18,并且又被分为 *ChiA*、*ChiB* 和 *ChiC* 三个种类。*ChiA* 被广泛应用于研究陆地系统和水系统中壳多糖水解微生物的多样性及分布的研究。

5.1.2.5　木质素分解

科学界传统上普遍认为植物输入的凋落物是土壤碳积累的一个最主要驱动者,而且科学家们发现在陆地植物里面一种特殊的大分子可以调控凋落物的降解速率,就是木质素。很多的碳库模型也把木质素作为用来界定或者表征稳定碳库的一个重要参数。木质素是一类具有三维网状结构的苯丙烷多聚物,由几种不同的碳单键或者醚键连接大量苯丙烷形成,它是植物的重要成分,也是最难降解的天然多聚物之一。在自然界中存在三种基本结构:愈创木基型、紫丁香基型和对羟基苯基型结构。木质素不易水解,易通过氧化方式降解,主要涉及三种酶:木质素过氧化物酶(LiP)、锰过氧化物酶(MnP)和漆酶(LA)。木质素的降解依赖细菌群落和真菌群落的协同作用,但研究表明,真菌起主要作用,真菌中的担子菌门如黄孢原毛平革菌(*Phanerochaete chrysosporium*)、云芝(*Coliorus versicolor*)、脉射菌(*Phlebia radiate*)和杏鲍菇(*Pleurotus eryngii*)等白腐真菌可降解木质素。

5.1.2.6　有机污染物的降解

通过微生物将有机污染物作为碳源进行生长繁殖,是一种可持续的降解和清除环境污染物的方法,也称作环境污染的微生物修复。微生物在好氧和厌氧的条件下均能降解有机污染物,其关键在于微生物利用分解代谢催化有机污染物的转化。微生物降解有机污染物的机制主要分为两种,一是与有机污染物发生酶促反应,直接降解有机污染物,主要的降解酶包括加氧酶、脱氯化氢酶、还原酶、脱氢酶、羟化酶等;二是通过矿化作用、累积作用、共代谢作用去除土壤中的有机污染物。常见的降解有机污染物的菌株包括黄萎病菌、青霉菌、毛霉菌、曲霉菌、犁头霉菌等真菌和鞘氨醇单胞菌、假单胞菌、黄杆菌、产碱菌、枯草芽孢杆菌、无色杆菌等细菌。

持久性有机污染物(persistent organic pollutants,POPs),是一类人类合成的能够在环境中长期存在且能长距离迁移的强毒性难降解有机污染物,具有高脂溶性、易挥发沉降、易被植物吸收等特点,并能通过食物链对人类健康造成有害影响。持久性有机污染物主要包括多环芳烃、多氯联苯、有机氯农药、多溴联苯醚、全氟化合物、多氯代二苯并二噁英和多氯代二苯并呋喃等 29 种/类物质。

含卤素原子的 POPs 的氧化还原电势相对比较高(260~570 mV),在厌氧环境中更易成为脱卤微生物的电子受体,POPs 化合物得到电子且卤素原子被氢原子取代完成还原脱卤反应,进而完成电子传递的厌氧脱卤呼吸作用。脱卤呼吸反应通常为放能反应,厌氧微生物可通过还原脱卤过程来获得支撑自身生长代谢的能量。微生物催化的 POPs 的厌氧脱卤反应总体来讲是一个相对缓慢的过程,反应前的环境适应期甚至需要 7~12 周。经过微生物的还原脱卤后,化合物的亲水性增强,可以成为电子供体而进入微生物的好氧降解过程,进一步脱卤并开环,或者先开环再脱卤分解为小分子物质,进而进入 TCA 循环氧化为水和 CO_2。POPs 的微生物好氧降解反应是一个相对周期较短的过程,且不会产生毒性较大的中间产物,是 POPs 矿化的主要途径。

5.1.3　微生物的碳泵理论

　　土壤有机碳储量高于大气和陆地植被碳的总和,是一个巨大的陆地碳库。土壤碳库收支的微小波动势必影响区域碳通量和全球气候变化。土壤有机碳是土壤储碳机制的核心要素,探究土壤有机碳的组成、来源和稳定性机制是深入认识陆地碳汇功能和应对气候变化的关键。传统上,土壤有机碳(SOC)形成和稳定的研究主要聚焦于植物源碳对土壤碳库积累的贡献。而近年来,人们对于 SOC 形成和稳定机制的理解逐渐从早期的腐殖质理论逐渐转变,更加注重微生物在转化和调控 SOC 形成过程中的作用。近年来提出的"土壤微生物碳泵"(microbial carbon pump, MCP)概念,强调了土壤微生物同化合成产物是土壤稳定有机碳库的重要贡献者。这一概念体系可以较好地阐释土壤有机碳的来源、形成与截获过程。在不同的区域、不同的生态系统中,主导土壤碳封存的过程或主导因素存在差异。微生物在降解有机碳的过程中,会将一小部分降解的碳转换成为自己细胞的一部分,然后,这些微生物细胞残体中的有机碳在土壤中保存下来的过程,被形象地比喻为土壤的"微生物碳泵"(图 5 - 2)。

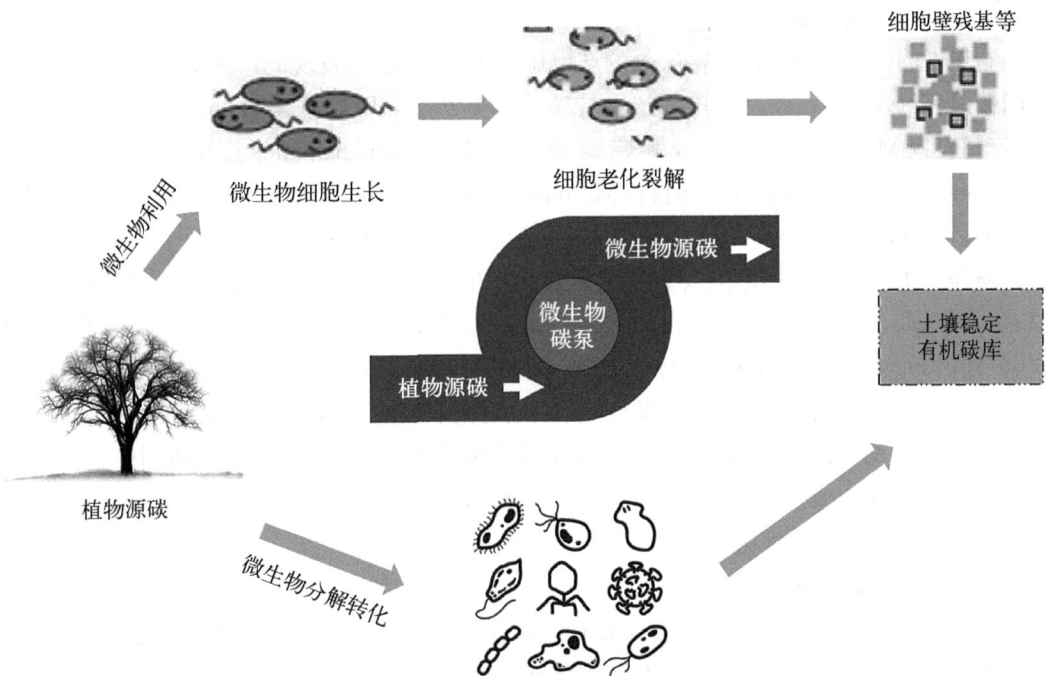

图 5 - 2　土壤微生物"碳泵"

碳泵作用的一个途径是土壤微生物通过分泌胞外酶分解或转化大分子植物源碳底物,向土壤输送植物源残体的过程,因此,微生物扮演了分解者或者"加工者"的角色调控土壤有机碳库的动态。另外一条途径是微生物的体内周转(in vivo turnover),即土壤微生物通过直接摄入小分子植物源碳底物,经同化作用合成为自身生物量,经过微生物细胞生长、数量增殖和死亡残体生成与积累等迭代过程向土壤输送微生物源有机碳,微生物主要以贡献者的角色调控土壤有机碳库中微生物来源碳的动态。

经由"体外修饰"且不断被"加工"转化却仍然无法被微生物直接吸收利用的部分分解的植物残体,也在一定程度上可以相对较为稳定地积累在土壤中,调控土壤植物源碳的积累。在"体内周转"途径中,易于被微生物吸收利用的小分子有机质是微生物体内同化作用的重要驱动力,易利用碳底物逐渐被转化为相对较为稳定的微生物源碳,包括微生物死亡残体和部分代谢产物,进而贡献土壤碳库的形成和积累。微生物的"体内周转"途径在微生物调控土壤碳库形成和积累过程中具有重要作用。

"激发效应"(priming effect,PE)是指外源碳的添加导致土壤中稳定 SOC 的微生物分解增加,进而引发 CO_2 排放量增加的现象。与 PE 导致的土壤稳定碳流失相对应,土壤微生物通过合成代谢增加微生物生物量和残渣积累的过程,即"续埋效应"(entombing effect,EE),则促进了土壤稳定有机碳的形成。土壤稳定碳储量的动态变化主要取决于微生物分解(SOC 矿化为 CO_2)与同化(微生物生物量形成和残渣积累)之间的微妙平衡。因此,在研究土壤稳定碳库动态时,应考虑上述两种微生物的生态功能的相互作用与影响。

5.1.4　微生物群落的甲烷代谢

5.1.4.1　甲烷生成

自然界的产甲烷过程由严格厌氧的产甲烷古细菌完成,已发现的产甲烷菌均主要属于广古门菌门(Euryarchaeota)。已知的产甲烷菌分为 7 个目:甲烷杆菌目(Methanobacteriales)、甲烷球菌目(Methanococcales)、甲烷微菌目(Methanomicrobiales)、甲烷八叠球菌目(Methanosarcinales)、甲烷火球菌目(Methanopyrales)、甲烷胞菌目(Methanocellales)和甲烷毛菌目(Methanoplasmatales)。产甲烷古细菌可将一些甲基型物质如甲酸、甲醇和甲胺等物质经历水解、酸化、产乙酸等过程之后最终产生甲烷。产甲烷过程的关键酶是甲基辅酶M 还原酶(Methyl coenzyme M reductase,MCR)。MCR 包含 MCR - I 和 MCR - II 两种形式,分别由 *mcrBDCGA* 操纵子和 *mrtBDGA* 操纵子编码,其中 MCR - I 存在于所有的产甲烷菌中;而 MCR - II 仅存在于甲烷球菌目和甲烷杆菌目中。MCR 有一定保守性,而且至今为止没有发现 MCR 的水平基因转移,*mcrA* 可作为功能基因来检测特定环境中产甲烷菌的多样性。泥炭地、垃圾填埋场、水稻田及牛的瘤胃等环境中都已通过功能基因 *mcrA* 检测出多样性较高的产甲烷古细菌类群。

5.1.4.2　甲烷氧化

甲烷氧化菌对于调节全球气候变暖有潜在作用,目前已知的好氧甲烷氧化菌主要来自变形菌门(Proteobacteria)和疣微菌门(Verrucomicrobia)。疣微菌门中的甲烷氧化菌主要分布在一些嗜热嗜酸的极端环境中;变形菌根据碳同化方式、磷脂脂肪酸及膜结构的不同,分为Ⅰ型和Ⅱ型两种类型。

除了好氧甲烷氧化,还有厌氧甲烷氧化菌。厌氧甲烷氧化(anaerobic oxidation of methane, AOM)是指在厌氧条件下,微生物以甲烷作为唯一电子供体,利用硫酸盐、硝酸盐/亚硝酸盐和金属氧化物等作为电子受体进行的一系列氧化还原反应。参与这一过程的主要微生物包括厌氧甲烷氧化古细菌(aanaerobic methanotrophic archaea, ANME)和厌氧甲烷氧化细菌 NC10 门细菌。根据系统进化分析,ANME(厌氧甲烷氧化古细菌)被划分为 3 大类:① ANME - 1,该类与产甲烷微菌目和产甲烷八叠球菌目有较远的亲缘关系;② ANME - 2,明确属于产甲烷八叠球菌目。ANME - 2 又可以分为 ANME - 2a,ANME - 2b,ANME - 2c 和 ANME - 2d 这 4 小类;③ ANME - 3 与拟甲烷球菌属(*Methanococcoides*)亲缘关系较近。在 ANME - 2 这些子类中,特别值得一提的是归属于 ANME - 2d 的 Candidatus Methanoperedens nitroreducens 能够利用甲烷为电子供体,以硝酸盐为电子受体进行甲烷氧化。

海洋中产生的甲烷 90% 被以硫酸盐为电子受体的厌氧甲烷氧化过程所消耗;在硫酸盐含量极低的深海环境,铁/锰氧化物可以代替硫酸盐作为电子受体完成甲烷氧化;而在潮间带等生态系统中,以硝酸盐/亚硝酸盐为电子受体的 AOM 过程对厌氧甲烷氧化的贡献率可达 65.6%~100%,是该生态系统中重要的甲烷汇。近来研究报道了以 AQDS、Cr(Ⅵ)等作为新型电子受体的 AOM 过程,理论推测的电子受体不断得到证实,拓展了厌氧甲烷氧化的外延。如又陆续发现了以生物炭、硒酸盐、氯酸盐等物质为电子受体或以电极提供电子的厌氧甲烷氧化,拓展了厌氧甲烷氧化的范围。从热力学或物质本身理化性质而言,AQDS(anthraquione-2,6-disulfonate)、生物炭、硒酸盐和氯酸盐都具有氧化还原特性,与前述三类有相似之处,而电极可以作为一个电子载体,与外电路接通即可传递电子给最终电子受体。介导 AOM 过程中,不同电子受体还原的微生物具有较大的差异,这暗示了不同类型电子受体的还原具有特异性,需要相应的功能微生物驱动反应进行。电子受体的多样性也使得厌氧甲烷氧化过程更具普遍性,而不同类型的 AOM 微生物物质代谢和能量代谢过程则呈现出特异性。

碳中和背景下的碳代谢与生态环境

土壤微生物群落,作为土壤生态系统功能的驱动者,其多样性和活性的提高、维持是陆地生态系统可持续发展的基石。长期以来,土壤有机碳的微生物分解过程,一直是人们生存所依赖的最重要的生态服务之一。目前,全球变暖日趋严重,有效遏制大气 CO_2 浓度的升高,减缓碳循环速度,成为全球关注的焦点。在此背景下,除了提高植物固碳能力,增加土壤有机碳的稳定性外,减少生物呼吸量是一条重要途径。因此,如何在不同环境下获得有机碳储存和分解的最佳平衡,取得预期的生态服务,将是生态学研究的重要课题。要达到这一目标,必须重视土壤有机碳分解的微生物驱动功能,加深了解不同环境条件下土壤微生物群落与有机碳稳定性和分解过程的联系，并协调好有机碳长期稳定性和有机碳分解的生态服务之间的关系，最大化地发挥土壤微生物在碳循环中的独特作用，为实现碳中和目标贡献力量。

5.2 微生物群落与氮代谢

构成陆地生态系统氮循环的主要环节有：生物体内有机氮的合成、氨化作用、硝化作用、反硝化作用和固氮作用等。植物将土壤中的无机氮同化成有机氮。动物直接或间接以植物为食物，将植物体内的有机氮同化成动物体内的有机氮。动植物的遗体、排出物和残落物中的有机氮被微生物分解后形成氨，这一过程是氨化作用。在有氧的条件下，土壤中的氨或铵盐在硝化细菌的作用下，最终氧化成硝酸盐，这一过程叫作硝化作用。氨化作用和硝化作用产生的无机氮，都能被植物吸收利用。在氧气不足的条件下，土壤中的硝酸盐被反硝化细菌等多种微生物还原成亚硝酸盐，并且进一步还原成分子态氮，分子态氮则返回到大气中，这一过程被称作反硝化作用。土壤是氮循环中最活跃的区域之一。

5.2.1 土壤氮循环过程的重要性

氮（N）是生物生命和功能的关键元素，是合成氨基酸和核酸等细胞化合物的基本物质，蛋白质、DNA、RNA 等多种重要的生命大分子均含有氮元素。氮以多种形式广泛分布在自然界中。氮元素最丰富的来源是大气中的氮气，但因为其惰性性质，不能被大多数生物直接利用。微生物在土壤氮素循环及维持生态系统稳定中发挥着重要作用，驱动不同形态氮素转化，为植物高效利用氮肥和生态平衡提供基础，在农业和环境方面都具有重要意义。微生物介导了土壤氮素转化如微生物固氮、有机氮矿化、硝化作用、反硝化作用、厌氧氨氧化、硝酸盐异化还原为铵（DNRA）等多个过程。氮在自然界中的循环转化过程，是生物圈内基本的物质循环之一。

固氮作用可将大气中惰性的氮气转化成其他生物可利用的氨的还原过程。该不可逆的反应是由极为保守的异二聚酶复合物固氮酶（nif 基因）催化而成。硝化细菌可将氨或铵离子通过硝化过程转化成硝酸根，硝酸根是植物吸收利用主要氮素形态之一。这些氮素转化过程为土壤和农作物提供了重要的氮素，而反硝化和氨氧化过程是土壤氮素损失的重要途径。氨氧化古细菌、氨氧化细菌、厌氧氨氧化细菌和反硝化细菌是参与硝化、厌氧氨氧化及反硝化过程的重要功能微生物，其丰度、群落结构及相关酶活性直接控制土壤氮素转化过程。因此，氮循环过程是一个整体，相关功能微生物关系紧密、共同参与土壤氮素转化的整个生物化学循环过程，进而影响农田氮肥利用效率（图 5-3）。

氮循环是由微生物介导的生物地球化学转化所驱动，包括氮气固定、硝化作用、同化/异化硝酸盐还原成氨过程，以及反硝化作用、厌氧氨氧化和亚硝酸依赖型厌氧甲烷氧化导致的固定氮损失等过程（图 5-4）。微生物是驱动土壤氮循环的重要载体和介质，对整个生态系

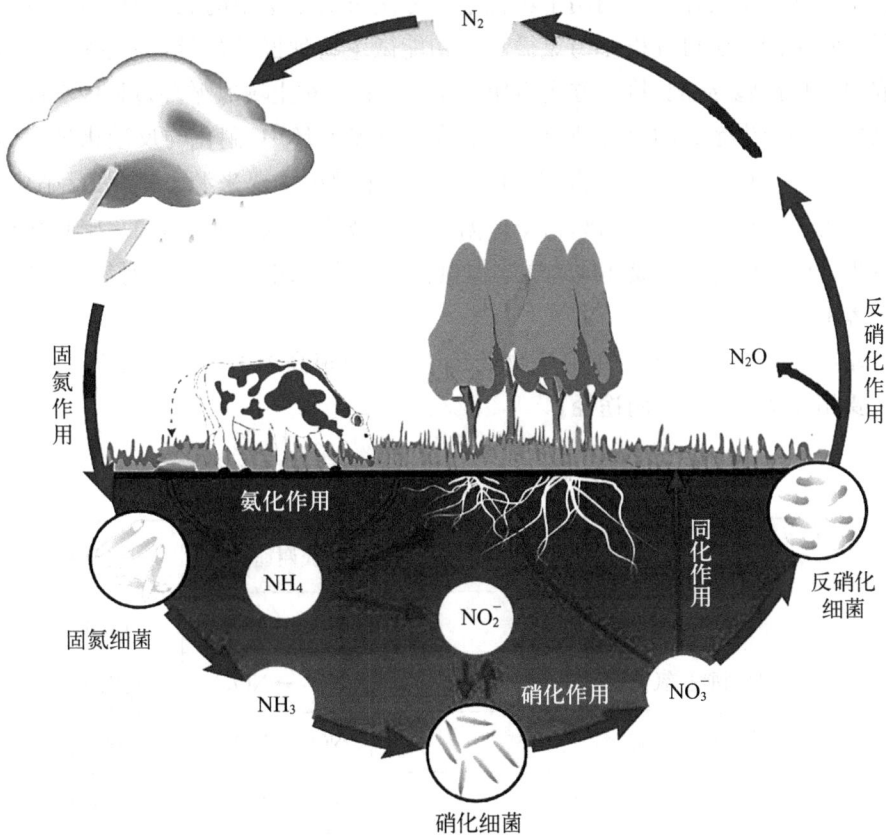

图 5-3 自然界氮循环过程

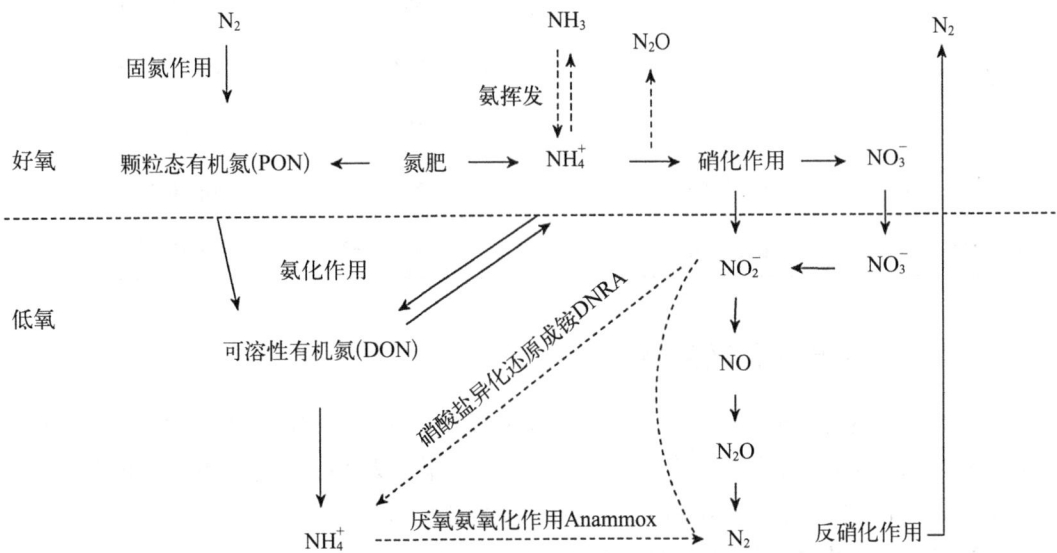

图 5-4 微生物驱动的氮循环途径

统中的氮平衡起着重要作用。利用土壤化学的方法可对土壤中的氮素及气态氮进行研究，应用分子生物学的方法可分析参与氮循环的功能微生物种群及数量，深入探讨土壤氮循环过程对农田管理措施（施肥、耕作方式等）的响应。因此，对土壤氮循环过程中功能微生物种群研究已成为当今生态学的研究热点之一。在土壤氮循环中，硝化与反硝化过程是氮素转化的主要过程。N_2O 作为重要的温室气体之一，在土壤中主要来源于硝化、反硝化过程等，其增温潜势为 CO_2 的 $190\sim270$ 倍，占全球温室气体效应贡献值的 6.4%。硝酸盐异化还原成铵的过程（DNRA）将硝态氮还原为铵态氮供植物吸收利用，增加土壤对氮素的固持，可保护土壤环境中的氮素。

氮代谢过程复杂多样，参与的微生物及其基因也有很高的多样性。表 5-1 列出参与氮代谢的主要相关基因、酶、代谢途径。

表 5-1   参与氮代谢的主要相关基因、酶、代谢途径

功能基因	编 码 蛋 白	代谢途径	主要氮代谢功能
amoA	氨单加氧酶	$NH_4^+ \rightarrow NO_2^-$	硝化作用
nxrA	亚硝酸盐氧化酶	$NO_2^- \rightarrow NO_3^-$	硝化作用
narG	硝酸盐还原酶	$NO_3^- \rightarrow NO_2^-$	反硝化作用
napA	细胞质硝酸盐还原酶	$NO_3^- \rightarrow NO_2^-$	反硝化作用
nirK	含铜离子亚硝酸盐还原酶	$NO_2^- \rightarrow NO$	反硝化作用
nirS	含细胞色素 cd1 亚硝酸盐还原酶	$NO_2^- \rightarrow NO$	反硝化作用
norB	NO 还原酶	$NO \rightarrow N_2O$	反硝化作用
nosZ	N_2O 还原酶	$N_2O \rightarrow N_2$	氧化亚氮还原
nifH	固氮酶铁蛋白	$N_2 \rightarrow NH_4^+$	固氮作用
nirBD	亚硝酸盐还原酶	$NO_2^- \rightarrow NH_4^+$	硝酸盐异化还原
nrfAH	亚硝酸盐还原酶	$NO_2^- \rightarrow NH_4^+$	硝酸盐异化还原

5.2.2   硝化作用与硝化微生物

硝化作用作为连接固氮和反硝化作用的中间过程，是生态系统氮循环过程的重要环节。硝化作用包括两个过程：把氨氧化成亚硝酸盐的氨氧化（或亚硝化）过程和亚硝酸盐氧化成硝酸盐的硝酸化过程。硝化作用主要由自养微生物来完成。

5.2.2.1   氨氧化过程及相关微生物

氨氧化过程是硝化作用的限速步骤，主要由两种化能无机营养型微生物完成，分别是传

统的氨氧化细菌(ammonia oxidizing bacteria, AOB)及氨氧化古细菌(ammonia oxidizing archaea, AOA)。AOB 最早由威诺格拉德斯基(Winogradsky)等在 19 世纪末分离,包含 β 变形菌纲的 Nitrosomonas 和 Nitrosospira 以及 γ 变形菌纲的 Nitrosococcus,其中 β 变形菌纲的 Nitrosomonas 从 16S 核糖体 RNA(rRNA)基因及功能基因上可进一步划分为 6 个簇(cluster)。大部分 AOB 属于化能自养生物,以 CO_2 为碳源,通过氧化氨获取能量。

有氧条件下 AOB 的氨氧化过程通常涉及两步反应,首先 NH_3 在膜接合蛋白氨单加氧酶(ammonia monooxygenase, AMO)的催化下生成羟胺(NH_2OH)和水,NH_2OH 再在周质空间中通过羟胺氧化还原酶(hydroxylamine oxidoreductase, HAO)催化生成 NO_2^-。

AOB 发现后的 100 多年中,研究者们一直认为 AOB 是主要进行氨氧化反应的微生物,直到 2004 年文特尔(Venter)等通过宏基因组方法从海洋中发现 AOA 的存在,并于 2005 年分离到第一株海洋 AOA Nitrosopumilus maritimus,海洋中承担氨氧化作用的微生物之谜团才得以解开,之后第一株陆地 AOA Nitrososphaera viennensis 的分离使人们对土壤中 AOA 参与的氨氧化过程有了全新认识。分类学上 AOA 包括 Nitrososphaera、Nitrosopumilus、Nitrosocaldus、Nitrosoarchaeum 及 Cenarchaeum,均属于奇古菌门(Thaumarchaeota)。有研究表明,与 AOB 相比,AOA 在极端酸性、高盐、高温以及厌氧条件下生存,还广泛存在于海洋、湖泊、土壤等非极端环境中。AOA 能够适应低 pH 的压力,并且对氨的需求量极低。相反,在中性或碱性土壤以及含氮素丰富的土壤中,AOB 则是硝化作用的主要驱动者。

AOA 基因组中没有发现编码 HAO 基因的同源物,因此猜测 AOA 可能通过一种新的酶催化 NH_2OH 氧化,或产生一种硝酰基中间体(HNO)代替 NH_2OH。研究者们在 Nitrososphaera viennensis NH_2OH 氧化为 NO_2^- 的过程中,观察到 NO 的反复消耗及产生,添加 NO 清除剂后,该菌氨氧化过程受到抑制,表明部分 AOA 也将 NH_2OH 氧化为 NO 后再生成 NO_2^-。

除有氧氨氧化作用外,20 世纪末,研究者们在厌氧条件下发现另外一种氨氧化过程,NH_3 和 NO_2^- 在厌氧氨氧化细菌(anaerobic ammonium oxidation, anammox)内发生歧化反应产生氮气(N_2)。该过程中 NO_2^- 在亚硝酸还原酶催化下还原为 NO,NO 和铵离子(NH_4^+)在肼合酶催化下生成肼(N_2H_4),随后被肼氧化酶氧化成 N_2。迄今发现的 Anammox 微生物均属于浮霉菌门(planctomycetales),如 Ca. Kuenenia、Ca. Anammoxoglobus、Ca. Jettenia、Ca. Brocadia、Ca. Scalindua 及 Ca. Anammoximicrobium 等。Anammox 是生长非常缓慢的厌氧自养微生物,但对 NO_2^- 和 NH_4^+ 的亲和力高,已被广泛应用于污水处理过程,对该类微生物的研究也是废水脱氮领域的一个热点。

5.2.2.2 亚硝酸氧化及相关微生物

硝化作用第二步是硝酸化过程,该过程主要微生物为亚硝酸氧化细菌(nitrite oxidizing bacteria, NOB),相较于氨氧化微生物,NOB 更难培养,且大部分环境 NO_2^- 含量偏低,研究者们对 NO_2^- 氧化过程关注度不高,几十年来对 NOB 研究进展始终落后于其他氮循环相关微生物。然而 NO_2^- 的变化直接决定固定氮留在生态系统中还是流失到大气中,对氮循环有重要调节作用,所以相关知识空缺使得对其深入研究更为紧迫且重要。分类学上 NOB 分散在细菌 4 个门的多个属中,有变形菌门 α - 变形菌纲的 Nitrobacter 属、β - 变形菌纲的

Nitrotoga 属和 γ-变形菌纲的 *Nitrococcus* 属、绿弯菌门（chloroflexi）的 *Nitrolancea* 属、Nitrospirae 门的 *Nitrospira* 属、Nitrospinae 门的 *Nitrospina* 属及 *Nitromaritima* 属。不同类型 NOB 在生态环境中分布不同，海洋生态系统中 NOB 大多属于 Nitrospinae 门，而属于 Nitrospirae 门的 *Nitrospira* 属是多样性最高并且分布最广的。由于 NOB 生长缓慢，分离获得纯培养物耗时长，获得高比例富集物相对较难，所以常通过分子学方法对 NOB 富集物进行研究。

亚硝酸氧化细菌（NOB）将 NO_2^- 氧化成 NO_3^- 的关键酶是亚硝酸氧化还原酶（nitrite oxidoreductase，NXR），该酶是细胞膜接合蛋白，由 *nxrA*，*nxrB*，*nxrC* 编码的 α、β 及 γ 亚基组成，其中 *nxrB* 基因保守度较高，是通用的进化标记基因。NXR 在不同 NOB 中分成两类，*Nitrospira*、*Nitrospina* 和 Ca. Nitromaritima 的 *nxrA* 底物接合位点在细胞周质空间，NO_2^- 氧化过程中可产生质子动力势能使细胞获得能量，适应 NO_2^- 浓度低的环境；而 *Nitrobacter*、*Nitrococcus* 和 *Nitrolancea* 的 *nxrA* 底物接合位点在细胞质内，需将 NO_2^- 和 NO_3^- 从细胞膜运输进来且不产生质子动力势能，所以倾向于局部 NO_2^- 浓度较高的环境。这两种类型 NXR 独立进化，并通过水平基因转移到不同生物中，使 NOB 形成丰富的系统发育多样性。

5.2.2.3　全程硝化菌（*COMAMMOX*）的发现

自 19 世纪末分离得到 AOB 和 NOB 以来，研究者们认为 NH_3 到 NO_3^- 的转化是严格的两步反应。然而，2006 年，科斯塔（Costa）等通过代谢动力学理论计算化学能发现，若微生物独自完成氨氧化和硝酸化过程，获得的能量比单独进行其中一步更高。这一发现提出了全程硝化菌（Complete ammonia oxidizer，Comammox）存在的可能，并预测该类微生物具有高生长得率、低生长速率的特点。此外，科斯塔等人还对 comammox 的分离方法给出了建议。同年，研究者从自来水砂滤池中富集到有甲烷氧化活性的丝状细菌 *Crenothrix*，其编码甲烷单加氧酶 α 亚基的 *pmoA* 基因与 AOB 编码氨单加氧酶 α 亚基的 *amoA* 基因序列相近，称其为"奇异甲烷氧化细菌"，但后续研究未取得进展。直到 2015 年，《自然》（*Nature*）杂志的两篇文献报道了一种具有氨氧化活性的 *Nitrospira*，与科斯塔在 2006 年根据动力学方法预测的一致，能自身完成氨氧化和硝酸化两个过程，故为其沿用科斯塔建议的 Comammox 的名字。其中一个富集物由范·凯塞尔（van Kessel）等从水产养殖再循环系统中得到，对其宏基因组分析在两个 *Nitrospira* 基因组上找到完整编码 AMO、HAO 及 NXR 的基因。另一富集物由戴姆斯（Daims）等从 1 200 m 深的油井管道生物膜得到，对其宏基因组分析发现硝化微生物仅有 *Nitrospira* 一种类型，且有完整编码 AMO、HAO 和 NXR 的基因。Comammox 的发现从根本上打破了人们对传统硝化反应的认知，开启硝化作用研究新里程，该突破性发现受到研究者们的广泛关注，《自然》和《科学》杂志专栏均发表评论文章，对该类微生物的发现给予高度肯定。

Comammox "遗漏"多年未被发现与其生长特点及实验室富集培养方法有关。当给予充足底物时，其他硝化微生物会快速利用底物胺生长，成为主要优势微生物，而 Comammox 生长速度慢，处于竞争劣势，因此被忽视，导致 Comammox 迟迟未被发现。反观实际环境，很多生态系统营养贫瘠，可利用底物浓度低。在这样的环境条件下，Comammox 对底物具有高亲和力,生长得率高,可获取更多能量。因此与其他微生物竞争过程中,Comammox 具有优势,并逐渐占据环境中的主导地位。Comammox 的生长特点使其在底物浓度低、流速较慢且容易形成生物膜的环境中更有竞争力。这也是水产养殖再循环系统、油井管道生物膜及饮用水系统等环境中,Comammox 最先被发现的原因。

5.2.2.4　硝化微生物的生理特征及代谢途径

2015 年,戴姆斯等报道 Comammox 富集物后,于 2017 年,该菌作为第一株 Comammox 纯培养物被成功分离。通过硝化动力学参数计算发现,该菌株对 NH_3 的亲和力极高($K_m=63\,nM$),其值仅次于海洋 AOA *Nitrosopumilus maritimus* SCM1.($K_m=3\,nM$),而它对 NO_2^- 的亲和力在同属中较低,更接近 *Nitrobacter* 属的 NOB。进一步对高比例 Comammox 富集物 *Ca*. Nitrospira kreftii 的动力学参数计算,结果显示,其对 NH_3 及 NO_2^- 亲和力均较高($K_m=40\pm10\,nM\ NH_3$, $Km=12.5\pm4\,\mu M\ NO_2^-$)。此外,*Nitrospira inopinata* 氧化 1M NH_3 能获得 394.6 μg 蛋白量,高于其他很多氨氧化微生物,而其最大生长速率低于目前计算过的同生境氨氧化微生物,说明相比于 AOB,Comammox 及 AOA 更适应寡营养环境,并展现出氨氧化竞争优势。

由于生态学研究常通过添加某种硝化微生物的特异性抑制剂来确定其他种对硝化过程的贡献,因此硝化微生物生长及活性受硝化抑制剂的影响被广泛研究。烯丙基硫脲(ATU)可以螯合 AMO 活性中心的铜元素,从而对氨氧化起到抑制作用,但由于 AOA 及 AOB 的 AMO 结构不同,ATU 对 AOB 的抑制效果更明显,3.3 μM ATU 可完全抑制一些 β-AOB 的生长及活性,但对 AOA 的生长与活性毫无影响。此外,研究者发现 1 μM 的 1-辛炔会使 *Nitrosomonas europaea* 及 *Nitrosospira multiformis* 不可逆失活,但低于 20 μM 的 1-辛炔对 *Nitrosopumilus maritimus* 短时间内没有影响,故 ATU 及 1-辛炔常用来作为 AOB 氨氧化的特异性抑制剂。2-苯基-4,4,5,5-四甲基咪唑啉-3-氧代-1-氧(PTIO)是常用的一氧化氮清除剂,通过抑制一氧化氮信号通路抑制氨氧化过程,100 μM PTIO 可完全抑制 *Nitrosopumilus maritimus* HCA1 的生长与活性,抑制 *Nitrosopumilus maritimus* SCM1 95% 的生长及活性,但对一些 β-AOB 的生长及活性没有抑制效果,因此 PTIO 常用来作为 AOA 氨氧化的特异性抑制剂。2019 年,基特(Kit)等人通过实验计算得到 PTIO 抑制 *Nitrospira inopinata* 的半最大效应浓度(half-effective maximal concentrations, EC50)为 63.6 μM,说明 Comammox 可能与 AOA 一样对 PTIO 的添加较敏感。对于亚硝酸盐氧化过程来说,ClO_3^- 常被 NOB 的 NXR 酶转化为 ClO_2^-,从而产生毒性,且当其浓度低于 10 mM 时,AOB 可以正常生长,但 NOB 生长会被抑制,因此氯酸盐作为选择性抑制剂常被用来抑制 NOB 的生长及活性,可被用于抑制 Nitrospira 中的氨氧化。尽管已有较多文献研究多种 AOA 及 AOB 对不同浓度硝化抑制剂的响应及敏感程度,但抑制剂对不同类型 Comammox 的活性及生长的影响有关报道较少,有待更深入研究。

研究者们除了对硝化微生物的一些基础生理特点研究外,对可能存在的代谢途径也做了探索。对不同来源硝化微生物基因组比较分析发现,不同类型硝化微生物编码的氨转运蛋白有差异,Comammox clade A 及多数 β-AOB 编码 Rh 型氨转运蛋白,而 Comammox clade B、*Nitrospira* 属中的严格亚硝酸盐氧化菌(strict Nitrite oxidizing bacteria, sNOB)及

AOA 均编码高亲和力、低吸收力的 MEP 型氨转运蛋白,导致它们对 NH_3 的适应范围不同;部分 Comammox 基因组编码脲酶、相关辅蛋白及 ATP 依赖型尿素转运系统,能利用尿素作为氮源和能源,在 AOB 中并非所有菌株都编码脲酶,如 *Nitrosomonas communis*、*Nitrosomonas* sp. Nm41 及 *Nitrosomonas* sp. Nm33 的基因组上就没有找到编码脲酶的基因。尽管研究者们认为能否利用氰酸盐这一特征可以用来区分 sNOB 和 Comammox,但从污水处理厂得到的 Comammox *Ca.* Nitrospira LK70、*Ca.* Nitrospira RBC069 和 *Ca.* Nitrospira RBC093 的基因组均编码氰酸盐相关基因(*cynS*),说明部分 Comammox 可能可以利用氰酸盐作为底物;AOB 中也发现有 *cynS*,但系统发育分析显示 AOB 与 Comammox 的 *cynS* 分别聚在两支,亲缘关系较远;此外,Comammox 没有同化亚硝酸盐还原酶,不能在只有 NO_2^- 的条件下生长,但 Comammox clade B 中 *Ca.* Nitrospira CG24E 的基因组含有同化亚硝酸盐还原酶的 NOB 的 *NirC* 基因,预示 Comammox 可能编码类似基因,使其在缺乏可利用的 NH_3 时利用 NO_2^- 为氮源生长。

除上述途径外,Comammox 还有适应相应来源生态系统的多种代谢能力,如从低溶氧活性污泥反应器中获得的 Comammox 富集物利用厌氧或微好氧微生物常用的反向 TCA 循环固定 CO_2,且通过假定一种高亲和力细胞色素 bd 型氧化酶传递电子,说明其适应低氧环境;从污水处理厂富集到的 *Ca. Nitrospira* UW-LDO-01 编码脂肪酸相关基因簇比例高,且编码长链脂肪酸氧化生成乙酰辅酶 A 途径的各种酶,说明该菌在富含长链脂肪酸的环境中有优势;从污水处理厂富集到的 *Ca. Nitrospira* LK70 和 *Ca. Nitrospira* WS110 都能进行糖原合成及降解,这种以糖原形式贮存碳和能量的方式,说明 Comammox 适应底物波动较大的环境。此外,*Ca. Nitrospira* LK70 基因组编码潜在聚羟基链烷酸酯(PHAs)生物合成途径,由于 PHAs 常在碳过量,氮或磷酸盐限制条件下作为碳和能量贮存的化合物,说明部分 Comammox 对相应环境条件较适应,该菌基因组上还有乙酸盐发酵相关酶,有利用外源乙酸作为能量或碳源的可能;*Nitrospira inopinata* 编码群体感应功能性转录调节因子,这种细胞间通信机制可调节 Comammox 活动及生长模式,与生物膜形成有关。所以 Comammox 代谢能力多样且灵活,在多种环境条件下均可存活及适应。

此外,作为含量排名第三的人为温室气体,氧化亚氮(N_2O)是 21 世纪主要臭氧消耗物质之一,其生成途径受到研究者们的广泛关注,对保护生态环境有重要意义。微生物硝化和反硝化是 N_2O 来源之一,AOA 及 AOB 可以通过 NH_2OH 与 NO_2^- 相互作用直接促成 N_2O 排放,在氧气浓度较低的条件下,AOB 也可以通过酶促反应将 NO_2^- 还原为 N_2O,缺氧条件下,NH_2OH 可通过细胞色素 P460(CytL)直接转化为 N_2O,但经实验证明,Comammox 及 AOA 产生的 N_2O 远远低于 AOB。

5.2.3 反硝化作用与反硝化微生物

反硝化作用的第一步反应硝酸盐的还原,与细胞膜接合的硝酸盐还原酶(NarG)或与细胞周质接合的硝酸盐还原酶(Nap)有关。反硝化作用通常发生在兼气或低氧土壤环境中,但现在已发现许多微生物的细胞周质中存在的 Nap 对氧分子不敏感,因此反硝化作用也能在好氧条件下进行。反硝化作用的第二步反应,由含 Cu^{2+} 的亚硝酸盐还原酶(NirK)或含细胞色素 cd1 的亚硝酸还原酶(NirS)催化亚硝酸盐转化为 NO,这两种酶的功能一样,但是酶的结构和催化位点不同。有研究表明,目前没有发现在一个微生物中同时含有 *nirK* 和 *nirS* 基因。反硝化作用的第三步是发生在细胞膜外表面,将 NO 还原为 N_2O,该步骤由属于血红素-铜氧化酶超家族的一氧化氮酶 cNor 和 qNor 催化完成,目前对一氧化氮还原酶的研究较少。反硝化作用的最后一步是将 N_2O 还原为 N_2,该步骤是由 *NosZ* 基因编码的氧化亚氮还原酶(N_2OR)催化完成,该酶通常被认为是还原 N_2O 唯一的酶。*NosZ* 蛋白在系统发生上有两个分支,分支 I 为典型 NosZ,分支 II 为非典型 *NosZ*。两类 *NosZ* 蛋白在系统发育上距离较远,其 *Nos* 基因簇(NGG)的结构和调控机理也存在差异。典型的 *NosZ* 的基因簇是在 *nosZ* 基因后携带有 *Nos* 基因,它们参与蛋白的组装和铜的运输。非典型 *nosZ* 含有 *NosR* 基因,该基因编码与膜接合的 Fe-S 黄素蛋白,可能将电子转移到 N2OR 中。N2OR 比反硝化作用的其他种类的酶对 O_2 更敏感,因此 O_2 分压升高有可能会抑制 N_2O 的还原,从而增加 N_2O 的排放。含有参与反硝化过程中的各步骤所需功能基因的微生物为完全反硝化菌,他们将 NO_3^- 还原为 N_2,而缺少某些步骤相应的反硝化基因的微生物称为不完全反硝化菌。例如,对于缺失 *NosZ* 的反硝化菌,其反硝化作用最终的产物不是 N_2。有研究报道,约 1/3 的含 *nirK* 或 *nirS* 的反硝化菌由于缺乏 *NosZ* 而不具有还原 N_2O 的能力,且 *nirK* 型和 *nirS* 型反硝化菌对环境的响应不同。目前,对能够将 N_2O 还原为 N_2 的微生物在缓解气候变化方面的应用越来越多,这类菌已成为研究热点。

反硝化菌是土壤中重要的微生物,其数量约占土壤的 5%,且反硝化菌的丰度高于硝化菌群和固氮菌群的丰度。土壤中的湿度、O_2 含量、碳的有效性、pH 和温度作为"远端控制因子"影响土壤反硝化菌群的组成和多样性,而反硝化微生物作为"近端控制因子"影响土壤的反硝化速率。虽然有研究报道反硝化菌的数量与反硝化潜力是相关联的,但关于反硝化菌的数量与生态功能的关系还存在一些争议,一些研究表明反硝化的活性与反硝化基因的绝对数量没有相关性。研究表明,目前反硝化微生物主要来自 60 个属,大多数属于变形菌门的微生物,也有属于拟杆菌门、放线菌门、厚壁菌门和古细菌的微生物。此外,有研究报道,土壤中的真菌也能通过反硝化作用产生 N_2O,且在某些土壤中的真菌由于缺乏氧化亚氮还原酶,其反硝化作用的终产物是 N_2O。此外,在农田土壤的厌氧生态系统中,部分共生固氮菌也具有反硝化作用。

此外,有研究表明,带负电的土壤颗粒易吸附带正电的铵离子,而通常不吸附带负电的亚硝酸盐和硝酸盐离子。因此,土壤中的硝酸盐更易在土壤中淋失,未淋失的硝酸盐为反硝化作用提供了底物,使农田土壤的硝酸盐在厌氧条件下经过反硝化作用以含氮气体的形式排放到大气中。因此,反硝化过程也是将活性氮转化为惰性氮(N_2)的唯一途径,能够去除过多的活性氮,且减少了 NO_3^--N 的淋溶损失,利于生态系统的氮素平衡。

5.2.4　微生物介导的土壤氮循环途径对 N_2O 排放的影响

传统上认为,土壤中 N_2O 的主要来源有两个过程:土壤微生物的自养氨氧化作用和异养的反硝化作用。但近年的研究发现,一些新的产生途径对土壤 N_2O 释放也有着重要的贡献。已知的 N_2O 产生途径(生物途径和非生物途径)主要包括以下几种:① 自养氨氧化和异养氨氧化的过程中羟胺的化学分解步骤;② 土壤中亚硝酸盐的化学反硝化作用;③ 在硝化微生物体内完成的反硝化作用,即硝化微生物的反硝化作用(Nitrifier denitrification);④ 硝化微生物产生硝酸盐或亚硝酸盐作为底物提供给反硝化微生物进行的反硝化作用。不同于硝化微生物的反硝化作用,这一过程在两种不同的微生物体内完成,因此被称为硝化-反硝化偶联过程(Nitrification-coupled-denitrification);⑤ 利用氮氧化物,如 NO_3^-、NO_2^- 或 NO 等作为电子受体,将其逐步还原为 N_2O 或 N_2 的反硝化过程。这一过程多数情况下在厌氧条件下发生,但在需氧条件下也可以发生;⑥ 硝酸盐的氨化作用,或硝酸盐异化还原为氨(DNRA)。上述过程除第二种过程为非生物过程外,其他过程皆为生物过程。

反硝化微生物群落特性是土壤 N_2O 产生和还原最重要的生物因素。研究表明,土壤反硝化微生物群落多样性越高,N_2O 的排放量越大。N_2O 是大多数已培养的反硝化菌株在催化氮循环过程的中间产物。同时,N_2O 也可以被一些反硝化菌株还原为 N_2。例如,携带氧化亚氮还原酶基因的菌株可以进行完全反硝化,即将硝酸盐最终还原为 N_2。因此,反硝化活性与许多土壤反硝化微生物群落组成相关。反硝化微生物群落结构是改变土壤生态系统功能的驱动者。在反硝化过程不受底物限制的条件下,反硝化微生物群落组成的内在差异被认为是造成土壤微环境胁迫下土壤中 N_2O 代谢差异的原因。微生物功能基因水平的研究表明,土壤反硝化微生物群落的结构和反硝化潜能确实在某些土壤中是相关的,但这些功能差异不能归因于特定的基因型。但反硝化群落与功能之间的联系还不确定,因为即使在反硝化基因型非常相似的菌株中或在紧密相关的生物中,反硝化的生理特性(即反硝化速率和最终产物比率)也是有很大差异的。它们的功能机制还需要更深入研究。

5.2.5 固氮作用与固氮微生物

固氮作用(nitrogen fixation)是分子态氮被还原成氨和其他含氮化合物的过程。自然界氮(N_2)的固定有两种方式:一种是非生物固氮,即通过闪电、高温放电等固氮,这样形成的氮化物很少;二是生物固氮,即分子态氮在生物体内还原为氨的过程。大气中90%以上的分子态氮的固定都是通过固氮微生物的作用实现的。估计全球每年生物固氮作用所固定的氮(N_2)约达 17 500 万 t,其中耕地土壤约 4 400 万 t,超过了每年施入土壤 4 000 万 t 肥料氮素(工业固氮)的量(Burris,1977)。因此,生物固氮作用有很大潜力。

生物固氮是固氮微生物的一种特殊的生理功能,已知具固氮作用的微生物有约 50 个属,包括细菌、放线菌和蓝细菌(蓝藻),它们的生活方式、固氮作用类型有较大区别,但细胞内都具有固氮酶。不同固氮微生物的固氮酶均由钼铁蛋白和铁蛋白组成。固氮酶必须在厌氧条件下,即在低的氧化还原条件下才能催化反应。

根据固氮微生物与高等植物的关系,可分为自生固氮菌、共生固氮菌以及联合固氮菌。其所进行的固氮作用分别称为自生固氮、共生固氮或联合固氮。

5.2.5.1 自生固氮菌

自生固氮菌(azotobacteria)是自由生活在土壤或水域中,能独立进行固氮作用的某些细菌。以分子态氮为氮素营养,将其还原为 NH_3,再合成氨基酸、蛋白质。包括好氧性细菌,如固氮菌属、固氮螺菌属以及少数自养菌;兼性厌氧菌,如克雷伯氏菌属;厌氧菌,如梭状芽孢杆菌属的一些种。还有光合细菌如红螺菌属、绿菌属以及蓝细菌(蓝藻),如鱼腥藻属、念珠藻属等。

5.2.5.2 联合固氮

联合固氮是指固氮菌生活在某些植物根的黏质鞘套内或皮层细胞间,不形成根瘤,但有较强的专一性,如雀稗固氮菌与点状雀稗联合,生活在雀稗根的黏质鞘套内,固氮量可达 $15\sim93\ kg/hm^2\cdot a$。其他如生活在水稻、甘蔗及许多热带牧草的根际的部分微生物,与这些植物根系联合,有很强的固氮作用。

5.2.5.3 共生固氮菌

共生固氮菌在与植物共生的情况下才能固氮或有效地固氮,固氮产物氨可直接为共生体提供氮源。共生固氮效率比自生固氮体系高数十倍。主要有根瘤菌属($Rhizobium$)的细菌与豆科植物共生形成的根瘤共生体,弗氏菌属($Frankia$)与非豆科植物共生形成的根瘤共生体;某些蓝细菌与植物共生形成的共生体,如念珠藻或鱼腥藻与裸子植物苏铁共生形成苏铁共生体,红萍与鱼腥藻形成的红萍共生体等。在实验条件下培养自生固氮菌,培养基中只需加入碳源(如蔗糖、葡萄糖)和少量无机盐,不需加入氮源,固氮菌可直接利用空气中的氮(N_2)作为氮素营养;如培养根瘤菌,则需加入氮素营养,因为根瘤菌等共生固氮菌,只有与相应的植物共生时,才能利用分子态氮(N_2)进行固氮作用。中国科学家的工作揭示了硝态氮素抑制蒺藜苜蓿共生结瘤的新机制。研究发现,在低浓度硝酸盐环境下,根瘤菌诱导植物特异的转录因子(nodule inception, NIN)表达,NIN 再激活下游结瘤基因表达,最终形成具有固氮功能的根瘤。当环境中存在充足硝酸盐时,NIN 的表达受到抑制,同时 NLP1(其他NLPs)进入细胞核,与 NIN 形成复合体,和(或)与 NIN 竞争接合位点,抑制 NIN 对下游基因的激活,最终无法形成根瘤。

5.2.5.4 固氮作用电离固氮

固氮作用电离固氮采用人工或自然的方式,使空气中的氮气转化为氮化物。电离作用和大自然中的闪电能使空气中的氮气和氧气产生化合作用,形成一氧化氮。一氧化氮极其不稳定,容易瞬间被氧化成二氧化氮。二氧化氮溶于水形成稀薄的硝酸,而硝酸会与土壤里的元素形成氮化物,从而被植物吸收。

5.3 微生物群落与磷元素代谢

磷是植物体中含量仅次于氮和钾的大量必需营养元素。施用磷肥是保证植物高产稳产的重要农艺措施。微生物是土壤磷循环的主要驱动者。据报道,40% 以上的土壤微生物具有活化难溶性磷的作用,并将其转化成微生物磷,形成土壤微生物量磷库。土壤解磷微生物不仅可以调控有机态磷和微生物生物量磷的周转,而且还能促进难溶性无机磷的活化及其作物的吸收利用。根据作用对象不同,可将解磷菌分为有机解磷菌(能够矿化有机磷化合物的微生物)和无机解磷菌(能够将植物难以吸收的无机磷酸盐转化为可直接吸收利用形态的可溶性磷的微生物)。

常见的有机解磷菌微生物包括细菌的芽孢杆菌和假单胞菌以及真菌的曲霉和青霉菌。土壤中60%的有机磷可以被磷酸酶水解,而有机磷的主要形式为肌醇磷酸盐,因此肌醇六磷酸酶(对肌醇六磷酸具有活性的单酯磷酸酶)水解释放出的正磷酸盐占比最大。尽管植物和微生物都能释放磷酸酶,并能促进土壤有机磷的矿化,但是有研究表明微生物释放的磷酸酶具有更高的有机磷矿化速率。

5.4　土壤碳氮磷耦合转化的微生物学机制

土壤微生物代谢生长需要碳、氮、磷等多种元素,因此土壤中碳氮磷元素间的循环过程具有不可分割性,互作和协同也是土壤微生物的重要特性之一。研究表明,在农田生态系统中,外源碳的添加(如秸秆、有机肥等)主要通过增加土壤微生物生物量,促进养分转化相关酶的分泌,从而提高土壤养分有效性。另一方面,外源碳的添加还能通过改变与氮磷转化有关微生物的群落结构,刺激具有多重功能性微生物(如 *Nitrospirae*、*Pseudomonas* 和 *Streptomyce* 等)的生长,从而促进土壤氮磷循环转化及其有效性。然而,土壤养分有效性是影响碳循环的重要限制因素,它主要通过改变微生物群落的组成和活性来驱动土壤碳的周转。例如,外源氮的添加对土壤有机质矿化的影响也有显著影响,主要起到调控土壤碳的周转来限制作物的生长。在充足的碳供应下,微生物氮利用率的增加可以满足微生物 C/N 的化学计量比的需求并提高微生物活性,从而加速土壤有机质的矿化。磷素的有效性通过调节微生物的活性和代谢功能,对土壤碳的循环周转具有重要的反馈效应。虽然关于土壤碳磷间的相互作用的研究较少,但在生态系统和全球尺度上有效磷极大地影响着土壤碳库的储存。

5.5　微生物群落与硫元素代谢

硫(sulfur)是维持细胞生长和生态循环的重要非金属元素之一,它的化合价从 -2 到 $+6$,并且硫化合物性质普遍活跃,可发生多种自发反应,因此硫化合物在生物细胞和环境中以多种形态存在。在生物细胞中,主要是有机硫和无机硫两种形式,前者包含氨基酸类(半胱氨酸、甲硫氨酸、高半胱氨酸和胱氨酸等)、生物素(biotin)、含 Fe-S 簇蛋白质和还原性巯基(-SH)、谷胱甘肽(glutathione,GSH)等;无机硫包含硫化氢(hydrogen sulfide,H_2S)、硫烷硫(sulfane sulfur,S^0)、硫代硫酸盐(thiosulfate,$S_2O_3^{2-}$)、连四硫酸盐(tetrathionate,$S_4O_6^{2-}$)、亚硫酸盐(sulfite,SO_3^{2-})和硫酸盐(sulfate,SO_4^{2-})等。硫元素的主要存在形式依赖于环境的改变,由深海热液口喷发出的流体中含有高浓度的硫化物,与周围海水混合后会产生硫代硫酸盐、多聚硫化物和单质硫等含硫物质;而在海洋沉积物中,上层的沉积物中含有高浓度的硫酸盐,有大量的硫酸盐还原微生物(sulfate reduction microorganisms,SRM)在此处氧化有机碳并进行硫酸盐还原反应生成 H_2S,这是海洋沉积物中硫乃至碳生物地球化学循环的主要驱动力之一。

硫元素构成了重要的细胞物质,并且在信号传递、氧化还原平衡、促进基因表达及维持基础代谢活动等方面都发挥着重要作用。硫元素不仅维持生物个体生长,也是连接微生物与动物或植物之间重要新陈代谢途径的桥梁。例如,肠道微生物矿化有机硫产生 H_2S,H_2S本身具有生物毒性,可抑制细胞色素活性而影响生物生长,迫切需要进一步氧化为低毒的硫化合物,但是肠道微生物本身通常不具有 H_2S 氧化酶,需要依赖于其动物宿主将 H_2S 氧化为低毒性盐类,而 H_2S 及其氧化对宿主本身的生长发育等也具有积极的促进作用,因此,肠道微生物与宿主动物之间以 H_2S 的产生及氧化为纽带,建立了重要的生态共生关系。此外,根际微生物与植物根、动植物死亡后释放有机硫的微生物矿化、微生物之间的硫氧化与还原等都存在着类似的以硫代谢为基础的生态关系,这些生态关系的建立有助于硫在生物圈中的循环以及促进碳、氮和硫等重要物质在自然环境中的协同代谢。

硫元素在生物中主要的循环过程可简要分为 4 条代谢途径:硫还原(sulfur reduction)、硫氧化(sulfur oxidation),无机硫化合物的同化(sulfur assimilation)以及有机硫化合物的矿化(organic sulfur mineralization)(图 5 - 5)。

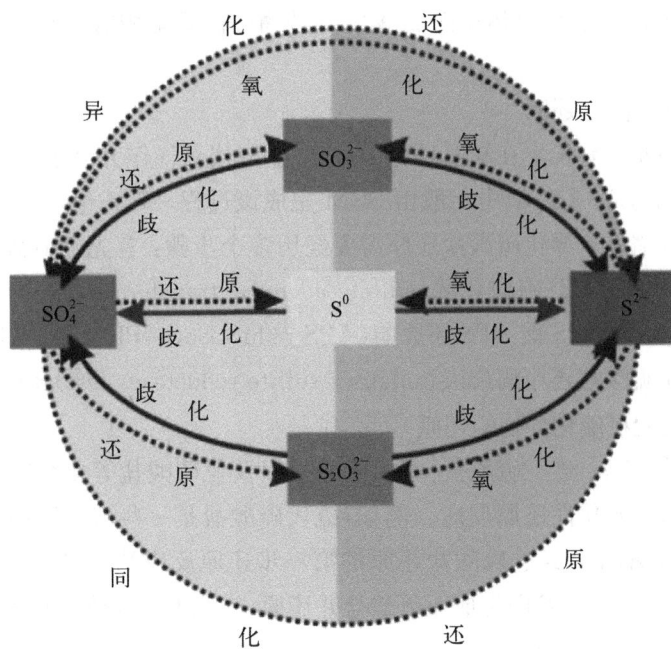

图 5 - 5　硫元素循环

5.5.1　硫酸盐还原

硫酸盐还原可分为异化性硫还原(dissimilatory sulfur reduction, Dsr)和同化性硫还原(assimilatory sulfur reduction, Asr),两种还原方式在产物和途径上具有很高的相似性,都产生 5 -磷酸腺苷(adenosine-5-phosphosulfate, APS)和亚硫酸盐作为中间产物,均产生 H_2S,只是催化的酶不尽相同;另外,异化性硫还原产生的 H_2S 会进一步氧化或者释放到细胞外,而同化性硫还原则整合 H_2S 进入氨基酸合成途径以生成半胱氨酸。

5.5.1.1 硫酸盐转运

微生物和植物通常吸收硫酸盐作为硫源,动物可以摄取硫酸盐但不能用作硫源。微生物中硫酸盐吸收转运体(sulfate uptake transporter, SulT)是负责硫酸盐和硫代硫酸盐吸收的主要转运家族,属于 ATP 接合盒(ABC)蛋白质的超家族(SulP),这与在莱茵衣藻(*chlamydomonas reinhardiit*)的叶绿体中发现的硫酸盐渗透酶相似。拟南芥(*arabidopsis thaliana*)的硫酸盐转运子家族共有 12 个成员,可以分为 4 个亚家族:AtSultr 1-4,分别负责不同组织和胞内的硫酸盐转运。最近,在拟南芥、油菜(*Brassica napus*)中鉴定出第 5 种转运体。该组转运体的成员在底物特异性、定位以及调控方面展现出各不相同的特点,例如,在拟南芥中发现的 AtSultr5;2 与甘蓝型油菜中的 Sultr5;1 就具有这些差异。

哺乳动物没有同化硫酸盐的能力,但硫酸根对于维持动物体内的离子稳态至关重要,因此在动物体内也普遍存在着硫酸盐转运体,其中最主要的是 SulP 家族成员(哺乳动物 SLC26 家族),动物中的硫酸盐转运体特异性通常不高,它们除硫酸盐外还可以转运碳酸氢盐或氯化物等。在哺乳动物肝脏和肾脏线粒体内膜中,还高表达另一种转运蛋白 DIC(dicarboxylate carrier),它可以运输丙二酸盐、苹果酸盐、琥珀酸盐、硫酸盐、亚硫酸盐和硫代硫酸盐等。

5.5.1.2 异化硫酸盐还原

异化硫酸盐还原主要发生在缺氧环境中,硫酸盐取代氧气作为电子受体,是生态环境中硫循环的主要驱动力之一,环境中一般由 SRM 完成该过程,SRM 包含多种细菌和古细菌,横跨多个系统发育谱系。异化硫酸盐还原需要经历多个步骤:首先硫酸盐通过疏水膜被运输到细胞质中,然后被 ATP 硫酸化酶(sulfate adenylyl transferase, Sat)催化并消耗 ATP 形成中间体 APS,接着 APS 被 APS 还原酶(APS reductase, APR)还原成亚硫酸盐,最后亚硫酸盐经由异化亚硫酸盐还原酶(dissimilatory sulfite reductase, Dsr)还原为 H_2S。

5.5.1.3 其他无机硫化合物的还原

除硫酸盐以外,硫烷、连三硫酸盐、硫代硫酸盐以及亚硫酸盐等化合物也可以作为呼吸链的电子受体而参与异化性还原反应。例如,硫代硫酸盐是一些硫还原细菌的首选电子受体,因为硫代硫酸盐不需要经过硫酸盐还原的第一步还原反应消耗 ATP,它可以直接由硫转移酶(sulfur transferase, ST)生成亚硫酸盐并还原,或经由硫代硫酸盐还原酶(thiosulfate reductase)直接催化还原为 H_2S。

5.5.2 硫氧化

微生物、动物和植物均具有一定的硫氧化(sulfur oxidation)能力。从 H_2S 出发,硫氧化过程中依次产生如 S^0、SO_3^{2-}、$S_2O_3^{2-}$ 等中间产物,终产物一般为 SO_4^{2-},氧化产物与生物及其环境条件如氧含量等有着重要关系。目前已知的硫氧化酶主要有硫醌氧化还原酶系统(SQR/PDO/ST)、黄素细胞色素 c 脱氢酶(FCSD)、逆向异化亚硫酸盐还原酶系统(reverse Dsr, rDsr)、亚硫酸盐氧化酶(sulfite oxidase, SOE)及 Sox 多酶氧化系统等。

5.5.2.1　H₂S 的氧化

H_2S 主要是通过硫醌氧化还原酶(sulfide：quinone oxidoreductase，SQR)和黄素细胞色素硫化物脱氢酶(flavocytochrome c sulfide dehydrogenase，FCSD)进行氧化,这两个酶催化 H_2S 的产物都是 S^0,但是催化机制不同。SQR 广泛分布在动物、植物和微生物中,具有多种类型。纯化后的 SQR 是一种与 FAD(黄素腺嘌呤二核苷酸)辅基接合的单体蛋白质,它定位于细胞膜上并与膜紧密接合,而 FCSD 是由 *fccA* 和 *fccB* 基因编码的两个 c 型细胞色素亚基紧密接合形成的异源黄素蛋白二聚体,一般为存在于微生物周质空间(periplasm)的可溶性蛋白,但在某些细菌如无色硫杆菌 *Thiobacillus* sp. W5 中被鉴定为膜接合蛋白,其细胞定位可能与可利用的底物和催化机制相关。SQR 依赖其辅基 FAD 将 H_2S 氧化为 S^0,产生的电子通过细胞膜上的辅酶 Q 或甲基萘醌进入呼吸链,生成的 S^0 在合适受体(如 GSH)时会与 GSH 通过自发反应生成谷胱甘肽过硫化物(glutathione persulfide，GSSH),GSSH 进而被过硫化物双加氧酶(persulfide dioxygenase，PDO)氧化为亚硫酸盐。S^0 在没有合适的受体时会暂时接合在 SQR 的保守半胱氨酸上,随着 H_2S 的多轮氧化反应,SQR 上接合的 S^0 会以 S_8 的形式脱落下来并在胞内积累。FCSD 与 SQR 的电子受体不同,它利用细胞色素 c 作为电子受体氧化 H_2S 到 S^0。FCSD 系统被认为是在低 H_2S 浓度区域可能有作用,因此,一般情况下认为 SQR 是主要的硫氧化系统,这种情况尤其是在高 H_2S 浓度区域更明显。通过基因敲除及生理实验等,证实了在异养细菌含铜菌属的 *Cupriavidus pinatubonensis* 菌株中共存的 SQR 和 FCSD,在氧化硫化物的过程中,SQR 起到了主要的氧化作用。

正常人体或哺乳动物内产生的 H_2S 都是通过 SQR 氧化并在 PDO 酶的进一步催化下产生硫代硫酸盐和硫酸盐,并排出体外。有少量的 H_2S 会进入循环系统,H_2S 在血浆(plasma)中的浓度大约只有 150 nmol/L。H_2S 在血浆中会通过 RBCs(red blood cells)进行以金属蛋白(主要是占血浆总蛋白约 1%～3% 的高铁血红蛋白 methemoglobin)为主的氧化而去除,并产生硫代硫酸盐和多硫化物(hydropolysulfides，R-S-Sn-S-),这是 H_2S 在动物中新的氧化方式。

Sox 系统(sulfur oxidation system)是由多个酶组成的硫氧化系统,首先在 α-变形菌副球菌 *Paracoccus versutus* 和 *P. pantotrophus* 中被发现,"核心"的 Sox 系统主要由 7 个基因编码的 4 个酶组成,分别是 SoxYZ、SoxXA、SoxB 和 SoxCD。Sox 系统的主要功能是氧化硫代硫酸盐,但有文献报道,把 Sox 系统的各个酶体外纯化并组合在一起,该系统可以氧化 H_2S 为硫酸盐,但缺少在生物细胞内的证据。

自然界中,由于异化性硫酸盐还原可以产生大量的 H_2S,H_2S 是重要的环境污染物,而硫氧化途径可以重新将 H_2S 或其他气态硫化物氧化为可溶性的硫酸盐,这样既减少环境污染,又将硫元素保留在原环境中,从而减少了流失。

在许多酸性环境如矿山中,由嗜酸微生物参与的生物浸出过程(bioleaching),在回收有用金属的同时氧化硫化物,促进了硫生物化学循环。以嗜酸氧化亚铁硫杆菌(*Acidithiobacillus ferrooxidans*)等自养型微生物为代表的浸矿微生物广泛分布在变形菌门、厚壁菌门、放线菌门以及古细菌中。在浸出过程中,金属离子价态转变往往与质子(H)的产生与流转、硫化物的氧化和还原等过程紧密耦合。硫化物在氧化过程中,可能产生硫代硫酸盐或多硫化物作为中间产物,最终氧化为硫酸盐,生物浸出伴随的硫化物氧化是自然界中硫氧化的典型代表。

5.5.2.2　硫代硫酸盐的氧化

硫代硫酸盐的氧化主要由 Sox 系统完成。其中,SoxYZ 是底物接合蛋白,负责通过其巯基-SH 特异性接合硫代硫酸盐。在 SoxXA 的辅助下,硫代硫酸盐与 SoxYZ 接合,生成 SoxYZ-S-S-SO$_3^{2-}$ 这一中间产物。随后,该中间产物再经水解酶 SoxB 的催化作用下,释放出硫酸盐,并产生 SoxYZ-S-S$^-$ 作为后续反应的中间体;在不同种类的细菌中,进一步氧化 SoxYZ-S-S$^-$ 所产生的中间产物依赖于酶的种类。在存在血钼蛋白 SoxCD 的细菌中如 A. vinosum,SoxYZ-S-S$^-$ 会继续在 SoxCD 的催化下生成 SoxYZ-S-SO$_3^{2-}$,此时该产物会经 SoxB 水解并释放第二个硫酸盐分子,不会生成硫球;而在不存在 SoxCD 时,SoxY 接合的硫(SoxYZ-S-S$^-$)会通过未知途径以硫球的形式储存于周质空间。不光在自养细菌中,在异养细菌如 C. pinatubonensis JMP134 等基因组中,也具有能够氧化硫代硫酸盐的 Sox 系统,说明该系统是一种广泛存在的硫氧化系统,但它在异养细菌中的生理功能尚不明确。

最近有研究报道了在南海的深海冷泉细菌 Erythrobacter flavus 中发现一种硫代硫酸盐代谢的新途径,证明了部分 Sox 系统的酶可以联合其他酶共同完成其氧化过程,两个硫代硫酸盐分子在硫代硫酸盐脱氢酶(thiosulfate dehydrogenase A,TsdA)的催化下生成连四硫酸盐,SoxB 将连四硫酸盐进行水解释放出硫酸盐,而剩余的硫烷或附着在膜接合的硫醇基团上,或逐步生成多硫化物形成稳定的 S$_8$,S$_8$ 最终会被 SdoA 和 SdoB(两种 PDO)氧化为硫酸盐。

动物线粒体中,H$_2$S 氧化产生的硫代硫酸盐会作为硫烷的供体被 ST 转移到 GSH,生成过硫化物(GSS$^-$),GSS$^-$ 被 ETHE1(PDO)氧化为亚硫酸盐,进而被亚硫酸盐氧化酶(SOE)氧化为硫酸盐,这一过程普遍存在于多种动物中。

5.5.2.3　亚硫酸盐的氧化

亚硫酸盐可在异化硫酸盐还原过程中或硫氧化过程中产生,由于具有亲核性(nucleophilicity)和强还原能力(SO$_3^{2-}$/SO$_4^{2-}$ 的 E0′值为 -515 mV)而对生物具有一定的毒性,因此它在细胞中生成以后需要迅速氧化,氧化主要由亚硫酸盐氧化酶进行的直接氧化和异化亚硫酸盐还原作用的逆反应来完成。

几乎所有的亚硫酸盐氧化酶(SOE)都是以"钼"为辅因子的酶(molybdoenzymes),通常被称为"Mo-Co"蛋白。SOE 在几乎所有的生物类群中都存在,一般位于周质空间或细胞质中。SOE 有两种主要形式:① SO,sulfite oxidase(EC 1.8.3.1),用 O$_2$ 作为电子受体,催化 sulfite＋H$_2$O→sulfate＋2H$^+$＋2e$^-$ 的反应;② SDH,sulfite dehydrogenases(EC 1.8.2.1),则用其他的电子受体例如细胞色素 c 代替 O$_2$,生成硫酸盐和还原性的细胞色素 c。目前在细菌中分离到的 SOE 有 SorAB、SoxCD 和 YedYZ 等。

5.5.3　硫同化

硫同化作用(sulfur assimilation)是指无机硫化合物,如硫酸盐、亚硫酸盐、硫代硫酸盐及硫烷等,在酶和 ATP 的参与下,转化为含硫有机化合物的过程,这些有机化合物随后被用作细胞合成所需的硫源。当植物或动物腐败后,细胞内的有机硫,如半胱氨酸,可以被微生物通过硫矿化作用还原为 H_2S。进一步地,微生物尤其是根际微生物,能够氧化 H_2S 产生硫酸盐,并将其释放到环境中,但动物并不能直接利用环境中的无机硫,如土壤中的硫酸根离子和空气中的二氧化硫气体等。它们必须依靠植物或微生物中的硫同化途径。将这些无机硫固定成含硫氨基酸,如半胱氨酸(Cys),或经转换生成其他必需氨基酸,如甲硫氨酸(Met)等,才能加以利用。因此,硫同化作用是连接动物、植物以及微生物之间代谢的重要桥梁。

在几乎所有的生物体中,硫酸盐同化都经历几个连续的反应:① 硫酸盐被 ATP 激活形成 APS;② APS 被 ATP 分子磷酸化产生高能硫酸盐供体 3′-磷酸腺苷-5′-磷酸硫酸盐(3′-phosphoadenosine-5′-phosphosulfate, PAPS);③ PAPS 由还原酶催化生成亚硫酸盐;④ 亚硫酸盐还原为 H_2S;⑤ H_2S 整合进入丝氨酸生成半胱氨酸。

5.5.4　有机硫矿化

有机硫矿化(organic sulfur mineralization)主要是指在有机物的代谢过程中,有机物上含有的巯基、二硫化合物等在微生物或硫酸酯酶的作用下生成 H_2S 或其他无机含硫化合物的过程。土壤中的有机硫占总硫的 90% 以上,有机硫主要是硫酸酯和磺酸盐。土壤中发生的有机硫矿化主要分为两种类型:生物化学矿化(biochemical mineralization)和生物学矿化(biological mineralization)。前者指由土壤微生物和植物根系分泌的硫酸酯酶(sulfatase)水解硫酯键(R-S)而生成硫酸盐;后者指由有机碳提供能量,依赖于生物代谢活性将碳硫键(C-S)矿化,此时释放的无机硫只是作为碳氧化的副产物。

微生物中存在多条有机硫矿化途径:① 大肠杆菌含有 6 个半胱氨酸脱硫酶(L-cysteine desulfhydrase, CD)可以催化半胱氨酸解构为丙酮酸、氨以及 H_2S;② 由胱硫醚-β-合成酶(cystathionine beta-synthase, CBS)或胱硫醚-γ-裂解酶(cystathionine gamma-lyase, CSE)催化同型半胱氨酸等产生 H_2S;③ CAT/MST 系统,由半胱氨酸氨基转移酶(L-cysteine aminotransferase, CAT)转化半胱氨酸到 3-巯基丙酮酸,之后由硫转移酶 MST 吸收 3-巯基丙酸酸的硫而生成硫烷(MST-SSH),过量的硫烷与 GSH 会自发反应生成 H_2S。

微生物是硫生物地球化学循环的主要驱动力。微生物与动物、微生物与植物之间以硫代谢作为基础存在着重要的协同作用和共生关系,这些关系是硫生态循环中重要组成部分。

5.6　微生物群落与氯代有机物的代谢 ·············

氯代烃是常用的化工原料,在工业清洗等领域发挥着重大作用,并在其他多个领域被广泛应用。伴随过去几十年的工业化进程,目前我国地下水中氯代烃污染形势堪忧。沿海经济发达地区地下水受到不同程度的污染,局部地区污染程度较深。很多受氯代烯烃污染的场所,由于专性脱氯微生物种群稀少或活性低,经常观察到高氯代烯烃(PCE 和 TCE)和不完全脱氯产物二氯乙烯(DCE)和氯乙烯(VC)的长期存在,形成持久性和危害性很强的污染源,严重危害人体健康和生态环境。三氯乙烯(TCE)和氯乙烯(VC)由于具有 DNA 破坏性和致癌风险,已被国际癌症研究机构(IARC)列为Ⅰ类人类致癌物,四氯乙烯(PCE)也被划分为 2A 级致癌物。美国、欧盟,以及我国都将其列为环境优先有害有机污染物。因此,污染场地地下水氯代烯烃的污染防控刻不容缓。挖掘合适的氯代烯烃生物降解资源,开发高效的污染修复方法具有重要环保意义,也是环境修复领域的热点。

5.6.1 氯代烯烃生物降解途径与脱氯降解菌

自然条件下,已知的氯代烯烃类物质生物代谢途径多样,根据环境氧气含量可分为厌氧条件下的还原性脱氯、厌氧氧化和好氧情况下的好氧共代谢与好氧直接氧化(异养同化)(图 5-6)。几种代谢途径的效率与底物的氯原子数有着紧密的关系,随着氯取代基数量的增多,氯代烯烃通过还原性亲核反应脱去氯原子的趋势也随之提高,相反,低氯代的氯代烯烃通过氧化途径降解的反应活性更高。两种反应机制有着本质的区别,在还原性脱氯过程中,氯代烃作为电子受体,其氯原子被取代而碳骨架不被改变,而氧化性途径则主要通过单加氧酶或双加氧酶破坏化合物碳骨架,然后再进行氯原子的去除。共代谢和直接氧化同样存在机制上的差异,与共代谢相比,异养同化具备不需要外源添加代谢基质、无毒性中间产物等优点,在该过程中氯代烃作为电子供体直接被矿化,降解终产物为 CO_2。

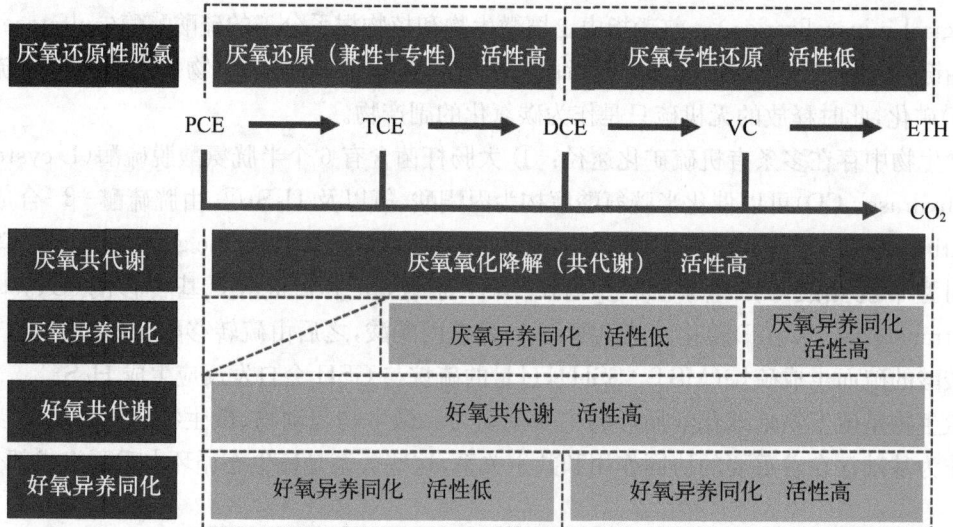

图 5-6 氯代烯烃的脱氯降解途径

不同降解途径的功能菌存在着明显的区别。还原性脱氯菌(organohalide-respiring bacteria,OHRBs)包括 *Dehalobacter*、*Dehalococcoides*、*Desulfitobacterium*、*Geobacter* 等,但大部分兼性 OHRB 仅具备降解高氯代化合物(三氯乙烯、四氯乙烯,以及三氯苯和六氯苯等)的功能,只有少部分仅以分子氢为电子受体进行细胞生长的专性脱氯菌 OHRB(主要来自 *Dehalococcoides*、*Dehalogenimonas*)可以对低氯代烯烃脱氯,它们能够将 cis-1,2-DCE 和 VC 脱氯为乙烯。但专性脱氯菌要求的生长条件苛刻,对电子供体(分子氢)、碳源

(乙酸盐)和辅因子(钴胺素)的要求无法仅凭自身的合成代谢得到满足,因此生长缓慢,其种群的维持较为困难。

具备氧化活性的共代谢和直接氧化降解氯代烃功能的微生物种类较多且基于底物的区别而机制各异。目前报道甲烷氧化菌和 *Pseudomonas*、*Acinetobacter* 等属的微生物具备好氧共代谢的潜力。瑞傲(Ryoo)等报道了一株具备 PCE 等高氯代化合物降解功能的 *Pseudomonas stutzeri* OX1,其通过甲苯/邻二甲苯单加氧酶催化从四氯乙烯到氯乙烯的各种氯代程度不同的乙烯的生物降解。

已报道的好氧异养同化微生物有 *Hyphomicrobium*、*Pseudomonas*、*Mycobacterium*、*Methylobacterium*、*Ralstonia* 和 *Enterobacter* 等。这些微生物与具备完整功能的还原性降解菌相比,代谢更加灵活,生长条件对底物要求更加宽松。目前已有多个 *Pseudomonas* 属的菌株被报道具备直接氧化低氯代烯烃的功能,如在以 VC 为唯一碳源的富集培养体系内,可在好氧条件下被 *Pseudomonas aeruginosa* strain MF1 和 *Pseudomonas putida* strain AJ 直接氧化降解。然而随着氯代烯烃的氯原子取代数的增加,氧化性降解的反应活性急剧下降,高氯代烯烃异养同化菌株的报道较少,可在好氧条件下进行 TCE 的异养同化降解的菌株有:*Stenotrophomonas maltophilia* PM102、*Pseudomonas putida* W619-TCE 和 *Enterobacter* sp. PDN3。PCE 的好氧异养同化降解直至 2019 年才第一次被报道,由 *Sphingopyxis ummariensis* VR13 实现。

对于厌氧氧化降解氯代烯烃的研究相对较少,沃格尔(Vogel)和麦卡蒂(McCarty)通过对采用放射性同位素标记的[1,2-^{14}C]PCE 和乙酸盐为底物的连续流动、固定膜、混合产甲烷生物反应器的过程监测,首次报道了氯乙烯污染物厌氧氧化的可能性,在该反应器中,PCE 依次还原为 TCE、cis-DCE 和 VC,并将 VC 氧化为 CO_2。后续的研究还发现在 Fe(Ⅲ)还原、腐殖酸还原、Mn(Ⅳ)还原、硫酸盐还原和产甲烷条件的微宇宙实验中,微生物可以在厌氧环境中将 ^{14}C 标记的 VC 或 cis-DCE 转化为 $^{14}CO_2$。这表明氯代烃的厌氧氧化也是潜在的氯代烃降解途径之一。然而,针对这条途径的研究并不充分,针对厌氧氧化进行氯代烯烃的脱氯降解的菌株的报道匮乏。因此,当前对氯代烃降解的研究主要聚焦于好氧共代谢、好氧氧化与厌氧还原性脱氯三条途径,厌氧条件下的氧化降解机制还远未得到应有的重视。综上所述,在好氧条件下,氯代烃的微生物氧化降解是十分普遍的,然而尽管多项研究观察到了在厌氧条件下氯代烃转化为 CO_2 的氧化性降解现象,但是在厌氧条件下的氧化降解,特别是厌氧异养同化的研究还偏少,降解机制并未得到阐明,尚缺少可利用的氯代烯烃厌氧氧化微生物菌株资源。

5.6.2　氯代烯烃污染场地的生物修复策略

由于氯代烯烃的特殊性质,其污染往往位于还原性的环境中,所以自然界中氯代烯烃的生物代谢主要发生于厌氧条件下,因此氯代烯烃的相关研究常聚焦于厌氧条件下的还原性脱氯,这种代谢通路也被认为是原位微生物修复的首选。目前已有多种还原性脱氯混合菌剂得到商业化和原位的应用,然而,还原性脱氯作用受到种种因素的抑制,如电子供体供应量不足、电子供体的竞争激烈、功能酶对氧气极度敏感、钴胺素等辅因子的供给不足。因此在氯代烯烃污染的地下水系统中,能量代谢较为灵活的兼性还原性脱氯菌在厌氧条件下可将高氯代烯烃还原至 DCE 或 VC,而由于针对低氯代烯烃脱氯的专性还原性脱氯菌的缺失或生长受限,造成代谢中间产物 DCE 和 VC 的积累。因此,此修复方法的效率因依赖于专性厌氧脱氯菌的生长而受限。

氯代烯烃的氧化性降解方法凭借着其不产生毒性中间产物(DCE 与 VC)的积累、降解速率高、降解菌生长条件宽松等优势得到人们的广泛关注。目前,在小尺寸的纯培养和生物反应器体系内均实现了氯代烃的氧化性降解。现有的氯代烃氧化降解菌的报道大多是好氧条件下的氧化,这些菌在地下深层缺氧环境修复中的应用受到较大的限制。另外,好氧氧化性共代谢生物修复的共代谢底物大多本身就是环境污染物(苯、甲苯、苯酚等),有给环境引入额外污染的风险,这进一步加大了氧化共代谢修复的应用难度。

通过比较氯代烯烃不同降解途径的优势和瓶颈,德国蒂姆(Tiehm)等提出了一个两段式修复策略,先通过还原性脱氯将高氯代烯烃(PCE 与 TCE)转化为低氯代烯烃,再通过对环境的调控,将降解途径转变为好氧条件下的氧化性脱氯,以实现对氯代烯烃的完全分解。基于这个思路,过去 10 年内,分段生物修复的技术得以开发,但是该策略涉及地下环境的厌氧条件向好氧条件的转换问题,原位的应用较为复杂,可行性依然较低。

厌氧氧化性代谢可克服好氧氧化性脱氯菌的缺点,无外源氧气需求,并且与厌氧还原脱氯相比,厌氧氧化性代谢具备无毒性中间产物积累、功能微生物生长条件宽松、降解速度快等优点,是具备原位应用较大潜力的环境修复策略。鉴于此,如果能充分利用兼性还原脱氯菌和厌氧氧化降解菌的功能特点,在地下污染位点的厌氧条件下,以厌氧还原为主进行高氯代烯烃脱氯,耦合厌氧异养同化菌降解低氯代烯烃。两种代谢共存于污染位点,不同氯取代程度的氯代烯烃均分别通过高活性的代谢方式高效去除。这一策略将有望降低现场修复实施的难度且可有效提高修复的效率。

厌氧氧化性降解菌的微生物资源未得到充分挖掘,目前已经分离的仅有少量厌氧共代谢降解菌株,且这些菌株都不能对高氯代烯烃进行脱氯,针对氯代烯烃厌氧异养同化降解菌株迄今还未有报道。为此,挖掘厌氧氧化脱氯降解(特别是异养同化降解)氯代烯烃的功能微生物资源,并利用宏基因组和转录组测序等多组学技术,接合突变分析,以明晰污染场地厌氧氧化性脱氯功能基因多样性信息,解析不同种属微生物对氯代烯烃的厌氧代谢机制及功能微生物的调控机制,不仅对阐明厌氧氧化性降解的机制具有重要科学价值,而且有助于解决目前氧化性生物修复技术难度大且对高氯代烯烃效率低下、厌氧还原性降解对低氯代烯烃脱氯困难的瓶颈,有助于开发新型氯代烃厌氧降解技术。

参考文献

[1] JIAO N, LUO T, CHEN Q, et al. The Microbial Carbon Pump and Climate Change[J]. Nature Reviews Microbiology, 2024(22): 408 - 419.

[2] KITS K D, SEDLACEK C J, LEBEDEVA E V, et al. Kinetic Analysis of a Complete Nitrifier Reveals an Oligotrophic Lifestyle[J]. Nature, 2017, 549 (7671): 269 - 272.

[3] DAIMS H, LEBEDEVA E V, PJEVAC P, et al. Complete Nitrification by Nitrospira Bacteria[J].

Nature, 2015, 528 (7583)：504 - 509.

［4］ VAN KESSEL M A, SPETH D R, ALBERTSEN M, et al. Complete Nitrification by a Single Microorganism[J]. Nature, 2015, 528 (7583)：555 - 559.

［5］ KOOPS H, PURKHOLD U, POMMERENING-RÖSER A, et al. The Lithoautotrophic Ammonia-oxidizing Bacteria[M]. New York：Springer, 2015(5)：778 - 811.

［6］ KUYPERS M M, MARCHANT H K, KARTAL B. The Microbial Nitrogen-cycling Network [J]. Nature Reviews Microbiology, 2018, 16 (5)：263 - 276.

［7］ 刘洋荧,王尚,厉舒祯,等.基于功能基因的微生物碳循环分子生态学研究进展[J].微生物学通报, 2017,44(7)：1676 - 1689.

［8］ 朱雪峰,孔维栋,黄懿梅,肖可青,等.土壤微生物碳泵概念体系 2.0[J].应用生态学报,2024,35(1)： 102 - 110.

第6章　水平基因转移与菌群功能

6.1　微生物的水平基因转移

6.1.1　水平基因转移的定义

自然和人工环境的生物间存在基因流(gene flow)。基因流是指遗传物质在不同群体间的流动。基因流可能发生在同一物种的不同群体间,也可能发生在不同物种间。生物间的基因流动影响生物物种适应当地环境条件的可能性和速度。自然界中不同物种和种群的微生物经历了不同程度的基因扩散限制。例如,有一些物种具有广泛的基因流动的实验证据,但也有很多其他物种的基因流动却非常有限。理论上,高的基因流动增加了进化表型可塑性的概率,导致较少的局部适应。相反,基因流低的种群最终会变得局部适应。一旦外来个体迁移到当地栖息地,重组可以将外来基因引入当地的遗传背景,这有时会破坏当地基因组中适应当地的基因组合,从而改变它们的局部适应能力。原核生物通常通过横向基因转移进行重组,这可以将局部适应特征引入原核细胞。研究发现,微生物重组与同一生态位内的生物共生有关,不同的生物细胞间的共生关系导致的细胞的接触促进了基因的交流与重组。

微生物生活在波动的环境中。在微观尺度上,它们的栖息地是各不相同的,在物理、化学和生物条件方面的差异很大。细菌能够对选择性压力做出反应,并通过获得新的遗传特征来适应新的环境,这可以是突变造成的细菌内基因功能的改变,也可以是水平基因转移从其他细菌获得新基因的过程。突变发生得相对较慢,尽管当细菌种群处于压力下时,它们可以大大提高突变率,但自然界中每一代细菌每核苷酸的突变率在 10^{-6} 至 10^{-9} 的范围内。突变在种群水平上创造了遗传多样性,但同时大多数突变对细菌是有害的。另一方面,微生物往往也具有从其他微生物中导入遗传物质的能力。它们通过水平基因转移机制,从另一种微生物那里获得 DNA 序列,这一特性使它们能够更快地对环境变化做出反应并适应新的环境。

水平基因转移(horizontal gene transfer,HGT),与垂直基因传递(vertical gene transfer,VGT)相区别,是指在不同生物个体之间,或单个细胞的叶绿体、线粒体等细胞器之间,以及细胞器与细胞核之间进行的 DNA 片段的交流,这一过程又称为横向基因转移或侧向基因转移(lateral gene transfer,LGT)。这些不同生物个体可以属于同一物种,或是含有不同遗传物质的生物个体,也可以是关系较远的,甚至没有亲缘关系的生物个体。相较于经典的垂直基因遗传,水平基因转移打破了亲缘关系的界限,使得基因能够在任意可能的不同物种之间进行交换,这一特性也使得基因流向变得更为复杂多变。作为细菌进化的一部分,细菌和古细菌适应新环境的能力更多的是通过水平基因转移获得新基因,而不是通过突变改变基因功能。研究表明,多达30%的大肠杆菌基因组源自水平基因转移。然而,值得注意的是,如果这些转移的基因并没有为获得它们的细菌提供选择性优势,它们通常会被基因组删除而丢失。因此,细菌基因组的大小可以随着时间的推移保持相对的稳定。水平基因转移能帮助受体生物绕过通过点突变和重组创造新基因的缓慢过程,从而加速基因组的进化。

基因转移的最早例证来自1928年英国细菌学家格里菲斯(Griffith)所做的细菌转化实验。将非致死性肺炎链球菌(*Streptococcus pneumoniae*)与加热杀死的致死性肺炎链球菌(*Streptococcus pneumoniae*)一起注射到小鼠体中时,非致死性的肺炎链球菌成为致死性的。由此人们第一次了解到细菌细胞间可以进行遗传物质的交换。

6.1.2 原核生物的水平基因转移

原核生物个体微小、容易扩散、对环境的适应性强。由于大多数点突变对个体无益或有害,而且原核生物缺乏有性生殖所产生的可遗传变异,通过水平基因转移获得新的遗传物质也就显得尤其重要。除了专性的内共生细菌外,大多数细菌通过从环境中的其他物种获得基因而快速适应新的环境,而这一过程也常伴随着其他基因的丢失。不同细菌个体依照所处环境的不同,可以从多样的全球性基因库选取所需的基因,而不是维持固定的基因组。属于同一物种的细菌个体由于环境不同,其所含或所获得的基因也不同,这也成为微生物物种分化的重要动力。

20世纪60年代,在链球菌(*Streptococcus*)、嗜血杆菌(*Haemophilus*)、奈瑟菌(*Neisseria*)、芽孢杆菌(*Bacillus*,*Synechococcus*)、蓝细菌(*Cyanobacteria*)和根瘤菌(*Rhizobium*)等微生物中均发现了噬菌体介导的水平基因转移现象。随着基因组测序和分析工作的不断开展,研究者逐渐认识到水平基因转移是原核生物进化的最重要的动力,影响到原核生物的各个方面,例如,细菌中存在大量的致病岛(pathogenicity islands)、耐药性岛(resistance islands)以及其他的基因岛(genomic islands)。这些基因岛形成相对独特和完整的功能单位,主要来源于质粒、噬菌体、接合转座子等和基因转移密切相关的元素,并进一步通过水平基因转移扩散到其他物种。细菌中大量与代谢途径相关的操纵子(operons)常被认为是由水平基因转移驱动形成。21世纪初兴起的泛基因组(pan-genome)概念在很大程度上也是建立在水平基因转移的基础上。泛基因组包括核心基因组(core genome,即所有个体共享的基因)和非核心基因组(dispensable genome,即只在部分个体出现的基因)。非核心基因组包括了大量通过基因转移获得的基因,如人们通常关心的耐药性基因和致病基因。由于基因获得和丢失的大量存在,非核心基因组往往远大于核心基因组。例如,研究者通过对60个测序的大肠杆菌进行分析后发现,核心基因组只占种内基因总数的6%左右,而同一个体内,大约80%的基因都是非必需的。有研究对分布在181个原核生物基因组中的近54万个基因的分析,发现平均每个基因组中都有至少(81 ± 15)%的基因在其进化历程中的某段时间与水平基因转移相关联。对来自原核生物8个不同进化枝的110个基因组的分析显示,88%~98%的蛋白家族扩增与水平基因转移有关,并且与另一促进蛋白进化的重要机制——基因重复相比,通过水平基因转移获得的基因能更长久地存在于原核生物中。这些结果表明,微生物的水平基因转移极为频繁。实际上,几乎所有的原核生物基因在其进化历史中都或多或少受到水平基因转移的影响,因此,原核生物的基因组由来源不同、进化历史各异的基因所组成。原核生物中广泛的水平基因转移不仅可以模糊其载体物种的系统进化位置,也促进了新的大类群起源。

人们以前曾普遍认为 16S rRNA 基因不存在水平转移现象,然而一些研究发现,在许多细菌中 16S rRNA 基因都出现了水平转移。在对 *Pseudomonas* 属的序列的比较研究中发现,有些种的 V1 区和 V3 区高达 48.3% 的 16S rRNA 基因序列可能是从另一个距离较远的种通过水平基因转移获得的。崔(Choi)等在对 Pfam 数据库蛋白结构域分析时发现,已有的微生物可能发生过整个蛋白家族的水平基因转移的占 1.1%～9.7%,但其中多于一个蛋白结构域基因发生水平转移的古细菌占一半以上,而细菌占 30%～50%,真核生物不到 10%,这说明原核微生物发生水平基因转移的频率远远大于高等生物。

李文均等利用宏基因组技术,从中国云南陆生热泉生境中发现并拼接出未培养微生物类群 *Aigarchaeota* 门类微生物 6 个完整的基因组,对其代谢特征和起源进化进行了深入研究,发现 *Aigarchaeota* 更容易从系统发育距离较近的 *Euryarchaeota* 和 *Crenarchaeota* 获得基因。此外,细菌对其遗传多样性也有着不可或缺的贡献,*Aigarchaeota* 中的硫酸盐还原功能、CO 的氧化以及 CO_2 的固定等功能均从细菌处经 HGT 所获得,这大大促进了同区域内 *Aigarchaeota* 的功能划分以及生态位分化,从而使得其更好地适应并生存于寡营养的热泉生境。

质粒可以介导跨细菌群体的抗生素耐药性、毒力基因和其他适应性因子的水平基因转移。一项对超过 10 000 个参考质粒的基因组的分析,展示了原核质粒的全局图谱。图谱中的质粒组织成离散的簇,称之为质粒分类单元(plasmid taxonomic units,PTU),PTU 成员之间具有较高的平均核苷酸同源性。发现其中肠杆菌属确定了 83 个 PTU,细菌界共有 276 个 PTU。在研究的 6 个属中,一半以上的 PTU 具有移动功能(mobilization functions,MOB),根据每个 PTU 的特征性的宿主分布,从限制于单一宿主物种的质粒(Ⅰ级)到能够定植不同门物种的质粒(Ⅵ级)分为 6 级。结果显示,全球图谱中超过 60% 的质粒的宿主范围超出了物种界限的群体中。

6.1.3 真核生物的水平基因转移

相对于原核生物,水平基因转移研究在真核生物中起步较晚,其发生频率和进化作用仍存在巨大争议。这些争议,在一定程度上,与真核生物本身的特性有关。首先,真核生物绝大多数存在有性生殖方式,在这个过程中,减数分裂伴随着同源重组产生的变异,通常被认为在很大程度上取代了水平基因转移的重要性。然而,水平基因转移在真核生物中缺乏明确且被广泛接受的发生机制。此外,多细胞真核生物中生殖细胞和体细胞的分化也常被认为是水平基因转移的障碍。这是因为外源基因必须通过生殖细胞才能被遗传到下一代,并在种群中固定下来。此外,由于线粒体和叶绿体的存在,真核生物中的水平转移基因更加难以鉴定。线粒体和叶绿体分别由早期真核生物细胞内的蛋白菌和蓝细菌共生体演化而来,其很大一部分基因转移到了细胞核内。由于真核生物中所鉴定的水平转移基因多起源于细菌,其很难与线粒体和叶绿体来源的基因区分开来。

HGT 在多细胞真核生物中以各种方式发生。例如,在植物中,HGT 可以通过自然过程发挥作用,例如通过宿主-寄生虫的互作,寄生虫作为一种载体在两种不同的植物之间转移线粒体基因。附生植物和寄生虫在植物之间传递 DNA 时会引起基因变化。

通过转座子进行水平基因转移在共享遗传物质的动植物中是普遍常见的。转座子在水稻和小米植物物种之间的传播,是转座子介导的遗传物质交换的最典型的例子之一。其他在真核生物中新出现的具有临床意义的 HGT 介质还包括外泌体、凋亡小体和 cfDNA 等。

6.1.3.1　单细胞真核生物的水平基因转移

真核生物水平基因转移研究的早期阶段,研究对象集中在单细胞真核生物。例如,双滴虫类(*Diplomonads*)、顶复虫类(*Apicomplexans*)和水藻(*Bigelowiella nutans*)等。水平基因转移在单细胞真核生物中数据更多,争议相对较小。但从目前证据来看,水平基因转移在真核生物各大类群包括动物、植物及真菌中都有大量报道,可能对受体物种的适应和进化产生了重要影响。

单细胞真核生物由于没有单独的生殖细胞系,转移的基因不需要另外嵌入生殖细胞也能够遗传下去,因而,水平基因转移可能对其进化有更大的影响。侵染人和其他动物的一种单细胞寄生虫——小隐孢子虫(*Cryptosporidium parvum*)通过成功地整合并表达大量水平转移而来的基因,改变了与自身寄生性相关的代谢系统;厌氧寄生虫旋核鞭毛虫属(*Spironucleus*)和贾第虫属(*Giardia*)的共同祖先很可能是好氧的,而通过水平转移从原核生物处获取的基因在一定程度上帮助这个类群逐渐适应了缺氧环境。

厌氧真核微生物 *Monocercomonoides* sp.的基因组测序发现,这种单细胞微生物缺乏线粒体蛋白及其编码基因,取而代之,以从其他细菌水平转移来的线粒体铁硫簇系统的基因,通过胞质硫动员系统为细胞提供 Fe-S 簇。

早期真核生物是以单细胞形式存在的,在这一阶段,单细胞真核生物发生的基因转移对整个真核生物类群的进化产生了深远的影响。现存真核生物的基因组具有明显的镶嵌性(即含有来自不同生物谱系的基因成分),对于这种现象,较被认可的解释是,两种可能是共生关系的生物(一种古细菌和一种变形菌)通过未知机制融合后演化成了真核生物的最近共同祖先(last eukaryotic common ancestor,LECA),之后再经历一系列的吞噬,将其他生物的基因整合到其基因组中,才形成了现在具镶嵌性基因组的真核生物。而在一系列的吞噬过程中,被真核细胞吞噬的一种细菌(很可能是 α-变形菌)和蓝藻,分别形成线粒体和叶绿体,这是内共生起源学说的核心观点,尽管该学说存在一定的争议,但它依然得到了学者们广泛的认可。

随后的一系列研究表明,细胞器的基因组非常小,只能编码行使自身功能所需蛋白的一小部分,大部分细胞器蛋白是由其核基因编码的,因而推测,在这个过程中细胞器发生了大量的基因丢失和胞内基因转移(intracellular gene transfer,IGT),或称内共生基因转移(endosymbiotic gene transfer,EGT)。细胞器通过将其基因转移到核基因组内,规避在其起源早期发生的穆勒棘轮效应(Muller's ratchet effect)带来的风险。当然,胞内基因转移并非仅发生在真核生物的早期阶段，它也发生在多细胞真核生物阶段，是一个动态发生的过程。

6.1.3.2 真菌间基因簇的水平转移

在真菌中，与中间代谢和次生代谢相关的基因常常聚集成簇。2011年，斯洛特(Slot)和罗卡斯(Rokas)发现，柄孢壳菌属(*Podospora*)中控制柄曲霉素(sterigmatocystin)整个生成途径的一个54 kb的基因簇，包含了23个基因，这个基因簇是从曲霉属(*Aspergillus*)真菌通过水平基因转移而获得的。这直接证明水平基因转移可能对真菌代谢途径有显著贡献。

真菌病原体中也可以发生物种间致病因子的转移。2006年，有报道发现，一个编码关键致病因子的基因从小麦颖枯病菌(*Stagonospora nodorum*)转移到小麦黄斑叶枯病菌(*Pyrenophora tritici-repentis*)中，并导致了新一轮小麦破坏性疾病的发生。还有报道也发现两个毒力效应器基因家族分别从卵菌病原体细菌基因组水平转移到蛙壶菌(*Batrachochytrium dendrobatidis*)中，并可能在蛙壶菌的适应过程中扮演了重要的角色。

类似于在后生动物和植物中的情况，真菌中的水平基因转移的例证也逐渐增多。有论文报道了一个在食品中青霉属(*Penicillium*)内发生的水平基因转移事件，该水平转移涉及的基因组岛(genomic island)超过575 kb，约含250个基因。甚至有报道指出，镰孢霉属(*Fusarium*)内存在多条染色体的水平转移现象。水平基因转移到真菌基因组内的例子还广泛涉及对种群结构的影响、小分子的吸收和合成等多个方面。在高等生物中，发生水平转移的基因大多是转座子类别，比如，长末端重复反转录转座子Route66在狗尾草与水稻种属间发生了基因转移，而反转录转座子RIREI则在不同的水稻种属之间发生了水平转移。

水平基因转移可能导致新功能和新性状的产生，从而促进新类群起源和分化。因此，水平基因转移在生物多样性起源和维护中发挥了重要的作用。例如，有证据表明，水平基因转移在光合真核生物主要类群起源和分化中发挥了至关重要的作用。

6.1.4 跨界的水平基因转移

水平基因转移不仅发生在不同的微生物细胞之间，而且也发生在微生物与高等动、植物之间。例如，引起人体结核病的结核分枝杆菌的基因组上有8个人的基因，获得这些基因可以使该菌抵抗人体的免疫防御系统，而得以生存。在人的基因组上发现至少有223个基因是来自细菌的。

臀纹粉蚧(*Planococcus citri*，俗称粉蚧)因在被称为细菌细胞(bacteriocytes)的特殊昆虫细胞中存在嵌套的菌内共生结构而闻名，其中一种γ-变形杆菌*Moranella*生活在另一种β-变形菌*Tremblaya*的细胞质中，两种细菌存在互补的基因丢失和获得模式，能够协同为宿主昆虫提供必需营养物质。粉蚧核基因组中也存在着一些通过HGT获得的内共生体基因组中缺失的基因，如肽聚糖(Peptidoglycan，PG)合成相关的基因能从细菌转移到粉蚧的核基因组中。

6.1.4.1 原核生物与真核生物的基因转移

从细菌到真核生物的基因转移，最普遍的例子涉及线粒体和叶绿体这两种细胞器中的基因。这些真核细胞器分别起源于α-变形菌纲的细菌和蓝细菌门。正如细胞器本身的发展历程所示，一些细菌是细胞内寄生的，它们寄居在真核宿主的细胞内，宿主范围广泛，从单细胞生物到多细胞真核植物和动物均有涉及。细菌内共生体的毕氏沃尔巴克氏体就是一类在多种昆虫和线虫中定植的细菌。一些研究认为，这些宿主中 70% 含有来自毕氏沃尔巴克氏体的水平基因转移。以果蝇为例，整个 1.4 Mbp 沃尔巴克氏体基因组中，多个拷贝已转移到果蝇基因组中。然而，这些沃尔巴克氏体 HGT 的功能（如果有的话）仍不清楚。

真核生物中的 HGT 并不局限于细胞器或内共生体。蛭形轮虫在端粒区域具有大量的来自细菌、真菌和植物的基因转移。具体而言，10 个蛋白质编码序列被鉴定为假定的基因转移。有趣的是，其中三个细菌编码序列竟具有剪接体内含子。在轮虫的端粒区域也发现了细菌 IS5 样的 DNA 转座子。IS5 样转座子整合在单倍体基因组中只有一个拷贝，这表明它在最初的整合事件后无法再继续移动。

咖啡浆果蛀虫 Hypothenemus hampei 具有一种重要功能性的 HGT，它使蛀虫能够适应新的生态位。该蛀虫的主要食物来源是咖啡浆果，它以半乳甘露聚糖的形式储存碳水化合物。水解半乳甘露聚糖的细菌来源的 HhMAN1 基因已通过 HGT 转移到甲虫身上。此 HGT 是 H. hampei 特有的，因为其他近亲没有 HhMAN1 基因，使它们无法在咖啡浆果中定植。这类酶以前在任何昆虫中都没有发现。

柠檬扁球菌粉蚧是一个更为复杂的 HGT 的例子。粉蚧等半翅目的许多昆虫，依靠内共生体产生氨基酸，而这些氨基酸是它们赖以生存的植物汁液中所缺乏的。粉蚧 Phenacoccus avenae 含有一种 Tremblaya 内共生体，编码 8 种氨基酸的生物合成途径基因——色氨酸、苯丙氨酸、组氨酸、精氨酸、异亮氨酸、甲硫氨酸、苏氨酸和二氨基二聚酸。相比之下，另一种粉蚧 Planococcus citri 含有的 Tremblaya 内共生体的基因组严重缩减，缺乏合成这些氨基酸所需的基因。这种 Tremblaya 内共生体也是细菌 Moranella endobia 的宿主，形成细菌共生体，之前人们认为 M. endobia 可能含有粉蚧所缺失的基因，并能够合成这些氨基酸。然而，事实证明，在粉蚧（Planococcus citri）中，这 8 种氨基酸的生物合成是由 Tremblaya 内共生体、Moranella 细菌内共生体中的基因，以及 Planococcus citri 基因组中至少 22 个基因所编码，这 22 个基因被假定为是通过 HGT 转移从 3 个不同的细菌类群——γ 变形菌、β 变形菌和拟杆菌门中获得的（图 6-1）。目前尚不清楚这些基因在不同

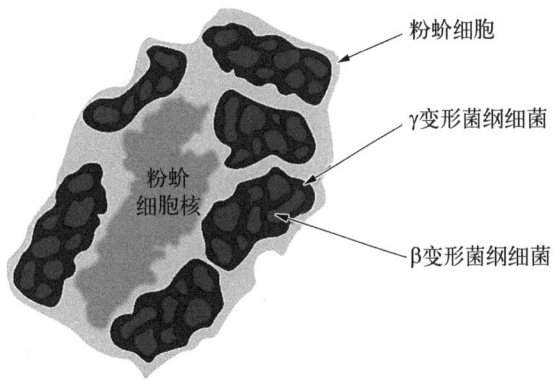

图 6-1　粉蚧的多重共生体示意图

区室中的蛋白质产物是如何行使氨基酸合成功能的。

铁在许多重要的细胞过程中发挥关键作用，是动物和植物病原体毒力的关键决定因素。

生物已进化了许多专门的系统用于从周围环境中螯合铁，其中之一是被称为铁载体的小分子铁螯合剂的生物合成。大多数细菌合成儿茶酚酸酯类铁载体，而羟肟酸盐类铁载体在真菌中很常见。但一个值得注意的例外是出芽酵母谱系（Saccharomycotina 亚门），长期以来，

人们一直认为它完全缺乏合成自身铁载体的能力,尽管它能够利用其他微生物产生的铁载体。但最近的研究发现该类酵母具有来源于 *Enterobacteriales* 目细菌的儿茶酚酸酯类铁载体合成基因,使它能够合成铁螯合剂 *Enterobactin*(肠杆菌素)。

6.1.4.2 病毒与真核生物的基因交换

作为可转座元件(transposable elements,TEs)的一个子集,内源性逆转录病毒(ERV)已通过逆转录病毒感染我们祖先的生殖系细胞而整合到人类基因组中,在长期的进化过程中,每个 REV 以数百至数千个重复拷贝的形式分散在人类基因组中。对肿瘤细胞周围体细胞组织的转录组分析表明,基因与 TEs 共表达。ERV 在进化过程中被宿主选择,并具有自我复制和动员的能力,它提供了大量自主基因调控模块,对基因和基因网络的正常调控起到不可或缺的作用。实例包括 p53 介导的调节、物种特异性调节网络、干细胞中的多能性调节、干扰素反应和组织特异性增强子的活性。

真核生物的水平转移基因可能来源于转座(transposition)、病毒介导(Virus-mediated)、细胞融合(cell fusion)等方式,如根癌农杆菌(*Agrobacterium tumefaciens*)的 Ti 质粒上的 T-DNA 可以转移到植物细胞核内,上述的几种方式已被大量应用于基因工程。

6.2 水平基因转移的机制

从一个物种转移到另一物种(基因流)的遗传变异会使基因组重排。DNA 可以通过转化(transformation)、转导(transduction)、接合(conjugation)、转染(transinfection)和膜囊泡(membrane vesicles)等 HGT 途径在细胞之间转移 DNA(图 6-2)。细菌间水平基因传递

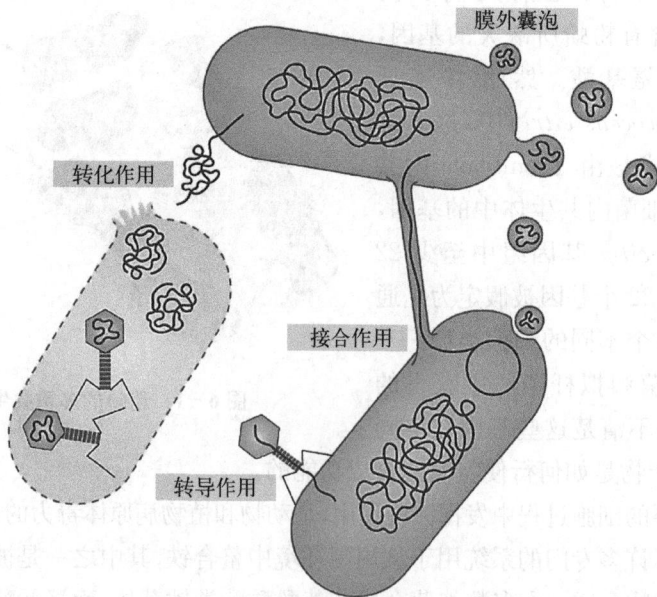

图 6-2 HGT 的主要途径

最常见的机制是接合作用,尤其是从供体细菌物种到不同受体物种。尽管细菌可以通过转化和转导获得新的基因,但这通常是较罕见的转移。新获得的供体 DNA 可以作为质粒或裂解噬菌体等可以自主复制的遗传成分在受体细胞内保持独立存在,或者可以通过同源重组等多种机制掺入受体基因组中。微生物细胞对外源 DNA 的物理屏障、接合过程(conjugation)缺乏表面相容性、CRISPR 介导的微生物免疫力和噬菌体宿主特异性受限等都是限制 HGT 的因素。

尽管在原核生物中存在多种遗传物质交换的机制,以促进其进化并适应生存环境,但是并非只要有 DNA 片段进入受体细胞就能保证成功的基因转移,关键在于,这些转移序列必须能够稳定地存在于受体细菌中,而不被淘汰掉。

6.2.1　接合作用

接合是发生于原核生物两个细菌之间的一种遗传物质交换现象,又被称为接合作用。接合现象是通过两个细胞的直接或者借助于某些通道接合,将遗传物质自供体转入受体,使受体获得供体部分遗传性状。细菌的接合作用与供体菌所含的接合质粒有关。接合作用通过细胞间接触将 DNA 从活体供体细菌转移到活体受体细菌的遗传重组。在革兰氏阴性菌中,它通常涉及性菌毛(Pili)(图 6 - 3)。

接合过程涉及的蛋白由质粒或转座子编码。它涉及一个含有接合质粒的供体细菌和一个不含接合质粒的受体细胞。接合质粒是自传播的,因为它拥有接合作用所有必要的基因,使该质粒通过接合将自身传播给另一种细菌。被称为 tra 基因的接合基因,使细菌能够与另一个生物体形成

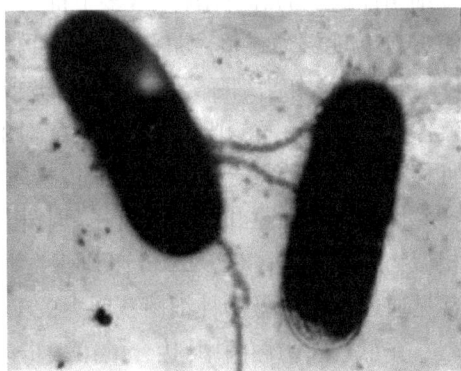

图 6 - 3　两个细菌交配对的形成(电镜照片)

交配对,而 $oriT$(转移起始子)序列通过充当 DNA 复制酶切割 DNA,以启动 DNA 复制和转移的复制起始位点来确定质粒上 DNA 转移的起始位置。此外,如果含有可移动质粒的细菌也具有接合质粒,缺乏自传播性的 tra 基因,但具有启动 DNA 转移的 $oriT$ 序列的可移动质粒也可以通过接合转移。接合质粒的 tra 基因使交配对能够形成,而可移动质粒的 $oriT$ 使 DNA 能够通过接合通道。

转座子(transposable elements, transposon)遗传元件,或被称为“跳跃基因”,是指末端包括特殊的反向重复序列和编码转座酶(transpoase)的基因的 DNA 分子(图 6 - 4)。转座酶是在转座过程中催化 DNA 切割和重新连接的酶。转座子允许整个序列从 DNA 分子的一个位置独立切除,并通过一个称为转座的过程整合到其他 DNA 中。转座子最初是由美国遗传学家芭芭拉·麦克托克(Barbara McClintock)(1902—1992)在 20 世纪 40 年代在玉米中发现的。此后,在所有类型的生物体中都发现了转座子,包括原核生物和真核生物。转座不是原核生物特异性的。大多数转座子都是非复制的,这意味着它们以“剪切粘贴”的方式移动。然而,有些可能是复制性的,在复制插入其他地方的同时保留其在 DNA 中的位置

("复制粘贴")。因为转座子可以在同一个细胞的 DNA 分子内移动，也可以从一个细胞移动到另一个细胞，所以它们有能力引入遗传多样性。在同一 DNA 分子内的移动可以造成插入位点的基因的失活或激活，从而转座的结果可以造成表型的改变。转座子包含许多基因，如编码抗生素耐药性或其他性状的基因。

图 6－4　转座子的结构及转座机制

转座子可能携带额外的基因，将这些基因从一个位置移动到另一个位置。例如，细菌转座子可以重新定位抗生素抗性基因，将它们从染色体转移到质粒。这种机制已被证明是导致细菌性痢疾的志贺菌株中，多个抗生素抗性基因能够共存于单个 R 质粒上的原因。这样的 R 质粒能够通过接合过程在细菌群体中轻易地转移。

转座子常作为细菌染色体的一部分或在质粒中发现。接合转座子(conjugative transposons)，就像接合质粒一样，携带着促成交配对的基因。因此，接合转座子也能够在接合过程中，使可移动质粒和非接合转座子的遗传物质转移到受体细菌的染色体上。

许多接合质粒和接合转座子具有相当混杂的转移系统，使它们不仅能够将 DNA 转移到相似物种，还能够将 DNA 传递到无关物种。细菌适应新环境的能力是细菌进化的一部分，常见通过接合从另一种细菌获得大的 DNA 序列。

在革兰氏阴性菌中，接合的第一步涉及供体细菌上的接合菌毛(性菌毛或 F 菌毛)与缺乏接合菌毛的受体细菌接合。通常，接合菌毛收缩或解聚，将两种细菌拉在一起。然后，由接合质粒编码的一系列膜蛋白在两种细菌之间形成桥梁和开口，并形成交配对。然后，使用 DNA 复制的滚圈模型，核酸酶在质粒的转移位点($oriT$)的起点处断裂质粒 DNA 的一条链，该断裂的链进入受体细菌。另一条链留在供体细胞中。然后，供体和受体质粒链都会形成自己的互补链。这两种细菌就都拥有了完整的接合质粒。

6.2.2　转导

转导是以噬菌体为媒介，把供体细菌的基因转移到受体细菌内，导致受体细菌的基因改变的过程，是一个在有限的宿主范围内进行的特殊的水平基因转移过程。这一现象最开始是由诺顿·津德尔(Norton Zinder)与乔舒亚·莱德伯格(Joshua Lederberh)在研究鼠伤寒沙门氏菌(*Salmonella typhimurium*)的重组时于 1952 年发现的。

在裂解噬菌体和温和噬菌体的复制过程中，偶尔噬菌体衣壳会意外地聚集在细菌 DNA 的小片段周围。当这种被称为转导颗粒的噬菌体感染另一种细菌时，它将携带的供体细菌 DNA 片段注入受体，随后通过同源重组将其交换到受体的染色体上。

转导分为普遍性转导与局限性转导两类。普遍性转导的噬菌体能传递供体细菌的任何基因的转导。它发生在各种细菌中,包括葡萄球菌、大肠杆菌、沙门氏菌和假单胞菌等。局限性转导可偶尔发生在温和噬菌体的溶原性生命周期中。在自发诱导过程中,一小段细菌DNA 有时可能会被一段噬菌体基因组交换,后者保留在细菌类核中。这段细菌 DNA 作为噬菌体基因组的一部分进行复制,并被放入每个噬菌体衣壳中。噬菌体被释放,吸附到受体细菌上,并将供体细菌 DNA/噬菌体 DNA 复合物注射到受体细菌中,插入细菌染色体。

6.2.3 遗传转化

转化(transformation)是某一基因型的细胞从周围介质中吸收来自另一基因型的细胞的 DNA 而使它的基因型和表现型发生相应变化的现象。该现象首先发现于细菌。也是细菌间遗传物质转移的多种形式中最早发现的一种。转化是一种基因重组形式,其中来自死亡、降解细菌的 DNA 片段进入受体细菌,并与受体的 DNA 片段交换。转化通常只涉及同源重组,即具有几乎相同核苷酸序列的同源 DNA 区域的重组。通常是相似的细菌菌株或相同细菌种类的菌株。

一些细菌,如淋球菌、脑膜炎奈瑟菌、流感嗜血杆菌、嗜气军团菌、肺炎链球菌和幽门螺杆菌,往往具有天然能力并可转化。感受态(competence)是细菌的一种发育状态,在这种状态下,它能够吸收细胞外 DNA,并将这些 DNA 重组到染色体中,从而进行自然转化。感受态的细菌比非感受态的细菌能够接合更多的 DNA。其中一些微生物经历细胞的自溶,向环境中释放 DNA。此外,一些感受态的细菌杀死非感受态的细胞以释放其 DNA 用于进行转化。

转化不仅在原核生物中有所研究,在动物与植物细胞中也得到了深入研究。对真核生物进行转化的第一个研究案例发生在 1982 年,科学家们成功地将老鼠的生长激素基因注入老鼠的胚胎,从而培育出了转基因老鼠。然而,原核生物中的转化与高等生物中的转化是不同的。前者是针对整个生物进行的,后者只针对其中的部分细胞,也就是说,它不能进行高等生物活体的整体转化,只能得到特定的转化细胞。

转化不需要受体和供体细胞的物理接触。供体 DNA 片段通过有机体死亡分解和细胞分泌被大量释放在环境中,长度各异。其中较长的 DNA 片段通常很快被进一步降解,但降解后较短的 DNA 片段可以在特定环境下保留很长时间,甚至可达数十万年。这些环境中的DNA 有一部分最终被受体细菌摄取,并整合在其基因组中。

在转化过程中,DNA 片段(通常约 10 个基因长)从死亡的降解细菌中释放出来,并与活的感受态受体细菌表面的 DNA 接合蛋白接合。根据细菌的不同,要么两条 DNA 链都穿越受体细胞膜,要么核酸酶降解片段的一条链,剩下的单链 DNA 进入受体细胞内。然后,通过RecA 蛋白等分子将供体的 DNA 片段与受体的 DNA 片段交换,过程中涉及成对 DNA 片段的断裂和重新连接。

6.2.4 膜囊泡

所有活细胞都会释放膜囊泡(MVs)。发生在革兰氏阴性、阳性菌以及古细菌中的膜囊泡介导的编码抗生素抗性、毒力和代谢特征的 HGT 被多次报道。MVs 通常是从细菌中释放的具有内腔的、直径为 20 nm 至 400 nm 的脂质双层封闭颗粒。在 MVs 中检测到了宿主菌中的核酸成分。MVs 具有生物活性,含有多种成分(包括染色体和质粒 DNA 以及不同类型的 RNA 在内的遗传物质),它可以在自然环境中持续存在一段时间。

分泌囊泡(MV)作为 DNA 载体的方式进行基因转移,被分泌到环境中的 MV 除了可以装载供体细胞自身 DNA 片段外,还可以在其表面捕获环境中的外源 DNA 片段或者被噬菌体识别注入噬菌体的核酸片段。MV 可介导遗传物质在不同菌种之间传递,而且 MV 中装载的 DNA 可以免受高温和核酸酶等不利环境条件的影响,与游离 DNA 相比,MV 介导的转化效率更高。

6.2.5　多细胞真核生物水平基因转移的机制

真核生物中,尽管水平基因转移的现象已有大量报道,但其具体的发生机制总体上仍不甚明确。对于单细胞真核生物而言,一般认为外源基因通过细菌内共生、侵染、吞噬或其他形式的物理接触进入受体细胞,随后,这些外源基因可能通过同源重组整合到受体细胞的染色体上。这一假说由杜立特尔(Doolittle)在 1998 年提出,并被形象地称为"你吃了什么就是什么"(you are what you eat)或者基因转移棘轮机制(gene transfer ratchet)。在轮虫(rotifer)中,干燥引起的 DNA 断裂和修复被认为是水平基因转移可能的发生途径。植物中普遍存在的线粒体水平基因转移通常则认为是通过线粒体融合来完成的。在绝大多数多细胞真核生物中(如动物和植物),由于外源基因必须通过生殖细胞才能转移到子代,多细胞真核生物中极少或不可能发生水平基因转移的稳定遗传。但 2007 年霍托普(Hotopp)等的研究显示,以前测序中大量被作为细菌污染去除的 DNA 实际上是昆虫核基因组的一部分,证实了内共生细菌到昆虫细胞核基因转移的广泛存在。虽然生殖细胞和体细胞的分化在一定程度上对水平基因转移构成了阻碍,但如果动植物个体发育早期或单细胞时期暴露于充满外源微生物的环境中,外源基因就有可能进入并整合到其体内,并随着细胞有丝分裂和分化扩散到整个受体中,包括生殖细胞在内的其他细胞。这个假说被称为薄弱环节模型(weak-link model)。后来在苔藓、果蝇(*Drosophila melanogaster*)和线虫等生物中大量发现水平转移基因的现象。

6.2.6　外源 DNA 的整合

细胞通过这些不同机制摄入了外源遗传物质之后,会进行以下步骤来利用这些遗传物质,并将它们整合到自己的基因组中完成功能的实现。

受体细胞摄入遗传物质后,如果该遗传物质是以质粒的形式存在,那么它通常能够比较稳定地存在于细胞基质中,并且具备拷贝、转录及表达的能力;但是,如果摄入的遗传物质是线性双链 DNA(dsDNA),情况则变得较复杂。在没有特别的机制将 dsDNA 整合到受体基因组的情况下,那么它们将很难发挥作用。水平转移获得的外源 DNA 如果要想在受体细胞中长期存在,就必须能够自主复制或者能够通过重组或被整合子捕获来整合到受体的基因组中。

细胞将外源双链 DNA 整合到基因组可以通过普遍存在的 RecA 蛋白来完成,RecA 蛋白能够介导两个侧翼区域序列相似度高的待替换 DNA 和替换 DNA 完成被称为"同源重组"的基因替换。此外,细菌中还有转座酶和位点特异性重组酶,它们也能够催化完成某些遗传元件的重组连接。值得注意的是,通过这种机制的重组要求遗传元件和待替换元件具有 4~12 bp 的序列一致性。

正如前文所述,噬菌体介导的水平基因转移也会通过非同源重组、松弛重组实现与受体基因组的重组。非同源重组在受体细胞的基因组上会随机发生,因此会破坏基因和基因簇,宿主细胞可能会通过宿主屏障,如抗噬菌体系统对重组噬菌体进行反选来消除这种现象。因此受到自然选择的影响,噬菌体通过非同源重组整合到宿主基因组的位置常为基因或基因簇的边界处。松弛重组仅发生在有限的同源位点,其效率依赖于序列的同一性,比非同源重组发生的频率更高。

当一个供体细胞将其遗传物质通过各种不同的方式转移到受体细胞,受体细胞通过各种机制完成摄入遗传物质的重组表达,那么受体细胞可能会表现出新的遗传性状。当供体将某种抗药性基因通过水平转移的方式传递给受体后,受体将可能会获得这种抗药性。但是对于人类社会来说,细菌抗药性的水平转移和扩散会引起公共卫生危机,因此许多研究将研究重点放在探究抗药性基因发生水平基因转移的具体机制,进而可以针对具体的转移机制进行相应的控制。

重组(recombination)包括位点专一性重组和同源重组。位点专一性重组是与宿主基因组同源性有限的移动遗传元件,如整合和接合元件,使用位点特异性重组在靶序列上整合。而同源重组是指,与受体基因组具有显著相似的传入 DNA 片段,可以通过同源重组的方式整合到受体基因组中。了解这些过程可以深入了解细菌和新出现的病原体的进化。

整合子(integrons)是一种遗传机制,它允许细菌通过捕获和表达新基因来快速适应和进化。整合子是细菌基因组整合外源基因的一个重要途径。这些基因嵌入一种称为基因盒的特定遗传结构中(整合子盒),通常携带一个无启动子的开放阅读框(ORF)、一个重组位点(attC)、一个编码位点特异性重组酶(intI)的基因和一个驱动整合序列表达的启动子。整合子盒通过整合酶介导的位点特异性重组反应接合到整合子平台的 attI 位点。

整合子盒的存在需要将自身整合在复制元件(染色体、质粒)中。由整合子编码的整合酶优先催化两种类型的重组反应:① attC x attC,其导致盒切除;② attI x attC 允许盒在整合子的 attI 位点整合。基因盒的连续整合导致一系列基因盒的形成。基因盒在整合子内的整合也提供了 Pc 启动子,允许整合子中所有盒的表达,非常像操纵子(图 6-5)。

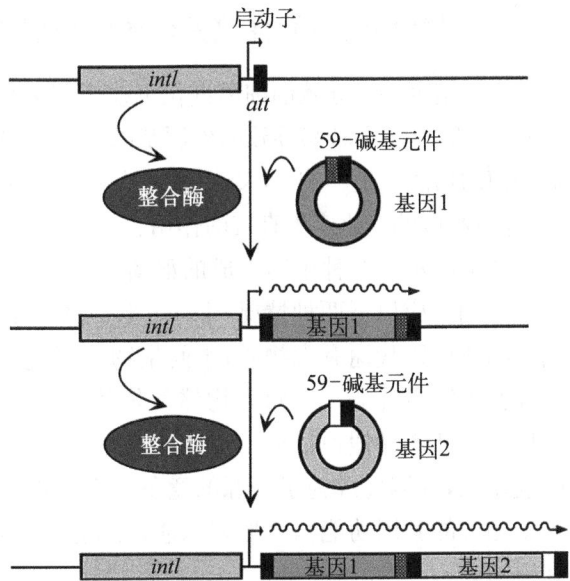

图 6-5　整合子结构与捕获外源基因的机制

6.3　水平基因转移的生态作用

细菌通过 HGT 获得新的外界 DNA，这使它们能够适应不断变化的环境条件。这一外源 DNA（指在细菌间水平转移的 DNA）可能含有能够扩充细菌生境范围、改变细菌与宿主的关系或提供与环境中其他生物竞争的优势的元件。最值得注意的是，携带抗生素耐药基因的 DNA 元件转移可能造成对一线抗生素治疗耐药的感染。可移动遗传元件（mobile genetic elements，MGEs）转移的功能除了耐药性，还包括消化多种糖类、汞抗性、毒力改变和用于生物修复的分解代谢等。

外源 DNA 被称为"可移动基因组"，它们为生物适应和物种形成过程提供动力，了解"可移动基因组"及其水平转移有助于生态学过程的理解。大量研究案例证明基于水平获得性状的菌株异质性可以彻底改变自然生态系统，例如，编码霍乱毒素的噬菌体 CTXφ 对霍乱弧菌产毒菌株产生的影响和将编码基因毒素的整合接合元件引入与结直肠癌相关的肠杆菌中。

鸟枪法宏基因组测序可以捕获部分 MGEs，但是短读长序列（Illumina 平台为 100～300 bp）对于水平转移基因区域的组装和识别具有一定困难。由于许多样本独特的遗传多样性可能来自 MGEs，因此当使用基于参考序列的比对方法时，可能会忽略大部分移动基因库。在一项对斐济岛居民肠道微生物群落的研究中，观察到的移动基因与现有参考基因组中鉴定的 MGEs 比对的完整程度远低于包括受调查斐济人口的细菌基因组中鉴定的 MGEs 的数据集。总体而言，MGEs 的参考数据库并不完整，并且大部分都来源于被充分研究的病原生物。

6.3.1　可移动遗传元件改变微生物对底物的利用模式

水平基因转移导致的细菌进化可改变基因型和生态作用，并可迅速重塑生态能力。如图 6-6 所示，水平转移导致的外源基因的导入和自身基因的删除（如通过切除转座等机制）对细菌的功能产生影响，改变了底物的利用模式，进而对微生物群落内的资源利用产生影响，并对菌群的变化产生直接的作用。

图中显示了 3 种生物组成的群落的生态进化情况。上部圈内为野生菌群，下部两个圈则分别对应以下两种情况：图 6-6(a)展示了通过黑皇后假说的基因丢失过程：由于右侧生物体可以代谢有毒物质，中间生物体通过不表达（最终因基因丢失而不再编码）解毒途径获得能量优势。中间生物体便依赖于群落中的其他成员来完成这一过程。图 6-6则根据公共产品假说描述了功能的获得：中间生物体通过 HGT 从左侧生物体获得了基因或途径，并因此成为了资源的竞争对手。正方形表示细胞吸收和代谢的资源（浅色横条表示相关的基因功能），菱形表示通过细胞产生的酶分解有毒物质（深色横条表示相关的基因功能）。

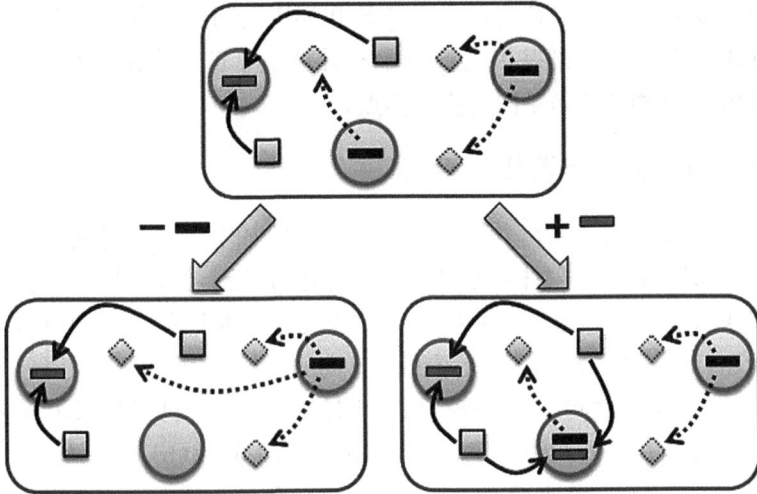

图 6 - 6　改变微生物基因型导致菌群生态作用变化的细菌进化模式比较

6.3.2　可移动遗传元件受到复杂的选择压力

目前非常令人担忧的是,在 MGEs 上常见抗生素抗性基因的传播。有研究表明,旅行者在旅行后会积累更多的抗生素抗性基因,这表明个体的移动基因库是灵活的,并受到选择压力的影响;然而,此过程的发生规模和时间范围尚不清楚。尽管在某些情况下有相同的饮食习惯,但有研究证明可移动碳水化合物降解基因在全球人群的肠道微生物群之间存在着差异。生物和 MGEs 在污水处理厂的处理过程中,抗生素抗性基因也没得到保留。因此,我们还需要进一步了解自然选择对不同基因组中可移动基因的作用。通常,可移动基因,包括提供辅助功能的基因和与携带外源 DNA 相关的基因,可能是有害的,并且在保留 MGEs 的基因组中经常发现补偿性突变。一项描述性研究结果显示,各种生物肠道中抗菌肽抗性基因和抗生素抗性基因的活动性和功能均存在差异,揭示了抗菌肽抗性基因与其宿主基因组需要功能相容性。

6.3.3　可移动遗传元件与其细菌宿主基因组之间的相互作用

大量的证据表明微生物可移动元件与其细菌宿主基因组之间存在相互作用,如质粒相关的可移动元件的基因调节鲍曼不动杆菌 *Acinetobacter baumannii* 基因表达模式以促进在尿路定植。单核细胞增生性李斯特菌 *Listeria monocytogenes* 中的一种噬菌体在吞噬作用过程中可以被转导,所转导的基因促进吞噬体内的细菌存活,其中还包括由噬菌体编码的抗 CRISPR 系统。MGEs 上携带细菌宿主相关性状的基因,而且 MGEs 与其宿主基因组之间存在共同进化的现象。

MGE 的转移需要细胞相遇接合,或者病毒颗粒扩散到足够远的地方以找到易感的宿主。因此,一个物种的基因库的大小和多样性取决于微生物群落的组成。宏基因组学数据表明,来自类似环境的分离株之间的转移更频繁。通过在不同基因组中搜索高度相似的基因,可以得出类似的结论。可以认为宿主、MGE 和环境之间的动态相互作用塑造了群落内的基因交换网络。MGE 介导的基因交换频率预计取决于群落中细胞宿主的密度,正因如此,细菌数量稠密的动物肠道是基因交换的热点。

6.3.4　水平基因转移影响基因组变异

当 DNA 穿过细胞膜进入细胞并接合到细菌基因组中时,重组的遗传特征在很大程度上取决于供体 DNA 是来自同一群体还是来自分化群体,是否与受体同源位点长度相同,是否为 MGE。如果重组涉及等位基因转移(AT)(不涉及染色体 DNA 的获得或丢失)和来自同一群体的供体 DNA,它可以通过将突变转移到不同的遗传背景上[图 6 - 7(a)],特别是在基因组中距离足够远的突变之间。如果这个供体 DNA 来自一个已经积累了许多差异的遥远种群(或物种),可能通过引入新的突变簇来增加联系[图 6 - 7(b)]。例如,*N. gonorrhoeae* 的 mtr 外排泵操纵子含有与几个近亲重组而产生的分化的大环内酯抗性等位基因。随着时间的推移,新引入的单核苷酸多态性(SNPs)之间的强联系可能会被随后在群体中的等位基因转移(AT)打破。因此,较老的 SNP 通常以更高的频率出现在样本中,通常会比新出现的 SNP 表现出更少的连锁,因为它们经历了更多的时间转移到不同的遗传背景上。也就是说,新出现的 SNP 在样本中通常很少见。由于其复制-粘贴式的机制,细菌重组可能在群体中产生由短片段相同的等位基因组成的单倍型结构。这些片段的相同不会长期保持,因此这种情况代表了进化上最新发生的转移,因为随后的突变或重组将引入变异,并将较长的单倍型打破为较短的单倍型。因此,表现出强烈倾向于片段相同的细菌样本可能代表了新发生 DNA 交换的生态种群。

如果供体 DNA 的序列与受体基因组中的某个位点具有同源性,则可以插入新的供体 DNA 或删除受体 DNA[图 6 - 7(c)]。基因转移的这个过程可以包括整个基因的获取或删除,其中包括仅存在于一小部分分离株中的基因(该物种的全部基因称为"泛基因组")。为了在受体中获得基因,必须导入整个基因序列。然而,长片段的 DNA 可能在运输过程中不能保持完整,变成碎片,特别是在转化过程中暴露在恶劣的细胞外环境中。这种倾向于较短的供体 DNA 片段会增加重组导致缺失的可能性,MGEs 可能在插入时引入基因[图 6 - 7(d)]。或者,如自身的 MGEs 被切除[图 6 - 7(e)]这可能会导致细菌中的缺失偏倚。这些片段可能包括一些编码特定功能的基因(例如 selfish operons),影响受体菌的适应性。此外,盒式基因可能包括 DNA 片段,以减轻插入受体基因组的影响,以避免破坏局部基因功能(如 DNA 片段包含新的启动子或基因的 5′ 开始或 3′ 结束序列)。例如,*Vibrio splendidus* 中的一个 MGE 插入基因 mutS 中,包含了一个新的翻译起始序列和保留 mutS 功能的启动子。尽管如此,一些 MGE 的插入确实会破坏基因,它们插入基因组的位置和方式不仅取决于插入序列,还取决于选择,这两者都决定了 HGT 热点的位置。综上所述,水平基因转移可以通过重塑连锁模式和改变基因内容对细菌基因组结构产生重大影响。

6.3.5　水平基因转移驱动微生物群落中的物种进化

基因突变和水平基因转移是促使物种进化的变异基因的两个重要来源。水平基因转移

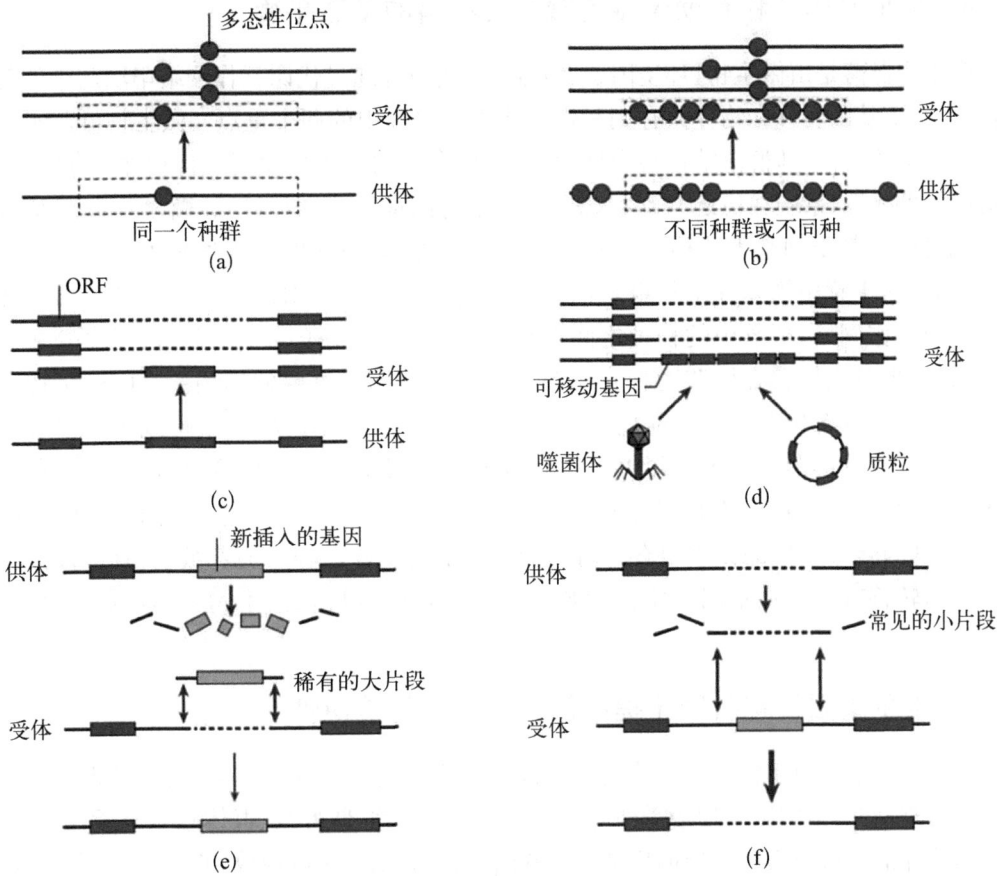

图 6-7 基因转移对基因组变异的影响

(a) 同一个种群;(b) 不同种群或不同种;(c) 插入新的供体或是删除受体;(d) 通过噬菌体或质粒获得新基因;
(e) 通过重组获得基因大片段;(f) 重组后丢失基因

主要有两种结果,一种是遗传物质成功转移进入受体细胞并被整合到基因组上;另一种是遗传物质虽然成功转移进入受体细胞但并未被整合到基因组上,而是被受体细胞降解或经传代后丢失。成功的水平基因转移通过插入、重组与受体细胞中的原有基因整合,从而产生具有新的功能的基因。而由 DNA 错误复制导致的随机突变产生有义突变的概率较低,相较于水平基因转移获得新基因的速度更为缓慢,因此,水平基因转移极大地加快了物种的演化速度。基于泛基因组分析的众多证据也表明,在微生物进化史上频繁地进行着水平基因交流。泛基因组包括核心基因组(core genome,即该物种所有个体共有的基因)和非核心基因组(dispensable genome,即只在部分个体出现的基因)。非核心基因组中包括了大量通过水平基因转移获得的基因,如人们通常关心的耐药基因和致病基因。微生物群落中普遍存在的这种基因交流,这就意味着单个物种可以享有极其庞大且多样的水平基因转移资源库,也就导致了非核心基因组往往远大于核心基因组。微生物群落中高水平的水平基因转移事件,使得大量个体频繁引入外源基因,造成大量的遗传变异,使得即使是在种水平上菌株之间的基因和表型差异也极其显著,因此,水平基因转移被认为是驱动微生物群落中物种进化的主要动力。

6.3.6 水平基因转移有助于维持微生物群落的动态平衡

微生物群落是由微生物、环境因子、信号分子组成并通过代谢互作网络串联起来的有机整体，而水平基因转移和物种共存则是微生物群落研究中的两个重点。微生物群落平衡涉及两个基本的特征，即群落结构稳定性（系统响应参数的微小变化而维持物种共存的能力）和群落的鲁棒性（系统在稳定共存状态下可以维持的最大扰动程度）。微生物群落结构稳定性和鲁棒性都受到基因转移速率和方向的强烈影响，最佳的基因通量可以稳定生态系统，帮助其从干扰中恢复并维持群落的动态平衡。维持微生物群落的动态平衡离不开协调的代谢互作网络，群落中的物种之间存在着诸如合作、竞争、共生、偏害、捕食等多种互作关系，水平基因转移在协调物种互作关系方面也发挥着重要的作用。不同微生物之间的互作关系涉及对群落公共产品的利用和生产，通过水平基因转移获得或丢失部分功能基因将直接改变群落中物种所能够表达的功能，实现物种角色的转变，协调不同角色物种的丰度。此外，微生物群落的结构不仅仅只是物种丰度的差异，还包含空间和时间上的差异，水平基因转移发生的频率也存在时间和空间上的差异，因此，随着微生物群落的发育，水平基因转移有助于在不同时空区间塑造功能分化的区块化微生物群落，以维持微生物群落的持续发展。

6.3.7 水平基因转移有助于提高微生物群落的抗逆性

微生物群落定植于特定的环境当中，而环境条件并非一成不变，当环境改变得不再适宜群落生长时，群落中的微生物会受到诸如高温、干燥、饥饿、紫外线、群体感应分子、氧应激和抗生素等外部刺激因素的诱导而启动水平基因转移，如细胞裂解释放 DNA 片段、分泌囊泡、启动接合作用等。一个典型的例子就是水平基因转移介导耐药性基因的传播。抗生素作为最为典型的抗菌药物之一，在临床治疗、发酵工程、农业生产等领域应用极其广泛，随之也带来了备受关注的微生物耐药性问题。编码抗生素抗性的基因一般位于质粒上，当微生物群落面对环境扰动（抗生素暴露）时，代偿性突变发生在质粒相关的适应性基因中，并将其释放到群落环境当中，传递给群落中的其他个体，以增强群落对抗生素的耐受性。此外，一些抗生素还会诱导许多溶原性前噬菌体的表达，以促进转导介导的水平基因转移发生。微生物对抗生素暴露的另一种典型表现是胞外基质分泌增多，促进生物膜的形成。生物膜作为具有三维立体结构的微生物细胞聚集体，群落内部细胞密度极高，彼此堆叠，紧密接触，则进一步提高了水平基因转移发生的概率。因此，生物膜群落也成为微生物感染防治的研究热点。当微生物群落面临恶劣环境条件时，具备抗性基因的个体能渡过难关，随后将抗性基因共享给群落中的其他个体，使得整个群落的抗逆性能力提高，这可能是以单细胞形式存在的微生物集体生存策略。

6.3.8 泛基因组

微生物基因组是动态的，持续地发生基因丢失和获取或偶尔会有新的基因形成。因为这些过程发生在个体水平上，它们导致了基因含量的种内变异。生物个体之间基因含量的这种变化是显著的,它的发现导致了泛基因组的概念。泛基因组(Pan-genome)是一个物种所有 DNA 序列的集合,包含所有个体共享的序列(核心基因组),并且还能够显示每个个体独有的序列信息(可变基因组)。通过泛基因组研究可以探索缺失的遗传成分和大结构变异(SV)。许多个体特异性序列已被证明与生物适应性、表型和重要的经济性状相关。较大的基因组包含更高比例的重复序列(高达 50% 的人类基因组和高达 90% 的植物基因组由重复 DNA 组成)。第三代长读长测序、端粒到端粒基因组、图形基因组和无参考组装等技术和方法的成熟,将进一步促进泛基因组研究的进展。

　　一个群体的泛基因组是指该群体成员中存在的所有基因的总和。泛基因组包括核心基因组和辅助基因组。通常,辅助基因主要是通过 HGT 获得的,或者是由于先前存在的基因突变而进化来的。它们通常与特定的代谢、毒力、抗生素耐药性机制或其他环境适应有关。在一项涉及 1 524 个铜绿假单胞菌基因组的研究中,发现只有 3% 的基因在所有菌株中共享("核心"),其余 97% 的基因在菌株的子集中存在差异。根据在分析中添加新基因组时检测到新基因家族的概率,将泛基因组分为开放基因组和封闭基因组(图 6 - 8)。在开放的泛基因组中,随着新基因组的加入,基因家族的数量将不断增加。在封闭的泛基因组中,基因家族的数量不会随基因组的增加而显著增加。

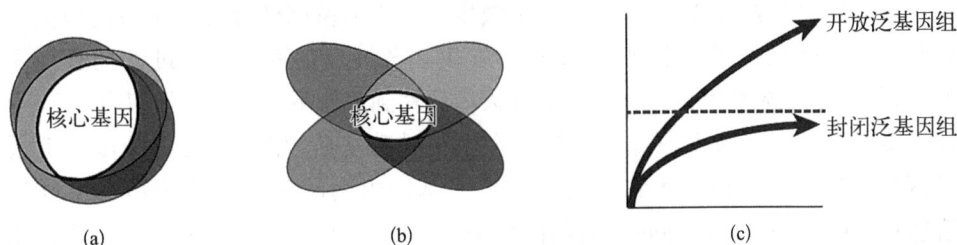

图 6 - 8　微生物基因组及其同类组成的泛基因组
(a) 封闭泛基因组;(b) 开放泛基因组;(c) 测序的基因组数

　　由于获得的 DNA 可以在种内多个生物体中发挥作用,有助于它成为一种有益的公共产品,此外,对种群中某些个体的 HGT 会在该物种中创造多样性。转移的序列将存在于种群基因组的一个种内部分个体的子集中,这为自然选择提供了材料。这一过程的多次迭代很可能导致了同种基因组中不同菌株的基因含量的巨大差异。

6.4　水平基因转移发生的特点

6.4.1　自然界广泛存在微生物组内的基因转移

　　在对来自不同环境的数千个参考基因组进行分析后发现,除了遗传相关性之外的一些共同的生态学因素也控制着 HGT 过程。但同一环境中的生物体参与 HGT 的程度尚不清楚。如前所述,多项研究揭示了通过使用荧光报告基因发现极其广泛原位转移的可能性,另一项研究通过将携带能感染多种宿主并整合了 GFP 的质粒的供体大肠杆菌菌株,加到小鼠肠道微生物组中,发现这种质粒能够在不同门物种之间进行传播。而且,这种传播在小鼠肠道体内环境内比体外实验环境中更加活跃。体外土壤群落中的类似实验表明,三种不同细菌物种携带的三种不同质粒能够跨门转移到其他细菌中。这些实验表明自然选择在影响基因的移动中发挥着作用,而非随机散布。同样,有研究表明,相同的可移动基因在单个个体的肠道微生物菌群中广泛存在,这一发现证实了接触率和共同环境条件可能有利于 HGT 的发生和特定 MGEs 的选择。

单细胞生物发生 HGT(这里指能够遗传至后代的转移事件)的频率可能比多细胞真核生物更为频繁,这可能是因为单细胞生物更容易将获得的基因垂直遗传下去,而无须受限于隔离的生殖细胞系。同理,水平基因转移在进行无性生殖的多细胞真核生物中更有可能成功。但并不是说水平基因转移事件不会在多细胞真核生物中大量发生,多细胞真核生物在单细胞阶段或者发育的早期阶段也为水平基因转移的发生提供了机会。对于植物登陆过程中水平基因转移现象的研究报道就证明了这一点。

生物体间若存在密切接触(如寄生、共生关系),则这些物种间发生水平基因转移的机会显著增加。在寄生关系中,基因转移通常表现为从寄主向寄生生物转移,这与营养物质的传输方向一致。体内实验结果表明,宿主相关微生物组中的基因转移发生率可能很高。而在小鼠伤寒沙门氏菌感染实验中,噬菌体转导发生在急性炎症期间。通过管饲法接入携带 GFP 质粒的细菌,该质粒可以在接种后的几天内转移到多个不同的宿主细菌内。

涉及复杂调控机制或蛋白互作的基因在水平转移之后,相对而言更难传递下去。即这类基因稳定转移到其他微生物的概率更低。基因组内的基因产物按功能可分为两大类:信息基因(informational gene)与操作基因(operational gene)。信息基因编码的蛋白质主要与翻译(translation)、转录(transcription)、复制(replication)等相关;而操作基因所编码蛋白的功能包括能量代谢、中间代谢、载体合成、氨基酸合成、调控功能、转运接合功能、细胞膜表面相关功能、脂肪酸与磷脂合成、核酸代谢合成等。对詹氏甲烷球菌(*Methanococcus jannaschii*)基因组的分析结果,操作基因比信息基因更加容易被水平转移,因为信息基因编码的蛋白质功能相对保守,不容易被外源转移而来的基因所替代。说明基因的水平转移跟基因的蛋白功能有密切关系。细胞基础功能关键基因,例如编码 rRNA 的基因,被水平转移的概率是非常低的。这是因为这些基因一般都在生物体中发挥着非常重要的作用,而受体基因组内已经存在着发挥与其相同功能的基因,这样的基因被其他外来基因所替换的可能性很低,与其他基因蛋白存在紧密结构联系(如形成复合物)的基因被水平转移的概率比较低。但结核菌(*Mycobacterium tuberculosis*)基因组中编码 isoleucyl‐tRNA 合成酶等关键功能的基因是经过水平转移而来的,核糖体基因的水平转移也曾被发现。与关键基因相对应的,那些受进化选择压力较小的基因,如果它们能为受体基因组提供新的功能,那么它们被转移的可能性较高,如编码非关键代谢过程的基因。除此之外,某些基因还具有容易被水平转移的相关特性,比如携带了易于自身表达的元件或特性,如氨酰 tRNA 合成酶(可帮助基因"逃避"密码子使用偏好性不同的问题)、自调控的转录因子(可帮助基因接合自己的启动子)、重组相关基因、酶 mRNA 拼接因子、DNA 合成酶等。基于进化模型,当某个物种遭遇外界生存环境所带来的挑战,或其进入到一个新的生存环境中时,就会发生水平基因转移事件,以弥补自身基因组缺陷的进化要求。对微生物来说,这样的进化要求通常包括新的代谢能力(以适应外部环境的改变)、新的毒力或致病性、新的抗药性能力、新的细胞表面结构(以提高接合或传导功能),以及由上述要求所引起的新的调控机制的需求。但是,不同的物种面对的外界生存环境不同、内在基因也不同,因此不同物种都具有各自特异的功能进化需求,所发生的基因转移事件也将不同。

6.4.2　物理环境影响水平基因转移的发生频率

HGT 取决于胞外 MGE 可以覆盖的物理距离。对于接合元件来说,这些距离非常小,因为它们需要直接的细胞-细胞接触进行转移。噬菌体可以在环境中存活很长一段时间,这使得它们可以分散在大的地理距离上,如在水生环境中。因此,噬菌体驱动的 HGT 更有可能导致在有距离隔离的微生物群落中的直接转移,而在这些群落间的接合作用却难以发生。

结构化的环境,如生物膜,是地球上最常见的微环境类型之一。环境的结构塑造了单个细胞的生理反应、微生物之间的相互作用网络及其 MGE 的传播动力学,因此,环境的结构类型和组织方式等对菌群构建和功能发挥具有重要的影响。接合系统在固体表面上可更有效地进行接合作用,生物膜外层往往接合作用发生的速率更高。因此,缺乏宿主适应性基因且仅通过高转移频率维持的质粒更有可能在生物膜上持续存在。有趣的是,接合作用本身也可刺激生物膜的形成,从而驱动了有效促进接合元素转移的条件。相反,噬菌体颗粒的有限扩散阻碍了噬菌体在类似生物膜这样的结构化环境中的扩增,从而减少了噬菌体的遗传多样性,并减弱了噬菌体-宿主拮抗性的共同进化。因此,栖息地结构和组成是 MGE 驱动的 HGT 发生率和类型的关键决定因素。

参考文献

［1］ ANDAM C P, GOGARTEN J P. Biased Gene Transfer in Microbial Evolution[J]. Nature Reviews Microbiology, 2011(9): 543-555.

［2］ ANDERSSON J O. Lateral Gene Transfer in Eukaryotes[J]. Cellular and Molecular Life Sciences, 2005(62): 1182-1197.

［3］ BRITO I L. Examining Horizontal Gene Transfer in Microbial Communities[J]. Nature Reviews Microbiology, 2021(19): 442-453.

［4］ COSTA S S, GUIMARÃES L C, SILVA A, et al. First Steps in the Analysis of Prokaryotic Pan-Genomes[J]. Bioinformatics and Biology Insights, 2020(14): 1177932220938064.

［5］ DOOLITTLE W F. You are What You Eat: A Gene Transfer Ratchet Could Account for Bacterial Genes in Eukaryotic Nuclear Genomes[J]. Trends in Genetics, 1998(14): 307-311.

［6］ HOTOPP D J C, CLARK M E, OLIVEIRA D C, et al. Widespread Lateral Gene Transfer from Intracellular Bacteria to Multicellular Eukaryotes[J]. Science, 2007(317): 1753-1756.

［7］ HUSNIK F, MCCUTCHEON J P. Functional Horizontal Gene Transfer from Bacteria to Eukaryotes [J]. Nature Reviews Microbiology, 2018, 16(2): 67-79.

［8］ KEELING P J, PALMER J D. Horizontal Gene Transfer in Eukaryotic Evolution[J]. Nature Reviews

Genetics，2008(9)：605 - 618.

[9] KOMINEK J, DOERING D T, OPULENTE D A, et al. Eukaryotic Acquisition of a Bacterial Operon [J]. Cell, 2019, 176(6)：1356 - 1366.

[10] NELSON S S, SOUSA F L, ROETTGER M, et al. Origins of Major Archaeal Clades Correspond to Gene Acquisitions from Bacteria[J]. Nature, 2015(517)：77 - 80.

[11] OCHMAN H, LAWRENCE J G, GROISMAN E A. Lateral Gene Transfer and the Nature of Bacterial Innovation[J]. Nature, 2000(405)：299 - 304.

[12] OLIVEIRA P H, TOUCHON M, CURY J, et al. The Chromosomal Organization of Horizontal Gene Transfer in Bacteria[J]. Nature Communications. 2017, 8(1)：841.

[13] REDONDO S S, FERNÁNDEZ L R., RUIZ R, et al. Pathways for Horizontal Gene Transfer in Bacteria Revealed by a Global Map of their Plasmids[J]. Nature Communications，2020(11)：3602.

[14] RICE D W, ALVERSON A J, RICHARDSON A O, et al. Horizontal Transfer of Entire Genomes Via Mitochondrial Fusion in the Angiosperm Amborella[J]. Science，2013(342)：1468 - 1473.

[15] SIEBER K B, BROMLEY R E, DUNNING H J C. Lateral Gene Transfer between Prokaryotes and Eukaryotes[J]. Experimental Cell Research. 2017, 358(2)：421 - 426.

[16] SLOT J C, HIBBETT D S. Horizontal Transfer of a Nitrate Assimilation Gene Cluster and Ecological Transitions in Fungi：A Phylogenetic Study[J]. PLoS One，2007(2)：e1097.

[17] SLOT J C, ROKAS A. Horizontal Transfer of A large and Highly Toxic Secondary Metabolic Gene Cluster between Fungi[J]. Current Biology, 2011(21)：134 - 139.

[18] SOUCY S M, HUANG J, GOGARTEN J P. Horizontal Gene Transfer：Building the Web of Life[J]. Nature Review Genetics, 2015(16)：472 - 482.

[19] VAN R T, FERRETTI P, MAISTRENKO O M, et al. Diversity within Species：Interpreting Strains in Microbiomes[J]. Nature Review Microbiology, 2020(18)：491 - 506.

[20] YANG Y. Emerging Patterns of Microbial Functional Traits[J]. Trends in Microbiology. 2021, 29 (10)：874 - 882.

[21] YUE J P, HU X Y, SUN H, et al. Widespread Impact of Horizontal Gene Transfer on Plant Colonization of Land[J]. Nature Communications，2012(3)：1152.

[22] 黄锦岭.水平基因转移及其发生机制[J].科学通报,2017,62(12)：1221 - 1225.

[23] 王洽,乐霁培,张体操,等.水平基因转移在生物进化中的作用[J].科学通报,2014,59(21)：2055 - 2064.

第7章　基因突变与微生物群落

7.1　基因突变与环境选择作用

7.1.1　基因突变

(1) 突变(mutation)。突变是生物体 DNA 序列中任何可遗传的变化,最终成为遗传多样性的来源。突变的结果经常会影响生物体的表型,但也可能并不影响生物体的表型。"突变"一词最早由雨果·德·弗里斯(Hugo de Vries)创造,源自拉丁语单词,原意是"改变"。人工突变的过程被称为诱变,诱导突变的试剂被称为诱变剂。被选为参考菌株的生物体被称为野生型,其具有突变的后代被称为突变体。模板 DNA 序列的变化(突变)会影响所产生的蛋白质最终产物的类型。在自然情况下,由于环境的影响(射线、高温、其他生物产生的化学物质等),微生物的 DNA 复制过程也可能发生核苷酸的改变,造成 DNA 的点突变,甚至造成 DNA 的片段缺失、易位等改变。这些突变或可能改变该微生物的代谢功能,造成适应性的变化。

突变的类型和引起的效应如下:

(2) 同义突变(synonymous mutation)。有时 DNA 碱基序列中的单个取代突变变化会导致新的密码子仍然编码相同的氨基酸。由于产物没有变化,这种突变也被称为沉默突变。

(3) 错义突变(missense mutation)。错义突变是指导致蛋白质产物氨基酸序列(一个错误的密码子和一个错误氨基酸)发生变化的 DNA 突变。

(4) 无义突变(nonsense mutation)。导致终止密码子形成的突变称为无义突变。这些密码子会导致蛋白质合成终止,无义突变会导致蛋白质产物不完整。

(5) 移码突变(frameshift mutation)。移码突变涉及碱基对的插入或缺失,导致基因的"阅读框架"发生变化。当插入或缺失的碱基对为非 3 的倍数时,会导致阅读框移位,造成翻译的蛋白质的所有氨基酸都是错误的。

(6) 致死突变(lethal mutation)。有时一些突变会影响重要功能,细菌细胞变得无法存活,结果导致细胞被杀死。

(7) 条件致死突变(condition lethal mutation)。有时突变可能会影响生物体,使其只能在特定的环境条件下生存。在某些条件下是能成活的,而在另一些条件下是致死的。例如,对温度敏感的突变体只能在某个允许温度下存活,在更高的温度下会致死。

(8) 抑制突变(suppressor mutation)。它是指通过 DNA 上与原始突变位置不同的另一个突变,来逆转原始突变所导致的表型变化。抑制基因突变分为:基因内抑制和基因间抑制。基因内抑制(intragenic suppression)是在同一基因内部发生的第二次突变,其作用是抑制或校正该基因的第一次突变所产生的结果。

(9)单核苷酸变异(single nucleotide variations,SNVs)。基因组水平上有单个核苷酸的变异。

突变是进化的引擎,它产生进化过程所依赖的遗传变异。遗传变异是这些变化的基础。遗传变异可能由基因变异(也称为突变)或细胞准备分裂时遗传物质重新排列的正常过程(称为基因重组)引起。改变基因活性或蛋白质功能的遗传变异可以在生物体中引入不同的性状。如果某个性状是有利的并有助于个体生存和繁殖,则遗传变异更有可能传递给下一代(这一过程称为自然选择)。随着时间的推移,随着具有该特征的个体的世代不断繁殖,有利特征在群体中变得越来越普遍,使得该群体不同于祖先群体。有时,种群的差异如此之大,以至于被认为是一个新物种。

突变有好处也有坏处。虽然许多基因变化会以有害的方式破坏生物体的功能,但突变最终是所有适应性变异的来源。为了了解突变过程对个体和群体的影响,并预测突变率本身将如何演变,就需要了解有益突变和有害突变的发生频率。

7.1.2 突变的选择作用

基因水平上的进化始于产生基因变异的突变。如果突变体影响适应度,从而增加或减少群体中的频率,则可以选择支持或反对变体。如果对突变体没有选择,我们说它是"中性"的。在这种情况下,它会受到基因漂移的影响,偶然会增加或减少频率。动物的大多数突变都发生在基因间区域,但也有一些突变会自然发生在基因中。通常认为这些基因突变是最有可能通过选择看到的。如果我们观察长时间的进化,可能不会看到许多降低适应度的突变,因为这些突变应该通过自然或性别选择来消除。相反,我们希望看到的突变效应是:

➤ 中性(对适应没有影响);
➤ 几乎中性(对适应影响很小);
➤ 缓冲(由于上位效应而不可见);
➤ 积极的(对适应的积极影响)。

有害突变比中性和有益突变要多,所以突变率升高时,就必须考虑有害突变会带来死亡率升高。如果种群基数足够大就能支持种群在全部个体死亡之前产生有益突变,从而保全种群。如果在一个恒定的环境下,有害突变只会造成个体的伤残死亡。而所谓的"有益突变",由于没有新的选择压力进行筛选,因此仍然表现为中性突变,而不会提升适应度,因此,在一个恒定的环境下,突变率升高往往会使种群适应度下降,从这个意义上说是有害的。因此,当谈论突变是有利或者有害的时候,必须要考虑环境因素。这包括自然环境和基因环境。一个突变在一种自然环境中是有害的,但是在另一种自然环境中可能却是有利的。基因环境指突变所在的基因背景,不同基因的相互作用可能会改变一个突变对个体/种群适应性的影响。如果在足够大的种群规模下,突变率升高而环境恒定,则对生物的生存有害;但突变率升高时,环境也发生变化,则对生物的生存有利,可筛选出更加适应环境变化的种群。

一个强有害或者强有力的突变在自然选择作用下,往往会消失(有害突变)或固定(有利突变);而近乎中性(轻度有害或者轻度有利)的突变受到遗传漂变的作用更大,可能在群体中随机固定或者消失。

微生物的研究结果最初认为突变过程和环境选择性具有独立性。1943 年卢里亚-德尔布吕克(Luria-Delbruck)在实验中证明,细菌对噬菌体耐药性的突变在噬菌体暴露之前就发生,俄国学者莱德伯格(Lederbergs)对许多抗生素的耐药性的研究结果也得出类似的结果。然而,SOS 损伤反应及其伴随的突变的发现开始挑战人们的关于随机突变的观点共识。哈里森·埃科尔斯(Harrison Echols)认为 SOS 反应赋予了"可诱导进化",与芭芭拉·麦克林托克(Barbara McClintock)的观点不谋而合,即微生物通过调控基因组突变来适应环境。但许多人认为,SOS 突变可能是 DNA 修复不可避免的副产品,高保真修复可能很难进化。约翰·凯恩斯后来提出在饥饿应激的大肠杆菌中进行"定向"或"适应性"突变。他们在非致命的饥饿环境下进行研究,发现了应激诱导了突变增加。

与营养生长相比,不同的野生大肠杆菌分离株在固体培养基上长时间培养期间显示出更高的突变率,即衰老菌落中显示了更多的突变。枯草芽孢杆菌在经历饥饿过程中诱导了突变,该突变由 ComK 饥饿应激反应上调,需要 SOS 诱导的聚合酶 Pol IV 同源物 YqjH,但不需要 DNA 链断裂(DNA strand breaks, DSBs)修复。在枯草芽孢杆菌中,饥饿诱导的报告基因突变会随着这些基因转录水平的增加而增加,依赖于转录偶联修复因子 Mfd。这表明转录将饥饿诱导的突变引到枯草芽孢杆菌基因组的可转录区域,在那里它们更有可能是适应性的。

7.1.3　选择性压力

自然选择(natural selection)是作用于群体的可遗传特征:选择有益的等位基因,并增加其在群体中的频率;选择有害的等位基因,并降低其频率。这一过程被称为适应性进化(adaptive evolution)。

健康成年人的肠道中普遍存在普氏粪杆菌(*Faecalibacterium prausnitzii*),该菌显示出很大的遗传多样性,其多样性随年龄、地理位置、生活方式和疾病而变化。最近的一项研究从全球 7 907 个人体和 203 个动物肠道宏基因组数据中重建了 3 000 个组装的基因组,并将其分为 12 类细菌的物种级的 *Faecalibacterium* 基因组分箱(Bins)。在世界各地的人类肠道中都发现了这 12 种 Bins,并显示出区域多样性特征。*Faecalibacterium* 多样性和相对丰度的增加与复杂多糖代谢潜力的增加有关,富含纤维的饮食可能会促进这种代谢潜力的提高。与西方人群相比,在中国受试者中富集的 *Faecalibacterium* 的 Bins 中,发现了更高比例的与淀粉降解相关的基因,而乳糖和蛋白质代谢相关基因缺乏。这主要是由于亚洲人主要以大米为食,相比之下,牛奶和蛋白质的摄入更为缺乏,这一现象也与亚洲人群中更高比例的乳糖不耐受情况相对应。这些研究结果显示了环境选择的作用。

另外,一项全球跨队列宏基因组荟萃分析深入调查了因食用益生菌而引发的本地肠道微生物的共同进化现象。结果表明,益生菌的多样化摄入可以引导小鼠和人类的天然肠道微生物中广泛存在单核苷酸变异(single nucleotide variants, SNV)。有趣的是,相较于人类,在小鼠肠道中引入相同益生菌菌株后,在微生物菌群中发现的 SNV 数量远远多于人类。此外,益生菌诱导的 SNVs 模式呈现出高度的益生菌菌株特异性。

自然选择是直接导致适应性进化的关键机制,因为它是基于适者生存的进化现象。然而,自然选择并不作用于单个等位基因,而是作用于整个生物体。一个个体可能携带一个非常有益的基因型,其表型会增加繁殖能力(繁殖力),但如果该个体同时也携带一个具有致死效应的致病等位基因,则在个体还未到繁殖年龄就会夭折,则此个体的繁殖力表型也不会遗传给下一代。自然选择在个体层面发挥作用;它选择对下一代基因库有更大贡献的个体,即生物体的进化(达尔文)适应度。

选择可以通过多种方式影响种群变异,如稳定选择(stabilizing selection)、定向选择(directional selection)、多样化选择(diversifying selection)、频率依赖选择(frequency-dependent selection)和性选择(sexual selection)。

选择(selection)在决定基因座间的遗传变异方面起着重要作用。当一种群体产生一个高度有益的突变时(阳性选择),它也会减少连锁位点的遗传变异性。由于选择性作用减少了所有连接位点的变异,如果没有足够的重组,就无法解释大肠杆菌同义遗传多样性的模式,因为选择性均匀地减少了同一种群群体中的固定遗传多样性。

背景选择(background selection)可更好地解释大肠杆菌同义突变多样性。对有害突变的纯化选择会降低基因组中特定位点的变异性。对这些重要位点的中性突变的纯化选择被称为背景选择。这种形式的选择也被称为纯化选择,因为它促进序列的恒定。核心管家基因在氨基酸水平上比其他核心基因更保守,因为这些最重要的核心基因的突变会对生物体的适应性产生很大影响。

当群体中基因型或表型的适合度与该基因型的个体在群体中出现的频率相关时,就会发生频率依赖性选择(frequency-dependent selection)。正频率依赖性选择(positive frequency-dependent selection),表型的适应度随着其变得越来越普遍而增加。而在负频率依赖性选择(negative frequency dependent selection)中,表型的适应度随着其变得越来越普遍而降低。因此,正频率依赖选择倾向于消除群体的变异,而负频率依赖选择则起到保留多态性的作用。突变所赋予的适应度的优势随着其在群体中频率的增加而降低。简单来说就是,有时候你做得好,只是因为你这个类型的个体在种群中很稀有。当你的类型变成最普遍的一类的时候,其他类型的个体可能就开始表现得很好。负频率选择模式是维持种群中遗传变异的一种有力方式。负频率依赖性优势的突变在进化实验中很常见,在动物肠道等复杂和异质环境中可能更常见。在这种选择模型中,单个基因型永远不会取代其竞争对手,因为增加其频率将导致其适应度降低,并随后降低其频率。因此,稀有基因的频率将倾向于增加,而常见基因的频率则会降低,从而导致平衡的多态性。一些广为人知的频率依赖性选择案例包括:昆虫中罕见的雄性交配优势、植物中的自交不亲和等位基因,以及彩色蛾和蜗牛因鸟类捕食而展现出的颜色多态性等。

种群密度依赖的自然选择:种群大小受到空间和资源的限制,因此,并不能够无限增大。这意味着种群存在一个群体大小的上限,即承载能力(carrying capacity,一般用 K 表示),以及一个随群体大小而改变的群体增长率,这种增长率模式被称为 logistic 增长。

7.1.4 真核微生物突变的调控

在酵母中,已经报道了众多与应激相关的诱变和突变断裂修复(MBR)的实例。特别是在酿酒酵母(一种常用的模型生物,也称为出芽酵母)中,蛋白毒性药物如卡纳瓦碱能够依赖膜组织延伸尖刺蛋白(membrane-organizing extension spike protein,MSN)环境应激反应来诱导突变。这种 MSN 依赖性的突变机制需要非同源末端连接(NHEJ)途径中的关键蛋白 Ku,以及两种容易出错的 DNA 聚合酶——Rev1 和 Pol-zeta(ζ)的参与。NHEJ 是一种相对破坏基因组稳定的 DSB(双链断裂)修复方式,因此,MSN 依赖性突变代表了应激条件下向突变断裂修复(MBR)转变的机制。NHEJ 蛋白也是酵母中饥饿诱导突变所必需的。还有研究报道了酵母 MBR 依赖于易出错的 DNA 聚合酶 Rev3 和自发突变依赖于易犯错的聚合酶 Rev1 和 Polζ。酵母也通过 MBR 形成突变簇,并经历类似于大肠杆菌微同源 MBR 的断裂诱导复制(MMBIR)。

由热休克或蛋白质变性激活的热休克反应通过伴侣热休克蛋白 90(HSP90)在酿酒酵母中诱导非整倍体。HSP90 的抑制剂,如胚根醇,也会诱导非整倍体。HSP90 是非应激细胞中动粒蛋白正确折叠所必需的,因此,HSP90 可能通过破坏动粒组装触发非整倍体。由此产生的酵母细胞群表现出高度的核型和表型变异,并含有对胚根酚和其他药物具有耐药性的细胞。额外染色体拷贝形式的非整倍体也可以通过提供更大的突变靶标来促进适应性进化。额外的染色体也可以通过共享基因产物来缓冲有害的突变。在白色念珠菌和其他酵母中也有类似的应激诱导的非整倍体的报道,并且可以引起对多种化合物的耐药性,包括临床相关的抗真菌药物。这些例子中的一些可能与 HSP90 相关,但也可能涉及其他应激反应。

7.1.5 变异的可遗传性

原核生物细胞基因组的变异在进行细胞分裂时会使后代细胞都获得变异的基因,但是这些变异是否可以在种群内传递下去则取决于这个变异是否会使这个后代细胞获得生长优势,只有获得了生长优势,它才可以在这个群体中立足,甚至取得统治地位,取代野生型的细胞。但是多细胞真核生物中,并非所有变异都会影响进化。只有生殖细胞中发生的遗传变异才能遗传给后代,并有可能促进进化。有些变异仅发生在某些体细胞中,是不具有遗传性的,因此在自然选择中无法发挥作用。此外,许多遗传变化对基因或蛋白质的功能没有影响,既无益也无害,这些变异对进化无作用。此外,生物体种群生活的环境对于性状的选择也是不可或缺的。由突变体引起的一些差异可能仅仅有助于有机体在某一种特定的环境中生存,如果换了另一种环境则可能无效。

除了饥饿诱导的大肠杆菌 MBR 外,各种细菌和单细胞真核生物也表现出在应激条件下也展现出上调突变的例子。这些突变机制提供了关于基因组突变率如何动态变化,进而可能加速适应性进化的深入见解。许多菌株与大肠杆菌 MBR 具有相同的特征,但差异足以表明调节突变已经独立发生了多次,表明调节突变在进化驱动问题上的重要性,例如对抗传染病和抗微生物耐药性。对受调控的诱变机制的研究可揭示潜在的新药靶点,通过阻断诱变,从而阻断进化。

7.1.6　应激诱导突变的进化及其应用

突变为进化提供了原材料,但也会降低生物体的适应性。恒定的高突变率在快速变化的环境中对生物个体是有利的,但在更稳定(或周期性变化)的环境中会降低适应度。通过将突变偏向于在发生应激的时间或特定的基因组区域(也许这些区域与特定的应激有关),这种应激诱导的突变更有助于高突变率带来益处,同时还可降低风险。

最先在细菌中发现的应激诱导突变机制,挑战了人们长期以来有关突变的恒定性和一致性的认知框架。尽管突变通常被视为概率性事件,其发生与否具有不确定性,而非确定性和受调控的突变机制大大增加了有益突变在适当时间发生的概率,从而提高了适应性生物进化的能力。因此,关于突变的持续性、渐进性,以及所谓的"突变时钟"假设的观点已经逐渐不被认可了。

应激诱导的突变机制可能通过促进病原体和肿瘤的进化在人类疾病中发挥重要作用,并驱动进化。突变机制也可能是对抗传染病、癌症和耐药性进化的重要药物靶点。

7.2　突变与种群功能的进化

7.2.1　特异性基因突变促进适应性进化

细菌物种可以通过突变和选择来适应环境的重大变化,这种现象被称为"适应性进化"(adaptive evolution)。随着生物信息学和基因工程的发展,适应性进化的研究和应用进展迅速。

生态和进化过程可能同时影响微生物组对不断变化的环境条件的反应。就生态过程而言,由于选择力可以促进细菌群落内适应此环境的种群生长,因此该差异可以利用群落统计学在微生物组成上体现出响应上的差异。如在许多研究已经观察到 16S rRNA 定义的分类单元(OTUs 或 ASVs)的组成发生变化,以响应全球变化的影响。同时,相同的选择力还可以改变同种各个菌株种群的丰度,并改变先前存在的遗传变异的等位基因频率。通过突变的进化可以提供遗传变异的新来源,从而可以进一步使微生物适应环境的变化。

在某些情况下,适应性进化是由特定基因的功能获得突变引起的,这些突变使微生物适应这些特定环境。例如,一种只在氧气限制条件下生长的凝结芽孢杆菌菌株在编码甘油(多元醇)脱氢酶的基因中有个突变,该脱氢酶建立了一种新的 d-(−)-乳酸发酵途径。类似,编码硫酰胺脱氢酶(丙酮酸脱氢酶复合物的一种成分)的一个特定突变支持大肠杆菌突变体厌氧生长。这种突变还在适应的个体中引入了在野生型大肠杆菌中无法检测到的同源乙醇发酵途径。此外,RNA 聚合酶(RNAP)基因的特定突变对细菌表型表现出了广泛的影响。这些研究表明,特定的突变使细菌能够克服环境的胁迫。

7.2.2　微生物基因突变与基因的多效性

基因多效性(gene pleiotropy)是指单个基因影响着两个或两个以上显著表型性状的现象。如果单个基因发生了突变结果影响了许多表型性状,则此基因为多效性基因(pleiotropic gene)。即某个基因的突变不仅仅影响一个蛋白的功能,它可能会造成细胞在不同条件下的表型的差异(图 7 - 1)。

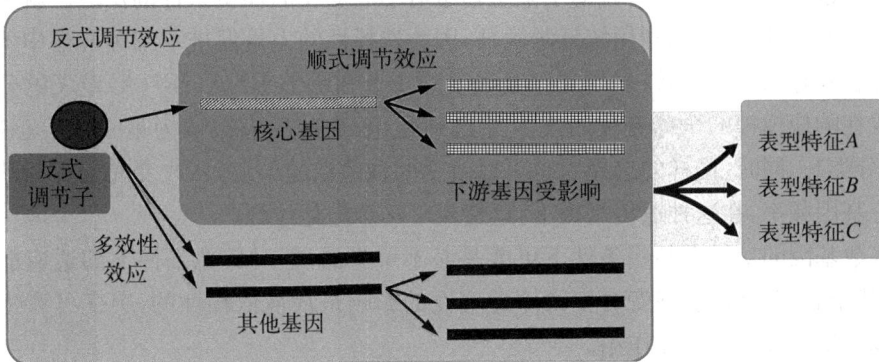

图 7 - 1　基因多效性作用的示意图

研究者使用顺式调节突变的影响来推断可归因于主效基因以外影响的反式调节突变,揭示了多效性效应的分布。顺式和反式调节突变对基因表达有不同的影响,反式调节突变体的多效性影响其他基因和下游的基因表达。可观察到的反式调节突变的广泛性和它们的有害影响,与它们在进化过程中对表达差异的相对贡献减少是一致的。

通常与蛋白质合成相关的基因具有多效性。然而特别关键的基因往往是非常保守的,否则可能有致死效应,部分结构基因如 16S rRNA 不太可能具有多效性。若突变后密码子对应的氨基酸相同(简并性),产生的蛋白的序列没有变化(同义突变),功能不会变化,则不影响基因的多效性;若突变后密码子偏好性导致 tRNA 不能转运,进而不能合成特定蛋白,或是物种中密码子不友好,表达量下降,导致的表型改变,则会影响基因的多效性。这种影响经常见于如微生物的基因转入植物体内时,该基因表达常常会降低很多。

拮抗性多效(antagonistic pleiotropic)通常用达尔文适应度(Darwinian fitness)来衡量。一种情况下适应度的提高对应另一种情况下适应度的下降。这些情况可以发生在特别不同的环境,也可以是不同的生命阶段。达尔文适应度是衡量生物体在特定环境中将基因传递给下一代的整体能力。它是一个相对的衡量标准,它取决于生物体的特征与其生存环境之间的相互作用。它还依赖于基本特征,例如对疾病的抵抗力、有效交配和亲代照顾的行为属性,以及对不同生态因素(环境条件)的更大适应能力。

以人类为例,p53 基因的产物具有使细胞停止生长并最终导致细胞死亡的功能。因此,p53 基因产物可以抑制癌细胞的生长,但同时也会抑制干细胞(stem cell)的分裂,它限制了人体自行更替老化细胞的能力。关于基因的多效性,在人类老化(aging)的相关机制中也有很多例证。例如,乔治·C.威廉斯(G. C. Williams)在 1957 年提出有关老化的理论,他认为某些基因产物在人体年轻时可以提升健康水平(fitness),然而,当年纪渐大,此基因产物却有相反的结果。一个基因的改变可以同时影响许多性状的变异。当我们在探讨基因的功能时,必须时常想起此观念。在基因的演化以及有关基因家族(gene family)的研究中,多效性基因也应该值得我们关注。某一性状的具体表现背后,代表着许多基因产物通过合作、拮抗及催化等复杂机制共同作用的结果,因此,一个基因通常不是只具有其原本的功能,而是在不同的细胞中扮演不同的角色,因此当突变产生时,通常会有较大范围的影响。

生态和进化过程可能同时有助于微生物组对不断变化的环境条件的反应。就生态过程而言,微生物组成响应可以利用统计学表征,因为选择性的力量促进了细菌群落中不同适应类群的生长和存活。当然,许多研究已经观察到16S核糖体RNA(rRNA)定义的分类群的分类组成在响应模拟的全球变化时发生了这种变化,这些反应被认为是一个生态过程(例如,物种分类)。同时,同样的选择力也可以改变同种菌株的丰度,并改变先前存在的遗传变异的等位基因频率,在这种遗传规模下,这造成了一个进化过程。

大多数基因的功能在某些条件下可能是必不可少的,但对其他条件下的适应能力的贡献很小,甚至有害。因此,突变对生物体适应性的影响是环境依赖性的,突变可产生复杂的多效性基因型与环境的相互作用。

7.2.3　种群的微进化

进化可以从两个层面进行研究：宏观进化(macroevolution)和微进化(microevolution)。前者即物种进化为新物种；而后者指随着时间的推移,物种内部发生较小的变化。宏观进化在化石记录中很明显,但微进化要检测起来要困难得多。

微进化意味着一个物种的遗传密码从一代到下一代发生了微小的变化。这可能会导致物种特征在短时间内发生变化,即种群中基因存在变异频率的变化。微进化是指一个种群在短时间内发生的微小变化。微进化导致了较小但仍然明显的变化,这些变化通常不会直接导致新物种的分化。微进化的变化发生在一个物种群体(即种群水平)中。

大量论文表明,微进化是自然界中一种常见的现象,尤其是当种群暴露在新的条件下时。一般来说,选择压力的改变会导致适应性变化,其中许多变化都有遗传基础。适应性微进化也可能受到表型可塑性的影响。然而,微进化在某些情况下似乎并未发生,这要么是因为研究人员无法正确测量相关参数,要么是由于特定条件阻碍了适应性的变异。

微观进化研究表明,作用在系列重复种群上的相似选择性压力往往会导致显著的趋同适应(从不同的条件起始)或平行适应(从相似的条件起始)。

以下5个不同的过程都可以导致微进化：突变、选择(自然选择和人工选择)、基因流动(geng flow)、基因迁移(gene migration)和基因漂移(genetic drift)。从进化角度来看,与"宏观进化"相比,微进化发生的时间相对较短。

微进化的3个核心概念为种群、等位基因和等位基因频率。

(1) 种群(populations)。种群是指在同一地区发现、具有相同或相近的遗传物质组成、占据相同的生态位,并可以杂交(真核多细胞有性生殖生物间)的同一物种的一群生物。种群是可以进化的最小单位——换句话说,个体是不能进化的。

（2）等位基因（alleles）。等位基因为一种控制生物体特定表型特征的可遗传单元。

（3）等位基因频率（allele frequency）。等位基因频率指特定等位基因在种群中出现的频率。例如，如果豌豆植株群体中的所有等位基因都是紫色等位基因 A，那么 A 的等位基因频率将是 100%。然而，如果一半等位基因是 A，一半是 a，每个等位基因的等位基因频率是 50%。

大多数生物学家认为微进化不同于宏观进化，它们是发生在不同时间尺度上的同一过程。微观进化经过很长一段时间的逐渐累积，最终产生了较大变化的宏观进化，如新种群或物种的形成。这两个过程都是基于 DNA 序列的突变，但并不是所有的突变都是有益的或有害的。

此外，如果环境发生变化，特定突变的影响（益处或危害）可能会发生变化。这是自然选择的作用。突变中种群对环境的适应性中有不同的影响。强有害的突变和致死突变会被自然选择清除，强有力的突变会被固定在种群中。大量微小效应的突变受到自然选择和遗传漂变的共同作用，而具有不确定性。

7.2.4 种群的微多样性

微生物群落对地球环境有着深远的影响。这些群落由数百至数千种不同的微生物组成，但微生物多样性与群落和生态系统功能之间关系的性质仍然是生态学中尚未解决的重大问题之一。环境和微生物物种之间的微妙关系会影响微生物群落结构，从而影响生态系统水平的过程。此外，在一些微生物群落中，高多样性与群落的鲁棒性密切相关。

传统上，物种被认为是多样性的单位。就微生物而言，物种的正式确认需要在纯培养中进行分离、表型表征和基因组测序。但微生物物种的定义在微生物学中存在广泛争论。此外，物种作为微生物生态学中最重要的单元的意义也存在较大争议，因为被分类在同一物种中的两个个体可能在环境中执行不同的功能。尽管这些微生物有遗传相似性，但也证实了来自同种菌株（conspecific strains）之间可能存在较大的表型变异。每个物种都是由不同的菌株形成的，这些菌株共享一个核心基因组，但它们的辅助基因组上有所不同，即所谓的"泛基因组"。基因组的变异被认为是生态位分化的原因，并可区分不同的生态型（ecotype）。在致病性方面，对物种内变异性的重要性已有了特别深入的研究，发现许多物种同时具有致病菌株和非致病共生菌株（例如大肠杆菌和脆弱拟杆菌）。一个经典的例子是大肠杆菌菌株，它可以是致病性的、共生的、宿主或与环境相关的。菌株与宿主健康之间的关系表明，在物种水平上研究微生物群落是不够的，这也适用于许多其他领域，如药物反应、营养循环、氮固定和宿主关联等等。

在面对复杂的微生物群落时，16S 核糖体 RNA（rRNA）基因可以对多样性和种群动态进行初步表征，而无须进行宏基因组测序。这项技术可以用于检测与不同环境变量相关的分类群。16S rRNA 基因数据的分析传统上涉及操作分类单元（OTU）或更为细分的扩增序列变异子（amplicon sequence variants，ASV）。通常 OTU 被定义为 97% 的相似性水平（假设大致对应于物种水平），尽管越来越多的作者提出了使用更高的阈值。但这种对更高分类分辨率的追求，可能导致测序错误带来的人为聚类类型。而 ASV 方法通过一些算法将可能引入的扩增和测序错误的生物序列去除，将可信序列区分差异仅为一个核苷酸的序列变体。

ASV 方法已证明其灵敏度和特异性比 OTU 方法更好,并能更好地区分生态模式。这种方法确实使我们看到了以往以 OTU 方法未能观察到的生态模式,是对微生物多样性的认识的提高。例如,乳酸杆菌属(*Lactobacillus* spp.)是乳酸菌(LAB)中一个非常多样化的类群。乳酸杆菌主要与食品生产和益生菌有关,常定居在人类的胃肠道、口腔和生殖道,使其成为人类微生物群的重要成员,该属的细菌具有极高的微多样性,其 16S rRNA 基因的同种内的不同菌株也具有差异(图 7-2)。但是,也会注意到,即便是 16S rRNA 序列完全一致的细菌,可能也会具有不同的基因组,它们可能属于不同的生态型,从而占据不同的生态位。而具有重叠生态功能(但适应不同生态位)的生态型的存在,赋予了微生物生态系统稳定性,保证细菌种群的长期持久性。一些物种已被证明由许多不同的亚群组成,这些亚群在广泛的环境梯度中保持分布。

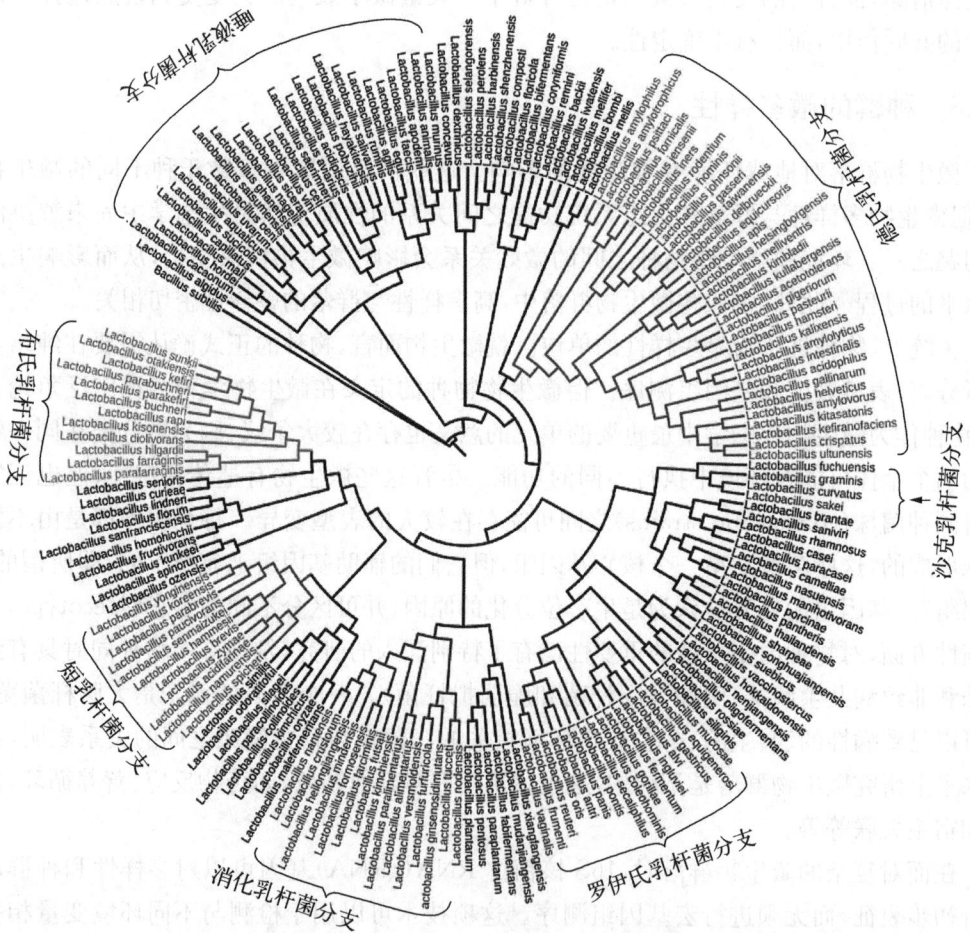

图 7-2 乳杆菌属(*Lactobacillus*)的 16S rRNA 基因系统发育树展示不同种的微多样性

多样化的群落将包含功能等效的生物体,能够对不同的扰动做出反应,从而提高稳定性。微生物群落的稳定性也受到其成员之间生态相互作用的类型和强度的影响。能够与多个伴侣形成多功能相互作用的物种将较少受到群落组成变化的影响;因此,一个由这种弱互动主导的群落将更能适应环境变化。

　　鉴于人类微生物组的复杂性,准确和高分辨率的微生物组图谱对于获得对群落行为、功能及其最终对宿主的影响的机制的理解至关重要。例如,准确分析菌株水平的微生物组成可跟踪一段时间以来的生态趋势,如从菌株水平辨识性伴侣之间细菌性阴道病相关菌株的传播。辨别同一物种的密切不同菌株之间的细微基因组变异也可能具有重要的临床意义,如痤疮丙酸杆菌,它在皮肤微生物组中表现出广泛的菌株变异,对各种皮肤状况有潜在不同影响。同样,大肠杆菌在毒素产生方面具有明显特征性变化,这导致一部分菌株具有高致病性,而其他菌株则在健康的肠道微生物群中发现。对宏基因组的基因含量进行高质量、客观的表征,对于确定与疾病相关的微生物组功能能力的变化也极其重要。

　　然而,值得注意的是,在表征微生物微多样性时,各种方法最终受到微生物组中存在的大量未知功能基因和未表征分类群的限制。因此,开发高效、成本效益高、严格的方法来揭开微生物组多样性的神秘面纱,对于充分发挥微生物组研究的潜力是必要的。尽管如此,随着未来技术的发展,分析微生物群落的分辨率和数据规模可能会继续提高。这些技术将不断提供对微生物组亚群,甚至单个细胞在时间和空间上的结构和功能,以及这些亚群的行为、它们之间的相互作用方式和与宿主相互作用方式的更精细的认识。

7.3　突变对微生物群落内物种关系的影响

　　突变会首先改变种群的适应性,导致微进化甚至宏观进化。种群功能和适应性的改变,又会通过改变对资源的利用和分享机制的变化,或者直接改变环境,如产酸、产抗生素等,从而对群落中其他成员的生存与适应产生影响。这种物种相互作用推动进化,而进化塑造这些相互作用。由此产生的生态进化动力学及其可重复性取决于群落成员可用的适应性突变如何影响适应性和生态相关性状。群落中的微生物的生态相互作用不仅改变了进化的轨迹,而且还决定了其可重复性,弱互利共生关系可以通过反复进化可以变为强共生关系。

　　最近的证据表明,突变显著影响进化过程。然而,我们对多物种群落中新突变的生态和适应性效应的理解仍然相当有限。此外,当生态环境发生变化时——比如群落成员的加入或灭绝发生时——这些新突变的效应会如何随之改变。

　　在一项研究中,构建了由两个物种组成的群落,该群落包括藻类莱茵衣藻和酿酒酵母,它们之间通过竞争和互利主义发生相互作用。测量了群落的一个成员酵母中产生的适应性突变如何影响其在二元群落中的竞争适应性(决定突变谱系进化成功的指标),群落中两个物种的绝对丰度以及酵母的基本生活史特征(生长速率和承载能力)。首先,发现酵母具有适应性突变,这些突变不仅具有遗传多样性,而且具有不同的生态效应。其次,即使酵母在单独生长或与藻类一起生长之间没有可测量的适应性权衡(trade-off),藻类的存在也会改变许多突变提供的适应性益处。这种选择压力的转变足以改变在酵母中本可稳定下来的突变,从而改变了其进化过程。第三,相较于不存在藻类,在存在藻类的选择下强烈受益的突变具有不同的生态效应。具体来说,通过生长周期结束时两个物种的产量的测量发现,藻类的存在改变了酵母的选择,有利于增强酵母-藻类共生的突变,使生态水平的进化更具可重复性。多物种群落的生态进化动态可能在历史上取决于先前的进化和生态学。因此,可以预期生态群落通常具有进入各种不同的生态进化轨迹的潜力。例如,对群落中酵母有利的突变可能可以增加或减少两个物种的产量,这表明该群落有可能朝着更强的共生关系抑或共生崩溃的两个截然不同的方向进化。这些结果的出现,很可能取决于酵母是否曾在藻类存在或不存在的情况下发生了进化。

最近的实验室研究发现,相同的群落倾向于向具有显著可重复性的相似生态状态进化。生态相互作用可能会限制进化轨迹的空间。也就是说,生态相互作用可能会引导进化。当然,这种现象是否是群落背景下进化的一般特征仍有待进一步确定。

7.3.1　群落内成员的共同进化与竞争强化

在自然界中,微生物生活在复杂的微生物群落中,它们在与同域微生物种群的不断相互作用下进化。微生物群落成员之间发生无数的相互作用(如合作、竞争或捕食),这些相互作用受到所有微生物的影响,以及微生物群落面临的生物和非生物因素的影响。反过来,微生物群落的功能会影响其环境,导致生物相互作用及其成员的进化动力学进一步变化。因此,微生物群落是动态系统。

微生物群落的环境持久性和功能不仅受到其物种丰富度的影响,还受到其功能多样性的影响。因此,微生物群落有两个重要方面:它们的分类结构(群落内每个个体种群的多样性和丰度)以及它们的功能(群落行为和活动)。微生物群落由各种功能群组成,可以定义为执行相同功能的所有种群。同一种群可能属于多个功能群,这导致单个微生物群落内形成相互关联的复杂功能网络。

物种相互作用是推动物种进化的重要力量,而进化本身又反过来塑造了这些相互作用。由此产生的生态进化动力学,其结果及其可重复性,均取决于群落成员的适应性突变如何影响它们的适应性和生态相关特征。多年来,研究者们一直致力于将观察到的表型变化与基因突变联系起来,以期揭示遗传适应作为进化适应基础的核心机制。对于在独特且有限的资源环境中培养生长的细菌纯培养物来说,它们的 DNA 在一百代传代期间会迅速发生变化。

物种相互作用可以影响物种的进化和适应环境变化的方式。解析群落内发生的物种间相互作用,对于研究群落如何发挥功能以及它将如何响应扰动和可能的变化至关重要。例如,在微生物群落中,某些物种可以利用其他物种产生的代谢物。这些相互作用非常密切,研究实验也表明单独培养互作中的某一微生物会相较于与其互作微生物共培养时呈现出更低的生长速度,甚至可能无法生长。但是值得注意的是,一个种群对新环境的适应度可能会受到分布区重叠种群的促进或抵消。这种群落中相互作用的物种相互适应的过程被定义为共同进化。分布区重叠种群(sympatric populations)可能会出现局部区域的不适应,并且可能会在利用相同资源时表现出特征或性状的趋同,而这种竞争性相互作用正是共同进化的群落成员所特有的。

共同进化创造了适应性的共同进化依赖性,正如:"it takes all the running you can do to stay in the same place(为了留在原地,你必须不停地奔跑)"所言,这句话形象地表达了物种必须不断适应其他进化的物种才能生存,或保持其对环境适应力。这一概念与范·瓦伦(Van Valen)在 1977 年提出的"红皇后假说"不谋而合。共同进化的物种增加了它们之间的竞争性相互作用。竞争者之间的共同进化预计会改变群落内的物种丰度并影响随后的群落进化。

7.3.2　群落内的相互合作关系的强化

在自然界中,互利共生并不是唯一稳定的进化策略,因为群落随时可能会出现入侵者。这些入侵者不参加合作,不产生能够使群落更加稳定的生长因子或有益物质,但是它们却从群落中获得能够支持其生长的营养物质。通过不付出"生产"成本,这些入侵者可以将更多的精力分配给它们自身生长,因此它们的相对适应度会增加。功能丧失的背后机制通常是选择性基因丢失,尽可能去繁就简,丢掉那些需要付出较高代价的生理功能,通过不断"堕落",而通过获得其他种群的支持,以优化其自身对环境的适应能力,即"黑皇后假说"。这种进化策略对长期的群落互作有很大影响,因为坐享其成者的适应性取决于互相合作微生物所提供的共同营养物质。只有群落内坐享其成者种群的比例保持在较低水平,该群落才能维持稳定。该类物种的存在势必将减少合作微生物的有效种群规模,降低公共产物的合成速度,同时也会降低群落中有益突变出现的速度以及物种能够适应新环境的速度。从任何角度看,合作型的进化是一个棘手的问题,因为根据自然选择理论,所有微生物都会倾向于最大化自身的适应性。然而,尽管群落内不同种群各自争夺的利益一直是冲突的根源,但自然界中微生物的合作互营行为可以说是无处不在的。

参考文献

[1] BARRETT R D H, SCHLUTER D. Adaptation from Standing Genetic Variation[J]. Trends in Ecology & Evolution, 2008, 23(1): 38 - 44.

[2] BUCKLING A, RAINEY P B. Antagonistic Coevolution between a Bacterium and a Bacteriophage[J]. Proceedings of the Royal Society of London[J]. Series B: Biological Sciences, 2002, 269(1494): 931 - 936.

[3] CASTLEDINE M, PADFIELD D, BUCKLING A. Experimental (co) Evolution in a Multi-species Microbial Community Results in Local Maladaptation[J]. Ecology Letters, 2020, 23(11): 1673 - 1681.

[4] CHASE A B, WEIHE C, MARTINY J B H. Adaptive Differentiation and Rapid Evolution of a Soil Bacterium along a Climate Gradient[J]. Proceedings of the National Academy of Sciences of the United States of America, 2021, 118(18): e2101254118.

[5] LAWRENCE D, FIEGNA F, BEHRENDS V, et al. Species Interactions alter Evolutionary Responses to a Novel Environment[J]. PLoS Biology, 2012, 10(5): e1001330.

[6] MANRIQUEZ B, MULLER D, PRIGENT-COMBARET C. Experimental Evolution in Plant-Microbe Systems: A Tool for Deciphering the Functioning and Evolution of Plant-Associated Microbial Communities[J]. Frontiers in Microbiology, 2021(12): 619122.

[7] MAS A, JAMSHIDI S, LAGADEUC Y, et al. Beyond the Black Queen Hypothesis[J]. The ISME Journal, 2016(10): 2085 - 2091.

[8] VENKATARAM S, KUO H Y, HOM E F Y, et al. Mutualism-enhancing Mutations Dominate early Adaptation in a Two-species Microbial Community[J]. Nature Ecology & Evolution, 2023 (7): 143 - 154.

[9] VANDE ZANDE P, HILL M S, WITTKOPP P J. Pleiotropic Effects of Trans-regulatory Mutations on Fitness and Gene Expression[J]. Science, 2022(377): 105 - 109.

[10] VAN ROSSUM T V, FERRETTI P, MAISTRENKO O M, et al. Diversity within Species: Interpreting Strains in Microbiomes[J]. Nature Reviews Microbiology, 2020, 18(9): 491 - 506.

第8章 微生物群落的协同互作

　　微生物群落是由各种不同的微生物组成的一个复杂的系统。在微生物群落中,微生物之间的相互作用和调节起着至关重要的作用。细胞间的相互作用可以影响微生物群落中的物质循环、能量转化和代谢途径等生态过程。微生物群落具有丰富的多样性,不同类型的微生物在不同环境中起着不同的作用。微生物群落的多样性对维持生态系统的平衡和稳定性至关重要。

　　微生物群落中的不同微生物具有不同的生态位,它们在共同生活的环境中通过竞争资源和空间来维持自己的存在。生态位竞争是微生物群落中的一种重要的生态过程,它影响着微生物群落的结构和功能。此外,微生物群落中的微生物之间存在着协同作用,它们能够通过相互作用来促进彼此的生长和代谢活动。例如,一些微生物可以分泌有益物质,为其他微生物提供生长条件;一些微生物可以合作分解复杂的有机物质。除协同作用外,微生物群落中的微生物还可以通过共生或竞争的方式来进行生物防御和增强抗性。一些微生物可以分泌抗生素来抑制其他微生物的生长,从而维持自己的生态位;一些微生物可以通过共同生活来增强对外界环境的抗性。

　　生态系统中的多种环境条件为多样且复杂的微生物群落提供了丰富的孕育场所。这些微生物群落是生态系统中不可或缺的一部分。

　　不同的生态环境,如土壤、水体(包括淡水、海水以及沉积物)、空气,以及动植物体表和体内等,都孕育着微生物群落(图8-1)。这些微生物群落不仅种类繁多,而且彼此之间存在

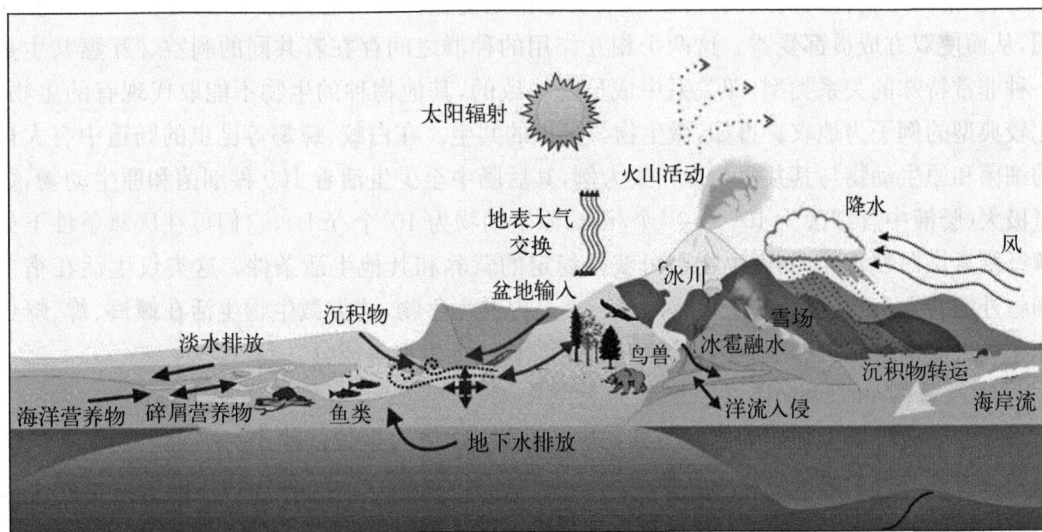

图8-1 微生物群落

复杂的相互作用关系,共同构成了一个复杂的网络结构。

8.1 微生物种群间互作

8.1.1 生物间的相互作用分类

自然界中的微生物并非隔离生存,微生物会对它们的邻居产生有益(如互利、偏利)或有害(如竞争、寄生、捕食)的作用,或不产生可见的作用(中性互作);不同微生物个体、物种、种群间会通过不同的相互作用方式形成复杂的生态网络互作。群落中的微生物通过形成不同的代谢产物进行竞争、交流和互惠关系。

土壤是微生物和植物的重要栖息地,具有高度的复杂性和异质性,并且养分有限。链霉菌能够通过产生三甲胺、氨气等挥发性小分子来远距离拮抗其他微生物,同时诱发自身的试探性生长(exploratory growth)来寻找和接近营养更丰富的区域。

生物之间普遍存在着多种形式的相互作用,包括协同作用、原始合作、拮抗、寄生、捕食和竞争等。微生物间的互作关系受到环境的影响,有些环境中微生物成员之间的合作或协同作用等积极相互作用更为普遍,微生物之间最常见的合作相互作用是互惠互利的。然而,在另外一些环境中,由于资源有限或环境压力增大,竞争、拮抗等消极相互作用可能成为主流。

1) 互惠共生(mutualism)

在所有的积极互动中,互惠关系在决定不同群体的组织方式和表现方面起着重要作用(traveset and richardson,2014)。互惠或共生可以被定义为一种强制性的联系,互惠意味着生物体之间的相互作用,双方都从这种联系中受益。互惠共生与共生之间存在一个显著特征,共生指的是物种间的共同生活,但不一定相互受益。在互惠共生中,两种微生物相互作用,从而使双方成员都受益。这两个相互作用的种群之间存在着共同的利益。互惠共生是一种非常特殊的关系类型,即关系中成员是一致的,其他物种的生物不能取代现有的生物。比较典型的例子为地衣。再如,微生物与昆虫的共生。在白蚁、蟑螂等昆虫的肠道中有大量的细菌和原生动物与其共生。以白蚁为例,其后肠中至少生活着 100 种细菌和原生动物,数量极大(肠液中含细菌为 $10^7 \sim 10^{11}$ 个/mL,原生动物为 10^6 个/mL),它们可在厌氧条件下分解纤维素供白蚁营养,而微生物则可获得稳定的营养和其他生活条件。这类仅生活在宿主细胞外的共生生物,称外共生生物。另一类是内共生生物,这类微生物生活在蟑螂、蝉、蚜虫和象鼻虫等许多昆虫的细胞内,可为它们提供 B 族维生素等成分。

2) 互营(syntrophism)

互营是两种微生物间的相互关系,其中一种生物体的生长依赖于另一种生物体提供的底物或由其改善。两种生物相互依赖来完成代谢活动的合作,一种生物体的生长依赖于另一种生物体释放的营养物质/代谢物。互营是一种普遍存在的现象,这些生物相互依存,以确保生命活动不会停滞。互营关系是一种相互关联的生物体相互受益的关系。例如,发酵细菌产生乙酸与产甲烷细菌形成互营关系。

3) 共生(symbioiss)

共生多指微生物与宿主之间的相互作用,其中共生菌受益,而宿主不受影响,既没有有益的影响,又没有有害的影响。这种相互作用是单向的,如果寄主和共生体分开,共生体依然能存活。共生不涉及寄主和共生体之间的生理相互作用或依赖。在共生关系中,双方均可以独立生存,但由于它们在空间上的接近,共生微生物可能能够以宿主摄取的营养物质为食,形成共栖关系。

有一类共栖不同于上述共栖,成为偏害共栖,是指对一方有负面影响,但对另一方没有影响,即一方受到伤害,另一方不受影响的状态。

4) 原始合作(cooperation)

这是一种协同的相互作用关系,其中两个生物体相互受益。在原始合作中,有机体之间的关系类似于互惠共生,只是它们不像互惠共生那样是强制性的如红硫细菌($Chromatium$)和脱硫弧菌($Desulfovibrio$)的协同作用涉及硫循环和碳循环之间的原始合作。例如,纤维素单胞菌(一种纤维素分解细菌)和固氮细菌之间的相互作用也是原始合作的一个很好的例子。

5) 拮抗(antagonism)

拮抗是一种负相关关系,其表现为两种微生物种群中存在其中一种种群分泌的物质可能对另一种种群具有抑制或致死作用。分泌或产生抑制性化合物的种群受益,即它们不受影响或它们可能存在于竞争中并在环境中成功生存,同时抑制其他种群。一个例子是许多侵入皮肤的致病菌被皮肤正常菌群产生的几种脂肪酸所抑制。

6) 寄生(parasitism)

寄生是两种不同生物类型之间的关系,其中一种生物(寄生者)在相互作用中通过诱导对另一种生物(宿主)的伤害而获得利益并从另一种生物(宿主)那里获得所需的营养。

宿主和寄生者之间的关系可能是物理的或代谢的,并且通常存在一段较长的时间。有些寄生虫生活在宿主体外,被称为外寄生虫,而许多寄生虫生活在宿主细胞内,被称为内寄生者。

7) 捕食(predation)

它是两种微生物之间的联系,其中一种生物(捕食者)攻击或吞没另一种生物(猎物),通常导致猎物死亡。这种捕食者与猎物的相互作用持续时间很短。细菌捕食者产生广泛的次生代谢物和降解酶,以溶解或杀死其他生物体。如捕食线虫真菌通过其捕器来捕捉和杀死线虫。当线虫靠近或接触捕器时,捕器会迅速反应,如通过黏性物质将线虫粘住,或通过收缩环将线虫困住(图 8 - 2)。潜入杆菌($Daptobacter$)、蛭弧菌($Bdellovibrio$)是作为捕食者的细菌的常见例子,它们可以以各种细菌种群为食。

8) 竞争(competition)

竞争是一种合作伙伴使用相同的资源时的相互作用,比如使用相同的营养物、水,甚至空间等。因而会造成为争夺资源而相互排斥的情况。可包括种内竞争、种间竞争、干扰竞争等。在这种相互作用中,两个种群都受到负面影响,威胁到它们在该环境中的生长和生存。微生物相互竞争资源,如营养、空间等,这导致微生物种群的最大密度或生长速度较低。它

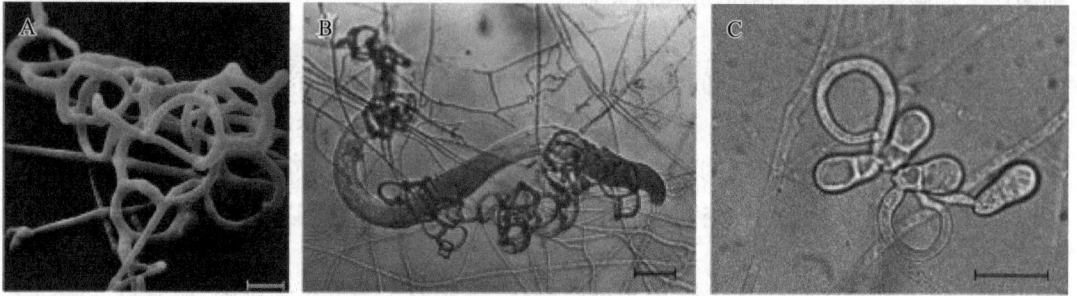

图 8-2   真菌捕器(conidial trap)捕食线虫

们争夺碳氮源、磷、维生素、生长因子和许多其他限制生长的资源。极端强烈的竞争抑制了两种微生物对同一生态位的占有,因为一种微生物会获得成功,而另一种微生物会被淘汰。

9) 抗生作用(antibiosis)

抗生作用是指微生物通过产生抗生素或其他手段对其他微生物造成不利影响。如产生各类抗生素,细菌 T6SSs 通过毒性效应物及其同源免疫蛋白抑制竞争细胞。在大麦、柑橘、小麦和黄瓜的根际群落中发现了丰富的 *T6SS* 基因。T6SS 效应器家族"Hyde1"对嗜酸菌植物病原菌细菌分离株具有高效的控制作用。一些 CRISPR 相关蛋白在根环境中显示出正选择压力,说明噬菌体对根际微生物具有强烈选择压力。

8.1.2   植物与微生物的种群互作关系

1) 根瘤菌与植物

根瘤菌与豆科植物共生形成根瘤共生体,是微生物与植物共生的又一典型(图 8-3)。由于彼此双赢,所以称为互惠共生。菌固定大气中的氮气,为植物提供氮素养料,而豆科植物根

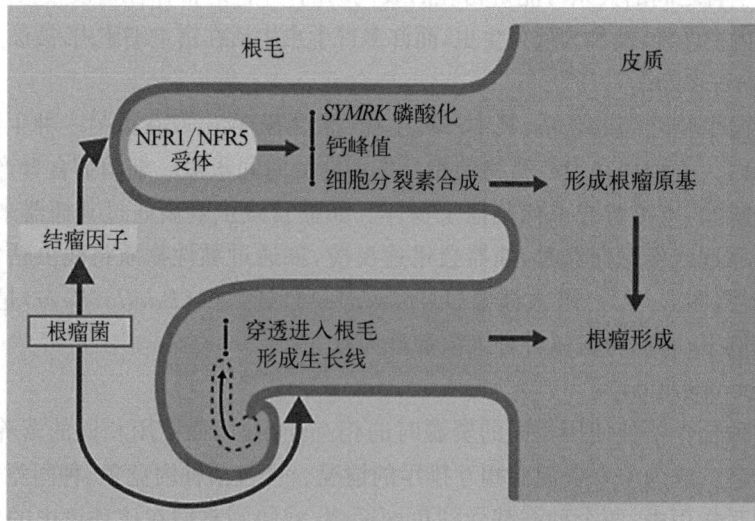

图 8-3   根瘤菌在共生植物根部共生结瘤

的分泌物能刺激根瘤菌的生长,同时,还为根瘤菌提供保护和稳定的生长条件。

2) 丛植菌根菌与植物

许多真菌能在一些植物根上发育,菌丝体包围在根面或侵入根内,形成了两者的共生体,称为菌根。一些植物,如兰科植物的种子若无菌根菌的共生就无法发育,杜鹃科植物的幼苗若无菌根菌的共生就不能存活。

丛植菌根菌与植物的互作对植物营养获取起到重要作用,丛植菌根菌分为内生菌根(endomycorrhizae)和外生菌根(ectomycorrhizae)(图 8 - 4)。

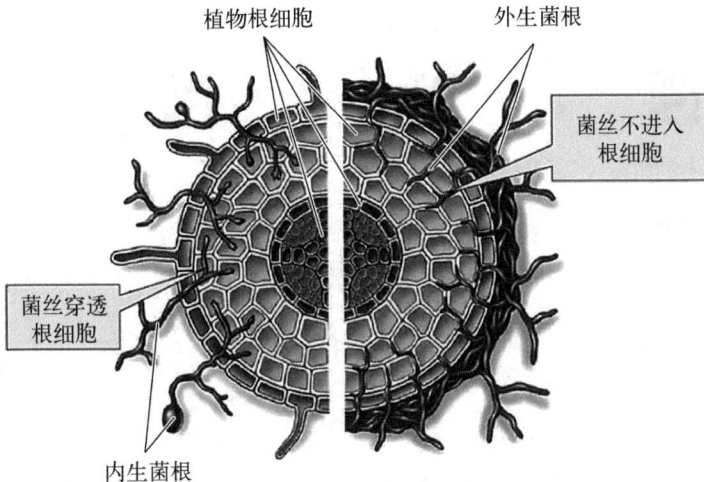

图 8 - 4　丛植菌根菌与植物根部关系示意图

3) 植物促生菌(*Plant growth-promoting rhizobacteria*, PGPR)

有些细菌和真菌与植物积极合作,形成共生关系,如土壤中常见的促进植物生长的根际细菌。已报道的 PGPR 主要属于变形菌和厚壁菌,也有很少部分为放线菌。PGPR 可有效促进植物根部生长,对植物产生积极影响。

8.1.3　动物与微生物的种群互作关系

1) 人体微生物组

健康人体正常分布有大量的微生物,包括体表皮肤、黏膜、口腔、肠道、呼吸道,甚至人体组织中。每个个体的人都可以看作是一个离岛式的栖息地,上面居住着微生物群落。它有基本的生态群落过程特性:扩散性、局地多样性、环境选择性以及生态漂移性。

微生物群的相互作用不仅限于微生物群落之间,还存在于微生物和它们的宿主之间,已有许多研究表明,它们在宿主的发育、代谢、体内平衡和免疫中起着关键作用。虽然健康人的微生物组也十分多变,但研究发现微生物群落组成的失衡与不良的宿主反应有关,有时还与严重的病理反应有关,如腹泻、糖尿病、结肠直肠癌、炎症性肠病、肠易激综合征和肥胖症等。

2) 动物与微生物互惠关系

微生物与动物互惠共生的例子也很多,如牛、羊、鹿、骆驼等反刍动物,吃的草料为它们胃中的微生物提供了丰富的营养物质,但这些动物本身却不能分解纤维素,食草动物瘤胃中的纤维素分解菌能够将其分解成糖,并被其他菌转化成有机酸,最后经氧化,成为动物的主要能量来源。

夏威夷短尾乌贼(*Euprymna scolopes*)与费氏弧菌(Vibrio fischeri)的共生及化学发光现象。在这段共生关系中,*E.scolopes* 在其光器官中驯化了细菌 *V.fischeri*,这些细菌的密度在白天中会增加,在夜晚降临后达到最大值,从而产生强烈的发光效果。这种行为使乌贼能够在夜间捕猎,同时通过伪装躲避捕食者(图 8-5)。

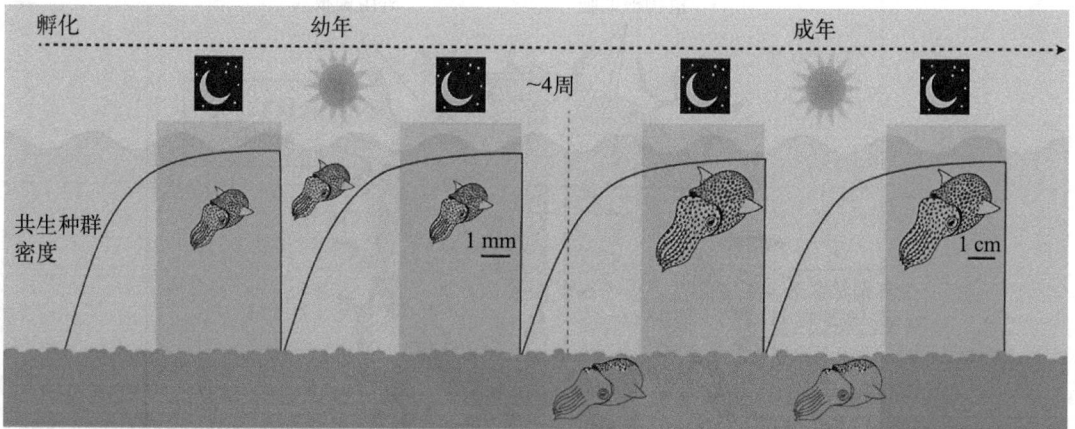

图 8-5 弧菌与夏威夷短尾乌贼(*Euprymna scolopes*)间的共生与日夜节律

光器官的初始定植涉及几种生物化学和生物力学机制,以建立夏威夷短尾乌贼和生物发光细菌——费氏弧菌之间的伙伴关系。*V.fischeri* 从浮游细菌到光器官共生体的栖息地转变涉及几个有助于促进定植的特性。新生的光器官由纤毛场组成,纤毛场由异时随机摆动的纤毛组成,纤毛产生微电流(图 8-6 箭头所示),有助于将细菌大小的颗粒聚集在光器官两侧的 3 个孔上方的遮蔽区。宿主增加内源性甲壳质酶的表达,并分泌含有几种生物化学因子的黏液,包括甲壳质酶、一种共生体化学引诱剂和一系列可能抑制其他细菌的宿主免疫因子。这种独特的微环境为费氏弧菌提供了选择优势,防止了其他非共生细菌的定植。进入光器官的费氏弧菌细胞必须经过一个独特的结构,包括纤毛导管、前室和瓶颈。单个费氏弧菌细胞(有时是几个细胞)迁移到 3 个隐窝中,并分裂和生长,直到达到能够诱导群体感应和光产生的细胞密度(9~12 h)。

3) 虫媒寄生

寄生微生物通过蚊虫、螺类等中间宿主在人和动物中传播疾病。如疟疾、登革热等。虫媒寄生,又称虫媒传染病,是由被微生物寄生的病媒生物传播的自然疫源性疾病,常见的有流行性乙型脑炎、鼠疫、莱姆病、疟疾、登革热等危害性较强的传染病。例如,登革热是由登革热病毒引起的一种急性虫媒传染病,主要通过埃及伊蚊和白纹伊蚊传播。登革热病毒有 4个类型,即登革热病毒 Ⅰ 型、Ⅱ 型、Ⅲ 型、Ⅳ 型,这 4 种病毒相互之间没有交叉保护,即如果有传染源存在,人的一生中可能感染 4 种登革热病毒。

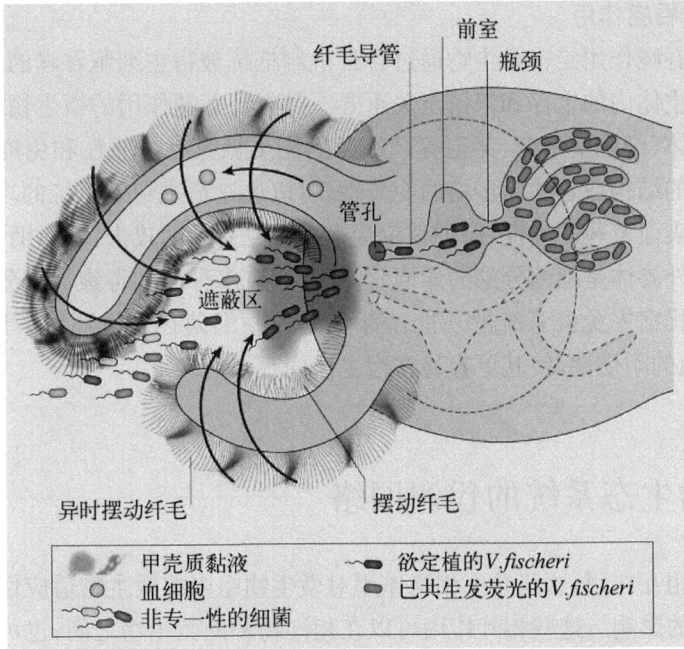

图 8-6　夏威夷短尾乌贼的弧菌定植筛选模型

4) 真菌寄生

众所周知,"冬虫夏草"是一种被真菌寄生蛾子而形成的生物。其实,拥有类似行为的真菌有很多,而蚂蚁就是很重要的一种寄生对象。研究通过对化石的分析,发现远古真菌对蚂蚁进行"行为控制"。生活在亚洲森林里的偏侧蛇虫草菌(Ophiocordyceps unilateralis)可以控制莱氏屈背蚁(Camponotus leonardi)的行为。当蚂蚁感染了这种真菌,会离开蚁穴,在附近的树林地上找一片树叶,紧紧咬住它的叶脉,然后死去,为真菌生长创造完美的环境。当蚂蚁感染上这种真菌,它们会爬下生活的树,进行"死亡之抓"的行为(图 8-7)。所有受感染的屈背蚁都会咬住叶子的背面,因为这里避光,温度和湿度适宜于真菌繁殖。

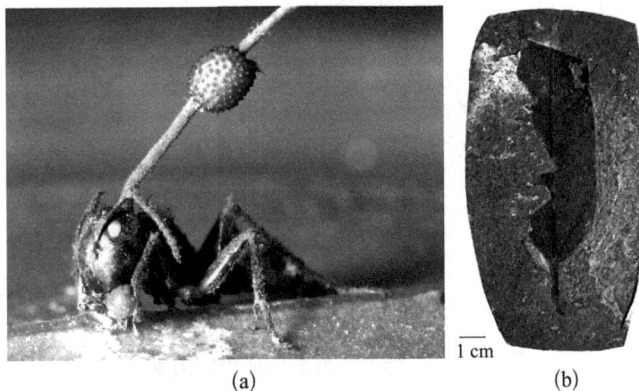

(a)　　　　　　　　　　(b)

图 8-7　被感染的蚂蚁和咬痕叶片化石

(a) 被感染的蚂蚁;(b) 咬痕叶片化石

5）微生物抗吞噬作用

微生物的抗吞噬作用是指微生物通过各种机制抵抗被宿主细胞吞噬的能力。这种能力对于微生物在宿主体内的生存和繁殖至关重要。具有抗吞噬作用的微生物结构主要包括脂多糖、荚膜、外泌体、细胞壁多糖、芽孢等。细菌的脂多糖具有抗原性和免疫原性，一些细菌通过改变脂多糖的结构或表达脂多糖的变异性，可以逃避宿主免疫系统的攻击。此外，一些细菌也可以利用表面荚膜的黏性，保护其免受宿主免疫系统的攻击，并有助于细菌在宿主体内定植和扩散。外泌体是细菌分泌的囊泡状物质，含有多种酶和毒素等成分，一些细菌通过分泌外泌体来干扰宿主免疫系统的功能。芽孢是一些细菌在恶劣环境下形成的一种休眠体，可以增加细菌的耐受性，使其更容易在宿主体内存活。

8.2 微生物生态系统的代谢网络

微生物彼此相互作用，这些共生相互作用对微生物组内的微生物适应性、种群动态和功能能力具有不同的影响。这些相互作用可以在相同物种的微生物之间，也可以在不同物种、属、科和生命域之间。互作网络中的交互模式可以是积极的（互惠的、协同的或共栖的）、消极的（包括捕食、寄生、对抗或竞争，即偏害共栖的），或中性的，即对相互作用物种的功能能力或适应性没有（或没有观察到）显著影响。

微生物生命策略的概念可以显著影响它们之间的相互作用的结果。例如，在争夺相同资源时，微生物在不同营养水平下争夺相同化合物的过程中，实际上也可以从彼此间受益。复杂微生物生态系统的稳定性取决于同一底物在不同浓度水平下所引发的营养相互作用的微妙平衡（图 8-8）。

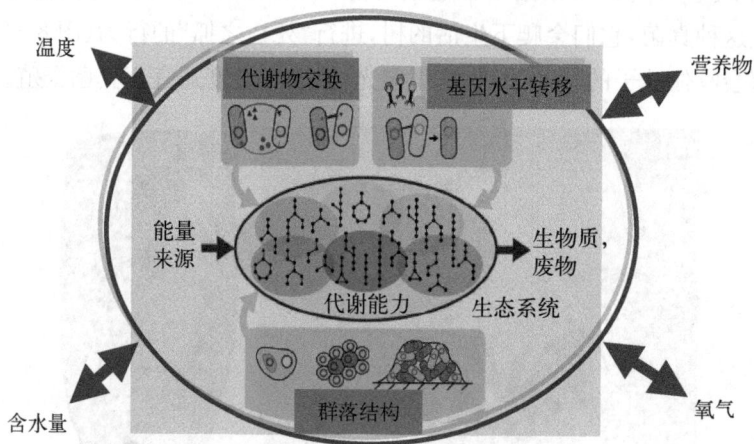

图 8-8 微生物群落内外影响因素

微生物生态系统代谢网络（microbial eco-systems metabolic networks，MEMNs）是指微生物细胞为节点有序组合而成的生物界的一种无尺度网络，是自然生态系统中微生物及其基因组发挥功能活性的主要形式。在该网络中,大部分的微生物只参加一种或少数反应,表现出少数生理功能,但一些微生物则参与多种反应,表现出多种生理功能,形成代谢网络的核心微生物群系。在自然生态系统中,微生物的种类繁多、遗传背景复杂,而且在丰度和空间上呈不均匀分布,菌群结构和功能活性随着环境中生物、物理和化学因素的改变而演替。当微生物以群落的形式组成代谢网络发挥作用时,其特定遗传组分得以协调表达,抵抗外来冲击的能力明显提高,其功能和活力是单一菌株或菌属所无法比拟的。

微生物群通过调节环境的分子组成影响地球上几乎所有的环境。随时间变化的环境扰动和空间组织方式决定了如何塑造微生物群落结构和功能。这些群落成员之间以及生物体与环境之间的相互作用网络决定了微生物群落的功能。微生物相互作用是微生物群落的主要驱动因素,并受时空参数的调节。对塑造微生物群落的生态、分子和环境力量的机制性和定量的理解可以为控制微生物群落动态和功能的策略提供信息。

微生物生态系统代谢网络研究是客观全面认识微生物系统不可缺少的途径。从基于分子水平的遗传学,以及生态学的角度系统地研究微生物群落代谢网络,将全面真实地揭示环境微生物群体生命活动的规律,阐明微生物之间能量和物质传递规律,从宏观上把握微生物的遗传代谢和生理表型的协同关系,进一步挖掘和发现微生物的潜力,为与微生物活动相关的底物的利用和产物的合成提供理论分析的依据和实际操作的指导。

微生物生态系统代谢网络作为微生物细胞之间,以及微生物与外部环境之间进行物质转化、能量传递和信息交流的主要形式而客观存在于自然生态系统中。只有充分地认识和掌握微生物生态系统代谢网络的分子基础和综合表型特征的特点和规律,才能真正有效地利用和发挥微生物的功能活性并为人类服务。

8.3 微生物群落代谢的协同互作

8.3.1 微生物外代谢组与微生物互作

微生物之间的许多社会相互作用是由代谢产物交换介导的,对微生物群落的组成以及更广泛的生态系统功能和稳定性产生影响。尽管微生物相互作用通常用生态学的术语来描述,例如促进作用、互利共生、竞争,但它们也会施加强大的选择压力,因为一个生物体的适应度取决于其他相互作用生物体的特性。

为什么代谢产物交换对微生物如此重要呢? 原因是所有微生物细胞都会释放出许多代谢产物,统称为外代谢组(exometabolome),其中许多代谢产物都是其他生物的资源。迄今为止,大多数关于代谢物交叉喂养的研究都是对非生物栖息地的微生物进行的,包括沉积物和水柱,以及在实验室中的培养基上进行的实验。然而,人们对生物栖息地的微生物群落生态学越来越感兴趣,即其他活生物体,特别是动植物宿主。而生物栖息地具有可供选择的特殊特性,因此微生物的生长条件和资源可以以适应宿主的方式进化。

所有微生物都有一个外代谢组,这意味着它们向周围环境中释放代谢物。生长旺盛的细菌培养物的外代谢组可以包括数百种代谢产物,其中绝大多数来自活细胞,而不是细胞裂解。许多外排的代谢产物被广泛认为是代谢的副产物,也称为溢出代谢产物。但有人认为,这些化合物的释放可以保护细胞免受其在细胞内环境中不受控制的积累,这将导致代谢失衡,如氧化还原平衡的扰动。有研究根据在计算机上对各种兼性厌氧细菌的基因组的代谢模拟,认为在最优的生长情况下,会有许多代谢产物的输出,包括甘油、乙酸盐、乳酸盐、苹果酸盐和琥珀酸盐,而这不会给细菌细胞带来代谢成本。

通过脂质双层的被动转移(类脂扩散)和转运蛋白(促进扩散)两个过程介导外代谢组中化合物的释放,包括各种微生物发酵产物(酮、醇、未离解形式的羧酸等)、非极性氨基酸、糖和糖衍生物。被动通量和促进扩散的贡献因微生物类群而异。自然选择可以有利于具有通道样功能的转运蛋白的遗传变体介导被动通量,并且膜脂质的组成可以影响类脂扩散。例如,厌氧铵氧化细菌中富含 ladderine 脂质的膜的渗透性大大降低。除了这些被动途径外,一些代谢物还通过外排泵,特别是 ABC 转运蛋白和各种由跨膜电化学梯度提供动力的次级活性转运蛋白,逆着浓度梯度输出。尽管这些系统最为人所知的是药物和其他外源性物质的输出途径,但据报道,也有初级代谢产物(如有机酸、氨基酸、糖)主动流出的例子。

一些微生物的外代谢产物的另一个来源来自与微生物外表面相关或分泌到外部环境中的酶,它们介导复杂生物分子(如甲壳质、植物纤维)在细胞外分解为可溶性单体。降解产物被产生酶的微生物细胞吸收,但由于扩散损失和运输限制,这些过程并不完全有效,产物也可以在外代谢组中发现。

微生物的外代谢组具有重要的生态意义,因为其他微生物可以利用释放的代谢产物作为种群生长的底物。文献中广泛报道了两大类单向代谢物转移。促进作用(facilitation)是指代谢物转移的唯一受益者是受体微生物细胞;生产者没有从消费者消耗释放的代谢物中获得直接利益[图 8-9(a)]。在互养代谢(syntrophy)中,生产者也受益于消费者介导的释放代谢产物的使用[图 8-9(b)]。第三类代谢产物交叉喂养是具有不同代谢能力的微生物细胞对之间代谢产物的相互交换[图 8-9(c)]。这三类代谢物转移中的每一类都可能对消费者、生产者或双方在相互作用中产生的代谢成本产生重大影响。

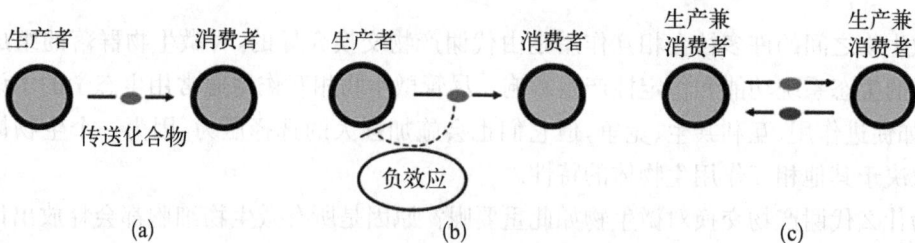

图 8-9　微生物细胞代谢互作关系示意图
(a) 促进作用;(b) 互营作用;(c) 代谢互惠作用

1) 促进作用(facilitation)

促进作用增强了消耗其他微生物类群释放的代谢产物的微生物种群。微生物群落中数量上重要的成员通常依赖于来自其他分类群的代谢物。例如,对海水中与甲壳质颗粒相关的细菌群落的分析确定了许多既不能使用甲壳质也不能使用其单体(N-乙酰葡糖胺)的分类群,但其碳需求来自甲壳质降解分类群的废物,包括有机酸。因此,群落的生物量以及功能和分类多样性都有所增加。换句话说,群落不仅由非生物资源(甲壳质)形成,还由微生物之间的代谢相互作用形成。然而,不同微生物类群之间的关系可能强烈依赖于环境条件。这一点可以通过一项精细的研究来说明,该研究使用微流体技术来量化分离培养的弗赖森草螺菌(*Herbaspirillum frisingense*)或它与其他 14 种细菌进行单个、两两组合或 7 个成员的组合共培养的菌群的细胞数的增加。弗赖森草螺菌不能利用复杂糖(如蔗糖),而在与其他实验细菌的一个组合中通过释放易于利用的单糖提高了弗赖森草螺菌的产量。然而,当在葡萄糖或果糖上生长时,与这些细菌的相互作用是竞争性的,降低了弗赖森草螺菌的产量。

如前一段中的例子所示,促进作用是生态适应的产物,而不是由长期共同生活在一起的分类群之间的共同进化产生的。然而,生产者衍生的代谢物可以推动进化变化,并产生深远的生态后果。营养的外源供应可通过选择提高消费者对代谢物的吸收和利用能力。此外,这些变化可能伴随着生物合成能力的丧失(即营养缺陷型),因为从环境中获得营养的成本低于生物合成的成本。具体而言,营养缺陷型生物不会产生用于生物合成反应的酶、底物和能量的成本,也不会因不同代谢途径之间对代谢物、氧化还原等的相互冲突而导致代谢效率低下。在外源性供应的情况下,营养缺陷型生物也可能比仅在有限条件下合成特定营养素的细胞更适应环境,因为它不承担维持感知和响应外源性营养素供应的机制的成本。在微生物(原养菌)合成外源营养物的栖息地中,可能会出现负频率依赖性选择的现象,即在许多生产者共存的情况下,营养缺陷型营养物是有利的,而在高营养缺陷型频率下,是有利于原养菌的。这种情况下,生产成本高昂的营养物质的原养菌细胞可以多样化为原养菌细胞和营养缺陷型细胞的混合种群,如黑皇后假说所说。这很好地解释了在混合良好的环境中密切相关的微生物的功能多样性,包括海洋中的原绿球藻和淡水栖息地的放线菌。这些进化事件也在实验进化研究中得到了证明。例如,过氧化氢酶阳性大肠杆菌菌株进化为过氧化氢酶阳性和过氧化氢酶阴性基因型的混合群落。

总之,代谢促进通过生态和进化过程的相互作用,促进生物量的生产(包括生长率和产量),并增强微生物群落的分类和功能多样性。生产者衍生的代谢产物有利于营养缺陷型微生物的定植和生长,也对营养缺陷型的进化产生频率依赖性选择。最终结果可能是形成具有不同代谢能力的多个密切相关菌株的相互作用种群共存。但这些相关菌株可能通过常规微生物技术无法被发现。具体而言,在群落分析中,16S rRNA 基因序列在菌株之间显示出差异很小,甚至几乎无差异。此外,许多消费者菌株可能是不可培养的,因为它们的生长和存活高度依赖于生产者释放的特定代谢产物。

2) 互营作用(syntrophy)

微生物细胞的外代谢组包括代谢废物,这些废物可以在外部环境中积累,扰乱代谢,甚至引起生产者的自毒。互营作用,即具有互补代谢能力的微生物对环境中这些废物的消耗,在能量有限、缺氧的栖息地有广泛的记录。例如,发酵有机底物并产生净氢气的细菌通常与消耗氢气作为甲烷生产底物的产甲烷菌有关。通过充当电子阱,产甲烷菌有利于其伴侣的持续发酵。支持这些共营养接合的碳基质种类繁多,涵盖具有经济和环境重要性的多个领域,例如,从复杂的植物多糖生产生物燃料的过程,以及复杂的芳香污染物和难降解碳氢化合物的生物降解过程。这些共养关联中的许多案例是基于一对微生物的关系,包括单个发酵细菌和产甲烷菌,但其他则更复杂,它们涉及一种或多种产甲烷菌,以及既能作为还原当量的受体,又能作为供体的细菌。厌氧细菌和古细菌组成的三成员群落的例子便说明了这一点。当来源于天然沉积物的复杂群落与脂肪酸丁酸盐和无机铵作为唯一的碳和氮源进行厌氧培养时,该群落就有可能出现。丁酸盐降解是由 *Syntrophomonas* 细菌(属于厚壁菌门)介导的,而这一过程产生的还原当量转移到产甲烷 *Methanocolleus*(属于甲烷古细菌目)和脱硫弧菌(属于德尔塔变形菌)。

3) 代谢互惠(reciprocity)

考虑到不同微生物类群之间和环境条件下外代谢组成的变化,微生物群落成员间存在广泛的代谢物多向转移现象,这包括具有不同代谢能力的微生物细胞之间代谢物的相互交换。在很大程度上,我们对这些相互作用的理解,主要来自实验室培养物的简单系统的研究。许多研究都集中在条件致死性生物合成突变体上,即当提供特定营养时,可以以与野生型菌株相当的速度生长;但在缺乏营养的培养基中,无法维持正常的生长活动。例如,两种分别为氨基酸、亮氨酸和赖氨酸营养缺陷型的大肠杆菌菌株可以在基本培养基(不含氨基酸)上共同生长,但不能单独生长。不同物种的辅助营养物质在实验室培养中也表现出代谢互惠性,例如大肠杆菌和鲍氏不动杆菌(*Acinetobacter baylyi*)中色氨酸和组氨酸的互惠营养缺陷型,以及大肠杆菌和肠炎沙门氏菌的甲硫氨酸营养缺陷型依赖于大肠杆菌衍生的乙酸盐。值得注意的是,对多种大肠杆菌营养缺陷型突变体共培养的实验进化研究中,在大约1011个细胞分裂中,生物量表现出逐渐增加。这些适应性突变可归属于编码交叉喂养代谢产物和氮代谢整体结构的转运蛋白的基因的突变。

4) 代谢产物交叉喂养(cross-feeding)

实验数据和代谢模型研究表明,宿主对微生物之间代谢交换的干预,与宿主对微生物组成以及营养物质获取的控制有关。以肠道微生物群为例,这一复杂的生态系统可以包括成百上千种分类群,它们可以从摄入的食物和宿主代谢中获得营养资源,也可以从微生物细胞中获取。

动物宿主对肠道中复杂微生物群落的组成控制作用相对较弱。不同分类群的丰度符合中性模型的预测,即由宿主之间的被动扩散和生态漂移(个体宿主的机会损失)所决定。从这些模式中得出的一个重要预测是,代谢交叉喂养广泛存在于微生物群落。基因组规模的代谢建模和实验研究都证实了肠道微生物群中代谢交叉喂养的广泛发生率。在一项研究中,重建了773种人类肠道细菌的代谢网络,并分离测定了这些细菌与另一种细菌配对时的生长。在测试的近30万个成对相互作用中,31%～45%产生了促进一方或双方生长的代谢物的交叉喂养。此外,代谢交叉喂养产生的产物是单个分类群无法产生的。例如,成对的人类肠道细菌有能力将宿主来源的主要胆汁酸转化为12种次级胆汁酸,其中只有6种次级胆汁酸可以由单个细菌类群合成;肠道细菌哈氏真杆菌和路氏乳杆菌从1,2-丙二醇合成短链脂肪酸丙酸,1,2-丁二醇是人类肠道中各种其他细菌糖发酵的交叉产物。从非生物栖息地获得的许多代谢物交叉喂养的认识,同样适用于肠道等复杂的微生物群落。

复杂群落中代谢交叉喂养的分析,存在技术和计算方面的挑战。但近两年,微流体和机器人技术的最新技术发展使得对数千种共培养组合进行并行分析成为可能,从而能够对复杂的群落中的代谢相互作用和结果进行系统分析。与此同时,科学家正致力于开发计算工具,旨在整合代谢组学和宏基因组数据,用于改进代谢功能和微生物交换的预测,并对代谢相互作用进行复杂的计算机分析。总体而言,这些方法为解决微生物群落生态学中的关键挑战提供了契机:即深入理解和准确预测不同代谢过程对微生物群落组装的影响。

代谢专业化(metabolic specialization)是一个普遍的生物学原理,它塑造了微生物群落的构建。单个细胞类型很少在其环境中代谢多种底物。相反,不同类型的细胞通常只专精于代谢某一类可用底物。例如,居住在人类肠道内的微生物细胞会遇到各种各样不同的底物,这些底物可以被代谢以满足微生物细胞的能量和营养需求。然而,对于特定的一个种群的细胞,它也只能代谢肠道中存在的一部分可用的底物,即使这个种群的细胞由于底物用尽而濒临饥饿,它也不能去利用肠道中尚存的其他类型的底物。微生物为什么要代谢专业化呢? 细胞内资源竞争带来的生化冲突可能促进了代谢专业化。代谢酶的合成和维持需要消耗细胞内资源,包括元素构建块(碳和氮)、能量资源(ATP)、mRNA 合成机制(RNA 聚合酶和 sigma 因子)、蛋白质合成机制(氨基酸、核糖体、tRNA 和伴侣)和容纳酶的细胞空间。如果其中一种资源有限,那么在一个代谢过程中投入更多资源的细胞必须在其他过程中投入更少的资源。微生物细胞在权衡收益最大化的过程中,会对基因和功能进行一定的取舍(trade-off),当然这可能是自然选择的结果(相关内容见本书第 7 章突变与种群功能的进化一节)。

根据以往的研究,代谢互作主要通过物种间的代谢物交换、水平基因转移、调节群落结构组成,以及物种与环境之间的温度、水分、氧分压、营养物交换等来实现。然而是否存在新的代谢互作机制还有待于进一步研究,尤其是在极端环境下的代谢互作研究非常有限。

对微生物相互作用的研究常集中在微生物之间的代谢交叉喂养上。考虑到这种相互作用在微生物群落中的普遍性,与大型生物相比,这一领域正吸引着生态学新概念理论的发展。道格拉斯(Douglas)等综述了细胞外代谢产物(外代谢组)在自然群落中产生多样性的作用,强调了各种类型的交叉进食相互作用,并考虑了与宿主生物(包括人类宿主在内)的相互作用是如何塑造这种代谢互作的。

传统上,微生物的活性是在单一培养中研究的,因此在阐明个体代谢途径和潜在机制方面取得了重要进展。然而,在自然界中,微生物生活在各种复杂的混合群落中,这些群落通常具有相当大的代谢和系统发育多样性。关于微生物群落如何作为完整生物单元发挥作用,它们的活动如何受群落成员之间生态相互作用的调节,或者关于作为一个实体的群落内可用营养资源所遵循的代谢途径,至今都知之甚少。如果要了解环境质量的微生物控制、微生物在全球变化中的作用、调节藻华的生态参数等等,必须将我们对单个生物体的细胞代谢的理解扩展到作为生物整体的群落的层级,分析资源共享和不同成员的作用,描述调节群落功能的主要参数和相互作用。

8.3.2 代谢互作对微生物群落功能发挥的影响

在群落中,微生物之间的相互作用能够使得群落的功能发挥更加稳定、持续,且抗干扰能力强。培尔斯(Pelzs)等提出的一个非常经典的群落代谢互作的研究,结果显示,在一个以

4-氯水杨酸(4CS)为唯一碳源的恒化反应器存在的 4 种微生物中,只有 MT1 菌株能够在基质 4-氯水杨酸(4CS)作为碳和能量的唯一来源的情况下转化和生长,这是其在恒化器中丰度最高的原因。但单独的 MT1 培育时,当 4CS 稀释率超过 0.2 时,由于中间代谢产物白头翁素的积累,其对 MT1 产生毒性效应,使得 MT1 的数量大幅度减少。而当 MT1-MT4 共同培育时,MT4 可以利用 MT1 代谢 4CS 产生的中间产物(原白头翁素),MT3 代谢利用 4CS 的代谢中间产物、原白头翁素的前体分子——3-氯-黏糠酸酯的能力强,使得 4CS 的大量加入(稀释率低于 0.8 d⁻¹时)不会导致毒性产物原白头翁素在恒化器中积累,使得 MT1-MT4 充分地利用 4CS 提供的 C 源生长。只有当稀释率达到 0.8 d⁻¹时,原白头翁素的积累导致该群落迅速被破坏(图 8-10 和图 8-11)。这说明,微生物之间的代谢互作会使得群落降解 4CS 的功能强化,能够耐受并降解更高浓度的 4CS,这归功于其中几株菌将降解 4CS 菌株的生长抑制解除,增加了整个群落的抗干扰能力和稳定性。

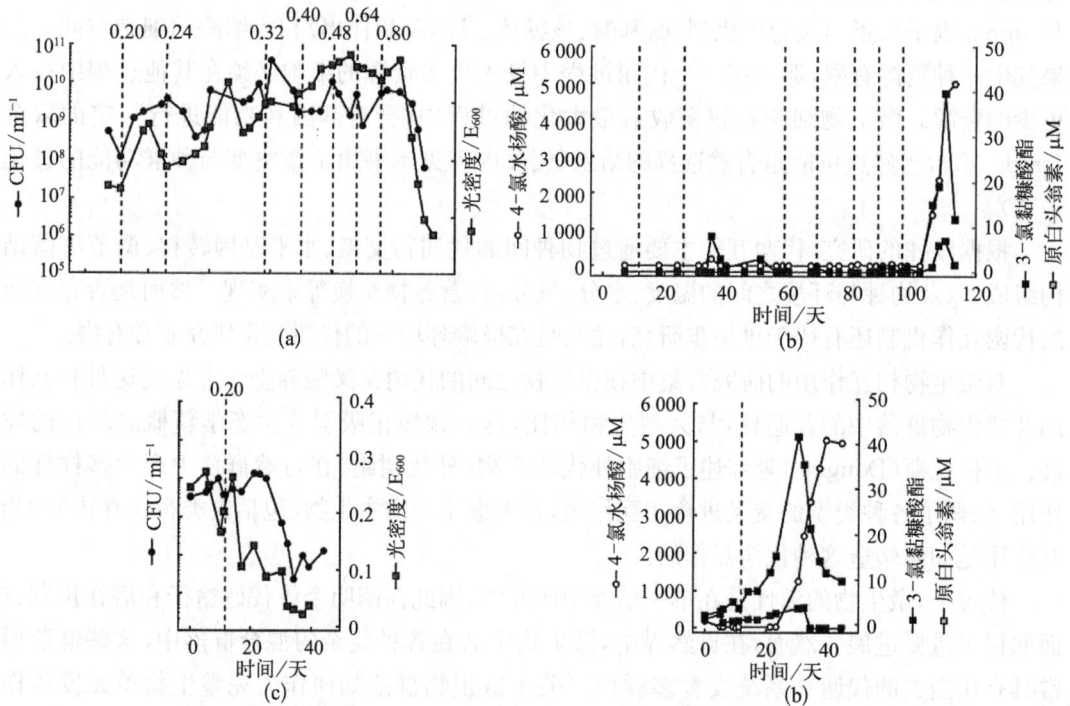

图 8-10 4-氯水杨酸降解恒化反应器运行参数(引自 Pelzs et al., 1999)

(a) 在菌群作用下的生物量(菌落计数与光密度值);(b) 4-氯水杨酸(4-chlorosalicylate)与代谢产物 3-氯黏糠酸酯(3-chloro-*cis-cis*-muconate)及原白头翁素(Protoanemonin)的浓度变化;(c) 单独以 MT1 培养物作用下的生物量(菌落计数与光密度值);(d) 4-氯水杨酸与代谢产物 3-氯黏糠酸酯及原白头翁素的浓度变化情况

要想了解代谢互作对于群落功能发挥的意义,首先应明确代谢互作的概念。在环境微生物代谢中,代谢互作包含以下情形:

(1) A 菌和 B 菌共同参与某个物质的降解过程,其中,A 负责上游途径,而 B 负责下游途径。例如,在菌株 *Sphingopyxis sp.* OB-3 和 *Comamonas sp.* 7D-2 组成的菌群中,菌株 OB-3 只能将辛酰溴苯腈转化为溴苯腈,但不能进一步矿化溴苯腈;溴苯腈的进一步降解则

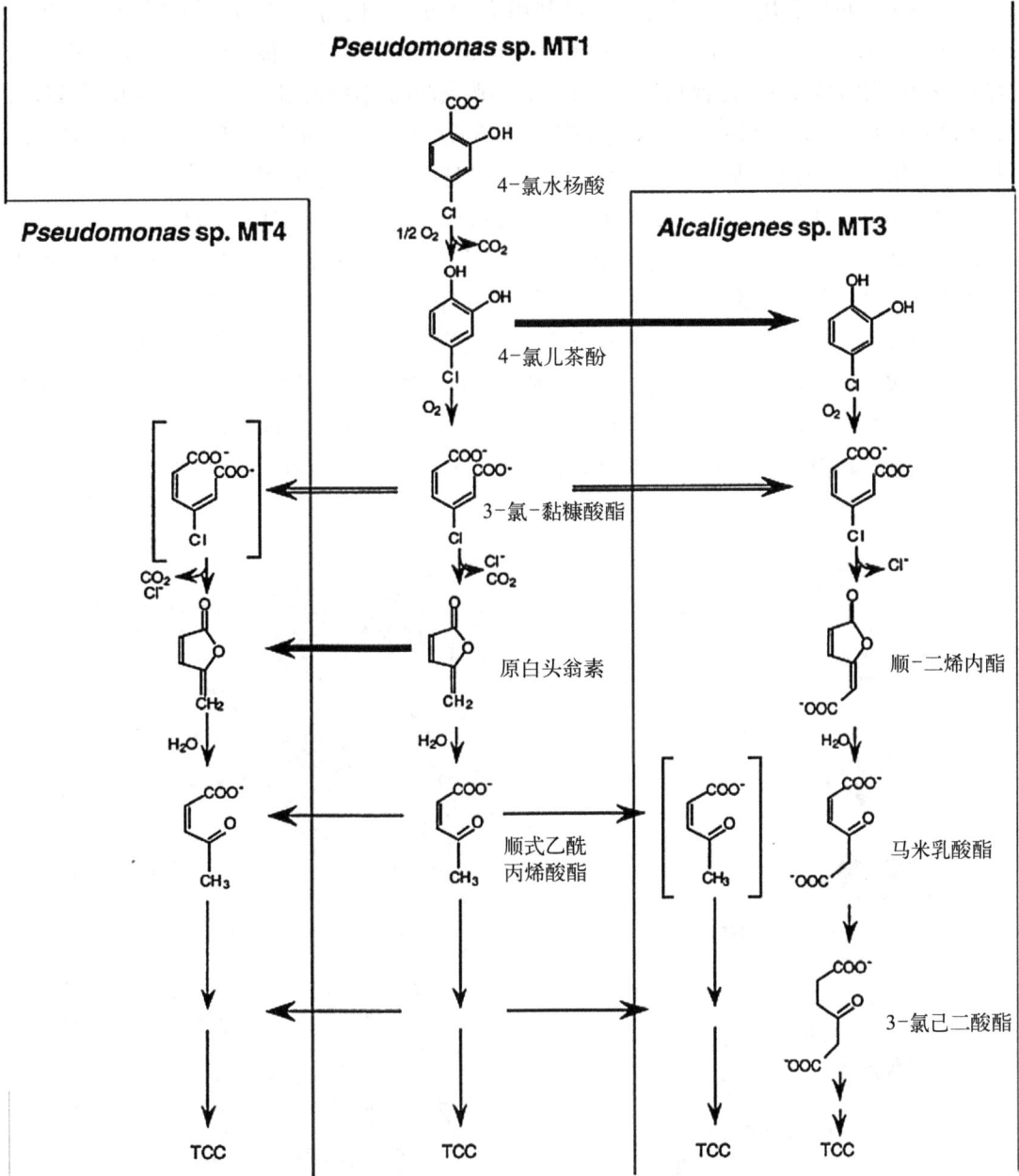

图 8-11　群落水平不同细胞的 4-氯水杨酸降解代谢途径网络

由菌株 7D-2 完成,而菌株 7D-2 并不能从头降解辛酰溴苯腈。因此,两者都不能以辛酰溴苯腈为唯一碳源生长。然而,当 2 株菌联合培养时,可以同时获得生长并矿化辛酰溴苯腈。这说明菌株之间的互养关系,实现了辛酰溴苯腈的高效矿化。

(2) A 菌能够降解某个物质,而 B 菌不可以降解该物质,但 B 菌能促进 A 菌的降解活动,因为 A 菌的代谢产物被 B 菌利用;B 菌反过来分泌的某些次级产物对 A 菌的生长有利。例如,*Dietzia 23 sp. DQ12-45-1b* 和 *Pseudomonas stutzeri SLG510A3-8* 协同降解 C16,

P. stutzeri 不可以利用 C16,但是它可以利用 *Dietzia sp.* 代谢 C16 的中间代谢产物,包括 hexadecanoate、3-hydroxybutanoate,以及 α-ketoglutarate。作为回报,*P. stutzeri* 将乙酸和谷氨酸反馈给 *Dietzia*,进而调节 *Dietzia* 琥珀酸脱氢酶的表达和促进 *Dietzia* 细胞的积累,从而提高其对 C16 的降解效率。15 天去除率达到 85% 左右。综上所述,代谢互作有利于环境菌群之间互相利用代谢物,提高功能发挥,进而提高菌群的生态稳定性和抗干扰能力。

微生物群落往往由上千种成员组成,他们在分子水平上相互作用。微生物群落中存在一种营养共享的相互作用模式,即一个物种产生另一个物种所需的代谢物(图 8-12)。那些不能产生所需营养物的微生物依赖于其他成员的提供,如氨基酸、碱基或维生素等。由于营养缺陷的普遍存在,微生物之间的营养共享是微生物群落结构构建的重要驱动力。

钴酰胺是微生物初级代谢和次级代谢都需要的主要营养素,如碳源分解、核苷酸生物合成和天然产物生物合成等。而大多数使用钴酰胺的微生物并不能自我合成,依赖于从其他物种获取这个辅因子。因此,在微生物群落中存在钴酰胺共享的相互作用(图 8-13)。

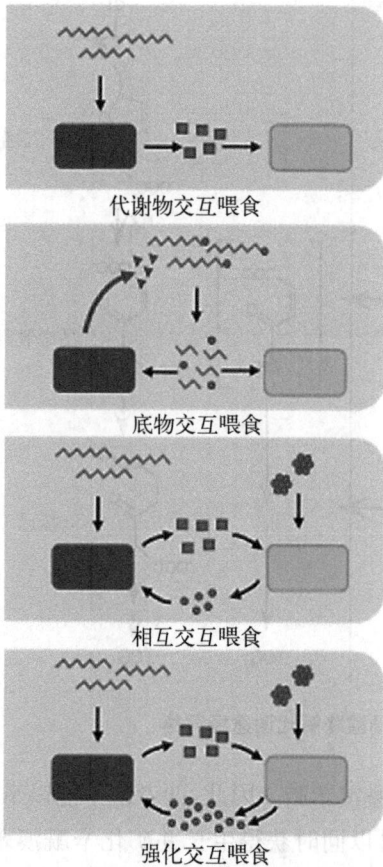

图 8-12　4 种交叉喂食形式的图解示例

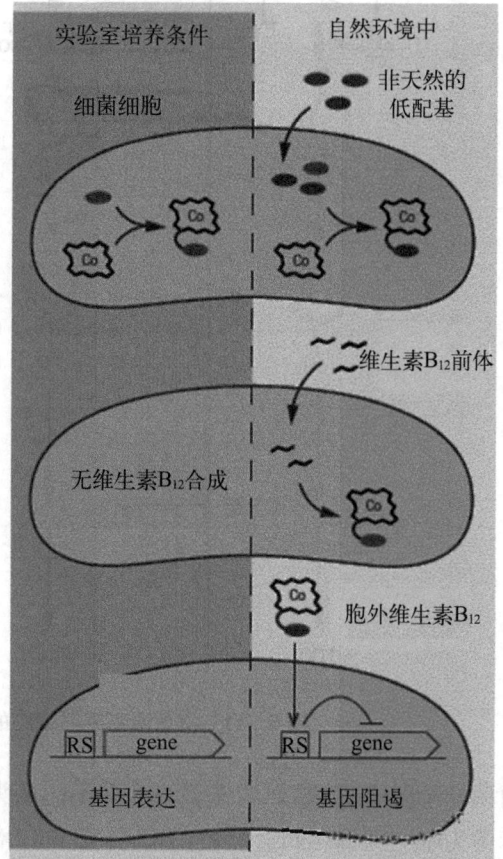

图 8-13　钴酰胺的生产与使用在细菌间的分布

在有机卤化物呼吸细菌(OHRB)与非脱氯菌之间,存在互作关系。由于专性 OHRB 如 *Dehalococcoides* 是严格厌氧的生物,它们只能以氢气作为唯一的电子供体,并以乙酸盐为碳源,同时还需要外源维生素 B₁₂ 作为生长的必要因子。因此,这些专性 OHRB 必须依靠非脱氯成员来提供其所需的营养物质,并维持其生存的厌氧条件。发酵细菌、产乙酸细菌和产甲烷菌等微生物,虽然没有脱氯功能,但是在和 Dhc(一种 *Dehalococcoides* 的代表菌株)混合培养时,可以将各种各样的有机电子供体发酵成氢气和乙酸盐供 Dhc 利用。此外,在面对氧气暴露情况下,这些非脱氯菌的存在也使得整个微生物群落更为稳定安全。值得注意的是,产甲烷菌、硫酸盐还原菌等虽然与 *Dehalococcoides mccartyi*(另一种重要的 *Dehalococcoides* 菌株)存在着竞争关系,但如果胞内含有完整的从头合成维生素 B₁₂ 的基因和通路,也可以同时为 D. mccartyi 提供维生素 B₁₂。除了在培养脱氯菌群中加入甲醇等最常见的电子供体,越来越多的研究者探索加入各种新颖的其他电子供体来刺激脱氯拟球菌的生长。西蒙娜·罗塞蒂(Simona Rossetti)实验室发现聚 3-羟基丁酸酯(PHB)可以有助于工厂脱氯处理器中微生物种群中 OHRB 的生长。PHB 是一种可生物降解的固体,可以被多种微生物酶解为HB(3-羟基丁酸),随后,通过氢化转化为丁酸,再通过 β-氧化进一步转化为乙酸和氢气,乙酸最终可以进一步发酵成氢气和 CO₂,因此可以作为专性 OHRB 的缓释电子供体和碳源。未加入 PHB 前,系统中 Chloroflexi 门的成员最多占总操作分类单元(OTU)的 2%,在加入PHB 后,增加至占 OTU 总数的 32%,Dehaloccoccoidaceae 科占 OTU 总数 21%,特别是 *D. mccartyi* 菌株丰度实现了显著提升。进一步构建的 16S rRNA 克隆文库中 Lentimicrobiaceae科含量最高,已经证实了该科包含严格厌氧和生长缓慢的细菌,能够将多种化合物发酵成乙酸盐、苹果酸盐、丙酸盐、甲酸盐和氢气,因此推测 *Lentimicrobiaceae* 应该与 *Dehalococcoides* 具有合作关系。

专性和兼性有机卤化物呼吸细菌(OHRB)在有机卤化物的地球化学循环和环境生物修复中发挥着核心作用。兼性 OHRB 可以代谢更广泛的底物,转化的中间产物如果是氢气和乙酸盐就可以作为专性 OHRB 的碳源和电子受体,对还原脱氯起到促进作用。两者的共存与互作非常常见,这种相互作用提高了群落的功能冗余,提高了群落稳定性,以确保有机卤化物的呼吸效率,同时也加大了特定 OHRB 的分离和表征。梁(Liang)等在以*Dehalococcoides* 为主并含有兼性 PCE 呼吸细菌 *Geobacter* 的微生物群落中发现,微生物的生长速率与底物到细胞的转化率之间存在折中关系,首次揭示了专性和兼性 OHRB 之间的底物依赖性相互作用。Liang 发现生长速度快的 *Geobacter* 在培养前期占据优势,生物质转化率高的 *Dehalococcoides* 在培养后期占据优势。生长底物可以通过介导不同 OHRB 组之间的相互作用来塑造有机卤化物呼吸的群落组装。具体而言,当电子供体分别为乙酸盐/分子氢和丙酸盐,而电子受体相应为 PCE(四氯乙烯)或 PCB(多氯联苯)时,*Dehalococcoides* 与 *Geobacter* 之间呈现三种独特的相互作用模式:自由竞争、条件竞争和共生合作。通过从系统分离出 *Geobacter lovleyi* LYY 的分析发现,LYY 具备一个还原脱卤酶同源物基因。在丙酸盐喂养的共培养中,LYY 菌株与 Dhc 竞争 PCE 脱氯,同时 LYY 菌株可以利用丙酸盐并转化为可以被 Dhc 用来呼吸的乙酸盐和氢。*Geobacter* 通过产生 *cis*-DCE(顺式-1,2-二氯乙烯),又可以支持 Dhc 利用 *cis*-DCE 继续还原脱氯生成乙烯。菌株 LYY 的质粒中有完整的维生素 B₁₂ 合成基因,可以为 *Dehalococcoides* 提供辅因子。在多氯联苯(Polych Lorinated Biphenyls, PCBs)脱氯的共培养中,*Dehalococcoides* 和 *Geobacter* 形成了互养合作关系：*Geobacter* 首先通过丙酸盐转化为乙酸盐和氢气，从而获得能量。随后，乙酸盐和氢气又可以让 *Dehalococcoides* 作为能源和电子供体进行脱氯 PCBs。*Dehalococcoides* 对乙酸盐和氢气的这种持续消耗，又进一步促进了 *Geobacter* 的同型产乙酸作用。

微生物生态系统中，环境污染的生物修复通常由多种微生物的相互作用共同完成。在一项对石油污染的地下水样品的宏基因组测序研究中，发现筛选出的降解基因大多是片段化的操纵子结构，表明自然界中的大多数细菌可能仅含有生物降解所必需的完整基因组的一部分，在有机物矿化中只贡献了部分作用。由 *Acetobacterium woodii*，*Pelobacter acidigallici* 和 *DesuLfobacter postgatei* 三者组成的共培养物通过生成没食子酸和乙酸盐完全氧化三甲氧基苯甲酸盐。脱氯的互营降解报道得也较多。一些细菌可以在无氧条件下，以卤代有机物为电子受体，氢作为电子供体，在还原性脱卤过程中获得生长所需的能量，这类菌称为卤素呼吸菌（*Halorespiring Bacteria*）。在许多情况下，单独的卤素呼吸菌无法对多氯化合物进行完全的脱卤作用，这时，非卤素呼吸菌通过提供能源与生长因子，可以促进卤素呼吸菌的生长，表明两者形成了紧密的互营关系，这中间包括了卤代中间体、能源物质（氢和乙酸盐）、生长因子（维生素）等的种间转移。在脱氯和非脱氯细菌之间被报道的互营作用导致多氯化合物的降解的研究有许多，如一株四氯乙烯脱氯菌 *Desulfitobacterium hafniensestrain* TCE1 与一株硫酸盐还原菌 *Desulfovibrio fructosivorans* 之间形成互营关系。在该混合培养物中，*D. fructosivorans* 发酵果糖产生的氢被菌株 TCE1 利用，作为电子供体对 PCE 进行还原性脱氯，涉及的是种间氢转移。

类似的互营降解例子还有苯的降解过程，其中 *Peptococcaceae*（隶属于 *Clostridia* 类群）在其他物种的参与下对苯进行反硝化条件下的矿化，且 *Peptococcaceae* 在其中发挥了主要作用，起到初始攻击苯环的作用。此外，*Sphingomonas* sp. RW1 降解 4-氯二苯并呋喃造成中间产物 3,5-二氯水杨酸盐的积累，同时接种 *Burkholderia* sp. JWS 可使其进一步矿化；由 *Escherichia coli* SD2 和 *Pseudomonas putida* KT2440 pSB337 构建的人工合成菌群，在降解对硫磷方面展现了高效性，同时没有有毒中间体的积累。以上研究均体现了微生物的互营作用在生物修复方面的潜在应用，对设计高效降解污染物的人工菌群有重要指导价值。

本书作者实验室构建了由 *Thauera aminoaromatica* R2 和 *Rhodococcus pyridinivorans* YF3 两株菌组成的合成群落，在无氧反硝化条件下实现了喹啉的完全降解。兼性好氧微生物 YF3 株在微氧环境下合成羟化酶，在无氧条件下可对喹啉进行羟化反应，将喹啉转化为2-羟基喹啉，2-羟基喹啉则继续由 R2 菌株反硝化降解直至完全矿化为 CO_2。矿化的中间产物则为 R2 及 YF3 菌株提供碳源，以供它们生长（图 8-14）。这样就实现了无氧条件下依靠硝酸盐进行反硝化进行喹啉的完全去除。

微生物群落具有很高的复杂性，它的结构不仅由微生物的多样性及其个体代谢潜力决定，而且还受到微生物之间可能发生的成对相互作用的大量种内和种间相互作用的影响（图 8-15）。群落内成员之间的个体互动形成特定的微生物组。与特定微生物-微生物相互作用相关的某些代谢物的产生可能随后影响栖息地的理化参数，刺激群落营养网络的变化或通过生物膜的形成创建新的微栖息地，类似于抗菌物质的生产可能仅对一种微生物产生

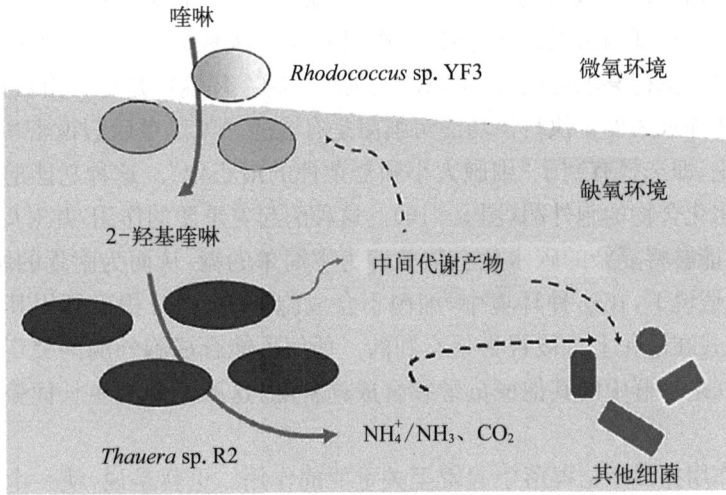

图 8‑14　*Thauera aminoaromatica* R2 和 *Rhodococcus pyridinivorans* YF3 合成群落反硝化降解喹啉机制示意图

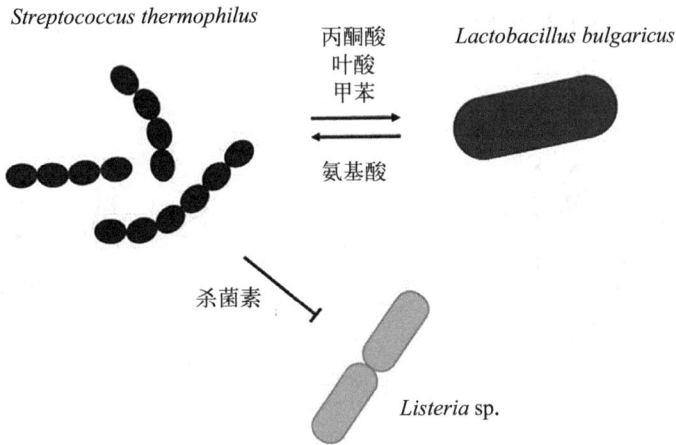

图 8‑15　微生物群落成员之间的复杂相互作用

负面影响,但还会对其他微生物成员产生连锁反应。

　　对微生物代谢及其相互作用的深入理解可以作为建立合成生态学(synthetic ecology)领域的基础。合成生态学的目标是阐明基本的设计原则,使微生物群落的合理组合能够实现所需的生物转化。例如,考虑一种生物过程,其中微生物种群被用于将底物转化为中间体,然后转化为增值的最终产品,如制药或生物能源。一种策略是设计一种细胞类型来催化整个通路。另一种策略是设计一个特殊细胞类型的群体,其中一种类型将底物转化为中间体,另一种类型将中间体转化为所需的最终产品。更好地理解代谢专业化的机制可能有助于阐明此类工程设计原则,并有助于推动合成生态学学科的建立与发展。

　　黑皇后假说由莫里斯(Morris)等人于 2012 年提出,为理解交叉喂养依赖性的进化机制提供了一个新视角。这一假设的核心观点是,存在"有利于生物体停止执行某项功能的条件",也被称为适应性基因丢失或还原性进化,并产生永久性遗传相关表型的改变。如果细菌必须消耗能量来执行某项功能,但该功能的最终产物在环境中是可自由获得的,那么利用环境中既有产物并永久停止执行该功能对细菌是有益的。与黑皇后假说密切相关的另一个概念是简化理论,即选择有利于"细胞大小和复杂性的最小化"。这种功能的一个例子是产生降解复杂碳水化合物的胞外酶(图 8-16)。这种酶起着重要的作用,并对周围环境中的所有细菌都有益,能够将复杂的碳水化合物分解为更简单的糖,从而为附近的所有细菌使用。因此,在黑皇后假说下,在这种环境中,细菌不合成胞外酶,同时积极利用其他生物释放的糖,这种行为模式在进化上将被视为是有利的。任何不能合成胞外酶的突变体都可能产生直接的影响。如果种群中的其他成员继续合成这种酶,这种节能的生长优势将能在群落中保留。

　　种间相互作用在微生物群落中起着至关重要的作用。也就是说,使一个群落成为一个群落而不是一组随机的物种的正是这些相互作用(图 8-16),因为它们在群落层面上产生了我们无法通过孤立地考虑每个物种来理解的属性。例如,可能无法通过单独培养每个物种来预测一个群体的总体的生长和功能,也难以预测这样一个群体对外部生物和非生物干扰的鲁棒性。微生物群落还可以进行一个物种无法实现的化学转化,一些群落甚至表现出复杂的行为,如集体运动和电化学信号。这种涌现特性(emergent property)恰恰是复杂群落所特有的。

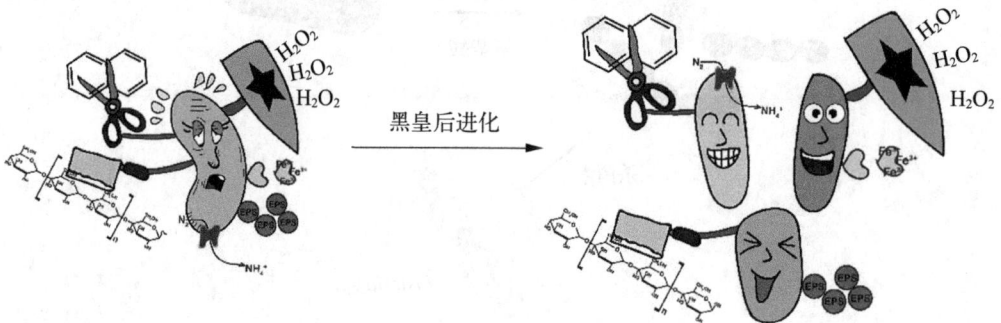

图 8-16　黑皇后假说进化示意图

　　在过去的几十年里,人们付出了巨大的努力来获得各种不同微生物系统的更加详细和真实的图像。组学技术的进步在现有数据方面取得了惊人的飞跃,这些数据可以被整合以提取和分析模式,为我们提供有关微生物在其自然环境中生活的信息。然而,对微生物群落的特性的更根本性的理解,需要深入揭示这些群落如何随时间演变的内在机制。

8.4　微生物的群体感应与环境适应性

　　群体感应(quorum sensing)是近来日益受到广泛关注的一种细菌群体行为调控机制。

很多细菌有这种能力,即分泌一种或多种自诱导剂(autoinducer,AI),细菌通过感应这些自诱导剂来判断菌群密度和周围环境变化,当菌群数达到一定的阈值后,启动相应一系列基因的调节表达,以调节菌体的群体行为。

8.4.1　细菌群体感应的类型

不同类型的细菌具有不同的群体效应调节系统,很多细菌分泌同一种诱导剂,以此调控不同种类细菌间的作用行为(图 8 - 17)。群体效应系统在自诱导剂与受体之间存在专一性,同时又在调节基因和信号传递系统中体现出多样性和复杂性。根据自体诱导信号分子(AI)的性质以及感应模式,雷丁(Reading)和斯佩兰迪奥(Sperandio)将细菌 QS 信息系统分为以下类型:革兰氏阴性菌的 LuxR/I 型信息系统;革兰氏阳性菌中寡肽介导的信息系统;LuxS/AI - 2 型的信息系统;AI - 3/肾上腺素/去甲肾上腺素信息系统。

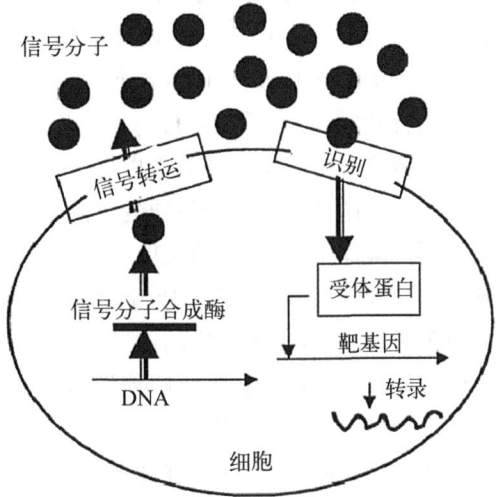

图 8 - 17　细菌内群体感应调节系统

8.4.1.1　革兰氏阴性细菌群体的 AHL - LuxI/LuxR 信号感应

在革兰氏阴性细菌内(除哈氏弧菌和黄色黏球菌),群体感应主要由 LuxR/I 信号系统调控,并以酰基高丝氨酸内酯类分子(acyl-homoserine lactone,AHL)作为自诱导剂。

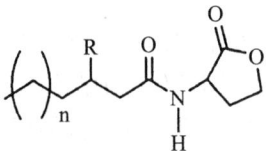

图 8 - 18　酰基高丝氨酸内酯类分子 AHL 的结构式

1983 年,恩格布雷希特(Engebrecht)和西尔弗曼(Silverman)首次发现了 *V.fischeri*(费氏弧菌)中群体感应的调控机制需要 LuxI 与 LuxR 两种蛋白组分的参与,其中 LuxI 蛋白负责催化 AHL 分子的合成,而 LuxR 蛋白接合 AHLs 并激活荧光素酶基因的转录。AHL 分子(图 8 - 18)可以自由穿透细胞壁和细胞膜,并在周围环境中积累。当 AHLs 浓度升高并达到微摩尔级范围时,能与细胞内的 DNA 接合蛋白 LuxR 的氨基端接合,形成特定的构象。这种接合后的复合物再去激活荧光素酶基因的启动子,进而启动其转录过程。此外,AHL 分子与受体蛋白的复合体也对 AHL 分子及受体蛋白本身的产生具有反馈调节效应。多年以来,*V. fischeri* 的 LuxI/LuxR 双元件系统一直被视为群感应的经典模型。

目前已经发现超过 25 种革兰氏阴性细菌间群体感应的方式与 *V. fischeri* 相同,采用 LuxI/LuxR 的双元件系统模式。LuxI 家族蛋白酶通过将酰基-酰基载体蛋白(acyl - ACP)上的酰基侧链接合到 s-腺苷甲硫氨酸(SAM)的高半胱氨酸基团上,从而产生特异的酰化 HSL 分子,这种酰化的 HSL 分子再进一步内酯化变成 acyl - HSL,即酰基高丝氨酸内酯类分子 AHL。不同的细菌产生的 AHL 分子不同,不同 AHL 分子的高丝氨酸内酯部分相同,区别在于酰基侧链的长度和结构。AHL 似乎是"专一"的信号分子,没有其他确切的功能。LuxR 家族蛋白的功能与 LuxI 不同,LuxR 蛋白的氨基端与 AHL 分子接合,而羧基端则参与寡聚化,并接合启动子 DNA。

8.4.1.2　革兰氏阳性细菌中寡肽介导的信息系统

与革兰氏阴性菌不同,革兰氏阳性菌一般利用寡肽(oligopeptides)类分子 AIP(autoinducing peptide)作为自体诱导分子,进行群体感应来调控一系列生理过程。以金黄色葡萄球菌为例,AIP 分子一般由体内产生的前导肽 AgrD 蛋白经加工,被膜通道蛋白 AgrB 加工为短肽信号分子,由 ATP-接合盒(ATP binding cassette,ABC)转运复合物分泌到细胞外,当寡肽在胞外达到某一特定浓度时,会被 AgrC 双组分信号交换系统(two-component signal transduction system,TCSTS)所识别。寡肽信号分子的检测系统是传感激酶,它识别信号分子并在自身一个保守的组氨酸残基(H)上进行磷酸化,然后再将磷酸基团信号传给下游的反应调节蛋白(response regulator)的一个保守天冬氨酸残基(D)上。磷酸化的反应调节蛋白接合特异的目的启动子,从而调控某些基因的表达。

不同菌体中,前导肽的长度及组成存在较大差异,因此所形成的 AIP 分子也各不相同。其氨基酸残基大多落在 5~17 个之间。除了 AIP 分子以外,还有一些特殊的信号分子,如在链霉菌中,调控抗生素合成的 γ 丁酸内酯;而在黄色黏球菌(*Myxococcus xanthus*)中,对子实体的形成与产孢具有重要调控作用的 A 因子与 C 因子,其中 A 因子是由蛋白质降解的氨基酸混合物组成,而 C 因子是由 csgA 基因编码的蛋白质产物直接衍生而来。

在革兰氏阳性细菌中,有许多动植物的病原菌,然而,截至目前,还没有发现直接针对其群体感应(QS)系统的防病策略。现在仅发现金黄色葡萄球菌可根据产生 AIP 信号分子的细微差别而被分为 4 个亚群,每一亚群的 QS 系统只能识别自身产生的 AIP 分子,另外 3 类 AIP 分子对其 QS 系统具有抑制作用。这也启示了,可以设计与病菌 AIP 分子相似的物质来破坏其 QS 系统,从而减弱病原菌的致病性。

8.4.1.3　细菌感知种间数量的 QS 系统

除了细菌种内的信息交流,不同种细菌也存在着种间的信息传递和沟通。这种非特异性语言表明,细菌不但可以估计自身群体密度的变化,也可以感知周围其他种细菌的数量。

细菌的种间交流起源于哈氏弧菌(*Vibro harveyi*)的研究。在哈氏弧菌中,群体感应系统的机制较为特殊。与革兰氏阴性细菌相比,*V.harveyi* 并不使用常规的 LuxI/LuxR 型信号机制,而是集合了革兰氏阴性细菌和革兰氏阳性细菌的特点,使用与 G⁻ 细菌信号分子 AHL 类似的小分子,而信号检测和传递元件则与 G⁺ 细菌系统的相似,即 LuxS/AI-2 型的信息系统。*V.harveyi* 产生的两种小的自诱导分子分别为 AI-1(AHL 类)和 AI-2(呋喃硼酸二酯),并通过这两种自诱导分子来感应菌群密度。AI-1 的合成并不依赖于 LuxI 蛋白,而是依赖于与其没有任何同源性的 luxLM。另一个信号分子 AI-2 是一种呋喃,由 LuxS 蛋白催化合成。它们利用 AI-1 进行种内交流,AI-2 进行种间的沟通(图 8-19)。细菌识别 AI-2 型信号分子的方式与 G⁺ 细菌中双组分激酶的识别系统完全一致。双组分激酶识别 AI-2 型分子后把磷酸化基团传递给受体蛋白启动相关基因的表达。自哈氏弧菌中发现 AI-2 型信号分子以来,科学界便利用 AI-2 报告菌株——哈氏弧菌 BB170,作为研究工具,在随后的研究中陆续在 40 多种不同的细菌中检测到了该分子(图 8 - 19)。

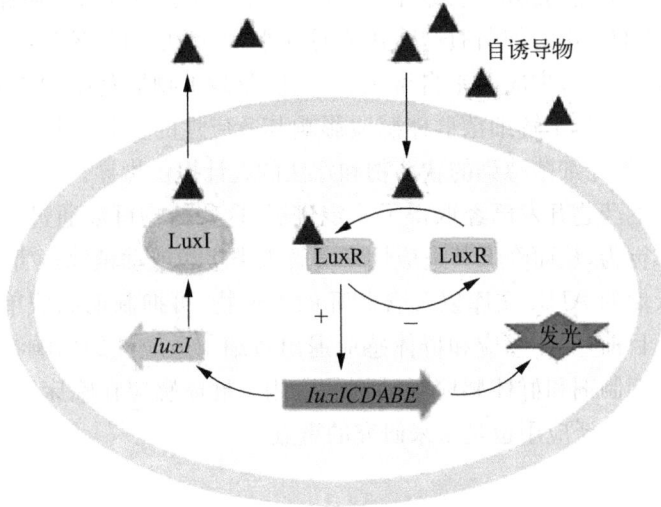

图 8 - 19　哈氏弧菌的发光过程

8.4.2　细菌群体感应的功能

群体感应是细菌细胞间通信的一种成熟机制,涉及信号分子[如高丝氨酸内酯(HSL)]的产生和感应。不同的细菌类群可以产生相同类型的信号分子,这使得与其他不相关的分类群既可以合作也可以干扰(群体猝灭)。此外,群体感应分子在界间的互作中也有作用。植物对 HSLs 的感知导致植物的新陈代谢,免疫反应和根系发育的调节。群体感应介导的谷子内生菌 M6(*Enterobacter* sp.)向入侵根的禾谷镰刀菌(*Fusarium graminearum*)聚集,并形成微菌落,导致多层根毛内生菌堆形成物理屏障,阻止进入和/或诱捕病原体,随后将其杀死。植物相关微生物组的宏基因组分析表明,与土壤相比,植物环境中存在更高比例的HSL 富集现象。从植物环境中分离出的细菌中有 40%~50%表现出 HSL 活性。萜烯生物合成基因存在于植物相关细菌的基因组中,49%的菌株携带一个编码萜烯合成酶的基因。萜类化合物具有多种生物和生态功能,如类胡萝卜素的产生,以及对食草动物和病原菌的化学防御。细菌的萜烯类物质参与了植物界间的信号传递,因为这些挥发性化合物会引起植物的一系列反应。特定的微生物定植在"局部侧"后,会诱导根系分泌出由微生物所引发的代谢物(SIREM),这一过程在"系统侧"的微生物定植中促进番茄根际非共享微生境之间的远距离信息交流。例如,当在局部接种属于芽孢杆菌目或假单胞菌目的细菌时,会诱导细菌特异性类群的积累。这些信号通过嫩枝传递到未共享的根部区域,有助于在系统侧形成并聚集特定于这些微生物种群的环境,促进它们定植和生长。

群体感应是细菌间化学通信的过程,其依赖于可扩散或分泌的细胞外信号分子的产生和响应,协助细菌感应群体密度从而调节基因表达。群体感应主要被视为细菌集体行为的协调者。当然,它也可以作为个体表型异质性的驱动因素。因此,群体感应通过协调菌群行为和个体特征来提高细菌群体的整体适应性。随着不断地进化,细菌以最大限度提高其在生命周期过程中所遇到的多方面环境中的适应性。

群体感应在细菌的生物膜形成、胞外多糖合成、毒力因子调节以及物种之间的合作与竞争中,起着至关重要的作用。细菌通过感知和调节外部环境的自体诱导物水平,以群体密度依赖性方式调节基因表达,来应对来自寄主、环境以及微生物群落中的压力,提高细菌在这些环境中的适应性。通过了解细菌群体感应影响其适应性的机制,对探究自然环境中微生物的群体行为,以及治疗细菌感染的新药物和疗法的设计提供指导。

基于群体感应的药物开发已经取得了一定进展,这些药物可以通过调节群体感应并改变一些细菌的群体行为,从而降低其适应性来缓解人类疾病或动植物病害。例如,研究人员设计和合成了非天然的 AHL 文库以及含芳环的类似物,可抑制铜绿假单胞菌的生物膜形成和毒力产生等。目前,群体感应和群体感应退出对细菌适应性的影响都是研究热点。今后应注意群体感应抑制剂和群体感应激动剂的应用。群体感应在临床治疗、动植物病害防治以及生产生活中的广泛应用也是未来研究的重点。

8.5   生物膜的形成与调控机制

生物膜(biofilm)是由单个或多个微生物物种组成的群聚微生物群,附着于有生命或无生命物体的表面,是被细菌胞外大分子包裹的有组织的细菌群体。生物膜是由基质(主要是胞外多糖)包围的不同微生物群组成的异质结构,该基质允许它们附着在惰性材料(如岩石、玻璃、塑料)或有机材料(如皮肤、角质层、黏膜)表面。在环境条件恶劣时,细菌会倾向于以生物膜的形式生长,生物膜可为细菌提供保护屏障。此外,微生物从浮游生长模式向生物膜的转变涉及多个调控网络,从而介导相关基因表达的变化。

在自然界中,细菌在两种生长模式之间交替生存:在单细胞生命阶段,细菌在环境中自由游动(浮游);在多细胞生命阶段,细菌生活在生物膜中。单细胞生命阶段允许细菌分散、定植在新环境中,而生物膜允许细菌以一种更协调的方式生存,有利于它们的增殖。居住在生物膜中的微生物种群密集分布,不同种类的微生物生活在距离很近的地方,这些微生物参与了物种内部和物种之间复杂的社会互动。生物膜的多细胞行为有助于在不同的环境中延长生存时间。

8.5.1   自然界中的生物膜

一般来说,天然生物膜是由微生物在空气-水界面和悬浮物(如厌氧消化器)中聚集形成的。微生物聚集起来后,以悬浮形式被嵌入细胞外基质中形成絮凝体或颗粒。近期的研究表明,极端环境中也存在生物膜,如酸性矿井排水(pH 值为 0)中的古细菌嗜酸菌和温泉中的蓝藻菌垫生物膜,以及南极邦尼湖由光养细菌形成的湖泊上的生物膜(图 8-20)。

自然界中的细菌生物膜群落在有机物、环境污染物的产生和降解以及氮、硫和金属的生物地球循环中起着关键作用。这些微生物凭借其进行复杂代谢过程的能力被广泛应用于污水和废水的处理领域。目前,生物膜技术的应用范围已经扩展到了多个方面,包括降解土壤

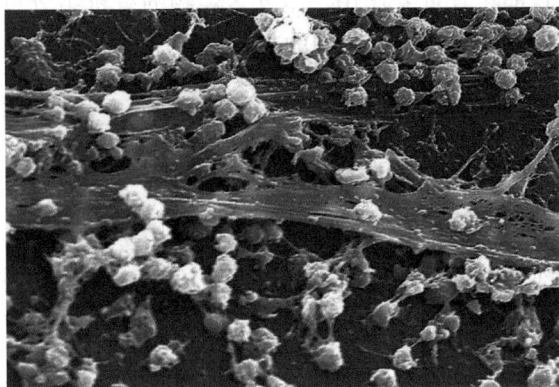

图 8 - 20　扫描电镜下的微生物膜

和水体中的有毒污染物以及生产具有商业价值的多种产品。

8.5.2　生物膜的形成机制

生物膜多细胞结构的形成是一个动态过程,包括细菌起始黏附、生物膜发展和成熟扩散等阶段。生物膜的形成经历 5 个明显的阶段,包括可逆黏附、不可逆黏附、微菌落形成、生物膜成熟、生物膜分散(图 8 - 21)。

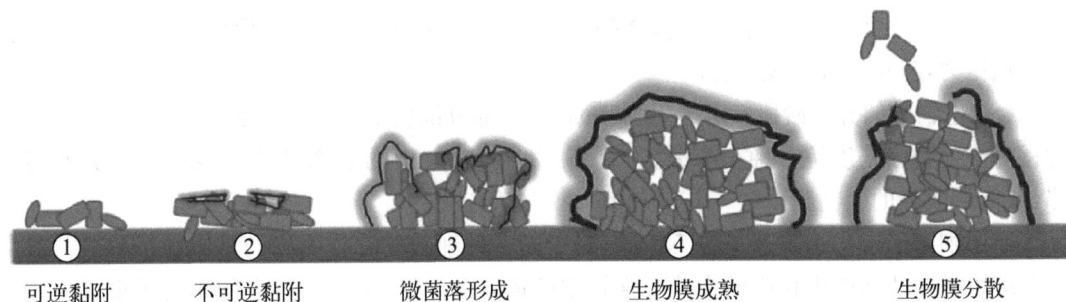

①	②	③	④	⑤
可逆黏附	不可逆黏附	微菌落形成	生物膜成熟	生物膜分散

图 8 - 21　生物膜的形成过程

(1) 在可逆黏附阶段,细胞在载体表面进行可逆黏附,利用鞭毛、纤毛和菌丝等胞外细胞器和外层膜蛋白黏附于载体表面。吸附到附着物表面是细菌从游离的单个细胞到生物膜形成的关键阶段,它依靠几种黏附分子间的相互作用,从而引起细胞与附着物表面的物理化学反应。细菌的表面黏附策略主要包括两种:一种是通过细菌的膜蛋白与附着物表面发生高度亲和接合,另一种是利用游离细菌具有黏性的长链多糖协助起始吸附。

(2) 在不可逆黏附阶段,细菌通过分泌的胞外多聚物(extracellular polymeric substances, EPS)增强细胞和载体之间的黏附。胞外多聚物是指附着在细菌表面或围绕在细菌周围的天然有机物,用于自我保护和相互黏附(图 8 - 22)。EPS 在细菌微生物群体中广泛存在,在细菌的黏附聚集、空间构型、细菌间信息交流、耐药性、抗毒性及细菌与外界物质的吸附、沉降、絮凝、脱水等各方面,都起着重要作用。胞外多聚物的有机组分可以改变细菌絮体的表面特性和颗粒污泥的物理特性,促进细胞间的凝聚和结构的稳定。

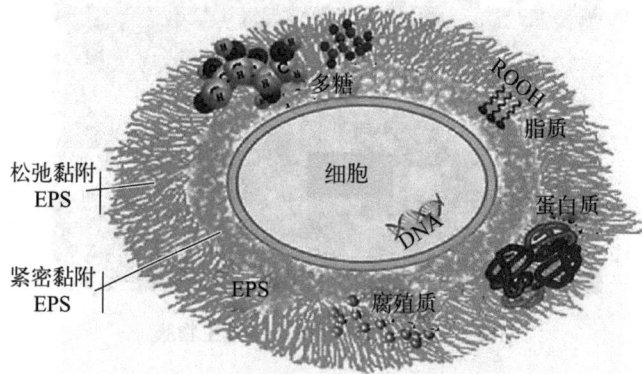

图 8 - 22　胞外聚合物(EPS)的结构和组成

　　(3) 在菌落形成阶段,黏附在载体表面的细胞分裂,形成小菌落。这一过程中菌落明显增大,胞外多聚物量增多,并在细胞表面形成一层水凝胶覆盖其上。同时,群体感应(QS)可以显著表征细菌之间是否发生化学通信,并用于调节细胞致病性、营养物质获取、细胞间杂交、细胞运动和次生代谢产物的产生,决定各种细胞功能。

　　(4) 当生物膜聚集、成熟后,黏附的小菌落成长为具有三维结构的成熟生物膜。这个过程细胞与载体之间,以及细胞与细胞之间主要依靠 EPS 胶粘在一起,使菌落能够抵御一定的机械压力,防止从载体表面脱落。

　　(5) 生物膜的分散阶段:由于生物膜的老化,部分细胞从生物膜上脱落。程序式的脱落过程对于生物膜来说是一种很有效的"播种"机制,释放出的游离细胞可以进一步繁殖、迁移,从而形成新的生物膜。

　　不同细菌形成生物膜途径各不相同,对于同一种细菌也没有明确的具体途径,它们可以随着环境的变化而产生相应的变化。在特定的培养条件下,细菌有特定的生物膜形成方式,也有特定的基因表达方式。图 8 - 23 展示了铜绿假单胞菌生物膜从形成到分散的完整过程及其相关机制。

8.5.3　生物膜的结构和调控机制

　　生物膜内的细菌被细胞外聚合物(EPS)包围。不同微生物的 EPS 密度和组成各不相同,通常包括细胞外核酸(1%~10%)、蛋白质(1%~60%)、细胞外多糖(40%~95%)、脂质(1%~40%)、微生物细胞(2%~5%)等,其中胞外多糖是主要成分。有研究发现,在厌氧反应器中,与微生物聚集体颗粒共存的甲酸甲烷菌(*Methanobacterium formicium*)和马泽甲烷菌(*Methanosarcina mazeii*)合成的胞外多糖与颗粒中的聚合物组成相同,这表明颗粒内的聚合物是由产甲烷菌贡献的。相比之下,已知铜绿假单胞菌(*Pseudomonas aeruginosa*)可以合成 3 种不同的多糖,即海藻酸盐、Psl 和 Pel。细胞外聚合物的主要作用是促进微生物细胞附着在生物或非生物表面,此外,还为细菌提供保护,使其免受各种环境胁迫,如 pH 值

(a)

| 成熟生物被膜 | 活动 | 逃逸 | 中心排空 | 生物被膜损坏 |

(b)

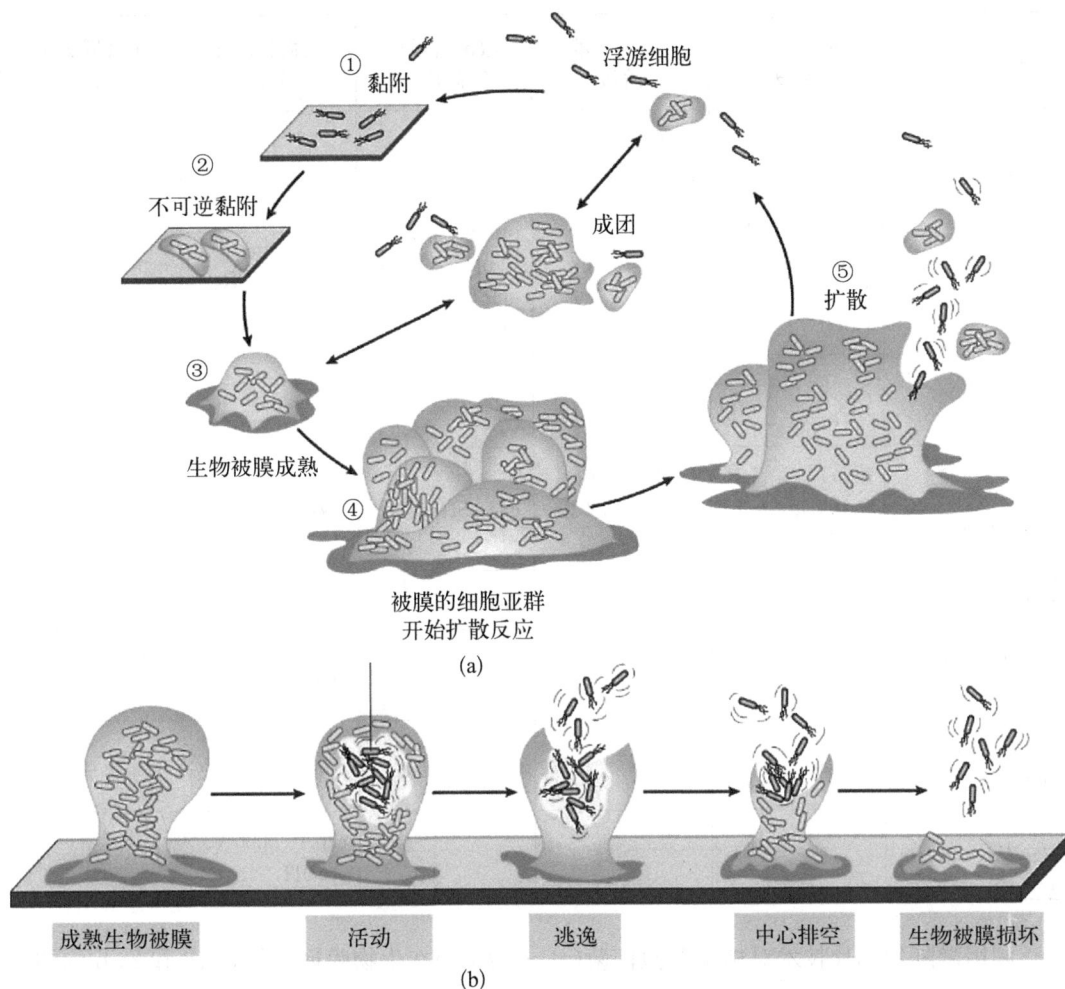

图 8-23　铜绿假单胞菌生物膜的形成和分散(引自 Biofilm dispersion)

(a) 铜绿假单胞菌生物膜的形成；(b) 铜绿假单胞菌生物膜的分散

变化、渗透压冲击和紫外线辐射等。

8.5.3.1　胞内作用对生物膜形成的调控

胞内作用对生物膜的调控是微观层面的，即分子水平的调控，包括生物膜形成的基因、转录因子等蛋白、信号分子等。

1) 基因调控

对细菌生物膜调控基因的研究主要集中在探究已知功能基因以及未知基因在生物膜形成的作用。已有大量研究表明，一些细菌的应激反应调节因子、毒力基因、鞭毛基因等缺失后，细胞的附着数量及生物膜的形成量减少。目前研究细菌生物膜形成相关基因的方法一般是构建基因缺失或部分突变的菌株，基因重组技术的运用极大地促进了生物膜形成相关基因的研究。表 8-1 总结了生物膜形成过程中细菌基因的时序表达。

表 8-1 生物膜形成过程中细菌基因的时序表达

微生物名称	可逆黏附阶段	不可逆黏附阶段	微菌落形成阶段	生物膜成熟阶段	生物膜分散阶段
Shewanella oneidensis		motA/B 和 pomA/B			
Escherichia coli	CpxA、DsbA、DegP、DsbA、PpiA、Spy、CpxP	CpxR A 和 NlpE	ompR/envZ, OmpC, OmpF and OmpT, *lpxC*	rpoS、slp、gatZABCDR、agaBCY	crp、csrAB、hns
Salmonella typhi	CpxA				
Pseudomonas aeruginosa	mvaT、motAB、motCD	rpoN、lapA、pilB、pilY2 和 pilP	gacAS、rpoN	rpoS、crc	
Vibrio fisheri		rpoN	rpoN		
Streptococcus mutans		brpA		ccpA、wapA	
Staphylococcus aureus	arlRS	sarA		Rbf	
Bacillus subtilis				ccpA、spo0A、spo0H	abrB

利用微阵列芯片技术对枯草芽孢杆菌(*B. subtilis*)在生物膜形成的 8、12 和 24 h 内的全局基因表达进行了研究,结果显示,总共有 519 个基因存在差异表达。该研究还发现,超过 55% 的基因仅一个时间点表达,表明在生物膜形成过程中基因表达存在时间上的差异。差异表达的基因涉及糖酵解和三羧酸循环、运动性和趋化性、噬菌体相关功能和膜生物能量学。此外,研究人员发现大肠杆菌生物膜中参与黏附和自聚集的基因表达量显著上调,这些基因编码了几种外膜蛋白,如 OmpC、OmpF 和 OmpT;脂质 A 生物合成编码蛋白 lpxC,以及编码碳饥饿后诱导的外膜脂蛋白(Slp)。在生物膜形成过程中,Slp 蛋白和 ompC 与大肠杆菌细胞附着于非生物表面的初始步骤有关。在 *P. aeruginosa* 中,生物膜细胞中的基因表达与浮游细胞中的基因表达非常相似,这些基因表达有望触发群体感应并调节 353 至 616 个基因。

2) 转录因子

转录因子在细菌生物膜形成的各个阶段起到不同作用。研究表明,荧光假单胞菌 Pf O-1 的 AdnA 蛋白是调节生物膜形成的重要转录因子,它能够调控鞭毛的生物合成结构基因。AdnA 蛋白的一个同源蛋白——FleQ 属于铜绿假单胞菌 Ntrc/NifA 家族蛋白。*adnA* 基因失活将导致假单胞菌失去生物膜形成能力,对序列及启动子的分析表明,AdnA 蛋白通过直接或极性效应影响了至少 23 个开放阅读框的表达。全基因组转录实验表明,在 AdnA 蛋白调节缺失时,92 个基因表达下调,而 11 个基因上调,其中 2 个基因 *Pf l01*_1508 和 *Pf l01*_1517 与糖基转移酶蛋白 FgtA1 和 FgtA2 相似,能够影响假单胞菌的运动性,对生物膜的形成产生不同影响。

金黄色葡萄球菌(*Staphylococcus aureus*)生物膜的分散在很大程度上受附属基因调节子(Agr)调控。Agr 系统可调控相关细胞外蛋白酶的分泌,这些蛋白酶包括金属蛋白酶(Aur)、半胱氨酸蛋白酶(ScpA、SapB)、丝氨酸蛋白酶(SspA 或 V8)和丝氨酸类蛋白酶(SplA、SplB、SplC、SplD、SplE、SplF),它们与生物膜的解离密切相关,敲除这些蛋白酶基因或加入蛋白酶抑制剂能够明显抑制生物膜的解离。当 Agr 低表达时,菌体表面的黏附因子不能被有效抑制,金黄色葡萄球菌生物膜形成能力增强,而当 Agr 高表达时,金黄色葡萄球菌生物膜形成能力降低,同时细胞外毒素分泌增多。

SigB(SigmaB)也被称为 σB,是调控一些生物膜形成及毒素因子表达的重要因素。研究发现,SigB 可以通过调控 *agr* 和 *sar* 基因影响金黄色葡萄球菌生物膜的形成;能够降低核酸酶和蛋白酶的活性,促进胞外 DNA(eDNA)释放,增强生物膜的形成能力;还能够促进 *icaADBC* 转录水平增强,有助于 PIA 依赖金黄色葡萄球菌生物膜的发育,其突变株由于缺失 *sigB* 基因限制了生物膜的形成。但也有不同的研究结果,在 SigB 存在下,Ica 蛋白的转换加速,PIA 的合成减少,生物膜形成能力降低,而 SigB 突变体能够积累更高水平的 IcaC 蛋白,比野生菌株产生更高水平的 PIA,使生物膜形成能力增强。这些看似矛盾的研究结果可能与金黄色葡萄球菌生物膜基质的差异性和多变性有关,同时也反映了 SigB 在金黄色葡萄球菌生物膜形成过程具有多重作用和功能。

3) 信号分子

环二鸟苷酸(c-di-GMP)是细菌的第二信使,协调多种细菌生长的行为和过程,包括细菌的运动、细胞周期等。在许多细菌中,c-di-GMP 是调节生物膜形成的保守细胞内二级信号分子,由含有 GGDEF 结构域的二鸟苷环化酶(diguanylate cyclases,DGCs)催化合成。c-di-GMP 是通过各种遗传相互作用来控制生物膜的形成和扩散的。细胞中 c-di-GMP 与生物膜形成或扩散之间的相关性已经在多种微生物中得到证实,包括大肠杆菌、铜绿假单胞菌和肠沙门氏菌等。

在单核细胞增生李斯特氏菌(*Listeria monocytogenes*)中,c-di-GMP 能够正向调控胞外多糖的产生。细胞内高浓度的 c-di-GMP 会促进胞外多糖的合成,从而加速生物膜的形成;而低浓度的 c-di-GMP 会刺激细菌细胞的运动性,增强细胞的活力,从而使生物膜分散为游离态。铜绿假单胞菌(*Pseudomonas aeruginosa*)细胞内的 *Arr* 基因能有效表达内膜磷酸二酯酶,通过减轻绿脓菌素的合成,从而调控铜绿假单胞菌形成生物膜。而 c-di-GMP 作为该酶的底物,能够有效调控菌群表面分子的黏附状况。

生物膜在体内外的形成是一个动态过程,其间面临外界复杂的微生物环境,物种间的相互作用可以影响这些群落的发育、结构和功能。近年来,对生物膜的研究重点已经转移到多物种生物膜的复杂性和相互作用等方面。随着高通量组学和高分辨率技术的日益成熟,可以根据生物信息学计算、推断并揭示微生物之间复杂的相互作用以及影响生物膜形成的调控机制,包括有生物膜群落中微生物的遗传、代谢物质作用和群体信号感应等。

8.5.3.2　胞外作用对生物膜形成的调控

1) EPS

作为生物膜的三维基本结构,胞外多聚物(EPS)对细菌的表面黏附、细胞聚集、保护屏障、吸收营养物质等有着至关重要的作用。EPS 是促进细菌附着在介质表面并提高其对逆性环境耐受性的常见成分之一,不能产生 EPS 的突变体细菌通常在生物膜形成方面存在缺陷。因此,对于致病菌形成的生物膜,破坏 EPS 是消除和预防致病菌感染的有效途径。

胞外 DNA(extracellular DNA,eDNA)是细菌生物膜 EPS 的重要组成结构,其可能的来源是培养环境或溶解破裂的细胞。eDNA 通过特定的方式与肽聚糖的 N-乙酰葡萄糖胺相互作用,参与生物膜形成的黏附过程,同时作为高分子物质可以使细菌表面的黏附位点饱和,形成致密的生物膜结构。用脱氧核糖核酸酶处理细菌后,细菌的初始附着受到抑制,并延缓了生物膜的形成。

2) 群体感应

在一个细菌群体中,细菌之间可以通过某些小分子作为信号分子进行交流,这种小分子物质被称为“自诱导物质”。如前所述,群体感应是细菌之间通过自诱导的信号分子进行相互交流,调控自身不同基因表达并调控群体行为的一种现象。群体感应涉及细菌的多种功能,如孢子的形成、DNA 转移、抗生素生成、生物发光性等,当然生物膜的形成也受到群体感应的调控。

根据信号分子的不同,群体感应通常分为三种:第一种是以酰基高丝氨酸内酯类物质作为信号分子,存在于革兰氏阴性菌中;第二种是以经过修饰的寡肽类物质作为信号分子,存在于革兰氏阳性菌中;第三种是以 AI-2 作为信号分子,既存在于革兰氏阳性菌中也存在于革兰氏阴性菌中,如乳酸菌的群体感应就受到 AI-2 信号分子的调节。

3) 环境因子

细菌生物膜形成是一个动态演变过程,生物膜形成能力会因许多因素而变化。微生物所处的环境复杂多变,诸多因素均会对生物膜的形成产生影响,生物膜的成熟也可能因环境条件而异,如短期的营养缺乏可增强细菌的菌体黏附,而长期营养缺乏时则会阻碍生物膜成熟。微生物在恶劣环境中能长时间生存(持久性)也可能与生物膜的形成有关,形成生物膜可能是对胁迫环境的适应性反应。环境胁迫是指在自然界中,环境条件对微生物的生长和存在产生了一定程度的威胁和制约。环境条件对生物膜的影响极其复杂,不同的环境因子组合下形成的生物膜差异较大。当细菌处于劣势环境中时,不利的环境因子对细胞产生刺激,激活了细胞的环境信号应答系统,使细胞内的调控元件的转录或表达发生改变,进而影响胞外多糖(EPS)、鞭毛(flagella)、菌毛(pili)以及淀粉样蛋白纤维(curli)组成蛋白的合成改变细胞表面的结构,使之向固体表面黏附。一旦黏附的细胞达到一定的数量,就会诱发群体感应系统,使细胞产生并分泌自诱导素 AIs。

8.6　噬菌体与微生物群落的互作

胁迫环境通常指具有极端理化条件的生境,如深海、沙漠、热泉、冻土,以及受重金属、抗生素、农药污染的环境。这些环境具有极端温度、高静水压力、干旱、营养限制、高渗透压和有毒污染物等多种胁迫因子,为微生物构成了独特的生态位和严峻的生存挑战。

噬菌体是指感染细菌、真菌、放线菌或螺旋体等微生物的病毒的总称。噬菌体同其他病毒一样,其遗传物质由蛋白质外壳包裹,且大部分噬菌体还长有尾丝等外部结构,用于吸附于宿主细菌表面,通过尾部的酶穿透宿主细胞膜,将遗传物质注入宿主体内。根据噬菌体和宿主菌的关系,可将噬菌体分为两类:一类噬菌体利用宿主菌复制机制迅速增殖,并最终使宿主菌细胞破裂,释放许多子代噬菌体,这类噬菌体被称为烈性噬菌体(virulent phage);另一类噬菌体感染宿主菌后直接将其核酸整合到宿主菌染色体中,呈休眠状态,并随宿主核酸的复制而复制,随细胞的分裂而传代,这类噬菌体被称作温和噬菌体(temperate phage)或溶原性噬菌体(lysogenic phage),两种状态在一定的分子信号调控下能够互相转换。噬菌体普遍存在于环境当中,有细菌存在的地方就存在噬菌体,尤其在一些富含细菌群落的地方,如:水沉积物、土壤、动物的内脏等等。噬菌体是哺乳动物、植物、土壤和海洋等多种微生物群落的重要组成部分,其丰度甚至可能超过细菌,并且对微生物群落结构产生重大而直接的影响。

噬菌体与其他微生物之间具有极其复杂的相互作用。尽管通常被视为细菌的捕食者,它们实际上也能与其他微生物群落协同互作。许多研究表明,在胁迫环境中,噬菌体与宿主的合作增强了双方的适应性和生存能力。微生物为噬菌体提供了必要的资源和庇护所,而噬菌体为宿主提供遗传或功能优势。此节重点探讨噬菌体(特别是溶原性噬菌体)在胁迫环境中的生存策略,并分析它们如何通过与宿主及其他微生物的协同互作,提升整个微生物群落的适应能力。

8.6.1　噬菌体群体的适应策略

8.6.1.1　通过溶原化策略应对胁迫环境

噬菌体的生命周期通常分为裂解性周期和溶原性周期。在溶原性周期中,噬菌体在感染后不立刻裂解宿主或产生子代病毒颗粒,而是将其基因组整合到宿主基因组中,形成原噬菌体,将繁殖方式由水平传播转向与宿主共存的垂直传播。这一周期可在特定条件下转为裂解性周期。组学分析表明,近半数微生物基因组中含有原噬菌体,显示出这一策略的普遍性。

溶原周期被认为是噬菌体应对逆境的一种关键适应策略。在此模式下,内化于宿主细胞可以为噬菌体提供物理上的庇护,避免其直接暴露于不利的物理化学条件下,同时也有助于保留胁迫生境中的宿主资源。组学分析表明,在沙漠、深海、热泉、重金属污染的土壤等胁迫环境中,噬菌体通常表现出较高的溶原化比例。然而,这一策略并非适用于所有胁迫环境,例如辐射环境可能触发 SOS 反应,导致噬菌体无法维持溶原状态,而进入裂解周期。

为了避免宿主资源的过度消耗,一些噬菌体已经演化出复杂的机制来协调裂解-溶原性决策。例如,SPbeta 噬菌体可以利用小分子"仲裁系统"与子代进行通信,根据环境中小肽 AimP 的浓度来判断宿主感染比例,并据此决定是否维持溶原状态。此外,一些噬菌体能够感知细菌来源的群体感应信号,如噬菌体 ARM811d 能通过自身编码的 LuxR 同源体来感知其宿主的 C4 - HSL 群体信号,以及其他细菌的 C8 - HSL 群体信号浓度,从而估计其宿主遇到的营养竞争。在宿主生长前景不佳的情况下,便会选择维持溶原状态。

总体而言,溶原性噬菌体的策略旨在最大化宿主的利用价值。它们通过调控宿主创造有利于自身生存的条件,获取所需资源和能量,同时增强宿主的环境适应性,从而提升双方的生存机会。这种策略不仅在宿主生存条件不佳时得到青睐,在宿主密度较高的情况下,如"搭便车"(Piggy-back-the-winner)模型中,噬菌体也可能会选择溶原策略,从而"搭便车"利用快速增长的宿主获得更多营养资源,帮助自身在胁迫环境中更好地生存和传播。

8.6.1.2　搭载其他微生物以增强迁移能力

一些微生物可以通过趋化运动来适应环境变化,而噬菌体则缺乏自主运动能力,主要依靠随机扩散来与宿主相遇。不过,一些噬菌体可以通过附着在并非其宿主的运动性细菌的表面、黏液和衣鞘等胞外结构上,来增强它们在环境中的迁移能力,从而回避不利的环境或定植到新的生态位。例如噬菌体 PHH01 与运动型细菌——蜡状芽孢杆菌(*Bacillus cereus*)之间的"搭便车"互动,增强了其对水体压力的抵抗力,并促进了其在生物膜内的适应性。而噬菌体 T4 则可以附着于真菌菌丝寄生细菌——恶臭假单胞菌(*Pseudomonas putida*),跟随真菌菌丝的生长来寻找营养物质和水分,从而在复杂干旱的环境条件下增加生存和传播的机会。在这些相互作用中,噬菌体还能通过裂解新生态位中的宿主细菌,来增强运动型细菌在新生态位的定植能力,从而在"搭便车者"和"携带者"之间建立了一种互惠关系。

8.6.2　噬菌体增强微生物适应性的机制

在胁迫环境中,噬菌体不仅得到宿主的保护和资源,还能通过减缓微生物代际消耗、增强宿主抗性、扩展和补偿宿主代谢、增强宿主防御性和竞争性以及促进生物膜形成等策略,提升宿主群体的微生物群落的适应性,从而应对高温、极端 pH 和高浓度重金属等压力条件。而宿主生存能力的增强又能反过来帮助噬菌体自身,确保其在相对稳定的条件中持续繁殖。

8.6.2.1　减缓微生物的代际消耗

在面对不利的环境条件时,进入低代谢活动状态,对于微生物而言是一种重要的生存策略。而噬菌体可通过溶原状态和慢性感染过程中对微生物代谢的调控,来抑制宿主的生长速率,从而帮助宿主应对营养和能量资源的稀缺。通过模拟深海原位条件的实验,发现丝状噬菌体 SW1 能抑制其宿主转录和翻译元件的合成,降低其宿主的生长代谢,从而减缓了代际消耗。有报道被噬菌体侵染的突变株对于大部分的碳源底物的利用均发生下调,噬菌体通过自身编码的阻遏蛋白来调控宿主基因的表达,帮助宿主在寡营养环境中节约代谢开支。对沙漠中病毒组的研究发现,噬菌体携带参与孢子形成过程的基因,能够操纵宿主孢子的形成。此外,噬菌体感染还可能直接触发细菌宿主的休眠防御,这可能会帮助微生物对干旱和极端温度等不利环境条件产生额外的抵抗力。

8.6.2.2 通过水平基因转移增强宿主适应性

水平基因转移(HGT)在微生物多样性和环境适应中起着至关重要的作用,而噬菌体的转导作用是微生物 HGT 的重要机制,能够促进细菌间的遗传信息转移。具体而言,噬菌体介导的转导包括特化转导、广义转导以及横向转导。其中特化转导和横向转导与溶原噬菌体基因组的整合和诱导密切相关。因此,如果胁迫条件导致溶原化比例升高,就可能通过特化转导和横向转导增加微生物群落中 HGT 的频率,如溶原噬菌体在热液喷口的嗜热细菌中显著增加了 HGT。在基因组和病毒组中对抗生素抗性基因(ARGs)的鉴定表明,噬菌体可能作为在细菌之间转移的 ARGs 的"储存库"。而具有广宿主范围的噬菌体能够感染更多样化的原核生物,从而扩大 HGT 的基因库。例如,丹毒丝菌属(*Erysipelothrix*)噬菌体能够从其直接宿主物种获得 ARGs,然后将其传递给其他细菌,这种抗性基因的传播作用甚至能够跨属进行。

8.6.2.3 提供与适应性相关的辅助代谢基因

噬菌体的基因组中含有许多辅助代谢基因(AMGs)。不同于结构基因等必需基因,AMGs 通常与噬菌体自身生命活动没有直接关系,但对宿主的代谢、免疫力、环境适应和进化等方面具有重要影响。一些 AMGs 能在胁迫环境中赋予微生物对压力条件的抗性。例如与重金属和抗生素的解毒相关的 *arsM* 和外排泵基因等,以及有助于有机污染物的微生物降解的脱卤酶基因,都能帮助其宿主在有毒污染的环境中生存。此外,二氢叶酸还原酶基因 *dfrB*、烟酰胺磷酸核糖基转移酶 NAMPT、烟酰胺核苷酸腺苷酸转移酶 *nadM* 等基因在增强微生物群落的抗氧化能力方面也发挥着至关重要的作用。而噬菌体携带的 *lpxD* 基因则参与脂肪酸的合成和代谢,影响细胞膜流动性,从而能够帮助微生物适应极端温度和盐度。此外,在深海热液喷口等环境中,噬菌体携带的 *tusE* 基因表现出高丰度。该基因编码一种用于 tRNA 硫醇修饰的硫转移蛋白,可以增强 tRNA 的结构稳定性,提高微生物对高温、酸胁迫和重金属的耐受性。

8.6.2.4 扩展和补偿宿主的能量代谢

噬菌体群落还能作为微生物代谢调节的重要基因库,即通过扩展宿主的代谢库,来改善宿主对胁迫环境的适应性。例如表达宿主原先不具备的酶,使宿主产生全新的功能或新颖的代谢中间产物。例如,PBCV-1 通过自身编码的透明质酸合酶,使宿主能够合成原先无法产生的、通常存在于动物体内的碳水化合物聚合物。除了直接的基因转移之外,噬菌体还可能通过编码蛋白导致细菌代谢紊乱,诱导细菌产生混杂的副反应,从而扩展细菌的代谢潜能,例如噬菌体编码的单体光系统 I 复合物 Psa J-Psa F 亚基之间的独特融合体,导致了宿主电子供体的混杂,除了接受来自天然电子供体的电子外,还能利用呼吸细胞色素的电子。在宿主应激响应期间,这种潜在的生化混杂可能会提供新的代谢途径来帮助宿主生存。

许多噬菌体可以通过编码和表达 AMGs 参与细菌营养代谢过程,为其宿主在获取必需营养素等方面提供适应性优势。例如,对西南印度洋深海热液喷口沉积物的组学分析表明,噬菌体基因不仅参与大部分的微生物代谢过程,还形成了众多代谢分支途径,包括嘧啶代谢、丙氨酸、天冬氨酸和谷氨酸代谢、氨酰-tRNA 生物合成、氮代谢、氨基糖和核糖代谢等多个重要方面。这些发现表明，噬菌体的 AMGs 可能对宿主产生重要的代谢补偿作用，显著增强了宿主在深海这一寡营养环境中的适应能力。对太平洋病毒数据的分析发现，一些 AMGs 分布呈现显著的深度相关性，这种深度相关性有助于宿主在深度分层的海洋环境中生存和繁衍。光合区的噬菌体编码 Fe-S 簇相关的基因，在初级生产力高的地区保存有限的铁；而无光区的噬菌体则编码鞭毛运动性相关基因 $flaB$、$motA$，与 DNA 复制相关的 $dndA$，以及与 DNA 重组和修复相关的 dut 和 $radA$ 基因，可能能够帮助宿主适应高压等极端环境。目前已发现深海、极地和沙漠生态系统中的噬菌体携带多种与碳代谢相关的 AMGs，能够编码几乎所有的中央碳代谢基因，包括脂肪酸代谢、糖酵解、dNTP 生物合成的恩特纳-杜德洛夫途径(Entner-Doudoroff)、磷酸戊糖途径、三羧酸循环、电子传递链等过程。这些基因与碳利用和储量密切相关，能够在资源有限条件下调节碳损失，为宿主提供急需的碳源。而在深海热液喷口中，感染硫氧化细菌的噬菌体携带大量与硫代谢相关的 AMGs，包括 $cysH$、$soxC$、$soxD$、$soxYZ$ 和编码磷酸腺苷基硫酸酯还原酶的基因。这些基因促进深海硫代谢，从而影响生物地球化学硫循环。此外，噬菌体可以通过编码与磷代谢相关的基因 $phoH$ 和 $pstS$ 等，在缺磷环境中增强微生物对磷的利用。在蓝细菌噬菌体的基因组中，还发现了多种光合作用相关的 AMGs，能够参与色素合成、光捕获、电子传递等多种过程。组学分析的结果显示，全球表层海水中约 60% 的 $psbA$ 基因来源于噬菌体，噬菌体合成的光系统蛋白甚至比宿主蛋白活性更高。噬菌体编码的 D1 和 D2 蛋白能够对受损的宿主同源蛋白起到补充作用。这一过程可以阻止宿主细胞产生光合抑制现象，从而在胁迫环境中保证光合作用的持续。

8.6.2.5 增强宿主的防御性和竞争性

抗病毒系统通常被认为是细菌对抗噬菌体感染的关键武器。有趣的是，一些抵抗病毒感染的机制并不是在细菌基因组中编码的，而是由溶原噬菌体提供的"获得性免疫"。目前已发现抗病毒系统广泛分布在溶原噬菌体的基因组中，包括 CRISPR-Cas 系统、限制修饰系统和毒素-抗毒素系统。而在消毒剂、重金属等胁迫条件下，它们与对宿主有益的 AMGs 一起富集，从而帮助宿主抵御竞争性噬菌体，提高自身和宿主的存活率。原噬菌体还可以通过改变宿主表面受体的表达，从而降低吸附效率，并通过超感染排除系统阻止病毒 DNA 成功注入宿主细胞。与此同时，噬菌体还可以在细菌之间转导 CRISPR-Cas 系统，从而为细菌群落提供针对其他噬菌体的免疫力。

除此之外，一些噬菌体可以帮助其宿主提高对其他微生物的竞争性。例如，当部分溶原噬菌体被诱导裂解之后，能够促进宿主产生的或噬菌体编码的毒素的释放，从而抑制或杀死群落中的其他细菌，这些过程也可以为宿主群体提供适应性优势。例如，假单胞菌中包含的两段噬菌体尾部基因簇，其编码的细菌素能够有效抑制其他细菌的生长，提高宿主的生存竞争力。

8.6.2.6 促进生物膜的形成

生物膜在自然界中广泛存在，且能够增强许多微生物对胁迫环境的应对能力，有利于它们的生存、分子交换、通信和繁殖。而噬菌体是生物膜群落的重要组成部分。越来越多的证据表明，噬菌体可以诱导、调节甚至增强生物膜的形成，从而提高微生物群落对胁迫环境的整体韧性和适应性。低密度的噬菌体感染诱导的选择性压力可以加速生物膜的发育,例如使群体感应和多糖分泌基因的表达上调,从而促进其宿主 *Piscinibacter* 定植到非宿主的 *Thauera* 聚集体上。此外,由溶原性噬菌体诱导引起的细胞裂解导致 eDNA、多糖和细胞内蛋白等生物膜促进分子的释放,可以增强生物膜的黏附性。除此之外,噬菌体还可通过富集和表达与胞外多聚物合成相关的 AMGs,来促进微生物的聚集和生物膜的形成。而 M13 和 Pf 等丝状噬菌体更是对其宿主形成生物膜的过程具有显著的影响,这些噬菌体的缺失会减缓宿主生物膜的形成,并降低生物膜的结构完整性。丝状噬菌体还能作为生物膜基质组分,增强微生物群落生物膜的结构稳定性,进而增强生物膜对干燥和抗生素等环境胁迫的抵抗功能。

参考文献

［1］ HU B, WANG M, GENG S, et al. Metabolic Exchange with Non-Alkane-Consuming *Pseudomonas stutzeri* SLG510A3‐8 Improves n-Alkane Biodegradation by the Alkane Degrader *Dietzia* sp. Strain DQ12‐45‐1b[J]. Applied and Environmental Microbiology, 2020, 86(8): e02931‐19.

［2］ GIRARD L, BLANCHET E, STIEN D, et al. Evidence of a Large Diversity of N-acyl-Homoserine Lactones in Symbiotic *Vibrio fischeri* Strains Associated with the Squid *Euprymna scolopes*[J]. Microbes and Environments, 2019, 34(1): 99‐103.

［3］ RADER B A, NYHOLM S V. Host/microbe Interactions Revealed through "omics" in the Symbiosis between the Hawaiian Bobtail Squid *Euprymna scolopes* and the Bioluminescent Bacterium *Vibrio fischeri*[J]. Biology Bulletin. 2012, 223(1): 103‐111.

［4］ NAUGHTON L M, MANDEL M J. Colonization of Euprymna Scolopes Squid by Vibrio Fischeri[J]. Jove-Journal of Visualized Experiments. 2012, 1(61): e3758.

［5］ SOKOLOVSKAYA O M, SHELTON A N, TAGA M E. Sharing Vitamins: Cobamides Unveil Microbial Interactions[J]. Science. 2020, 369(6499): eaba0165.

［6］ PELZ O, TESAR M, WITTICH R M, MOORE E R, et al. Towards Elucidation of Microbial Community Metabolic Pathways: Unravelling the Network of Carbon Sharing in a Pollutant-degrading Bacterial Consortium by Immunocapture and Isotopic Ratio Mass Spectrometry[J]. Environmental Microbiology, 1999(2): 167‐174.

［7］ ARUNASRI K, MOHAN S V. Chapter 2. 3-Biofilms: Microbial Life on the Electrode Surface. Editor(s): S. Venkata Mohan, Sunita Varjani, Ashok Pandey, In Biomass, Biofuels and Biochemicals [M]. Microbial Electrochemical Technology, Elsevier, 2019.

［8］ RUMBAUGH K P, SAUER K. Biofilm Dispersion[J]. Nature Reviews Microbiology, 2020(18): 571‐586.

［9］ DOUGLAS A E. The Microbial Exometabolome: Ecological Resource and Architect of Microbial Communities[J]. Philosophical Transactions of the Royal Society B 2020(375): 20190250.

［10］ BREITBART M, BONNAIN C, MALKI K, et al. Phage Puppet Masters of the Marine Microbial Realm[J]. Nature Microbiology, 2018, 3(7): 754‐766.

［11］ 徐希辉,刘晓伟,蒋建东.微生物菌群强化修复有机污染物污染环境:现状与挑战[J].南京农业大学学报,2020,43(1):10‐17.

典型生态系统篇

第9章 微生物共生生态系统

9.1 人和动物肠道共生生态系统

共生(mutualism/symbiosis)是指两种不同生物之间所形成的紧密互利关系。共生是自然界非常普遍的现象,从低等生物到最高等的人都是有共生微生物的存在。具有共生关系的、生活在一起的不同的生物组成了一种称之为共生综合体(holobiont)的有机体。

9.1.1 人体肠道菌群的组成和特点

人是一个"超级生物体(superorganism)",人体从皮肤表面到口腔、消化道、肺、生殖道、泌尿系统等器官都分布着种类多样、数量庞大的微生物,其细胞数量为 $10^{13} \sim 10^{14}$,是人体真核细胞的 1.3 倍。这些微生物细胞和人体自身的真核细胞一起参与人体的各项新陈代谢过程,从而决定人体的健康和疾病状态(图 9-1)。

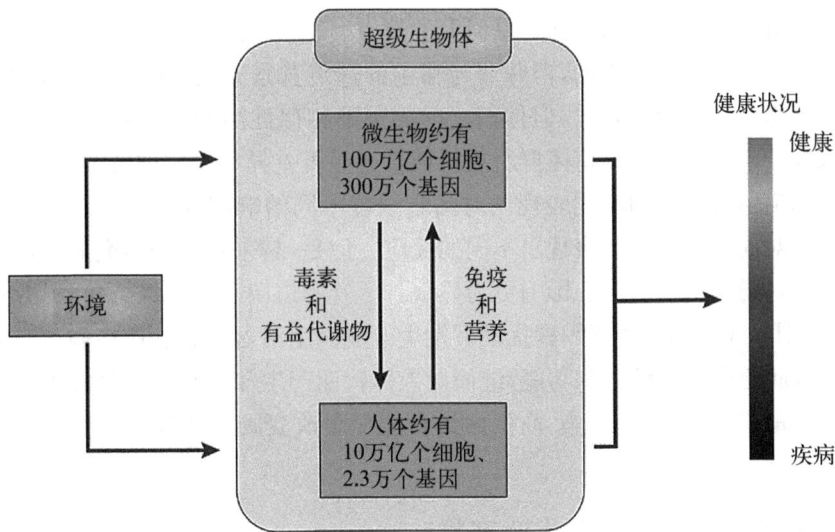

图 9-1 人是由其自身细胞和共生微生物组成的超级生物体

人体微生物组(human microbiome)是指人体内部和表面所有微生物的总和,包括细菌、古细菌、真菌和病毒等。肠道微生物组(gut microbiome)是人体微生物组的主要组成部分。肠道是人体消化吸收的重要场所,也是最大的免疫器官。肠道中的微生物主要是细菌,细菌量约为 1.5 kg。肠道菌群编码的基因总和是人体基因的 150 倍甚至更多,也被称为人体的"第二基因组"。肠道菌群与人自身之间不是简单的共存关系,而是相互作用、利益攸关的共生关系。细菌以宿主未完全分解的食物成分、宿主的部分代谢产物及肠道黏液等维持生存和代谢,同时也在诸多方面影响人的生理活动,如代谢某些食物和药物成分、抵御外来病源侵害、调节人体免疫应答、参与肠-脑轴调节等。因此,肠道菌群是人体肠道这个复杂生态系统中的重要部分,具有为人体宿主提供有益的生态系统服务的能力。

人体肠道菌群的细菌主要属于厚壁菌门(*Firmicutes*)和拟杆菌门(*Bacteroidetes*),它们的数量约占肠道菌群的 90%。其他还有放线菌门(*Actinobacteria*)、梭杆菌门(*Fusobacteria*)、变形菌门(*Proteobacteria*)、疣微菌门(*Verrucomicrobia*)等。大量研究显示,人的肠道菌群组成非常复杂,具有极高的种水平甚至菌株水平的多样性和个体差异。因此,从菌株水平解析肠道菌群成员的结构和功能,是肠道微生物组研究的关键。

人从出生时就与微生物建立了紧密的联系。最早定植在人体内的微生物是婴儿出生时接触的产道微生物、外界环境微生物以及母乳和食物中的微生物。剖宫产婴儿的肠道菌群则与母亲的皮肤菌群结构相似。此后,随着婴儿的生长发育,肠道菌群也发生了一系列的演替。初生婴儿肠道细菌的多样性和数量都很低,并且不稳定,极易受到饮食、接触的微生物等因素的影响。随着婴儿身体的发育以及断奶后饮食结构的改变和多样化,肠道中兼性厌氧菌数量开始下降,而严格厌氧菌例如拟杆菌(*Bacteroides*)、双歧杆菌(*Bifidobacterium*)等的数量逐渐增多并占主要优势,而且多样性明显增加,直到 1~2.5 岁,其组成和多样性基本趋于成人的肠道菌群。肠道菌群发育成熟后,在没有巨大扰动的情况下会维持动态的平衡。之后,随着人体的衰老,肠道菌群也会发生改变,老年人肠道菌群的结构与青年人明显不同。肠道菌群与衰老的关系目前仍是研究的热点。

肠道菌群虽然是后天建立的,但并非与宿主的遗传背景无关。同卵双生双胞胎的肠道菌群的组成虽然存在一定的差异,但他们之间的菌群相似性高于没有血缘关系的夫妻之间的菌群相似性。不同人种的肠道菌群组成特征具有显著差异和一定的特征。遗传背景相同的小鼠因为肠道菌群结构的不同表现出对高脂饮食不同的响应,而遗传背景不同的小鼠的肠道菌群也会对同一环境因素表现出不同的反应。但是,越来越多的研究显示,人体内外的多种环境因素对肠道菌群结构的影响更为显著。尽管肠道菌群具有维持自身动态平衡的能力,但也会在剧烈或长期的环境因素扰动下发生改变。生活习惯、饮食、疾病、药物、应激、情绪等都会影响肠道菌群的结构和功能,继而对人体代谢产生深远影响。日常生活中,饮食是塑造肠道菌群最关键的因素,高脂、高蛋白饮食能显著改变肠道菌群的组成,是多种代谢性疾病的风险因素。

9.1.2　肠道菌群产生的重要代谢产物

人体代谢由宿主自身基因组调节的各种代谢过程及微生物基因组调节的代谢途径共同组成,受到两者的双重控制,构成共代谢关系(co-metabolism),从而形成了人体复杂的代谢网络。宿主和肠道微生物之间存在着复杂的宿主-菌群代谢轴,在这个代谢轴中,肠道菌群与宿主的消化、营养、代谢、免疫等方面密切相关。肠道微生物与宿主之间进行着紧密的相互作用,宿主的健康状况和膳食结构发生变化,体内的共生微生物的组成就会发生变化;反过来,体内共生微生物组成的变化也会影响人体的健康。宿主和肠道菌群之间进行着活跃的代谢交换与共代谢过程,形成一个完整的代谢系统,共同响应环境因素(包括饮食、药物等),从而影响宿主的健康。

肠道菌群具有异常丰富的代谢潜能,食物、宿主和菌群自身来源的底物被肠道菌群代谢之后,可通过肠道的吸收作用、肝肠循环或病理条件下受损的肠屏障直接进入血液循环。有文献报道,人体血液中的小分子物质有 36% 来自与肠道菌群有关的代谢过程。一些肠道菌群的代谢产物对人体是有益甚至必不可少的,如维生素、短链脂肪酸(short chain fatty acids,SCFAs)等,但也有一些肠道菌群的代谢物或细胞成分对人体有害,如脂多糖(lipopolysaccharide,LPS,也称内毒素)、三甲胺(trimethylamine,TMA)等。一些重要的菌群代谢物有可能作为评价宿主健康状态或特定疾病的生物标记物。

肠道菌群的代谢产物广泛参与宿主代谢的调控,主要包括对营养代谢(脂质、蛋白质、葡萄糖)、非战栗性产热(白色脂肪褐变和棕色脂肪)、饱腹感(通过分泌激素 GLP-1 和 PYY 的分泌)、内脏器官的运动、胰岛素合成和分泌以及胰岛素敏感性的调节等。通过这些方式,肠道菌群得以维持能量稳态(图 9-2)。目前研究较多的对人体代谢有重要作用的肠道菌群代谢产物包括:短链脂肪酸、胆汁酸(bile acids,BAs)、支链氨基酸(branched-chain amino acids,BCAAs)、甲胺类(如三甲胺)以及气体递质(如 H_2、CH_4、CO_2、CO、H_2S)等。

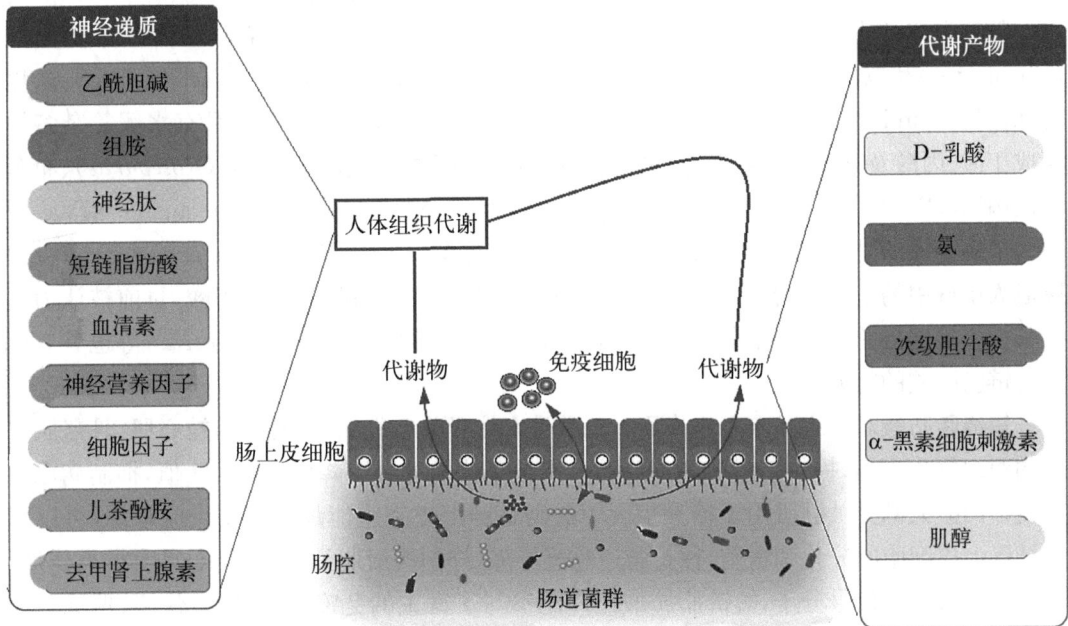

图 9-2 肠道菌群的代谢产物

1) 短链脂肪酸

碳水化合物是人体和微生物细胞重要的能量来源,但是人体无法通过自身细胞降解大多数具有复杂结构的碳水化合物以及植物多糖,相反,在人体肠道中特别是结肠中定居的肠道菌群则可以充分利用这些人体自身难以消化的纤维素、抗性淀粉等物质,将其转化为末端产物短链脂肪酸。

短链脂肪酸是一组由 1~6 个碳原子组成的饱和脂肪酸,又称挥发性脂肪酸。人体肠道中每天大约产生 500~600 mmol 的短链脂肪酸,依食物中可用的膳食纤维的量而有所不同。其中乙酸(C_2)、丙酸(C_3)和丁酸(C_4)是含量最高的短链脂肪酸,也是结肠中最主要的阴离子。其他短链脂肪酸,如甲酸(C_1)、戊酸(C_5)和己酸(C_6)在肠道中的含量很低。肠道中乙酸、丙酸和丁酸的含量摩尔质量比约为 60:20:20,但随底物、肠道排空速度及肠道菌群的不同而不同。短链脂肪酸在肠道中一经产生即快速被结肠上皮细胞吸收,在线粒体中经过三羧酸循环产生能量。未被肠上皮细胞代谢的短链脂肪酸则进入门脉循环,在肝脏中,乙酸、丙酸和丁酸均可作为肝细胞的能源物质。此外,乙酸还是胆固醇和脂肪酸合成的底物,而丙酸是肝脏中葡萄糖合成的一种前体。仅有部分肠道来源的乙酸、丙酸和丁酸(分别为 36%、9% 和 2%)进入了循环系统和外周组织。研究显示,血清中乙酸、丙酸和丁酸的含量范围分别为 25~250 μM、1.4~13.4 μM 和 0.5~14.2 μM。

短链脂肪酸主要在人的结肠中产生,结肠中有多种细菌具有产生短链脂肪酸的能力。在生命早期,放线菌门(Actinobacteria)中的双歧杆菌属(*Bifidobacterium*)细菌是婴儿肠道菌群中的优势类型,其中两歧双歧杆菌(*Bifidobacterium bifidum*)、婴儿双歧杆菌(*Bifidobacterium infantis*)和短双歧杆菌(*Bifidobacterium breve*)等细菌可以发酵人母乳寡糖产生乙酸和乳酸,为其生长提供碳源和能源。因此,婴儿肠道中的短链脂肪酸以乙酸为主。随着人体的发育和摄入食物的多样化,青少年和成人的肠道菌群逐渐以厚壁菌门(Firmicutes)和拟杆菌门(Bacteroidetes)为主体。厚壁菌门中,乳杆菌科(Lactobacillaceae)、瘤胃球菌科(Ruminococcaceae)和毛螺菌科(Lachnospiraceae)的多种细菌具有水解复杂多糖生成丁酸、丙酸及其他短链脂肪酸的能力,这些细菌主要分布在罗氏菌属(*Roseburia*)、布劳特氏菌属(*Blautia*)、真杆菌属(*Eubacterium*)和梭菌 XIVa(*Clostridium* cluster XIVa)等中。值得一提的是,属于毛螺菌科的细菌——普拉梭菌(*Faecalibacterium prausnitzii*)在健康成人菌群中的丰度约为 5%,它可以发酵低聚果糖、菊粉、果胶等产生丁酸,目前被认为是人肠道中最优势的丁酸产生菌。此外,拟杆菌门中的普雷沃氏菌属(*Prevotella*)等也具有产生短链脂肪酸的能力。

短链脂肪酸对宿主具有多重作用。乙酸被人体吸收后进入外周循环,被心肌、骨骼肌和外周组织氧化利用,提供能量和合成脂肪。未被吸收的乙酸可降低结肠 pH 值,抑制病原菌入侵。丙酸大部分被肝脏用于糖异生。丁酸则是肠上皮细胞能量的主要供应来源,可以促进结肠上皮细胞的分化和增殖,保护肠道黏膜屏障,抑制次级胆汁酸的累积,具有抗炎作用。作为一类重要的信号分子,短链脂肪酸还广泛参与了宿主的免疫反应、能量代谢、糖稳态以及脑-肠轴的调节。人体不同组织的细胞表面存在各自独特的短链脂肪酸受体。其中,研究最多的是两种 G 蛋白偶联受体(G-protein coupled receptors, GPCRs),即游离脂肪酸受体(Free fatty acid receptor)2 和 3,通常称为 FFAR2 和 FFAR3。FFAR2 主要在肠内分泌 L 细胞、淋巴细胞、中性粒细胞和单核细胞上表达,FFAR3 主要在胰腺、肾脏、交感神经系统和血管等处表达。这些受体被短链脂肪酸激活后,即可发挥广泛的代谢调节作用,如促进胰岛素分泌;调节肠肽 PYY(peptide YY)和胰高血糖素样肽(glucagon-like peptide 1,GLP1)等食欲抑制激素以控制食欲;调节 Treg 细胞的分化和巨噬细胞、树突状细胞的活性;调节迷走神经活性;作为组蛋白脱乙酰酶抑制剂而减少脂肪生成基因的表达,从而使脂肪组织和肝组织由脂肪生成向脂肪酸氧化转变等。

越来越多的证据表明,短链脂肪酸对于改善宿主健康具有多方面重要而积极的作用,因此,调整肠道菌群以提升肠内短链脂肪酸的产生已成为多种代谢性疾病防治的一个方向。

2) 胆汁酸

胆汁酸是一类内源性类固醇分子,是胆汁的主要有机成分。胆汁酸的合成及代谢过程十分复杂,涉及人体肝脏和肠道共生细菌的共代谢。胆固醇在肝脏中通过经典途径或替代途径产生胆酸(cholic acid,CA)和鹅脱氧胆酸(chenodeoxycholic acid,CDCA),称为初级胆汁酸,继而与甘氨酸或牛磺酸共轭接合形成接合型初级胆汁酸,分泌到胆汁中并在接受进食刺激后释放到肠腔。在肠道中,初级胆汁酸则被肠道菌群进行生物转化。首先由细菌编码的胆盐水解酶(bile salt hydrolase,BSH)催化接合型胆汁酸去除甘氨酸或牛磺酸,继而在细菌作用下进一步脱羟基、脱氢和差向异构化而转化为石胆酸(lithocholic acid,LCA)、脱氧胆酸(deoxycholic acid,DCA)等次级胆汁酸。95%以上的胆汁酸在回肠末端和结肠被重吸收至肠上皮细胞,经门静脉循环回到肝脏构成胆汁酸池(bile acid pool),这个过程即为"肠肝循环",对于维持胆汁酸代谢平衡具有重要意义。各种胆汁酸的生物活性主要取决于其疏水性,如脱氧胆酸、石胆酸和鹅脱氧胆酸等疏水性胆汁酸,且它们已被证明具有细胞毒性和促进癌症的作用,而熊脱氧胆酸(ursodeoxycholic acid,UDCA)、牛磺酸熊脱氧胆酸(tauroursodeoxycholic acid,TUDCA)等亲水性胆汁酸具有细胞保护功能。

肠道中的多种细菌参与了胆汁酸代谢。首先,接合型胆汁酸中甘氨酸和牛磺酸的解离需要胆盐水解酶的催化,拟杆菌(*Bacteroides*)、梭菌(*Clostridium*)、乳杆菌(*Lactobacillus*)、李斯特菌(*Listeria*)和双歧杆菌(*Bifidobacterium*)等属的细菌具有此功能,人肠道中的一些古细菌如 *Methanobrevibacter smithii* 和 *Methanosphaera stadtmaniae* 也被发现可以合成胆盐水解酶。其次,次级胆汁酸产生的第一步——7α-脱羟基反应,需要细菌的多种胆汁酸诱导基因(bile acid-inducible genes)编码的酶进行催化。梭菌 XIVa(*Clostridium* XIVa)、梭菌 XI(*Clostridium* XI)及真杆菌(*Eubacterium*)等属的细菌具有此功能。另外,类固醇脱氢酶(hydroxysteroid dehydrogenase,HSDHs)催化胆酸 C_3、C_7 和 C_{12} 位羟基的氧化脱氢和异构化,肠道中的多种细菌如拟杆菌(*Bacteroides*)、真杆菌(*Eubacterium*)、梭菌(*Clostridium*)、埃希氏菌(*Escherichia*)、埃格特菌(*Eggerthella*)、消化链球菌(*Peptostreptococcus*)和瘤胃球菌(*Ruminococcus*)等都可以编码类固醇脱氢酶。

胆汁酸促进膳食脂肪、胆固醇和脂溶性维生素的乳化和吸收,此外,它还能作为重要的信号分子在不同组织中与法尼醇 X 受体(farnesoid X receptor,FXR)、G 蛋白偶联胆汁酸受体 TGR5(takeda G protein-coupled receptor 5)等相应受体接合来控制血糖、血脂和能量代谢,参与调节胃肠道运动、肠道激素分泌、肝糖异生、炎症反应等过程。FXR 主要由初级胆汁酸激活,而 TGR5 主要由次级胆汁酸激活。同时,胆汁酸也可以作用于肠道细菌以调节肠道菌群的结构和功能。胆汁酸具有抗菌活性,通过破坏敏感细菌的细胞膜来抑制其生长和促进胆汁酸代谢型细菌的生长,进而改变肠道菌群结构。

人体胆汁酸池的组成与肠道菌群息息相关,菌群结构发生变化,就会使胆汁酸池中各种胆汁酸的组成发生改变,继而通过影响不同的胆汁酸受体来参与人体代谢活动的调节。了解肠道细菌在胆汁酸代谢中的具体作用,对解析一些代谢性疾病的病因机制具有重要意义。

3) 甲胺类

肠道中的一些细菌可通过三甲胺裂解酶对含三甲胺基团的化合物进行切割而产生三甲胺(Trimethylamine,TMA)。肉类食物富含卵磷脂、胆碱及肉碱等,是三甲胺的主要来源。目前报道有 3 种三甲胺裂解酶,分别为 CutC/D、CntA/B 及 YeaW/X。在人体肠道中已检测到包括梭菌在内的 13 种以上细菌含有 CutC/D 基因,26 种以上细菌含有 CntA/B 基因,10 种以上细菌含有 YeaW/X 基因。

TMA 通过循环系统进入宿主肝脏后,进一步被黄素单加氧酶迅速氧化为三甲胺 N-氧化物(Trimethylamine N-oxide,TMAO)。长期以来,TMAO 一直被认为是三甲胺的代谢废物。近年来研究发现,TMAO 可导致动脉粥样硬化血栓性疾病的发生,使 TMAO 在临床上的重要性受到了广泛的关注。科学家通过对 4007 例临床样本的回顾分析发现,血浆中升高的肠源代谢产物 TMAO 可增加卒中发生的风险。TMAO 一方面促进巨噬细胞清道夫受体 SRA 1、CD 36 的表达,导致巨噬细胞吞噬更多的被氧化或氨基甲酰化修饰的低密度脂蛋白,积累更多的胆固醇;另一方面通过降低胆汁酸的合成或转运,使胆固醇的反向运输降低。此外,TMAO 激活心肌内皮细胞和平滑肌细胞的 MAPK 及 NF-κB 信使,导致血管炎症反应,使血管壁沉积更多的泡沫细胞,引起动脉粥样硬化,继而发生不良心血管事件,如心肌梗死、脑卒中以及死亡。科学家们致力于寻找化学结构类似物来抑制肠道细菌的三甲胺裂解酶活性,从而降低血液中 TMAO 的浓度,延缓三甲胺营养物引起的动脉粥样硬化等心血管疾病。

4) 酚类物质及其代谢物

许多肠道细菌能够利用食物中的氨基酸产生酚类物质和吲哚。除了在天然食物中含有低浓度的 4-甲酚外,该化合物还可由肠道细菌代谢酪氨酸而产生。值得注意的是,高浓度的 4-甲酚($100\sim200~\mu M$)能够抑制 3T3-L1 前脂肪细胞分化为成熟脂肪细胞、诱导凋亡,并减少葡萄糖的摄取。香草酸是肠道菌群在生物转化过程中产生的另一种物质。研究表明,香草酸具有降低高脂饮食饲喂小鼠的高胰岛素血症、高血糖、高脂血症的发生率,以及改善肝脏胰岛素抵抗状况。

5) 吲哚及其衍生物

吲哚是单纯由细菌的色氨酸酶代谢食物中色氨酸产生的信号分子。吲哚硫酸酯、吲哚乙酸都能够活化主动脉平滑肌细胞的芳香基碳氢化合物受体(hydrocarbon receptor,AHR)通路,并通过上调组织因子水平及抑制组织因子的泛素化和降解来促进血栓形成。细菌代谢色氨酸生成的吲哚丙酸(indole-3-propionic acid,IPA)与膳食纤维的摄入、2 型糖尿病风险的降低和保护 β-细胞功能正相关,与胰岛素分泌有正相关的趋势,与低水平炎症负相关。

6) 气体

在正常人体内,肠道气体主要以 N_2、CO_2、H_2 和 CH_4 为主,还包括 H_2S 和其他少量含硫气体,其中由肠道菌群代谢产生的气体主要有氢气、甲烷和硫化氢。不同个体甚至同一个体的不同时间,肠气的量以及组分都会有较大差异,这主要受食物组成、肠道中细菌的种类、人体消化酶分泌、胃肠道动力等因素的影响。一般情况下,肠道产生过量气体会引起腹胀、腹痛等症状。

在几乎无氧的肠腔中,复杂碳水化合物被微生物发酵代谢为短链脂肪酸以及氢气、CO_2、甲烷和硫化氢等气体。肠道菌群发酵产生短链脂肪酸的末端产物是氢气,氢气可清除体内产生的自由基,对机体有一定的保护作用。体外实验证明,罗氏菌(Roseburia)、瘤胃球菌(Ruminococcus)、真杆菌(Eubacterium)等属的细菌能产生 H_2。肠道中的 H_2 水平存在较大个体差异,它主要取决于肠道菌群产生 H_2 的水平而非利用的水平。

肠道中的 CH_4 完全来源于菌群的代谢,它既不能由宿主细胞产生也不能被其利用。肠道产甲烷菌以 H_2 作为电子供体,将 CO_2、甲醇或乙酸转化为 CH_4。史氏产甲烷菌(Methanobrevibacter smithii)是肠道菌群中最主要的产甲烷菌。科学家们近期又发现了一条甲烷形成的新通路,即利用细菌的唯铁固氮酶将 CO_2 转变为甲烷。很多微生物携带唯铁固氮酶,这种酶能够促进具有代谢 CH_4 能力的厌氧古细菌和好氧甲烷菌利用 CH_4,作为这些微生物的碳源和能量来源。有研究发现,史氏产甲烷菌(M. smithii)和多形拟杆菌(Bacteroides thetaiotaomicron)(一种人体肠道中的共生菌,可以发酵膳食中的多糖)在无菌小鼠肠道内定植后,极大地提高了小鼠体内细菌发酵效率和短链脂肪酸产量,且小鼠的脂肪垫质量增加,这可能是由于史氏产甲烷菌以氢气作为电子供体还原 CO_2,且氢气是各种发酵反应的终产物,所以产甲烷细菌会增加细菌性发酵的效率,从而提高肠道内短链脂肪酸产量,促进宿主获取能量。研究人员对 CH_4 对宿主的作用是有益抑或有害尚存在着争论,传统观点认为 CH_4 不参与生理活动,但目前也有一些研究提示其可能与结直肠癌等疾病有关。

肠道菌群也可代谢肠道分泌的黏液、未吸收的蛋白、含硫氨基酸、牛磺酸等产生 H_2S 气体,这一功能主要由硫酸盐还原菌(sulfate-reducing bacteria,SRB)完成。SRB 是能利用硫酸盐或者其他氧化态硫化物作为电子受体来异化有机物质的严格厌氧菌的统称,在人和鼠等动物肠道中较为常见,至少 50% 的健康人肠道中都可检测到 SRB 的存在,其数量在每克粪便(湿重)中可达 $10^2 \sim 10^{11}$ 个不等。肠道中的 SRB 主要属于脱硫弧菌属(Desulfovibrio)和脱硫微菌属(Desulfomicrobium)。研究显示,SRB 的过度繁殖与炎症性肠病、肠易激综合征、乳糜泻、结直肠癌等疾病密切相关。由于产甲烷菌和 SRB 均以 H_2 为电子供体,因此,在肠腔中这两类菌存在竞争关系。此外,肠道菌群中的其他一些细菌如沃氏嗜胆菌(Bilophilia wadsworthia)、具核梭杆菌(Fusobacterium nucleatum)等也被发现可以通过产生硫化氢引发肠道炎症。肠道中若产生过量的硫化氢会对宿主带来不良影响:① 硫化氢对结肠上皮细胞有一定毒性,它可抑制结肠细胞尤其是远端结肠细胞的丁酸盐氧化,而丁酸盐是结肠细胞的主要能源物质,从而使结肠细胞损伤甚至死亡;② 过量硫化氢会腐蚀肠壁,增加其通透性,使更多的内毒素进入血液;③ 硫化氢具有促炎活性,在多种炎性疾病中都表现出上调炎症反应;④ 硫化氢可导致 DNA 损伤,对哺乳动物细胞具有遗传毒性,是结直肠癌的风险因素。

综上,肠道菌群代谢产物与宿主代谢产物和代谢表型之间存在着密切的联系。因此,在研究宿主代谢性疾病时,必须关注肠道菌群代谢产物对宿主的影响。

9.1.3　肠道菌群与代谢性疾病

作为肠道生态系统的重要组成部分,肠道菌群对维持消化道的正常功能至关重要,菌群的紊乱直接参与慢性胃炎、炎症性肠病、结直肠癌等消化道疾病的发展。随着微生物组学研究的深入和DNA测序技术的迅猛发展,人们越来越认识到,肠道菌群在多种肠外疾病特别是慢性、代谢性疾病的病因机制中也发挥了重要作用(图9-3)。肠道微生物组成和功能的变化与宿主的系统代谢和免疫息息相关,能够影响包括肥胖、2型糖尿病、非酒精性脂肪性肝病、心血管疾病甚至抑郁、孤独症等在内的多种病理状态。解析肠道菌群在各种代谢性疾病中的作用和机制,并进一步发展以菌群为靶点的疾病诊断和防治方法,是目前人体微生物组学研究的热点。

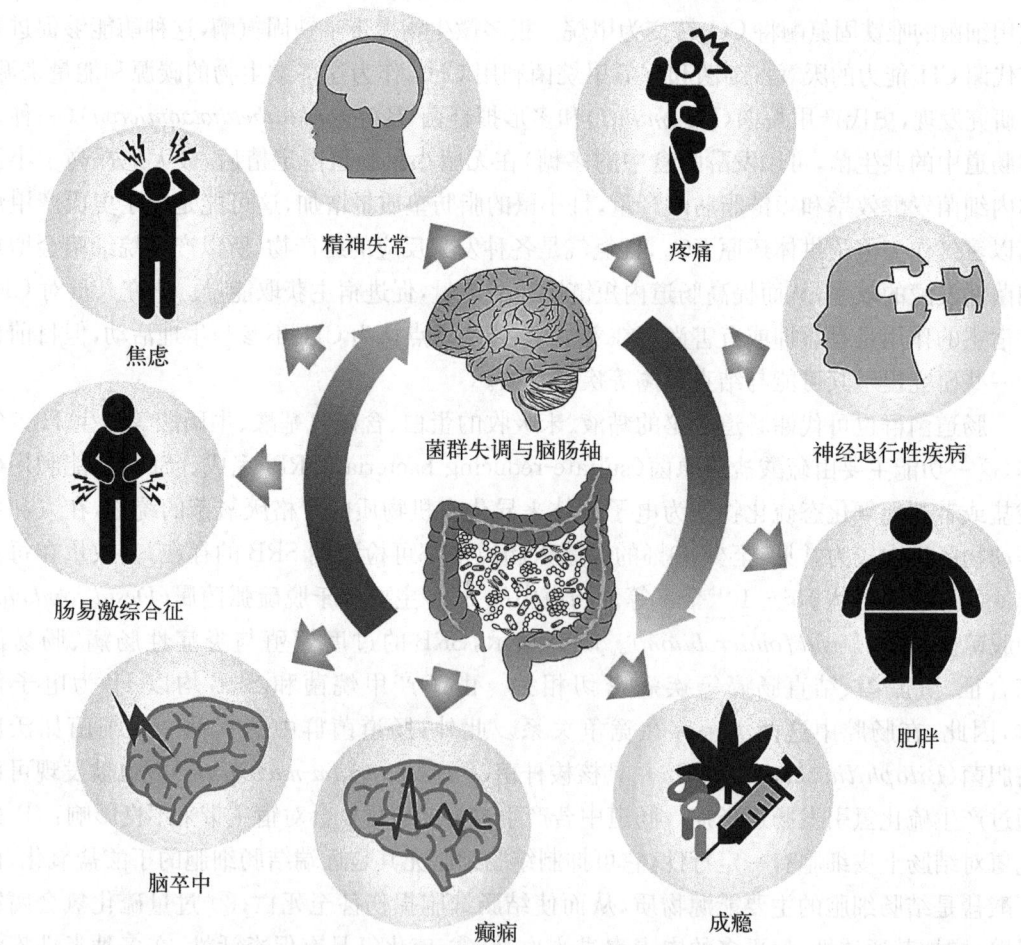

精神失常

疼痛

焦虑

神经退行性疾病

肠易激综合征

菌群失调与脑肠轴

肥胖

脑卒中

癫痫

成瘾

图9-3　肠道菌群参与多种慢性疾病的发生发展

1) 肠道菌群与肥胖

近几十年来,随着人类社会现代化程度的增加以及饮食结构的变化,全球肥胖症患病率激增,中国的形势也不容乐观。成年肥胖显著增加个体罹患心血管疾病、糖尿病、骨关节炎和癌症等多种疾病的风险,儿童肥胖容易引起呼吸困难、脆性骨折、高血压,并增加其成年后发生各种代谢性疾病的概率。肥胖及其并发的代谢异常疾病已成为全球公共健康最大的威胁和挑战。

微生物组研究已证实肠道菌群是肥胖的重要发病因素。与正常小鼠相比,无菌(germ-free, GF)小鼠虽摄入更多的饲料,但体重却显著低于正常小鼠。在低脂、高碳水化合物饲料喂养下,将正常小鼠的肠道菌群接入无菌小鼠 14 天后,尽管其食物摄入量减少,体重却增加 60%,并出现胰岛素抵抗;而没有接种菌群且以高脂、高糖饲料喂养的无菌小鼠不会发展为肥胖和胰岛素抵抗。分别将肥胖和瘦型小鼠的肠道菌群移植给无菌小鼠,接受肥胖小鼠肠道菌群的无菌小鼠体重更高,表明肥胖表型可以通过肠道菌群来传递。这些研究结果说明肠道菌群在食物引起的肥胖发生发展过程中起着关键作用。

肥胖者的肠道菌群组成与健康人不同。研究人员致力于鉴定与肥胖直接相关的肠道细菌种类,但不同研究的结果不完全相同,甚至有相悖的情况。目前,研究人员的共识是,肥胖患者肠道菌群结构的紊乱主要以短链脂肪酸产生菌减少、条件致病菌增加为特征。上海交通大学赵立平教授研究团队发现,在一位极端肥胖的志愿者肠道中,肠杆菌(*Enterobacter*)的数量同其血液中内毒素载荷量、炎性水平以及肥胖程度密切相关,继而分离到一株产内毒素的阴沟肠杆菌(*Enterobacter cloacae*)B29 菌株,将该菌株接种无菌小鼠后,小鼠出现明显的肥胖表型和胰岛素抵抗。研究人员还发现了一些能够保护肠屏障、抵抗肥胖和炎症的肠道细菌,如嗜黏蛋白阿克曼菌(*Akkermansia muciniphila*)等。

近年来的大量研究提示,肠道菌群可能通过以下机制参与肥胖的发生发展:① 调节宿主的能量代谢和存储。肠道菌群发酵宿主不能消化的多糖物质产生 SCFAs 和单糖,这些单糖和 SCFAs 可以被宿主吸收并作为能源物质加以利用,从而增加宿主从食物中获取能量的能力。菌群代谢物 SCFAs 作为信号分子,不仅可以被受体 FFAR 2 和 FFAR 3 识别并激活体内信号通路,调节宿主的能量代谢,而且还可以调控食欲抑制激素,如 GLP - 1 和 PYY 的分泌。菌群失衡导致 SCFAs 降低,使食欲增加,进而摄入更多食物。② 调节宿主脂肪代谢基因的表达。肠道中的一些细菌可以抑制脂肪酸氧化所需基因如 *Fiaf*(fasting-induced adipose factor,禁食诱导脂肪因子)的表达,增加肝脏脂肪合成相关的乙酰辅酶 A 羧化酶 Acc1 和脂肪酸合成酶 Fas 等基因的表达,从而增加宿主脂肪的积累。③ 肠道菌群结构失调引起肠屏障受损和慢性系统炎症,导致肥胖。肥胖是慢性炎症的一个发展阶段,而慢性炎症是多种代谢综合征共有的病理特征。菌群中的条件致病菌或其产生的脂多糖(LPS)穿过肠屏障或被肠上皮吸收,最后进入血液,进而激活 TLR(toll-like receptor, Toll 样受体)2、4 和5,引发一系列促炎症反应。研究人员将 LPS 皮下注射野生型小鼠,以正常饮食喂养,4 周后小鼠体重升高,肝脏及脂肪组织质量增加且出现炎症,多种炎症介质水平升高,同时出现高血糖症和高胰岛素血症。

肠道菌群结构变化在肥胖发生、发展中起着关键作用,但是目前还没有公认的菌群标志物模式可以作为检测和治疗肥胖的靶点。还需要进行大量的基础和临床研究深入解析菌群中的关键细菌(或关键细菌的组合)参与肥胖的具体机制。

2) 肠道菌群与 2 型糖尿病

2 型糖尿病(type 2 diabetes mellitus，T2DM)是一种主要由外周组织胰岛素抵抗或胰岛 β 细胞胰岛素分泌功能缺陷导致的、以慢性高血糖为特征的代谢性疾病。糖尿病与遗传、环境、饮食和生活习惯等多种因素有关,易导致心血管疾病、肾病、失明、神经系统病变等多种并发症,严重影响患者的生活质量和寿命。

人体微生物组学研究揭示肠道菌群与 2 型糖尿病密切相关。2012 年以深圳华大基因研究院为主的国内外研究团队对 345 名中国人的肠道微生物组进行了宏基因组测序,发现 2 型糖尿病患者肠道中产丁酸盐细菌的丰度减少,部分条件致病菌增加,硫酸盐还原和氧化应激抗性功能基因富集。糖尿病动物模型也证明了短链脂肪酸产生菌的重要性,如丁酸盐产生菌——嗜黏蛋白阿克曼菌(*Akkermansia muciniphila*)在 T2DM 小鼠中丰度降低,补充该菌可改善小鼠的肥胖、胰岛素抵抗和肠道通透性。菌群紊乱使血液中脂多糖含量增加,肠屏障被破坏,出现慢性低度炎症和代谢紊乱,从而降低胰岛素的信号传导效应,最终导致胰岛素抵抗,促进糖尿病的发生和发展。

肠道菌群产生的代谢产物如 SCFAs、胆汁酸、TMAO 及吲哚等都可以通过不同机制对宿主的血糖调控产生影响。SCFAs 特别是乙酸和丁酸可激活肠道 L 细胞上的游离脂肪酸受体(free fatty acid receptor，FFAR),刺激 GLP-1 和 PYY 等肠道激素的分泌,这些肠道激素可调节胰岛素信号通路。SCFAs 还可以通过调节 AMP 依赖的蛋白激酶(adenosine 5′-monophosphate-activated protein kinase，AMPK)信号,对葡萄糖转运蛋白(glucose transporter 4，GLUT4)进行调控,增加受体对胰岛素的敏感性,促进机体对葡萄糖的转运以及消耗。胆汁酸在信号传导功能中具有重要作用,不同的胆汁酸与其相应的核受体、FXR 或 TGR5 受体接合,可调节葡萄糖、脂质和能量的代谢。如脱氧胆酸、石胆酸等次级胆汁酸可以通过 TRG5 信号诱导肠 L 细胞分泌 GLP-1,从而改善肝脏和胰腺功能,增强肥胖小鼠的葡萄糖耐受性。

鉴于肠道菌群在 T2DM 中的关键作用,研究人员开展了大量以调节肠道菌群为靶点的 T2DM 干预研究,方法包括膳食干预、补充益生元/益生菌、粪菌移植等。一项针对中国 T2DM 患者的膳食纤维干预临床研究发现,补充多种膳食纤维在患者肠道中富集了一组特定的短链脂肪酸产生菌,并减少了可产生吲哚和硫化氢等有害代谢产物的细菌。这种菌群的改变使患者的 GLP-1 分泌增加,糖化血红蛋白也得到明显改善。这些短链脂肪酸产生菌可视为肠道生态系统的"基石物种",缺失了这些成员,就会使病菌滋生、有害代谢物增加、肠道环境恶化、最后引发炎症和代谢紊乱,使胰岛素分泌减少和胰岛素抵抗增加。因此,通过饮食、营养、菌群移植等方法增加这些基石物种的数量,可能是重建健康肠道菌群的关键,有望对 T2DM 乃至其他代谢异常疾病的防治提供新思路、新方法。

3) 肠道菌群与非酒精性脂肪性肝病

非酒精性脂肪性肝病(nonalcoholic fatty liver disease，NAFLD)是一种无过量饮酒史和其他明确的损肝因素、以肝实质细胞脂肪变性和脂肪储积为特征的临床病理综合征,该疾病已成为世界范围最常见的肝脏疾病之一。NAFLD 的病理机制复杂,研究人员提出了"多重打击"理论,即遗传易感性、胰岛素抵抗、脂质代谢异常、慢性氧化应激、炎症等都参与疾病的发生、发展,其中,来源于肠道和脂肪组织的炎症是导致肝脏发炎、纤维化甚至癌变的最主要因素。

　　肠道菌群具有调节宿主免疫和脂肪积累的作用,菌群结构和功能的紊乱与非酒精性脂肪性肝病密切相关。与健康人相比,非酒精性脂肪性肝炎患者肠道菌群中的双歧杆菌(*Bifidobacterium*)减少而普雷沃氏菌(*Prevotella*)、埃希氏菌(*Escherichia*)等显著增加。埃希氏菌是肠道中主要的一类乙醇产生菌,它们的增加与患者血液中内源性乙醇的升高直接相关,而升高的乙醇刺激机体产生更多活性氧或激活 Toll 样受体和炎症小体,从而促进肝损伤和肝脏炎症。解剖学上,肝脏和肠道通过门静脉相互联通,形成了"肠-肝轴",从而在两个脏器之间构成紧密的物质交流和代谢互通。肠道菌群失衡导致肠黏膜屏障受损,通透性增加,一些病原菌和代谢产物以及细胞因子等易位到肝脏,引发肝脏的免疫级联反应,导致免疫失控,加重肝脏的损伤和病情进展。在 NAFLD 患者和动物模型中均存在血清内毒素(即 LPS)升高现象,LPS 通过门静脉系统进入肝脏,与 TLR4 接合诱导 Kupffer 细胞分泌 IL-6、IL-1β 和 TNF-α 等促炎因子和趋化因子,刺激肝星状细胞,导致肝脏炎症和纤维化。

　　肠道菌群还可以通过胆汁酸代谢来影响非酒精性脂肪性肝病的进程。肠道菌群组成和功能的紊乱将影响胆汁酸池的稳态,而胆汁酸池中的各种胆汁酸通过 FXR/TGR5 受体活化或抑制信号通路,广泛参与调节 NAFLD 病理过程中的脂质和能量代谢途径。例如,FXR 可上调肝糖原合成,调节 GLP-1 的表达。FXR 激动剂药物奥贝胆酸可防止肠道屏障破坏,抑制非酒精性脂肪性肝炎的发展。

　　胆碱也是一种参与 NAFLD 的重要代谢物。肠道菌群将胆碱转化为三甲胺(TMA)会降低宿主的胆碱生物利用度,造成胆碱缺乏状态,而胆碱缺乏将抑制极低密度脂蛋白合成和分泌,导致肝脏甘油三酯蓄积和肝脂肪变性。TMA 经肝脏氧化形成的三甲胺 N-氧化物(TMAO)是一种毒性代谢物,与动脉粥样硬化、胰岛素抵抗、脂肪组织炎症等多种代谢紊乱有关。

4) 肠道菌群与孤独症谱系障碍

　　越来越多的研究显示,孤独症、抑郁、帕金森病等神经系统疾病以及肠易激综合征、功能性消化不良等肠-脑互作异常疾病也与人体肠道菌群关系密切。消化道和中枢神经系统之间存在双向信号调节,此即"肠-脑"轴(gut-brain axis);而"微生物-肠-脑"轴(microbiota-gut-brain axis)则指人体肠道微生物也与消化系统、中枢神经系统之间互存影响与调控(图 9-4)。肠道微生物组主要通过调节神经递质,如 γ-氨基丁酸(gamma aminobutyric acid,GABA)或 5-羟色胺(5-hydroxytryptamine,5-HT)等的分泌,合成具有神经活性的代谢物如短链脂肪酸,影响下丘脑-垂体-肾上腺轴(hypothalamic-pituitary-adrenal axis,HPA 轴)的活性,以及调控神经免疫或系统免疫等方式,来影响中枢神经系统的功能,值得注意的是,多种神经精神疾病都与微生物-肠-脑轴的异常有关。

　　孤独症谱系障碍(autism spectrum disorder,ASD)是以社交损伤、行为方式刻板和兴趣

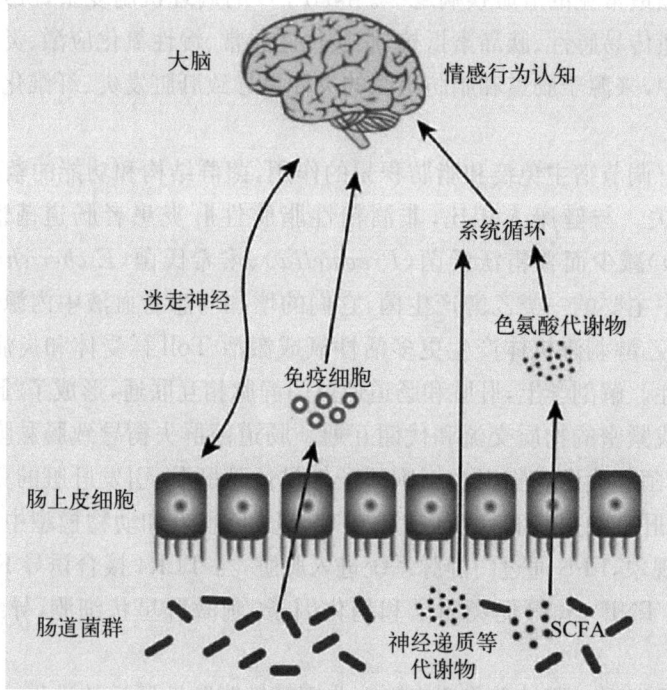

图 9-4 微生物-肠-脑轴

狭窄为核心临床症状的一组精神发育障碍的统称,发病率在全球范围逐年升高,已引起了社会和生物学、医学界的广泛关注。ASD 的确切病因还不明确,有众多机制假说,但普遍认为ASD 是遗传因素和环境因素共同作用的结果。

肠道菌群失调是 ASD 的病因之一。ASD 儿童大多具有腹泻或便秘、腹痛、呕吐等胃肠道功能紊乱的症状。ASD 儿童的肠道菌群与正常发育儿童的肠道菌群有显著差异。研究人员用粪菌移植的方法将 ASD 儿童和正常儿童的菌群移植到无菌小鼠体内,发现移植了ASD 儿童菌群的小鼠表现出社交损伤、行为方式刻板、兴趣狭隘的行为特点,并且大脑和结肠中 5-氨基戊酸(5-aminovaleric acid,5AV)和牛磺酸的含量降低;提取移植了正常儿童粪菌的小鼠结肠内容物中的 5AV 和牛磺酸,灌胃给 ASD 粪菌移植小鼠,发现小鼠大脑和结肠中这两种物质的水平均提高,并且行为异常显著好转。

肠道菌群参与 ASD 的机制复杂。肠道菌群可以与肠上皮细胞作用,刺激分泌神经递质(如 5-HT、GABA 等)或激素(如 GLP-1 及 PYY 等)来影响大脑的功能和行为控制;同时,微生物也可以通过调控局部或全身免疫、合成神经活性或内分泌活性的代谢产物(如短链脂肪酸、胆汁酸等)来调节内脏感觉、HPA 轴活性、肠道通透性甚至血脑屏障(blood brain barrier,BBB)的通透性,从而影响中枢神经系统。如一些芽孢杆菌(Bacillus)可以产生多巴胺,一些链球菌(Streptococcus)、肠球菌(Enterococcus)和埃希氏菌(Escherichia)等可产生5-HT,而乳杆菌(Lactobacillus)和双歧杆菌(Bifidobacterium)可以产生 GABA 等,这些神经传导物质可作用于肠神经系统或者直接影响迷走神经的功能。SCFAs 还通过激活FFAR2 和 FFAR3 维持血脑屏障的完整性。

　　科学家们已开始研究通过调节肠道菌群来改善 ASD 症状的新方法。临床发现,抗生素 D-环丝氨酸和二甲胺四环素有改善 ASD 症状的效果,该现象也在动物实验中得到了验证。将正常发育儿童的粪便菌群移植给 ASD 儿童或通过服用益生元治疗 ASD,不仅可以有效缓解胃肠道功能紊乱症状,还能改善 ASD 相关的行为症状。这些研究虽然显示出了以肠道菌群为靶点的干预方法的潜力,但距离临床应用仍有较大距离。要建立机制明晰、疗效确切的诊治方法,就需要全面、深入解析肠道菌群在 ASD 以及"微生物-肠-脑"轴中的作用和机制。

　　人体消化道这个复杂生态系统中共生着数量庞大的微生物,它们长期与宿主共进化,形成了多样、稳定、平衡的微生物群落,提供了宿主不具备的酶和多样的代谢活性物质,广泛参与着人体的健康和疾病状态。随着肠道菌群研究的不断深入和微生物组学技术的发展,肠道菌群这一人体最重要的内环境因素的作用逐渐被揭示,特别是肠道菌群在肥胖、2 型糖尿病等代谢性疾病中的关键作用已被人们广为接受。

　　较之人体自身的基因组,肠道微生物组具有较强的可塑性,因此,以肠道菌群为靶点采用益生元、益生菌、菌群移植、合理膳食乃至药物(如中医药)等方法对肠道菌群进行调节,从而改善人体与肠道菌群的共生关系,实现预防或治疗代谢性疾病的目的,具有广阔的应用前景。然而,肠道菌群是一个极其复杂的系统,人类对其中大多数细菌的作用了解还不充分,对不同细菌成员之间的互作模式以及菌群应对人体环境变化的响应机制还知之甚少,因此,肠道微生物组研究任重而道远,需要组织多学科的研究队伍,结合基础和临床,"干湿"并举,才能在解析机制和有效应用上取得突破。

9.2　海洋动物共生生态系统

　　海洋低等动物与微型生物的共生是海洋中非常普遍的现象。海洋由于具有黑暗、高压、低温、高盐、高碱、寡营养等特点,一些海洋动物为了能够在海洋环境中生存,通过亿万年的进化,与微生物形成了紧密的共生关系,从共生微生物获取营养与能量,或进行化学防御、抵抗捕食等。

9.2.1　珊瑚共生系统

　　珊瑚是珊瑚礁生态系统最主要的组成生物,珊瑚是海洋无脊椎动物刺胞动物门珊瑚虫纲生物的统称,目前已发现 7 000 多种。根据是否能形成珊瑚礁可分成非造礁珊瑚和造礁珊瑚。造礁珊瑚的活体单元是珊瑚虫,只在顶端有一个开口,口的周围环绕着一圈或数圈触手,用于捕食小动物,过滤海水杂质。分泌碳酸钙形成骨骼,死亡后形成珊瑚礁。化石证据认为珊瑚起源于 2.4 亿年前的中生代。基因组分析显示鹿角珊瑚起源在 4.9 亿~5.2 亿年前,将珊瑚起源推前了约 3 亿年。珊瑚的生活史主要经历受精卵、胚胎、浮浪幼虫、附着幼虫、珊瑚成体几个阶段。

　　珊瑚礁生态系统是海洋生物多样性最丰富的生态系统,被称为海洋中的"热带雨林"。珊瑚礁生态系统中生活着海洋中 1/3 的生物种类,包括数千种石珊瑚、海绵、多毛类、瓣鳃类、马蹄类、宝贝、海龟、甲壳动物、海胆、海星、海参、珊瑚藻和鱼类等，构成一个生物多样性极高的顶级生物群落。珊瑚礁对全球气候、海洋环境，尤其是碳、氮等循环起着重要的调控作用。例如：造礁石珊瑚的钙化作用和共生虫黄藻的光合作用固定了大量 CO_2，使得珊瑚礁生态系统成为重要的碳库之一。

珊瑚及其所有类型的共生藻类、微生物组成的有机整体称之为"珊瑚共生综合体"（Coral holobiont），是海洋生物中具有代表性的海洋共生体之一。造礁石珊瑚共生体内生活着丰富多样的藻类（统称为珊瑚藻），可通过光合作用为珊瑚宿主提供营养和能量，同时也使珊瑚宿主具有抗菌的功能，因此对于珊瑚健康、生长发育至关重要。

虫黄藻是一种黄褐色单细胞共生藻类，通常与海洋无脊椎动物共生。在珊瑚黏液层分布着丰富多样的虫黄藻。珊瑚与虫黄藻存在紧密的共生关系：虫黄藻可以从珊瑚宿主代谢废物中获得氮、磷等营养。虫黄藻通过光合作用固定 CO_2 转化为有机物，为珊瑚宿主提供有机碳。虫黄藻促进珊瑚虫骨骼的形成。藻类还为珊瑚提供氧气和能源，使珊瑚具备造礁条件。此外，共生藻类赋予了珊瑚五彩缤纷的色彩。上海交通大学课题组在珊瑚中发现并命名了一种新的珊瑚共生的虫绿藻——*Symbiochlorum hainanensis*（图 9-5）。

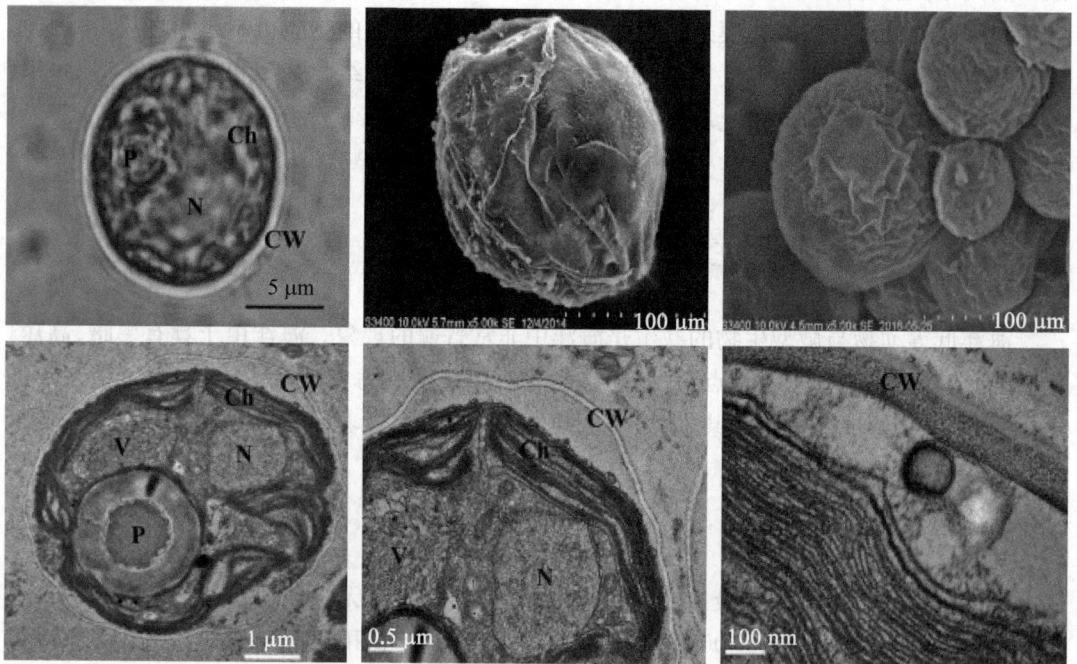

图 9-5　虫绿藻新属（*Symbiochlorum hainanensis*）的细胞结构

当造礁石珊瑚受到高温胁迫时，共生虫黄藻产生大量活性氧（ROS），导致珊瑚体内形成过量的氧化压力，引起珊瑚与虫黄藻的共生关系破裂，迫使珊瑚大量排出共生虫黄藻，逐渐失去色泽而引起珊瑚白化。虽然多种因素都会对珊瑚礁产生影响，但是高温是导致珊瑚白化引起珊瑚礁退化的主要因素。2016 年因海水升温造成的珊瑚白化使得大堡礁北部和中部超过 26% 和 67% 的造礁石珊瑚死亡。上海交通大学课题组对健康和白化的造礁石珊瑚

Platygyra lamellina、*Porites lutea* 和 *Favia speciosa* 共生虫黄藻种群组成与光合作用效率进行了分析比较,结果发现,升温导致珊瑚白化后,珊瑚共生虫黄藻的种群结构发生了显著改变:健康珊瑚中原本低丰度的耐热型虫黄藻的丰度升高。白化会导致珊瑚藻光合作用效率显著下降,预示共生关系的破坏。选取敏感型的鹿角珊瑚 *Acropora valida* 与耐受型的盔形珊瑚 *Galaxea fascicularis* 为对象,通过宏转录组分析发现,与对照(26 ℃)相比,高温(31 ℃)胁迫下珊瑚共生藻多样性与代谢发生显著变化,差异表达的基因包括上调的热休克蛋白、下调的光合作用相关基因,以及抗氧化等抗逆基因、营养代谢与转运相关基因等。以光合作用相关基因的表达变化为例,热胁迫对两种珊瑚共生藻的光合作用影响非常大。具体而言,敏感型的鹿角珊瑚(*A. valida*)在热胁迫下差异表达的基因数量远大于耐受型的珊瑚(如 *G. fascicularis*)。总之,升温会造成基于营养的珊瑚宿主与虫黄藻之间的共生关系的破坏。

除了珊瑚共生藻外,珊瑚中还存在丰富多样的共生微生物,例如细菌、古生菌、病毒和真核微生物。在珊瑚黏液层、组织与骨骼中均有共生微生物的存在。珊瑚共生微生物组在抵抗疾病、维护宿主健康和生态稳定方面起到积极作用。同时,珊瑚共生微生物在珊瑚共生体的营养元素循环、能量提供等方面发挥着重要作用,如固氮、硝化与反硝化、CO_2 固定、硫还原、维生素合成,以及抗氧化等。珊瑚共生微生物获取的途径包括垂直遗传和水平转移,呈现出动态变化的特征。上海交通大学对比了珊瑚 *Dipsastraea favus* 幼虫与成体共生细菌多样性,结果显示:在幼虫中,存在丰富的 *Oceanospirillaceae* 与 *Kordia*;而在珊瑚成体中,则存在比较丰富的 *Kiloniellales*。此外,研究还发现了一些核心细菌在珊瑚幼虫、成体及周围海水中是共存的,这表明珊瑚 *D. favus* 能够从海水环境中获取共生细菌。

9.2.2　海绵共生系统

海绵(sponge)属于多孔动物门,是结构最简单、形态最原始的多细胞动物(6.4 亿年前),目前已知 8 000 多种,主要分为寻常海绵纲、六放海绵纲、硬海绵纲和钙质海绵纲。它们广泛分布于浅海、深海及深渊等水域。1984 年 7 月,南京古生物所的侯先光在云南省澄江早寒武世地层内(距今约 5.3 亿年)发现了澄江动物化石群,其中至少包括了 20 个不同属种的海绵化石。2010 年,美国科学家在南澳大利亚发现了远古海绵化石,这一发现进一步证实了海绵在地球上存在的历史,显示至少在 6.5 亿年前,地球上就出现了海绵。

在 20 世纪 60 年代初,利用电子显微镜(EM)首次证实了海绵中存在细菌。近年来兴起的高通量测序、宏基因组学技术极大地扩展了人们对海绵共生微生物群落结构与多样性的认识。目前已知海绵共生体中的微生物包括 50 多个门的细菌、3 个门以上的真菌、3 个门以上的古细菌,以及微藻、原生生物等。因此,海绵是目前已知生物中共生微生物组最复杂的。海绵宿主可通过垂直遗传、水平转移两条途径获取共生微生物。高微生物丰度海绵(HMA‐S)中的微生物丰度可达 $10^{8\sim10}$ 个细胞/g 海绵,远高于海水微生物丰度的 $2\sim4$ 个数量级,可占海绵体积的 $40\%\sim60\%$。

海绵是海洋天然产物的宝库,越来越多的研究证明,海绵中分离提取的天然产物很多是海绵共生微生物直接或间接产生的,这对于海绵宿主而言起到了化学防御的作用,因此海绵共生微生物具有重要的化学生态学功能,在海洋药物、海洋技术等领域具有广泛的应用价值。此外,海绵具有遍布全身的孔状结构,通过过滤海水来获取营养。这一特性使得海绵具有显著的促进海洋水层与底栖耦合的功能,进而驱动海洋元素的循环。在生态学功能方面,海绵的共生微生物在宿主的营养元素循环中发挥着重要作用。

以氮循环为例,氮循环是海洋中一个重要的生物地球化学过程。海绵被认为在海洋氮循环中起着重要作用。上海交通大学课题组针对南海多种海绵共生微生物分子生态学功能研究显示,在海绵中存在微生物驱动的完整的氮循环网络(图9-6)。海绵共生的氨氧化古细菌、氨氧化细菌利用宿主代谢产生的氨,或是通过海绵共生微生物的氮固定作用,利用海水中的尿素、DNRA(硝酸盐异化还原成铵),或过滤海水获得的氨,经海绵共生微生物,将氨同化为氨基酸,同时也通过微生物的硝化过程将氨转化为硝酸盐或亚硝酸盐,释放到周围海水中,供给其他海洋生物需要。另外,海绵体内积累的亚硝酸盐或氨也会通过共生微生物的反硝化等途径,将这些有害物质转化为氮气(N_2)并释放到周围海水或大气中,起到缓解亚硝酸盐或氨对于宿主的毒性作用。

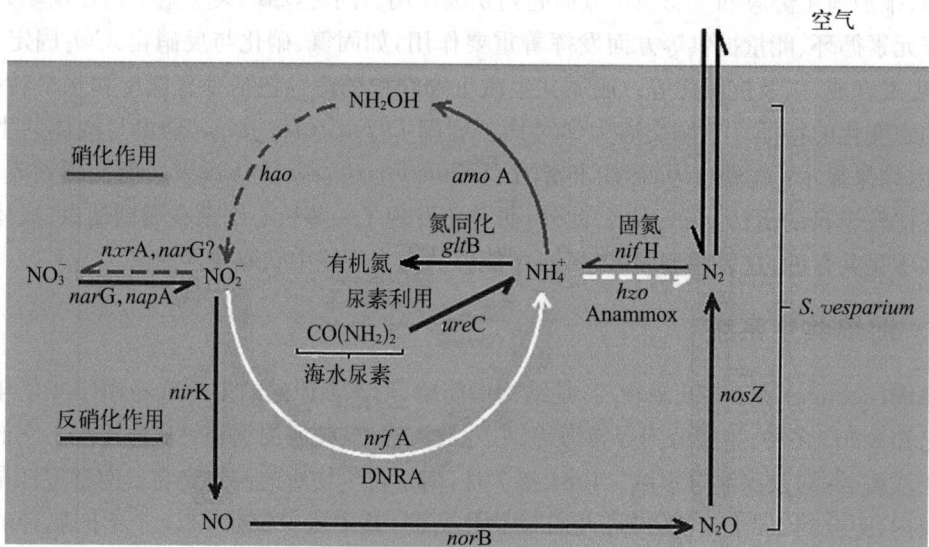

图9-6　海绵共生微生物驱动的氮循环(海绵 *Spheciospongia vesparium* 模型)

碳代谢方面,海绵可以通过过滤海水直接获取 DOM、POM 等有机碳。尽管海绵宿主细胞不能直接利用海水溶解的 CO_2 与其他无机碳,但是海绵共生的自养或混合营养型共生微生物或微藻可以弥补这一不足,它们可以同化海水无机碳合成有机物满足宿主需要。有研究采用碳稳定同位素示踪分析了海绵共生甲藻吸收利用 ^{13}C-碳酸氢盐,发现甲藻具有很强的同化碳酸氢盐的能力,并观察到合成的有机碳转移到海绵细胞,这个结果为海绵在贫瘠海洋中通过其共生的自养生物同化无机碳获取营养提供了证据。上海交通大学课题组基于 RNA 水平的固碳功能基因转录活性分析,在 3 种南海珊瑚礁海绵 *Theonella swinhoei*,*Plakortis simplex* 与 *Phakellia fusca* 共生体中都检测到活跃的卡尔文循环、3-羟丙酸双循环(3-HP)途径功能基因的表达,同时还发现海绵共生微生物自养固碳基因转录水平高于周围海水,提示与海绵共生的微生物具有较高的自养固碳潜力。

9.2.3　深海化能共生系统

深海一般是指 1 000 m 以下的海域,深海生态系统是地球上最大的生态系统,其复杂独特、生境多样。由于缺乏阳光、静水压力大、形成黑暗、低温和高压的极端环境。由于不能进行光合作用,深海生态系统的能量来源主要是化学能,因此构成了独特的深海化能共生系统。与万物生长靠太阳的陆地、浅海生态系统不同,化能生态系统中,众多化能微生物是这里的主要初级生产力贡献者。它们通过氧化热液、冷泉流体中的还原性物质[如硫化氢(H_2S)、元素硫(S)、甲烷(CH_4)和氢气(H_2)等]获取所需的能量,进而进行固碳作用,并通过黑暗食物网将物质能量传递到整个生态系统,因此,化能微生物及其所行使的化能合成作用,构成了深海化能生态系统存在的基础。

深海化能合成生态系统主要包括热液、冷泉和其他还原型生态系统。深海微生物通过分解死亡鲸鱼的骨骼而释放硫化物,维持着硫化物氧化菌和以化能合成生产为基础的无脊椎动物群落。深海黑暗无光,缺乏光和营养,双壳贝类等深海无脊椎动物通过与化能合成细菌建立共生关系获取化能营养,从而适应环境并形成了深海繁茂的动物群落。在漫长的演化过程中,为了更加高效地获取这些化能细菌产生的有机物,深海化能生态系统中的无脊椎动物与化能合成菌建立了形式多样的共生关系,实现了共生双方或多方间的物质互补。以双壳纲为例,有超过 500 种双壳纲生物被报道体内共生有化能合成细菌。例如,深海偏顶蛤与 γ-变形菌纲硫营养型细菌建立了共生关系。早期共生菌主要分布于细胞外的微绒毛间隙中,属于细胞外共生。在始新世中期,随着深海偏顶蛤适宜生境范围的不断扩大,进入鲸落、冷泉、热液等化能生态系统,此时共生菌与深海偏顶蛤的关系更加紧密,共生菌由胞外进入到细胞内建立了内共生关系。伴随着双壳纲宿主的发育,共生菌的范围也逐渐聚焦,最终在鳃组织定生。

深海化能双壳纲贝类通过共生菌直接或者间接提供营养。双壳纲宿主可以通过接触还原性物质和 O_2 为内共生菌提供化能合成反应的原材料,内共生微生物反过来将合成的有机物提供给宿主。例如,深海偏顶蛤 *Bathymodioline mussels* 鳃细胞内共生的甲烷营养型细菌产生的 CO_2 可以直接作为另外一类内共生的硫营养型细菌碳固定的原料。另外,硫营养型细菌缺少 TCA 循环中的关键酶(草酰乙酸脱氢酶、苹果酸脱氢酶和琥珀酸脱氢酶),而甲烷营养型细菌有完整的 TCA 循环途径,产生的中间产物或可作为硫营养型细菌 TCA 循环的补充,这种利用共生伴侣产生代谢物完成生命过程的现象在深海含有共生菌的生物体内普遍存在。

目前,深海生物宿主获取共生微生物营养物质主要存在两种假说,分别为"奶牛"和"牧场"假说(图 9-7)。"奶牛"假说认为共生菌通过分泌代谢产物,为宿主持续地提供所需的物质和能量。"牧场"假说认为宿主为共生菌提供了合适的生长环境,同时宿主可以通过细胞内消化共生菌的方式获取所需的物质能量,在此过程中含菌细胞内溶酶体起到重要作用,溶酶体可以与含菌细胞内包裹共生菌的囊泡接合,在消化酶的作用下将共生菌分解为小分子。

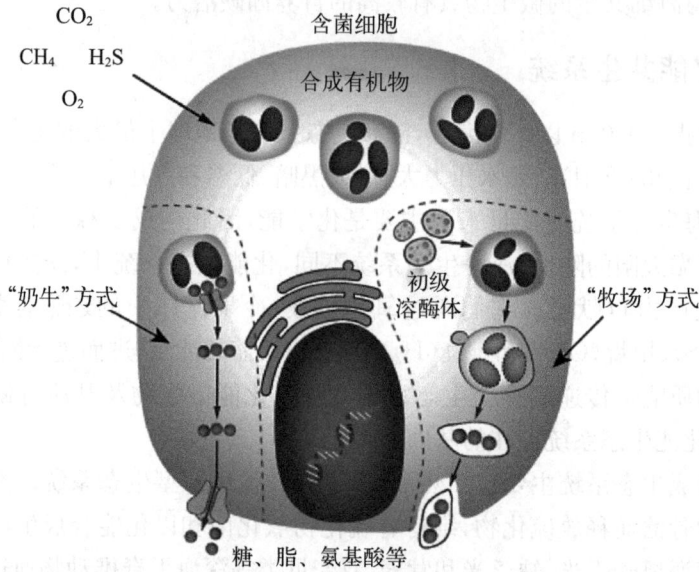

图 9 - 7   奶牛假说和牧场假说(王敏晓等,海洋与湖沼,2021)

深海偏顶蛤的研究显示,细胞骨架介导的细胞内运输、通道蛋白、溶酶体,以及消化酶相关基因在深海偏顶蛤种同样高表达或者受到选择,因此双壳纲宿主与共生菌的营养互作分子机制可能存在趋同进化。

深海热液系统的管状蠕虫是另外一个深海化能共生系统的代表。管状蠕虫上端是一片红色的肉头,下端是一根直直的白色管子,管状蠕虫因此得名。管状蠕虫的底部紧紧地粘在海底底层岩石上。管状蠕虫没有嘴和消化系统,但是具有特殊的内部器官:营养体(trophosome),聚集着大量的共生细菌,可占蠕虫干重的 60% 以上(图 9 - 8)。管状蠕虫生活在能同时接触到海水和热液的区域,它们将身体白色的管状部分固定在热液附近以获取硫化物,而将红色的肉头部分漂浮在海水中,与海水充分接触以获取氧气。管状蠕虫体内的共生细菌从热液中获取硫离子,又从海中获得氧气,从而合成管状蠕虫生存所必需的有机物。管栖蠕虫的血液中充满饱和铁质血红蛋白,这也是它的肉头部分有着美丽鲜红色的原因。血红蛋白同时携带 O_2、H_2S,供共生细菌生产有机物,转移给管状蠕虫组织。

9.2.4   其他海洋共生系统

深海处于黑暗状态,一些海洋动物进化出了与细菌共生的发光系统。例如:琵琶鱼的鼻子处长出形状如钓鱼竿的器官。这个充满生物发光细菌的器官能够发光,用来引诱小鱼成为其猎物。发光细菌含有荧光素酶,是催化荧光素(一些细胞可以分泌)或脂肪醛氧化发光的一类酶的总称。细菌生物发光反应的原理是:在分子氧作用下,荧光酶催化将还原态的黄素单核苷酸(FMNH2)及长链脂肪醛氧化为 FMN 及长链脂肪酸氧化,同时释放出最大发光强度在波长为 $450 \sim 490$ nm 的蓝绿光。

此外,许多海洋生物的肠道内也有大量的共生微生物。针对马里亚纳海沟、玛索海沟、

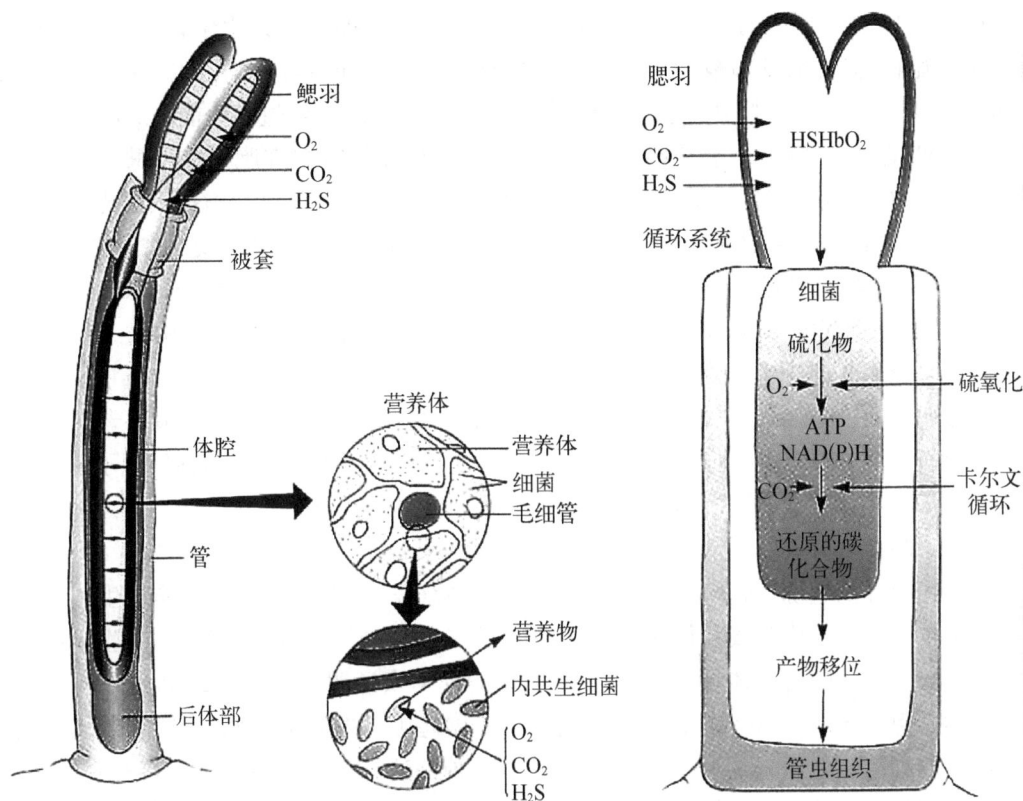

图 9-8 管状蠕虫-共生细菌系统

新不列颠海沟东部、新不列颠海沟中部采集的 3 种钩虾进行的微生物组研究表明,这 4 个采样点钩虾肠道的微生物多样性有着显著差别。马里亚纳海沟的 *Hirondellea gigas* 肠道内,微生物物种最丰富且种群结构最为复杂,其中优势菌群为嗜冷单胞菌属(*Psychromonas* sp.)和 Uncultured bacterium。嗜冷单胞菌属和 Uncultured bacterium 分别占 37.05% 和 18.52%。从南极磷虾肠道中分离到子囊菌门、厚壁菌门和变形菌门的微生物。磷虾消化道中的微生物可能参与宿主的消化过程,包括产生蛋白水解、脂质水解和几丁质水解酶等。与其他温带海洋鱼类的研究结果相似,南极一些鱼类肠道微生物也主要是变形菌门、放线菌门与厚壁菌门细菌。海豹的肠道微生物群中厚壁菌门、梭杆菌门、变形菌门和拟杆菌门为优势菌群,特别是嗜冷杆菌属,这些细菌种类与磷虾、阿德利企鹅和巴布亚企鹅有关,因为它们是海豹的常见摄食对象,这也说明微生物可以通过捕食者的摄食定植到宿主肠道中。

9.3 共生体进化与生态演化

9.3.1 内共生与真核生物进化

内共生体是指在其他生物体内部生活的生物体。美国生物学家林恩·马古利斯(Lynn

Margulis)于 1970 年出版的《真核细胞的起源》一书中正式提出内共生学说(endosymbiotic theory)。她认为,好氧细菌被变形虫状的原始真核生物吞噬后,经过长期共生能成为线粒体;蓝细菌被吞噬后,经过共生能变成叶绿体;螺旋体被吞噬后,经过共生能变成原始鞭毛。

　　15 亿年前,蓝细菌进入了某些原生生物的细胞内,并与宿主细胞形成了共生关系。在共生过程中,宿主细胞提供了适宜的环境和营养,而蓝细菌则为宿主细胞提供了光合作用所需的能量。随着时间的推移,宿主细胞和蓝细菌之间的共生关系进化为更为紧密的关系,蓝细菌逐渐演化成了现代叶绿体,逐步演化成 3 个主要种群,即绿藻(greenalgae)、红藻(redalgae)和褐藻(glaucophytealgae),褐藻一个明显的特征是其叶绿体结构中二层胞膜之间还保留来自祖先蓝细菌的肽聚糖壁的遗迹。通过分析一种褐藻(*Cyanophora paradoxa*)叶绿体编码的蛋白质序列,发现这种褐藻比绿藻和红藻的分化时间要早。最古老的真核生物种群化石证明,红藻出现在 1 亿 2 000 万年前。支持此学说的证据还包括发现了一种光合细胞器——蓝小体,其结构类似蓝细菌,且 DNA 和叶绿体特征相似,是介于两者之间的一种过渡结构。除此之外,叶绿体细胞分裂的机制还部分类似于其原核生物的祖先。

　　关于线粒体的起源,科学家提出了两种不同的假说——内共生起源和非共生起源。理查德·阿尔特曼在观察到线粒体时,就提出细胞中的这种结构和细菌类似,是共生于细胞中能够独立自主生活的有机体,但当时并没有实质的证据来证明这一点。20 世纪 20 年代,美国生物学家伊万·沃林(Ivan E. Wallin)提出线粒体起源于内共生的假说,即线粒体是由被细胞吞入的细菌演化而来,但当时科学界并不认可他的这一假说。直到 20 世纪 70 年代,美国生物学家林恩·马古利斯提出了较为完善的内共生学说。该学说认为,原始真核生物在某些情况下吞入革兰氏阴性好氧细菌。这些好氧细菌在与原始真核生物共存的过程中逐步演化并互相适应,最终达成互利共生的关系,逐渐形成了线粒体。这个共生体系中,寄主(即好氧细菌)从宿主(原始真核细胞)处获得营养,而宿主则可利用寄主产生的能量,这样的关系极大地增强了这一共生体的竞争力。之后有很多证据来证明该假说的科学性。① 线粒体具有独立的遗传物质——线粒体 DNA 和 RNA,该遗传物质和真核生物细胞核的遗传物质存在差异,而与细菌的更加相似。② 细胞在进行自身繁殖时,线粒体也同时进行增殖、分配,具有独立性和连续性,它的分裂增殖是通过缢裂完成,和细菌类似。③ 线粒体本身具有独立完整的蛋白质合成系统,且这个合成系统的多数特征都与细菌蛋白质合成系统相似,但与真核细胞蛋白质合成系统具有差异。④ 线粒体具有内膜、外膜;内膜与细菌质膜相似,外膜则与真核细胞内膜相似。猜测可能是在共生体系形成过程中,宿主吞噬寄生的好氧细菌时,宿主的内膜包裹了寄主而形成了线粒体的外膜。⑤ 真核细胞的细胞核中存在呼吸细菌或蓝细菌的遗传信息,印证了假说指出在进化过程中,好氧细菌原有的遗传信息大部分已转移合并到寄主细胞中。⑥ 线粒体的遗传密码与变形菌门细菌的遗传密码更为相似,被认为线粒体来自 α-变形菌(α-Protobacteria)。

　　内共生学的证据包括:① 叶绿体和线粒体都有其独特的 DNA,可以自行复制,不完全受核 DNA 的控制。线粒体和叶绿体的 DNA 同细胞核的 DNA 有很大差别,但同细菌和蓝藻的 DNA 却很相似。② 线粒体和叶绿体都有自己特殊的蛋白质合成系统,不受核的合成系统的控制。③ 抗生素可以抑制细菌和蓝藻的生长,也可以抑制真核生物中的线粒体和叶绿体的作用,这也说明线粒体与细菌、叶绿体与蓝藻是同源的。④ 线粒体、叶绿体的内、外膜有显著差异。外膜与宿主的膜比较一致,特别是和内质网膜很相似;内膜则分别同细菌和蓝藻的膜相似。

内共生进化的重要性在于它为生命起源和进化提供了重要的证据。通过共生进化,原始的单细胞生物可以利用其他细胞或细菌的功能来增强自身的适应性和生存能力。这种共生关系的演化也为多细胞生物的起源和复杂性提供了一种可能的机制。内共生学说也存在一些无法解释的问题,例如还不能解释细胞核这个细胞的控制中心是如何起源的。

9.3.2　生物共生体的演化

在达尔文演化论体系中,生命以个体为单元开展资源竞争和繁殖竞争,从而受到自然选择的影响。然而,自然界任何生物都不可能是单独以一个个体的形式存在。许多物种的繁殖甚至严重依赖于与其他物种所形成的共生关系。地衣(真菌和藻类共生)这种菌藻共生关系为地球早期植物的登陆和繁荣奠定了基础。因此,有学者提出将生物体概念化为“共生综合体(holobionts)”,以描述真核多细胞生物与微生物跨物种所形成的超级有机体,并且认为生物以共生体、非以纯粹的个体的形式存在,并受自然选择的影响。

前面介绍的海绵共生系统,以及深海生物与化能自养细菌的共生系统,都在一定程度上为生物共生体演化提供了支撑。海绵是现存最古老的多细胞动物。海绵和微生物之间的共生关系具有最长的进化历史。海绵特有或偏好与海绵共生的微生物系统发育簇在海绵体中广泛存在,对这些特殊的微生物系统发育簇的研究将有助于认知微生物与海绵之间的共生演化过程。中国科学院大学从深海玻璃海绵纲海绵中获得了 5 个高质量的 Arenicellales 目的微生物基因组草图序列。全球性分布调查表明,Arenicellales 目海绵共生菌存在于地理分布广泛的多种海绵中。在碳固定和硫氧化的代谢能力上,不同分支的 Arenicellales 目硫氧化海绵共生菌发生了分歧。深海来源的 Clade D 分支核心成员缺失了 sox 硫氧化复合体和亚硫酸盐还原酶编码基因 *dsr*,预示着该分支成员在与深海海绵的共生过程中可能出现了功能分化,呈现出向专性异养菌转变的演化趋势。此外,Clade D 分支核心成员基因组显示出简化特征并具有较快的进化速率,这表明其对深海环境的适应性演化。这个研究为研究海绵和硫氧化细菌的共生演化过程提供了新的视角,有助于更为全面地认知生命的共生演化过程。

上海交通大学课题组通过宏基因组测序组装获得了来自南海 *Theonella swinhoei* 的两个未培养的 *Entotheonella* 属共生细菌的基因组。各种碳源的利用、肽酶分泌、CO_2 固定、硫酸盐还原、厌氧呼吸和反硝化有关的功能基因特征提示该共生细菌的混合营养特点,而内孢子形成潜力以及对金属和抗生素的耐药性表明对恶劣环境条件具有高度的耐受性,这样也在一定程度上解释了它的广泛分布。在 *Entotheonella* 中发现了Ⅱ型(一般分泌途径蛋白和广域定植岛)和Ⅵ型分泌系统,表明它可以分泌胞外水解酶,形成紧密黏附,对吞噬细胞起作用,并杀死其他原核生物。总的来说,发现的基因组特征表明 *Entotheonella* 是海绵 *T. swinhoei* 共生群落中具有高度竞争力的与宿主存在紧密共生关系的共生菌。

海绵来源的放线菌是海洋微生物的重要类群。*Kocuria* 属放线菌在自然界广泛分布,但迄今为止对其适应环境的机制知之甚少。上海交通大学课题组从海绵中分离得到共生放线菌 *Kocuria flava* S43。系统发育分析结果表明,该菌株与陆源空气传播的 *Kocuria Flava* HO‐9041 亲缘关系较近。利用第三代测序技术(TGS)对 *Kocuria flava* S43 的基因组进行了测序,并与 *Kocuria flava* HO‐9041 和其他 *Kocuria* 属的近缘种进行了比较,以进一步了解 *Kocuria flava* S43 的海洋适应性。比较基因组学和系统发育分析表明,*K. flava* S43 可能主要通过增加与钾稳态、重金属抗性和磷酸盐代谢相关的基因数量,与电子传递相关的基因,以及编码 ATP 接合盒(ABC)的转运蛋白、水通道蛋白、硫醇/二硫交换蛋白的基因数量来适应海洋环境。

中国科学院海洋所深海研究中心联合青岛华大基因研究院等机构破译了深海热液索足蛤科的大裂蛤(*Conchocele bisecta*)及共生菌的基因组,论证了深海双壳贝类共生关系的独立演化,进一步完善了深海无脊椎共生体理论体系。大裂蛤共生菌与宿主基因组呈现出明显的营养互补和免疫互作潜力。为了适应与共生菌的共存生活,贝类的基因组均体现出抗凋亡、抗 LPS 等进化特征。双壳贝类与共生菌彼此适应、协同演化,在自然选择的压力下,形成了基于营养物质交换的共生现象,这体现出双壳贝类共生关系的独立演化过程。

互惠共生不仅是地球上所有生命形式的重要组成部分,而且也是陆地生态系统早期演化的基本驱动力。植物-微生物互惠共生在整个生命和陆地生态系统的演化历史中起着至关重要的作用。4.5 亿年前,早期植物面临着如何从土壤基质中吸收水分以及可溶性养分的挑战。植物通过与原始的丛枝菌根真菌形成互惠关系来克服这一困难,即通过真菌菌丝从土壤中获取水分和养分。从二叠纪开始,松科植物的早期物种与腐生菌的后代形成了战略互惠关系,逐渐演变成了现代外生菌根植物。腐生菌类群通过分解有机质并释放锁定养分解决了植物利用木质素、纤维素的问题。这种独特的互惠关系进一步增强了植物获取养分的能力,并促进植物向新的生态位扩张。现代热带雨林在 6 500 万年前出现。由于较高的生产力,它们对土壤养分有较高的需求。维管植物特别是豆科植物开始与能够固定大气氮的微生物形成稳定的互惠关系,克服氮的限制。(陆地生态系统中植物-微生物互惠共生的演化图 9-9 所示。

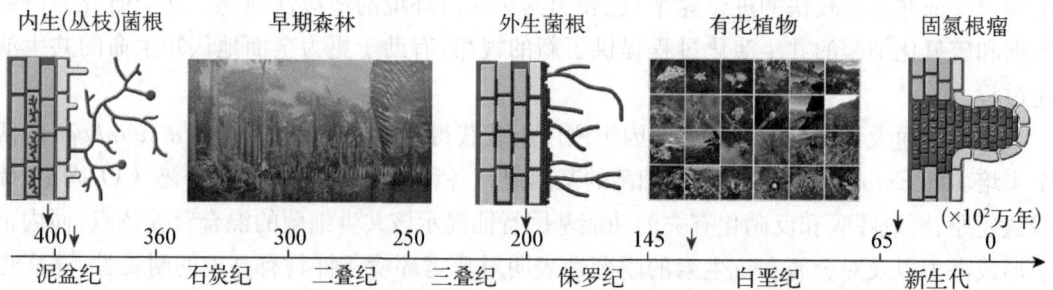

图 9‐9 陆地生态系统中植物-微生物互惠共生的演化

参考文献

[1] LIU J, TAN Y, CHENG H, ZHANG D, et al. Functions of Gut Microbiota Metabolites, Current

Status and Future Perspectives[J]. Aging and Disease, 2022,13(4)：1106 - 1126.

[2] TILG H, MOSCHEN A R. Evolution of Inflammation in Nonalcoholic Fatty Liver Disease：The Multiple Parallel Hits Hypothesis[J]. Hepatology, 2010, 52(5)：1836 - 1846.

[3] ZHAO L, ZHANG F, DING X, et al. Gut Bacteria Selectively Promoted by Dietary Fibers Alleviate Type 2 Diabetes[J]. Science, 2018, 359(6380)：1151 - 1156.

[4] LI Z. Symbiotic Microbiomes of Coral Reefs Sponges and Corals[M]. Nature Springer，2019.

[5] VOOLSTRA C R, RAINA J B, DÖRR M, et al. The Coral Microbiome in Sickness，in Health and in a Changing World[J]. Nature Reviews Microbiology, 2024, 22(8)：460 - 475.

[6] FENG G, SUN W, ZHANG F, ORLIĆ S, LI Z. Functional Transcripts Indicate Phylogenetically Diverse Active Ammonia-scavenging Microbiota in Sympatric Sponges[J]. Marine Biotechnology, 2018 (20)：131 - 143.

[7] ZHENG P，WANG M X, LI C L，et al. Insights into Deep-sea Adaptations and Host-symbiont Interactions：A Comparative Transcriptome Study on Bathymodiolus Mussels and their Coastal Relatives[J]. Molecular Ecology, 2017(26)：5133 - 5148.

[8] PONNUDURAI R，HEIDEN S E, SAYAVEDRA L，et al. Comparative Proteomics of Related Symbiotic Mussel Species Reveals High Variability of Host-symbiont Interactions[J]. The ISME Journal, 2020(14)：649 - 656.

[9] 贺林.解码生命——从多视角看生命：第 2 版[M].北京：科学出版社,2020.

[10] 赵立平、庞小燕、张晨虹,等.微生物组学与精准医学[M].上海：上海交通大学出版社,2017.

[11] 王敏晓,李超伦,李梦娜,等.深海化能生态系统双壳纲共生体系互作机制研究进展[J].海洋与湖沼, 2021,52(2)：522 - 536.

[12] 朱国平,王敏.南极海洋生物肠道微生物研究进展[J].生态学报,2021,41(21)：8320 - 8330.

[13] 卢明镇.植物-微生物互惠共生：演化机制与生态功能[J].生物多样性,2020,28(11)：1311 - 1323.

[14] 陈华冠.Arenicellales 目硫氧化海绵共生菌的生态贡献与适应性演化[D].三亚：中国科学院深海科学与工程研究所,2023.

第 10 章　微生物群落对环境条件的响应

10.1　环境条件影响微生物组的结构与代谢 ─────────────●

10.1.1　微生物组的结构对环境条件的响应

生物间相互作用会影响菌群的结构及其稳定性。例如,原噬菌体的诱导在微生物种群中起着重要作用。当在体外或在体内共培养时,带有原噬菌体的菌株能够迅速超过无原噬菌体对应菌株成为优势菌株,因为后者被前者产生的毒素杀死,或者直接被其诱导产生的噬菌体裂解。又如,$S.\ enterica$ 产生大肠菌素 Ib 是一种穿孔毒素,具有对抗肠道菌群的活性,但缺乏对应的分泌机制,仅在噬菌体裂解宿主菌后才能被释放出来。类似地,由原噬菌体带来的 Shiga 毒素基因只有在原噬菌体被激活后,STEC 才会产生大量毒素。原噬菌体诱导为宿主菌群带来的这些有利之处可能解释了原噬菌体在宿主菌基因组中的完整保留,而不是仅仅保留原噬菌体中的某些有利基因。

有一个研究案例研究了血统(即祖先)对肠道菌群的影响。根据控制变量法的原则,理想情况下应选取一群除了血统不同,其他各种外界环境(如地域、饮食习惯、生活方式等)都相同的人群。以色列因其拥有独特的历史背景成为了这样的理想研究对象。历史上,以色列人一直散居世界各地;而近两千年后,分散在世界各地的以色列人回到了耶路撒冷,建立了以色列国家。如今,该国的人口在饮食习惯和生活方式方面极为相似,这相当于将遗传各异的个体置于相同的环境条件下,为研究血统对菌群的影响提供了得天独厚的条件。研究人员根据祖父母的出生国,将 1 046 例健康的以色列人分为 6 个不同的血统组:德系血统、北美系血统、中东系血统、西班牙或葡萄牙血统、也门血统及其他血统,并进行了研究。结合宏基因组、16S rRNA 基因多样性分析,以及人群的基因型信息对这 1 046 例健康的以色列人的肠道菌群做了研究。为了更加合理地去评估菌群与基因间的关系,该研究组又分析了 2 252 例双胞胎样本的数据。经过多方面数据的不断校正,他们发现宿主的遗传因素,仅导致人与人之间的微生物组差异的1.9%。在 75 384 个 SNP 中寻找与肠道菌群相关的位点时,仅有 7 个 SNP 位点(2 个与编码乳糖酶相关)具有相关性。同时,结果还发现,生活在一起的人,无论他们有没有亲缘关系,他们的肠道菌群更加相似。而不生活在一起,哪怕有亲缘关系,他们的菌群也差别很大。即使是双胞胎,当他们不生活在一起之后,他们的菌群组成也会变得越来越不相似。研究组又量化了环境因素对微生物菌群的影响程度。他们挑选出 95 个环境因素(包括饮食习惯、生活方式、药物使用、热量摄入等等),结果发现,这些环境因素可以解释 20.03% 的菌群差异。当校正了年龄、性别、饮食、寄主基因型之后,他们发现 12 个表型特征中的 8 个与微生物有显著的相关性。例如,36%的非空腹高密度脂蛋白胆固醇(HDL)水平变化与菌群变化相关。研究发现,虽然不同血统的人基因有很大不同,但是血统与菌群结构却没有直接的相关性。简而言之,我们的肠道菌群是什么样子的,跟我们的祖先的地位和来源并没有太大的关系。两个人的血统越相近,他们的肠道菌群不会因此变得更相似。

在另一项针对喜马拉雅地区 4 个农业化程度不同的传统部族的人群的肠道菌群与生活方式的研究表明,人类肠道菌群结构受现代化水平、生活方式的影响。喜马拉雅地区的 4 个部族生活方式各异,与部族间肠道菌群的差异显著相关。其肠道菌群结构的差异与生活方式、水源和能源的不同有关;而且随着生活方式的转变,肠道菌群类型的转变可在一个人群世代内发生。

存在于人类肠道中的一些细菌可以产生导致它们的宿主大肠癌风险增加的化学物。例如,人们已发现大肠杆菌产生一种叫作大肠杆菌素(colibactin)的物质,这种物质与患癌症的概率增加有关。在一项研究中,研究者收集肠易激综合征(irritable bowel syndrome, IBD)患者的粪便样本,并对所有粪便样本进行筛选,以确定由特定类型的细菌产生的物质是否会在它们感染的宿主细胞中造成 DNA 损伤。研究发现了一种摩氏摩根菌(*Morganella morganii*)产生的一个完整的代谢物家族,他们将其命名为吲哚亚胺(indolimine)。摩氏摩根菌通过产生吲哚亚胺而与结肠直肠癌风险的增加有关联。研究者进一步将摩氏摩根菌菌株培养物注射到健康小鼠的肠道中,发现增加小鼠的肿瘤生长速度。他们的研究工作强调了肠道微生物组中的代谢物可能对癌症风险产生的影响(图 10-1)。

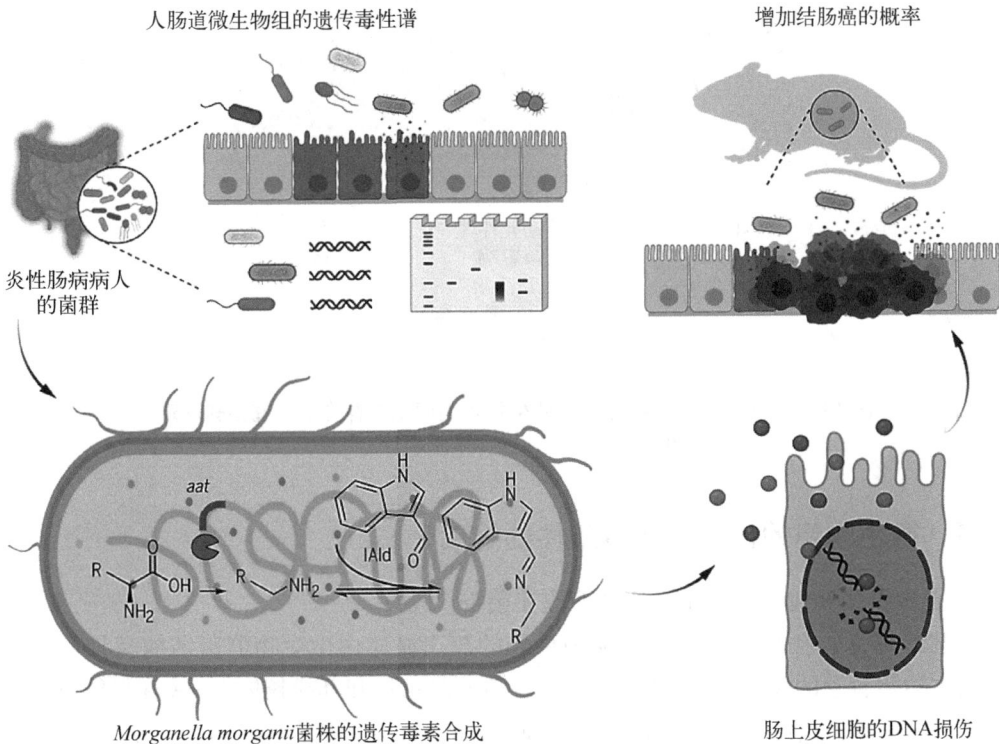

人肠道微生物组的遗传毒性谱

增加结肠癌的概率

炎性肠病病人的菌群

*Morganella morganii*菌株的遗传毒素合成

肠上皮细胞的DNA损伤

图 10-1 肠道微生物中的代谢物可能对癌症风险产生的影响
[引自 Science(2022)]

　　另外一项来自赫尔辛基大学等机构的研究,发现了一种新型的母婴微生物组传播模式,即在围产期内母体肠道中的微生物会与婴儿肠道中的微生物共享基因,而且这种模式从婴儿出生前就开始了,并且会延伸到其出生后的头几周,这种水平基因转移就能允许母源性的微生物影响婴儿机体微生物组的功能,微生物组菌株本身并没有进行持续性的传播。在这项大规模的综合性分析中,研究人员提供了一系列肠道定植动态学变化的高分辨率信息,这种动态学变化或许会影响婴儿出生前后的机体发育。研究人员对来自 70 个母婴组合队列的纵向多组学数据进行分析,从孕晚期到婴儿出生一岁时追踪其与母亲体内的微生物组和代谢组的共同发育情况,结果发现了大规模的母亲-婴儿机体之间移动遗传元件的转移,其经常涉及与饮食相关的适应性基因。这项研究中,他们首次描述了母体和婴儿机体微生物组移动遗传元件的转移,同时还整合了来自母亲和婴儿体内的肠道微生物组及其代谢组学特征,结果发现了肠道代谢产物、细菌和母乳底物之间的关联,这项调查代表了在已知的母源性和膳食因素的影响下,婴儿肠道微生物组和代谢组共同发育的独特视角(图 10-2)。

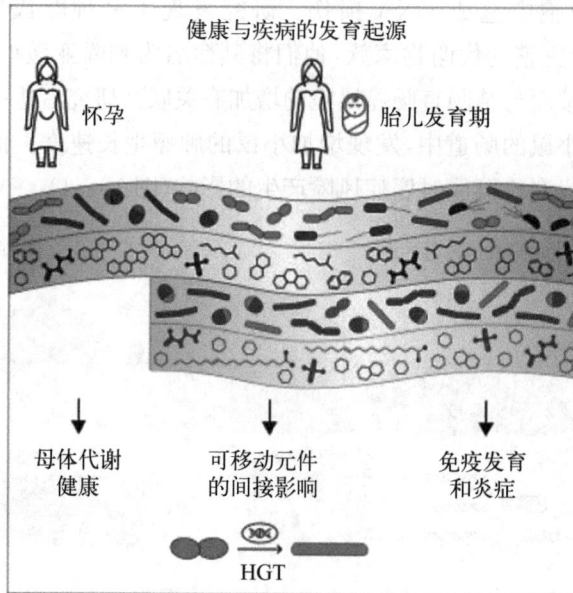

图 10-2　母亲和婴儿机体肠道微生物组之间或许存在水平基因转移现象
［引自 Cell (2022)］

10.1.2　微生物组的代谢对环境条件的响应

1) 昆虫微生物组影响宿主代谢从而改变菌群

　　有学者研究了中国和日本 17 个地理种群的灰飞虱体内微生物群落结构变异与环境因子和宿主遗传背景的关系,揭示了灰飞虱栖息地的降水量和其线粒体 DNA 变异能够显著影响体内的微生物群落结构。深入分析发现,近期入侵的共生细菌 *Wolbachia*(沃尔巴克)的感染和在灰飞虱种群中的快速传播,彻底改变了灰飞虱体内微生物群落结构,重塑了微生物间的互作关系,暗示 *Wolbachia* 可能通过改变灰飞虱体内微生物的群落结构来影响灰飞虱的生物学特性。比较转录组分析表明,与以往报道的 *Wolbachia* 通过调节昆虫免疫系统来影响微生物结构不同,灰飞虱体内的 *Wolbachia* 可能通过影响昆虫的代谢和生理来抑制微生物群落的多样性与丰度。

中国科学院课题组在蚊子的肠道里发现了具有天然抗疟活性的"特殊肠道共生菌"。经过大量研究测试,从蚊子体内分离到两株抗疟细菌,它们可以高效地把蚊子肠道里的疟原虫杀死。其中一株细菌通过分泌一种脂肪酶,能有效裂解疟原虫的细胞膜,从而直接杀死疟原虫;另一株细菌则是通过激活蚊子的免疫力,来间接抑制疟原虫。携带这种细菌的雄性蚊子可以通过与雌性蚊子交配来水平传播这种细菌,雌性蚊子则通过卵子将这种细菌垂直传播给下一代。进一步研究发现,蚊子肠道细菌会释放一种特殊的信号分子,能够协调细菌统一行动。通过利用这种信号分子,可以操控抗疟细菌在蚊子肠道内大量增殖,这对野外控蚊具有广阔的应用前景。

2) 条件致病菌与菌群失调

在一定条件下,正常菌群中的细菌也能使人患病。机体的防卫功能减弱,有可能引起自身感染,例如皮肤黏膜受伤(特别是大面积烧伤)、身体受凉、过度疲劳、长期消耗性疾病等,可导致正常菌群的自身感染;另外,由于正常菌群寄居部位的改变,如发生了定位转移,也可引起疾病。例如,大肠杆菌进入腹腔或泌尿道,可引起腹膜炎、泌尿道感染。这些现象都属于条件致病菌引起的条件性致病过程。

在正常情况下,人体和正常菌群之间,以及正常菌群中各细菌之间,保持一定的生态平衡。如果生态平衡失调,以致机体某一部位的正常菌群中各细菌的比例关系发生数量和质量上的变化,称为菌群失调。菌群失调的常见诱因主要是使用抗生素、同位素、激素、患有慢性消耗性疾病时肠道、呼吸道、泌尿生殖道的功能失常等外部条件的变化。去除诱因后一般可使菌群复常,也有长期失调难以逆转的情况。临床上常见的菌群失调症有:耐药性葡萄球菌繁殖成优势菌而发生腹泻,偶尔发生致死性葡萄球菌脓毒血症;变形杆菌和假单胞菌生长旺盛并侵入组织发生肾炎或膀胱炎;白色念珠菌大量繁殖,引起肠道、肛门或阴道感染,也可发展成全身感染;艰难梭菌在结肠内大量繁殖,并产生一种肠毒素及细菌毒素,导致假膜性肠炎等等。

3) 肠道菌群的代谢及其影响因素

肠道微生物群在食物消化、免疫激活和肠道内分泌信号通路的调节中扮演关键角色。同时,它们通过产生特定的代谢化合物与中枢神经系统(CNS)及身体其他部位进行密切交流。这些代谢物包括次级胆汁酸、短链脂肪酸(SCFAs)、谷氨酸(Glu)、γ-氨基丁酸(GABA)、多巴胺(DA)、肾上腺素、吲哚、血清素(5-HT)和组胺等神经递质以及其他重要信号分子。这些神经递质和主要菌群代谢物对肠道微生物及人体健康有着深远的影响。肠道细菌主要利用 GABA、多巴胺、谷氨酸、血清素和组胺等神经递质,以及短链脂肪酸、色氨酸和次级胆汁酸等菌群代谢产物,与中枢神经系统进行双向通信。这些信号分子通过传入迷走神经纤维传输到大脑,大脑则通过传出的迷走神经纤维将信号发送回肠壁中的肠神经细胞和黏膜免疫系统。下丘脑-垂体-肾上腺轴(HPA 轴)也参与了这一复杂的信号调控网络。这些神经递质和菌群代谢物的协调作用,对维持肠道生态平衡和免疫稳态至关重要。一旦出现失衡,就可能导致主要胃肠道疾病,甚至影响神经系统功能,引发神经退行性疾病。

胃饥饿素(ghrelin)在禁食期间由胃释放,进入循环系统并穿过血脑屏障。胃饥饿素通过与位于迷走神经节上的 Ghrelin 受体(GHSR)的相互作用刺激食欲。较高的 ghrelin 水平与升高的多巴胺(DA)水平相关,而多巴胺水平反过来又向中枢神经系统发送饱腹感信号。胃饥饿素的产生受到拟杆菌科(*Bacteroidaceae*)某些物种、类球菌科(*Coriobacteriaceae*)、韦荣氏菌属(*Veillonella*)、普雷沃氏菌(*Prevotella*)、双歧杆菌某些种类(*Bifidobacterium*)、乳酸杆菌属某些种、粪球菌属(*Coprococcus*)和瘤胃球菌(*Ruminococcus*)的刺激,但受到双歧杆菌、链球菌、粪杆菌、拟杆菌部分种、埃希氏菌、志贺菌(*Shigella*)和链球菌(*Streptococcus*)的抑制。

5-羟色胺(5-HT),主要存在于中枢神经系统和肠道,是一种抑制性神经递质。它主要由色氨酸合成,受色氨酸羟化酶 TPH1 和 TPH2 调节。色氨酸则是一种必需氨基酸,必须通过饮食摄入。肠嗜铬细胞受到肠道微生物群代谢物(特别是短链脂肪酸)的刺激,增加肠嗜铬细胞中的 TPH1 表达,促进了 5-HT 合成。

多巴胺(DA)主要在黑质、腹侧被盖区和下丘脑中产生,并释放到大脑的伏隔核和前额皮质中。它通常被称为奖励神经递质,在认知、奖励、饱腹感、运动、愉悦和动机等重要功能中发挥着重要的外周和中枢作用,影响睡眠、情绪、注意力、工作记忆和学习等。肠道菌中的特定成员产生脂肪酸酰胺(FAA)的代谢物,这些代谢物触发了肠道和大脑的多巴胺信号传导途径。但也有些微生物可以通过内毒素刺激炎症反应,进一步降低多巴胺浓度,从而产生负面影响。

4)肠道菌群影响药物代谢

耶鲁大学和瑞士苏黎世联邦理工学院研究小组通过绘制 76 种人类肠道细菌如何分解271 种药物的图谱,指出微生物组可以直接和显著地影响肠道及全身药物代谢,进而产生不同的药物效果。研究人员共挑选了 271 种临床药物,然后将不同菌株分别放进了这些药物池中,并保持厌氧条件 12 h,最后通过 LC-MS 的方法来检测培养 12 h 前后的药物浓度变化。其中近 2/3(约 150 种)药物可以被至少一种菌株代谢。当微生物分解药物时,它们可能产生副作用,甚至使药物的有效成分失效。代谢活性与细菌类别和药物结构有关。这提供了一个思路,即可能利用基因或细菌种类来预测个人肠道菌群代谢某种药物的能力。该团队就曾发文指出,个体的药物反应取决于个体微生物群(在某些个体中,微生物可能影响高达 70% 的药物转化和代谢),并描述了肠道细菌是如何将三种药物转化为有害化合物的。还发现抗病毒药物 Brivudine 对一些细菌进行分解的产物可导致严重毒性。因此,正常的菌群在接触到药物的情况下,可能的代谢会影响到药效,甚至会产生毒副作用。

10.2 根际环境与根际微生物组

10.2.1 根际微生物组

根际是指植物根系周围宽度大约为 1 mm 的土壤区域。这个区域的土壤理化环境因植物根系的影响而变得复杂,为根际微生物组的形成提供了独特的生态位。根际微生物组由与植物根系相互作用的微生物组成,这些微生物包括古细菌、细菌、真菌和原生生物,它们共同构成了植物微生物群落的一部分。

根际微生物组与植物间的互作对植物的生长和健康至关重要。植物根系分泌的氨基酸、有机酸、碳水化合物、糖类、维生素、黏液和蛋白质等物质,为根际微生物提供了营养基质,促进了根际微生物组的形成和发展。根际微生物组的成员能够促进植物激素的合成、增强营养元素的吸收、参与固氮和磷的溶解,同时激活植物的防御反应,抵御病原体的侵害。

根际微生物组的组成具有明显的部位特异性,并且呈现出高度的多样性,这些特性是由生物和非生物因素共同塑造的,并且随着时间和空间的变化而变化。根际微生物组主要由原核门类组成,包括变形菌门(Proteobacteria)、放线菌门(Actinobacteria)、拟杆菌门(Bacteroidetes)、厚壁菌门(Firmicutes)和酸杆菌门(Acidobacteria)。在真菌门类方面,根际主要由子囊菌门(Ascomycete)和担子菌门(Basidiomycete)占主导。

一个健康的根际微生物组对植物的生长至关重要。特定的根际细菌类群可作为植物防御潜在病原体的保护屏障。根际微生物组能够通过诱导系统抗性增强植物对病原风险的抵抗力。然而,一个失衡的根际也可能会促进土壤传播病原体的定植。因此,确保根际被一个健康、多样化和活跃的微生物组所占据,是维护作物健康和生产力的关键。

10.2.2　根际环境对根际微生物组的影响

10.2.2.1　非生物因素对根际微生物组的影响

根际环境是微生物相互作用的复杂生态位,这些作用能够显著影响微生物群落的结构和功能。环境因素对微生物组结构的影响错综复杂,按照其影响程度递减的顺序,依次是盐分、pH 值、有机碳和氮含量、水分和温度。这些因素对微生物的影响各有差异,导致不同环境条件下的微生物群落发展出各自独特的适应和响应策略。

盐分浓度是影响微生物群落的关键非生物因素之一,其对微生物活性的阈值通常为5%。一旦环境盐分浓度超出此阈值,便可能干扰微生物的核心代谢途径,对细胞的生长和呼吸造成不利影响。随着盐分浓度的升高,微生物的系统发育多样性和物种丰度往往呈现下降趋势,尤其在细菌群落中表现明显。尽管如此,真菌对高盐分的响应在学术界仍存在分歧,不同真菌种类对盐分的敏感性各异。高盐分环境对根际微生物群落的活跃度产生显著影响,这在咸水灌溉系统和沿海地区的农作物生产力中尤为突出,普遍导致生产力下降。健康的农作物生长依赖于多样化和活跃的根际微生物群落,而高盐分环境可能削弱这种关键的生态互动,最终影响作物的生长和产量。

在多样化的土壤生态系统中,微生物群落的分布显著受到它们对环境 pH 值适应性的影响。极端的 pH 值,无论是过酸还是过碱,都会通过干扰微生物关键酶的功能和改变其生存环境,对微生物群落产生负面影响。研究表明,土壤 pH 值与微生物的丰度之间存在着密切的联系。在 pH 值极端的土壤区域,微生物的丰度往往降低。相比之下,在接近中性 pH 值土壤中,微生物群落不仅表现出较高的丰度,还展现出更丰富的多样性。

微生物群落的组成与土壤中有机碳的含量及其化学性质紧密相连。各种微生物群落对不同的碳源表现出特异性的偏好,其中细菌在分解活跃有机化合物方面通常显示出比真菌更高效的分解能力。这些营养条件的差异不仅有助于促进某些特定微生物群落的增殖,而且可能对其他微生物的丰度产生调节作用,进而影响整个微生物组的结构和其核心代谢功能。这种微生物间的相互作用和营养偏好,构成了土壤生态系统中一个复杂而精细的调控网络,对维持土壤健康和功能发挥着关键作用。

水作为所有生命形式的基本成分,不仅是生态系统中的关键资源,也是生物体内化学反应的必需溶剂,还是细胞内外物质运输的重要介质。土壤微生物的代谢活动对水分变化极为敏感,特别是干旱条件下土壤微生物组的生理功能会受到显著影响。干旱对微生物的直接影响表现为细胞受到压力,导致细胞结构失去完整性,最终可能因功能衰竭而死亡。间接影响则体现在水分势降低至某一阈值时,不可溶性基质在细胞周围浓缩,造成孔隙堵塞,从而阻碍了基质向细胞的被动运输。在这种环境下,微生物细胞必须增强其主动运输机制以获取必需的基质,这一适应过程可能导致微生物群落结构的改变,因此水分在调节根际微生物群落结构方面发挥着关键作用。

与其他环境因素相比,温度对微生物群落结构的影响较为间接,但其重要性不容忽视。植物对温度变化的敏感性较高,根系分泌物的排放量会随着温度的升高而增加,反之则减少。这种植物根系分泌物的响应模式可能会间接地影响根际微生物群落的丰度,尤其是对温度变化较为敏感的微生物种类。在对全球 189 个站点的 7 560 个表层土壤样本的宏基因组分析中发现,温带栖息地(中温性)具有最高的微生物多样性。这一发现表明,适中的温度条件可能更有利于微生物多样性的维持。随着全球温度的逐渐升高,微生物群落拥有更多的时间来适应这些变化,这可能是温带地区微生物群落展现出较高适应性和多样性的原因之一。这种温度适应性可能为微生物群落提供了更多的时间来调整和优化其结构,以应对气候变化带来的挑战。

10.2.2.2　农业改良剂对根际微生物组的影响

在农业土壤管理中,耕作、合成肥料、农药和除草剂等实践被广泛采用,以提高作物产量。这些管理措施可显著改变土壤的物理化学性质,进而影响土壤微生物组的结构和功能。

上海交通大学课题组使用石灰、有机肥和生物质炭改良酸化红壤。结果发现,土壤改良优化了根际微生物群落组装,且土壤 pH 对微生物群落的影响更显著。细菌悬液与真菌病原体体外共培养实验表明,改良后的土壤细菌群落对病原体菌丝延伸和产孢能力的抑制作用显著增强。此外,根系苯丙氨酸解氨酶和超氧化物歧化酶活性结果表明,施用改良剂后根际微生物群落诱导了植物防御反应,提高了根系的抗病及抗氧化能力。结构方程模型表明,土壤改良主要通过影响根际微生物群落的组装增强根际微生物对病原菌的拮抗能力,并促进宿主的抗病能力,从而巩固了根际免疫防线(图 10 - 3)。

耕作是改变原生土壤微生物组结构的重要因素,约占细菌群落变化影响因素的 10%。耕作不仅扰乱土壤结构,还可能扭曲耐性物种的分布,通过改变微生物的栖息地、破坏营养传递网络和损害物种间的连通性。合成肥料的过量和长期使用,虽然能够提升土壤肥力,但也提高了土壤中的营养水平,这不仅影响了潜在的根际共生微生物,如菌根真菌和固氮菌,也影响了促生长根际细菌的定植。这种营养过剩倾向于增加土壤中快速生长的富营养细菌

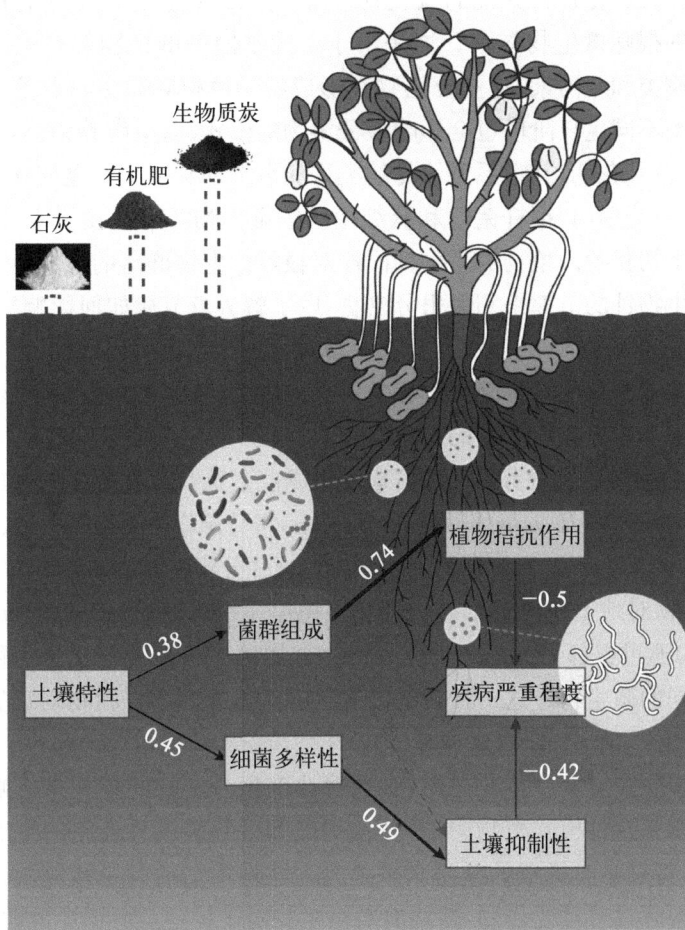

图 10‑3　酸性土壤改良防控土传病害与根际微生物组关系[改自 Soil Biology and Biochemistry(2022)]

类群的丰度,从而改变原生微生物组的结构。此外,无机肥料的使用还可能导致土壤酸化,通过降低土壤 pH 值,进一步影响土壤微生物组的组成和功能。

在农业实践中,合成农药被广泛用于控制昆虫、啮齿动物和杂草。这些化学物质可能通过损害根际免疫、促进潜在的感染,或通过改变植物分泌物,直接影响微生物组。然而,农药的投放方法和作用机制是决定植物相关微生物反应的关键因素。不同的化合物对微生物组的影响各异,一些化合物可能造成更有害的影响,而其他化合物则可能显示出适中的可逆损害。因此,无论是有机还是无机肥料,都是根际微生物组结构和功能的关键决定因素。了解这些农业管理措施如何影响土壤微生物组,对于开发可持续的农业实践和保持土壤健康至关重要。

10.2.2.3　生物因素对根际微生物组的影响

根分泌物作为根际微生物组组装的关键驱动力,其组成受宿主植物的种类、基因型和生理状态的显著影响。不同的植物种类会吸引并塑造各自特有的根际微生物群落,如不同草本植物物种的根际具有物种特异性的微生物群落。然而，即使是同一物种的不同基因型也可以发展出不同的根际微生物群落。这是由于不同基因型的植物会产生独特的根系分泌物，例如硫苷、黄酮类和苯丙素，这些分泌物在形成特异性根际微生物群落方面起着至关重要的作用。植物的不同生长阶段也会影响根分泌物的模式，以拟南芥为例，从幼苗期到营养生长期、抽穗期以及开花期，其根分泌物的类型和数量都发生了明显变化。这种变化特别体现在酸杆菌门、放线菌门、拟杆菌门和蓝细菌门等微生物类群的相对丰度上，它们的兴衰与植物生长阶段密切相关。植物的生物钟同样对根际微生物群落的组成具有重要影响。研究者们通过模拟生物钟的节律来测量根分泌物，以了解昼夜节律如何影响根际微生物群落。结果揭示了一些分泌物的节律性变化，并在根际的日夜交替周期中观察到有机物成分的显著不同。特别是在拟南芥的日夜交替过程中，根际细菌群落的组成出现了显著变动，有13%的细菌家族表现出与昼夜节律同步的变化模式。

植物遭受病原体侵袭时，根际微生物群落的组成也会受到显著影响。例如，当拟南芥叶片接种了番茄病原假单胞菌（*Pseudomonas syringae*）后，根分泌物中的氨基酸、核苷酸和长链有机酸的分泌增多，而糖、醇和短链有机酸的分泌减少。这种分泌模式的改变有助于吸引更多有益的微生物，增强植物对地上病原体的防御能力。感染了镰刀菌（*Fusarium culmorum*）的苔草（*Carex arenaria*）通过根部释放的挥发性有机化合物（VOCs），能够招募一群与未受感染的健康植物根际不同的微生物。这一独特的微生物群落可能在增强植物对病害的防御能力方面发挥着关键作用。

植物免疫系统在响应病原体攻击时，会通过改变根分泌物的模式来影响根际微生物群落的组装。在拟南芥这种模式植物中，涉及水杨酸和茉莉酸信号通路的突变体表现出根分泌物成分的变化，特别是有机酸的分泌水平上升。这种增加的有机酸分泌被认为对于吸引有益的微生物至根际有重要作用，这些有益微生物对于构建根际微生物群落至关重要，它们的存在有助于增强植物对病原体的防御机制。因此，植物免疫系统不仅直接参与防御，还通过调节根分泌物间接影响微生物群落的结构，进而提升植物的整体抗病性。

10.2.3　根际微生物组的生物互作

10.2.3.1　根际微生物组与宿主植物的互作

根际微生物群落的结构与植物根系分泌的物质紧密相关。植物根系释放的含碳化合物为微生物提供了易于同化的营养源，这些分泌物在根际形成了一个营养丰富的微生态环境。根系分泌的物质，包括可溶性糖、维生素、嘌呤、无机离子、有机酸和氨基酸等，是建立根际微生物群落的基础。这些分泌物的组成受到植物生长阶段、土壤特性和环境条件等多种外部因素的影响，这些因素共同塑造了根系分泌物的多样性。

植物与根际微生物之间的相互作用涉及一系列复杂的信号传递过程。根际微生物能够感应并响应由它们自身、其他微生物以及植物释放的信号分子。这些信号分子包括 N-酰基高丝氨酸内酯（AHLAs）、可扩散信号因子、二酮哌嗪、类似植物激素的分子以及挥发性有机化合物（VOCs），它们对植物的免疫反应、抗逆境能力、生长发育、健康状况、营养吸收，以及根际微生物群落的稳定维持起着至关重要的作用。这种交流可以在单个微生物或整个微生物群落层面上发生,进而形成对植物有益、中性或不利的互动关系。

水稻是世界范围内最广泛种植的主食。亚洲地区的两个栽培水稻亚种:籼稻、粳稻被大家广为熟知。在田间条件下,与粳稻相比,籼稻一个显著的表型差异是更高的氮利用效率(nitrogen-use efficiency,NUE)。关于调控氮利用效率的基因,有报道氮转运和受体基因NRT1.1B的自然变异(第 327 位氨基酸:籼稻为蛋氨酸 Met,而粳稻为苏氨酸 Thr),可部分解释籼粳稻的氮利用效率差异。中国科学院遗传发育研究所的团队分析了种植在田间的 68 个籼稻品种和 27 个粳稻品种的根系微生物组,鉴定了根系微生物组、土壤氮循环、宿主遗传调控和氮利用间的关系。发现不同水稻亚种根系微生物组成存在差异。采用10 倍交叉验证并重复 5 次评估生物标记的贡献度,选择了这 18 个细菌科作为生物标记,其中 15 个在籼稻根际微生物组富集,3 个在粳稻根际微生物组富集。以根系微生物这些生物标记物的组成可以准确预测区分种植地的籼粳稻亚种类型。另外,氮转化在籼稻的根系环境中比粳稻更活跃,氮循环相关的微生物 OTUs 在田间水稻生长后期相对丰度更高,表明植物水稻可能与根际微生物群体活跃合作,以调节土壤中养分来优化植物的生长。对籼稻根系特异富集的微生物功能进行预测分析,发现参与氮代谢的通路被富集,包括氨化信号通路(nitrate ammonification and nitrite ammonification pathway)和氮呼吸信号通路(nitrate respiration,nitrite respiration and nitrogen respiration pathway),并且 NRT1.1B 与细菌根系相关细菌的相对丰度相关,这些根系微生物可能在根系环境催化反应合成氨,更有利于籼稻的氮利用。对植物进行遗传修饰、改造根际微生物群落,可提高作物的营养吸收效率,有利于降低农业化肥污染(图 10-4)。

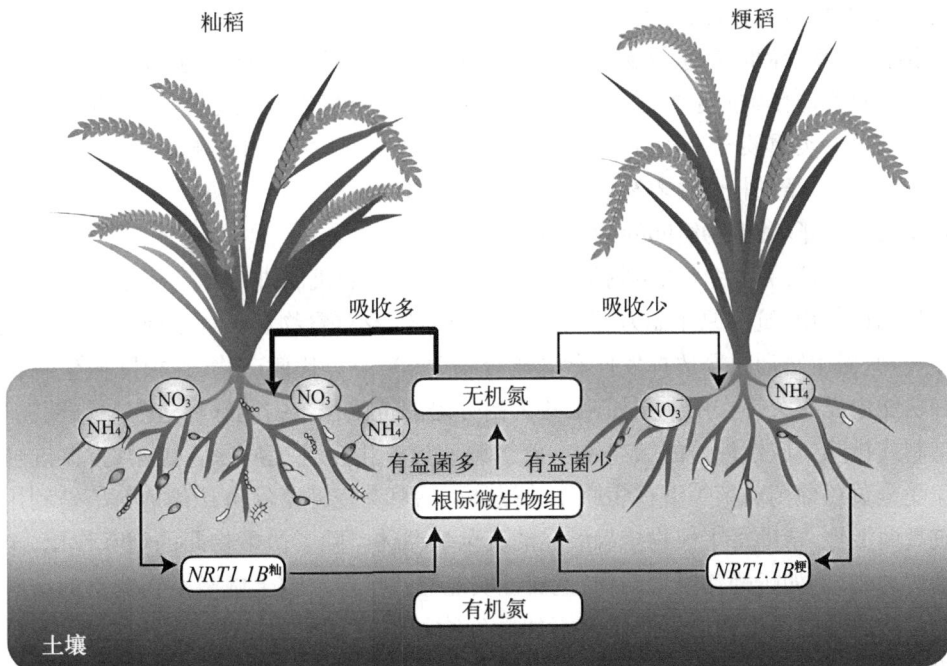

图 10-4　籼粳稻根系微生物组与氮肥利用效率关系(改编自 Nature Biotechnology,2019)

植物至微生物的信号传递：植物根系分泌物在根际微生物群落中扮演信号分子的角色。这些分泌物已被识别为与土壤微生物交流的信号。植物利用特定的模式识别受体（PRRs）来感知并识别根际周围的微生物，通过这种方式，植物能够与微生物建立互惠的关系。在与根际微生物的共生互动中，信号传递的研究主要集中在与菌根真菌和根瘤细菌的密切关系上。例如，在营养不足的环境中，植物会增加合成特定化合物如绞股蓝素，这些化合物不仅促进了菌根真菌的生长，还有助于建立共生关系，从而增强植物的营养获取能力。类黄酮作为重要的分泌物，不仅能刺激根瘤细菌的感染，促成根瘤的形成，为豆科植物提供固氮作用，还能通过影响土壤中碳、磷、氮的循环来间接调节土壤肥力。类黄酮还能增加土壤中磷的有效性，通过解吸土壤矿物表面的磷酸盐或溶解矿物-磷酸盐复合物来促进植物对磷的吸收。

微生物至植物的信号传递：根际微生物产生多种信号分子，这些分子能被植物检测并对其生长发育、基因表达、免疫反应以及应对环境压力的能力产生影响。这些微生物信号被称为微生物相关分子模式（microbe-associated molecular patterns，MAMPs），包括脂多糖、肽聚糖、鞭毛蛋白和几丁质等，它们能够激发植物的免疫反应，启动植物的系统防御机制，即诱导系统抗性（induced systemic resistance，ISR），以及增强植物对后续病原体攻击的抵抗力。此外，MAMPs 还能触发系统获得性抗性（systemic acquired resistance，SAR），这是一种主要由病原体诱导的防御机制。特定的信号分子，如根瘤菌产生的 Nod 因子和菌根菌产生的 Myc 因子，对于启动与植物的共生关系至关重要。类似于微生物间的群体感应（quorum sensing，QS）信号分子，如 AHL 型分子，也被报道能够影响植物的基因表达，并与植物的发育、应激反应和免疫功能相关。根际微生物的多样性丰富，包括自由生活的、共生的或内生的微生物，它们能够产生多种类型的分子，如植物激素，这些激素包括脱落酸、吲哚乙酸、细胞分裂素、赤霉素、水杨酸、生长素等，这些激素能够调节植物的营养和激素平衡，提高植物对生物和非生物胁迫的耐受性，促进植物生长。挥发性有机化合物（VOCs）是根际微生物释放的另一类重要分子，它们能够显著促进植物生长，并通过影响植物对铁、硫等特定营养物质的吸收，帮助植物在养分缺乏条件下的生长。

10.2.3.2 根际微生物组间的相互作用与通信

根际微生物群落由多种微生物组成，它们通过不同的机制进行相互竞争和调节。这些机制包括拮抗作用、抗病原体能力、群体感应（QS），以及对食物和生存空间的竞争。在这一过程中，一些微生物通过释放挥发性有机化合物（VOCs）等代谢产物，在根际微生物群落的构建和功能中发挥关键作用。例如，某些真菌分泌的抗菌化合物能够促进有益细菌的生长，同时抑制或排除适应性较差的微生物。放线菌通过产生多种抗病原体代谢物，保护植物如橄榄免受金黄色葡萄球菌等潜在病原体的侵害。枯草芽孢杆菌（*Bacillus subtilis*）利用其特有的抗真菌活性，帮助寄主植物抵御潜在的真菌病原体。除了微生物间的相互作用，土壤中的腐食性动物，例如蚯蚓和原生动物，也被证实能够适度地影响土壤微生物群落的结构。这些生物虽然通常对微生物群落的影响不如微生物间的直接作用显著，但它们在生态系统功能中扮演着重要角色。

微生物间的通信主要依赖于自诱导物的合成与检测，这个过程被称为群体感应。自诱导物,如 N-酰基高丝氨酸内酯(AHL),能够激活或抑制特定基因的表达,这些基因参与调控生物膜的形成、微生物的趋化运动以及毒力特性。通过群体感应,微生物群落能够监测自身的细胞密度,并同步其集体行为的变化。在革兰氏阴性细菌中,AHL 类自诱导物在假单胞菌属、伯克霍尔德菌属和沙雷菌属等土壤细菌中起着关键作用,并影响它们的群体行为。与此同时,革兰氏阳性细菌通过肽类分子进行类似的交流。群体感应涉及的自诱导物通常在细胞间短距离及高浓度信号分子的环境中发挥作用,而挥发性无机化合物(VICs)和挥发性有机化合物(VOCs)则在低浓度、长距离的种内和种间交流中扮演重要角色。除了群体感应诱导分子和 VOCs 之外,其他多种化合物,如草酸、海藻糖、葡萄糖和硫胺素,也被确认具有信号传递的功能。例如,菌根真菌通过释放海藻糖来吸引菌根辅助细菌,而这种细菌则通过分泌硫胺素来促进真菌生长。

这些交流策略使微生物能够在营养匮乏的环境中存活,利用难以分解的化合物,排除有毒代谢物,或进行电子交换,从而在生态系统中发挥关键作用。通过这种方式,微生物群落能够适应并参与到复杂的土壤生态过程中,对植物生长和土壤健康产生积极影响。

10.2.4 根际微生物组的管理与操纵

根际微生物组作为植物生长的直接环境,其健康、多样性和活跃性对宿主植物的健康生活至关重要。在农业实践中,成功构建和维持一个促进作物生长的根际微生物组面临诸多难题。主要挑战在于识别并理解影响微生物组结构和功能的众多复杂因素,这需要深入的科学研究和精细的技术干预。因此,整合并构建一个更加稳定和活跃的根际微生物组成为确保农业可持续发展和提高作物生产力的关键策略。

传统的土壤管理措施,可通过招募有益的微生物群落来提升土壤健康和作物产量。作物轮作,例如在水稻田后种植玉米,能增强土壤中有益微生物的活动,促进营养循环,从而提高土壤肥力。有机肥的使用,如羊粪不仅能增加土壤中的微生物多样性,还能降低重金属污染,提升作物在受污染土壤中的生长。生物堆肥和蚯蚓堆肥作为合成肥料的替代品,不仅能提供丰富的营养,还能增强土壤微生物组的健康,抑制土传病害。此外,生物肥料作为一种土壤改良制剂,通过引入特定的微生物菌株,例如根瘤菌、阿兹氏菌属、阿佐菌属、假单胞菌属和伯克氏菌属,可作为生物固氮强化剂发挥重要作用。芽孢杆菌属、根瘤菌属、假单胞菌属、伯克氏菌属和大肠杆菌属在土壤中矿物质磷的溶解中发挥作用。生物肥料还能通过提高土壤对病原体的抗性来改善土壤健康。耕作对土壤微生物组的影响不容忽视。过度耕作会破坏土壤的养分传递网络,降低微生物群落的多样性和稳定性。相反,适度的耕作并结合生物肥料的使用,可以维护土壤微生物组的功能性,促进土壤健康(图 10-5)。

正确地操纵根际微生物组,如通过接种有益微生物来调控植物微生物组已被认为是一种关键策略。利用高通量测序技术和先进的分子生物学方法,例如 qPCR、TRFLP、FISH 和DNA 微阵列,能更深入地理解土壤微生物群落的结构与功能。这些技术不仅有助于识别和分离对宿主植物健康至关重要的微生物,还为精准的微生物组操纵提供了可能。

在微生物学和土壤生态学领域,微生物接种策略的多样性是实现可持续农业生产的关键。这些策略涵盖了从单一菌株的精准接种,到多菌株联合体系的构建,乃至复杂且未经充

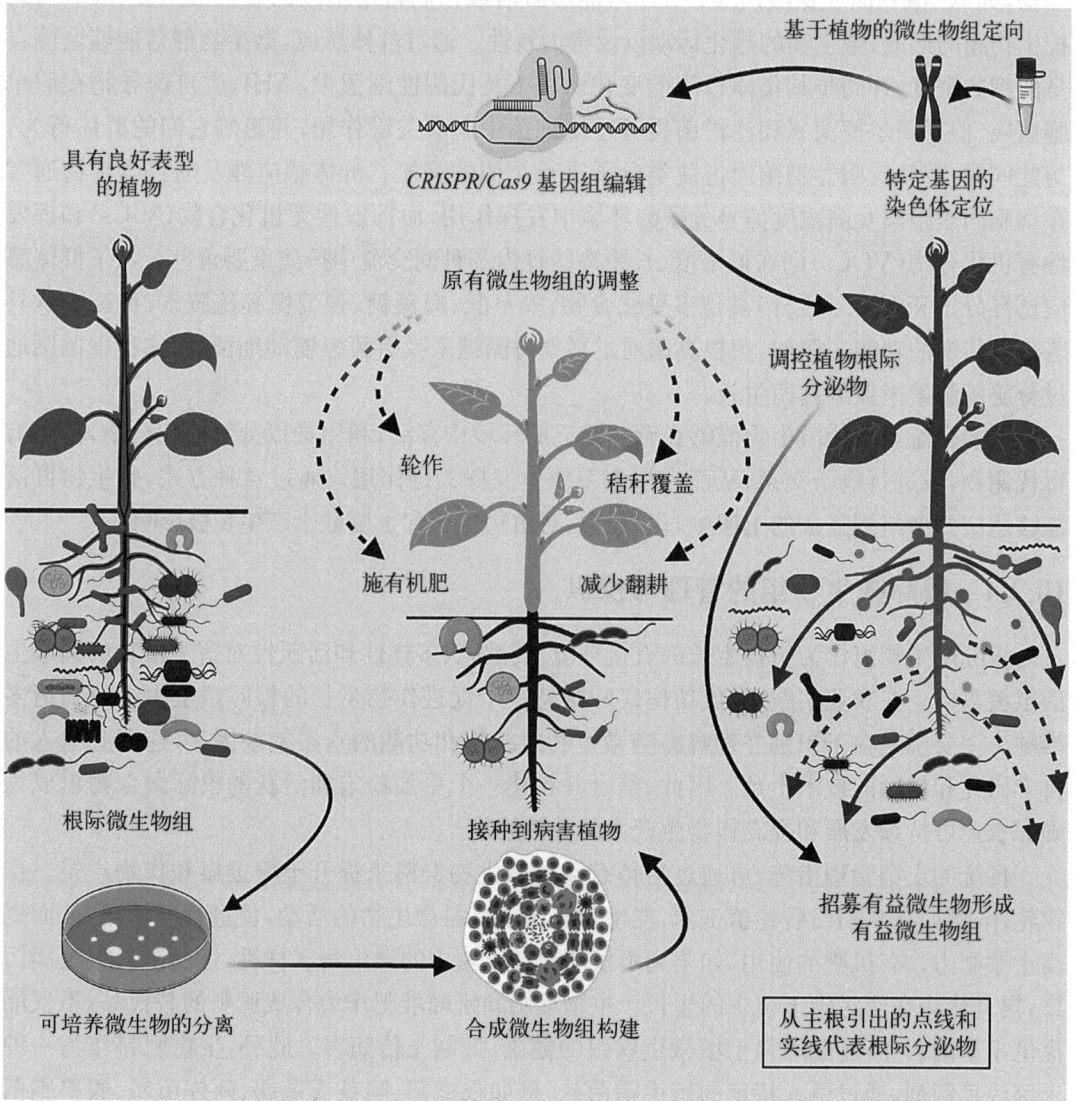

图 10-5　根际微生物组的调控机制[改编自 Applied Microbiology and Biotechnology(2021)]

分鉴定的微生物群落的整体转移。单一菌株接种方法,尽管在操作上简便直观,却可能因其生态简化性,在自然环境中遭遇激烈的生态竞争,这可能导致其效果的不稳定性。与之相对,多菌株联合接种策略能够整合不同微生物的协同效应,构建更为复杂和功能完备的微生物群落。这种微生物多样性的增强,有助于提升微生物群落对环境波动的抵抗力,从而降低单一菌株可能面临的生态风险和不确定性,为植物生长提供更为稳定和持续的微生物支持。此外,多菌株接种还模拟了自然环境中微生物群落的复杂性,有助于实现微生物功能的互补和生态位的充分占据,进一步促进植物健康和土壤生态功能的优化。

合成微生物群落(SynComs)的开发为应对微生物群落操纵的挑战提供了一种新思路。SynComs 的成功构建需要综合考虑微生物的多样性和复杂性,以及它们与宿主植物的相互作用。这种自下而上的构建方法涉及关键微生物类群的识别、互动网络的发展,以及微生物分离物的组合应用。核心微生物组由在特定宿主相关联的群落中普遍存在并携带关键功能基因的成员组成。这些成员即便在低丰度下,也可能作为关键物种对微生物组结构产生决定性影响。因此,识别这些关键类群对于构建有效的 SynComs 至关重要。

现代生物技术,包括非培养方法、基因编辑、下一代测序技术、宏基因组学,以及先进的生物信息学工具,为构建高效、功能性的 SynComs 提供了策略。通过运用这些技术,我们能够精确地表征核心微生物组,并将其整合到复杂的网络模型中,从而识别并应用那些具有关键生态功能的微生物。鉴于 SynComs 的复杂性是其稳定性的核心要素,高度复杂的 SynComs 能够构建出更加稳健的代谢网络,并在环境变化时灵活地替换功能物种以适应新的生态条件。相比之下,简单的 SynComs 在自然环境中可能缺乏足够的持久性,这或许是实验室环境下低复杂性微生物接种剂在田间实际应用中效果不佳的主要原因。尽管 SynComs 的开发与评估目前仍处在初期阶段,但未来的研究将聚焦于整合最新的分析技术、组学数据以及生物信息学方法上,以构建出更为复杂且适应性强的 SynComs。这些 SynComs 将整合更多的微生物介导的植物健康参数,并有望转化为实际的农业应用,为可持续农业实践提供强有力的科技支撑。

10.3　废水处理系统菌群对环境参数的响应

工业废水和生活污水处理工艺中,活性污泥是一个高度复杂的微生物群落,主要是由原核生物、真核生物和噬菌体等形成的一个复杂生态网络,能够降解各种有机污染物。因此,通过对污水处理厂微生物群落生态的全面了解,揭示污水处理厂运行过程中各因素对微生物群落的影响,对后期污水处理系统运行的优化具有指导作用。

10.3.1　废水处理中微生物群落结构及多样性

在不同污、废水活性污泥处理系统中,细菌群落分布主要以变形菌、绿弯菌、放线菌、厚壁菌和拟杆菌为功能菌群。特别是变形菌门细菌是各种废水处理系统的优势细菌。真菌在废水处理系统中的丰度相对较低,但也经常发挥着重要作用。对南非的一个废水处理厂的分析发现,担子菌门(Basidiomycota)和子囊菌门(Ascomycota)是最主要的两个门。而对我国南北区域城市污水处理系统内的真菌群落进行了研究,结果发现,南北真菌群落结构存在显著差异,南方主要以粪壳菌纲(Sordariomycetes)和球囊菌纲(Glomeromycetes)为优势菌纲,以 Ophiocordycep 和链格孢属(Alternaria)为优势菌属,而北方则主要以 Tremellomyceyes 和酵母纲(Saccharomycetes)为优势菌纲,以丝孢酵母属(Trichosporon)和酵母属(Saccharomyces)为优势菌属。噬菌体在调控活性污泥中细菌群落的结构和功能方面可能发挥着重要作用。有研究表明,活性污泥中病毒丰度变化与细菌总数、氨氧化细菌(ammonia oxidising bacteria,AOB)丰度、群落组成、化学需氧量(chemical oxygen demand,COD)和氨氮排放浓度以及系统功能有显著的相关性,这表明病毒在活性污泥体系中可能是控制细菌数量、群落结构和功能稳定性的关键因素之一。

10.3.2　废水处理中微生物群落对环境因子的响应

城市工业废水与生活污水组成成分以及污染程度不同,加上工艺选择的差异,使得污水处理系统的运行方式和条件也有所不同。污水处理中微生物群落扮演着重要的角色,而不同的进水水质会对活性污泥菌群组成和生物多样性产生影响。已有研究表明,温度、pH、溶氧量、底物初始浓度和氮浓度等参数都会影响废水处理系统的微生物的生长繁殖,进而造成菌群的变化。理化参数是影响污水处理微生物群落结构的重要环境因子。

如硝化螺旋菌纲(*Nitrospira*)、暖绳菌科(*Caldilineaceae*)和厌氧绳菌纲(*Anaerolineaceae*)在生活污水处理系统中相对常见。在好氧处理中,好氧颗粒污泥(aerobic granular sludge,AGS)在结构上由颗粒或絮凝体组成,颗粒中细菌和古细菌较多,絮凝体中真菌较多。活性污泥中氨氧化古细菌(ammonia oxidising archaea,AOA)和氨氧化细菌(AOB)群落对不同盐度的胁迫反应不同,AOA丰度在中等盐度时降低、在高盐度时增加,而AOB丰度则呈现相反的趋势。

活性污泥系统中,微生物群落多样性和组成对废水处理效率至关重要,废水中常见的重金属铜会改变硝化菌的群落结构,降低硝化菌的活性。

采用不同污水处理工艺的微生物群落存在显著差异。一项研究对比了某污水厂A2/O工艺和A2/O-MBR工艺产生的剩余污泥在微波预处理-厌氧消化过程中的古细菌群落变化,结果两种剩余污泥的古细菌群落结构差异较大,A2/O-MBR污泥中甲烷丝菌属和甲烷八叠球菌属丰度分别比A2/O污泥多3.68%和19.73%,污泥中有机组分不同是引起古细菌群落结构变化的重要影响因素。另一项研究对3个污水处理厂不同工艺(A2/O、DE氧化沟和卡鲁塞尔氧化沟)活性污泥中细菌和古细菌群落结构及多样性的分析,结果发现它们的群落组成存在显著差异,A2/O中细菌相对丰富,主要为地发菌属(*Geothrix*)、甲烷螺菌属(*Methanospirillum*)、*Allochro-matium*、*Fimbriimonas*和贪噬菌属(*Variovorax*);DE氧化沟中主要为*Candidatus-Accumulibacter*、不动细菌属(*Acinetobacter*)、军团菌属(*Legionella*)、菌胶团(*Zoogloea*)和硝化螺菌属(*Nitrospira*);而卡鲁塞尔氧化沟中主要为出芽菌属(*Gemmata*)、盐水杆菌(*Salinibacterium*)、*Methylibium*、浮游霉状菌属(*Planctomyces*)和溶杆菌属(*Lysobacter*);甲烷菌是古细菌的优势菌,其相对丰度为A2/O＞DE氧化沟＞卡鲁塞尔氧化沟。由此可见,不同的污水处理工艺对活性污泥微生物群落结构及多样性有重要影响。

胞外聚合物、无机、有机成分和细胞黏附在固体表面形成生物膜。生物膜生长在可以固定或非固定的天然或人造支持物上,包括固定床生物反应器或"流化床或移动床生物反应器"。生物膜可以根据支持介质和操作环境生成不同厚度的层。在密集的生物膜中可以形成基质、产物和氧的梯度分布,这导致多个区域可分别出现反硝化和硝化以及染料脱色等过程。生物膜是复杂微生物群体的理想选择。此外,微生物在支持它们的培养基质上定植会导致该过程中活性生物量的浓度更高。固定化的细胞也不太容易受到环境变化的影响,如有毒成分、pH值和温度的变化对生物膜的影响要小于对游离细胞的影响。因此,与活性污泥相比,生物膜降解效率更高,处理时间更短。

一项针对废水脱硫工艺的研究中,北京工业大学的团队发现,中性偏碱下生物滴滤池

(BTF)的脱硫性能最佳,这是由于较低的 H_2S 气液传质阻力及较高的硫氧化菌活性。但保持此 pH 值范围需消耗大量碱性试剂,这导致反应器的运行成本升高和操作过程变得复杂。在极酸环境中,耐酸的硫氧化菌- *Mycobacterium* 逐渐占据主导(79.2%),且生物膜拥有高硫氧化活性,非耐酸的微生物被淘汰,这维持了系统内生物量的稳定(生物量浓度 10~11 g/L),避免了反应器的堵塞,降低了生物量控制和 pH 值调整的成本。通过富集高丰度且高活性嗜酸的 *Mycobacterium*,BTF 在极酸环境(pH 值<1.0)下仍可获得较高的脱硫性能,扩大了生物反应器运行的 pH 值范围。

源分离黑水(即厕所冲水)的厌氧消化(anaerobicdigestion,AD)过程中,对颗粒物质的快速水解提出了挑战。为此,一项研究考察了不同微曝气量对黑水厌氧消化的影响。序批式反应器在室温(22±1 ℃)下运行。通过控制微曝气量,即每个循环分别引入 0、5、10、50 和 150 mg $O_2 \cdot g^{-1}$ CODfeed(化学需氧量进料)的氧气量。同时,水力停留时间从 5 天逐渐减少到 2 d。在低氧剂量(即 0、5、10)下产甲烷效率更高,而在高氧剂量(50、150)下挥发性脂肪酸(volatile fatty acids,VFAs)积累更多。不同氧浓度下微生物群落有显著差异($p<0.05$),且低氧浓度和高氧浓度下微生物的生态位分离。低氧剂量生态位(0、5 和 10 mg $\cdot g^{-1}$ CODfeed)由发酵和共营养细菌[如噬细胞菌属(*Cytophaga*)、共养单胞菌属(*Syntrophomonas*)]和产甲烷菌[如甲烷杆菌属(*Methanobacterium*)、甲烷绳菌属(*Methanolinea*)和甲烷丝菌属(*Methanosaeta*)]定植。高氧剂量生态位(50 和 150 mg $\cdot g^{-1}$ COD feed)具有更多显著($p<0.05$)存在的兼性厌氧菌[伊格氏菌属(*Ignavibacteriales*)、*Cloacimonetes* 和红环菌(*Rhodocyclales*)]。此外,黑水可能是抗菌素耐药性基因(antimicrobial resistance genes,ARGs)的来源,且这些基因会受到不同氧气剂量的影响。同时 ARG 的变化与微生物群落组成相关($p<0.05$)。低氧剂量比高氧剂量的群落包含更高致病率的可移动基因元件(*intI1* 和 *korB*)、*tetM*、*ermB*、*sul1*、*sul2* 和 *blaCTX - M*,这表明氧剂量影响携带 ARG 群体的致病性。

地理位置的差异也对废水处理系统的菌群产生影响。周集中教授团队在一项研究中,通过系统的全球取样,分析了来自 6 个大洲 23 个国家 269 个污水处理厂的约 1 200 个活性污泥样本的 16S rRNA 基因序列。分析结果表明,全球活性污泥细菌群落中存在核心细菌群落,活性污泥细菌群落没有明显的纬度梯度。全球污水处理厂的活性污泥中,组成细菌群落的核心 OTUs 并不多,仅有 28 个,且与活性污泥的性能密切相关,如增强活性污泥的絮凝能力、氧化活性污泥中的亚硝酸盐、强化生物除磷能力等。

根据实验数据,以对数正态模型预测,全球活性污泥系统中的细菌物种数为 $1.1\pm0.07\times 10^9$ 种。相比之下,仅有大约 10^4 种微生物可以进行纯培养以进行更进一步的研究。这意味着,在活性污泥微生物群落中,99.999% 的微生物仍然没有得到纯培养。

10.4　深海极端条件与微生物群落代谢

10.4.1　深海极端条件下的微生物多样性

海洋约占地球表面积的 71%,拥有地球系统中最大的生态系统。一般认为 1 000 m 以下称之为深海。深海环境极其特殊,深海除了高盐、高碱外,还具有黑暗、高压、低温(除了热液喷口)、寡营养(除了区域化的有机质富集)的特点,因此是极端环境的一个典型。压力随着海洋的深度递增,在 6 000 m 的深海,压力达到 60 MPa,相当于 600 个大气压。马里亚纳海沟,人称"地球第四极",其最深处约 1.1 万 m,此处水压接近 1 100 个大气压,高达110 MPa。另外,海底普遍的低温,温度多为 4 ℃左右,部分热泉的热液口温度为 300 ℃以上。1872—1876 年间,英国"挑战者"号的科学考察在深海发现了大量生物,颠覆了人们对于深海生命禁区的观念。20 世纪初,科学家就发现深海细菌的存在,但直到 20 世纪中叶,开发出经典的 2216E 海洋微生物培养基后,深海微生物学才迅速发展。

这种特殊环境孕育的生物多样性代表了一种未开发的资源,人类从中可以挖掘出能够代谢产生新的药用资源和具有潜在生物技术价值的菌种资源。海底热液系统是深海极端环境的重要组成部分和典型代表,它汇集了多种极端物化环境且复杂多变。同时,相比深海非热液区,现代热液喷口及周围存在着丰度更高、更多样性的生物群落,成为名副其实的海底沙漠中的"绿洲"。此外,热液喷口处的嗜热微生物的生存环境与地球早期环境类似,因此被认为是研究生命起源的关键。深海微生物数量巨大,占地球微生物总量的 90%,是主要的初级生产力之一。在深海环境中,病毒通过感染、裂解古生菌,释放出大量的有机碳,对深海微生物群落结构具有重要的调控作用,对促进全球海洋碳循环也具有重要意义。为适应深海中存在的各种极端环境,微生物形成了极为独特的生物结构、代谢机制,已发现的极端生命形式包括嗜热菌、嗜冷菌、嗜碱菌、嗜酸菌、嗜盐菌、嗜压菌等,被统称为极端微生物。它们独特的基因类型、生理机制及代谢产物,为更好地认识生命现象、发展生物技术提供了宝贵的知识源泉。

科学家针对挑战者深渊(10 300 m)沉积物与海水微生物群落结构进行高通量测序分析,结果显示,原核微生物主要包括绿湾菌门、拟杆菌门、浮霉菌门、海微菌门、奇古细菌门和乌斯古细菌门。针对挑战者深渊沉积物中原核微生物的相对丰度进行分析,结果显示,丰度大于 1% 的有 11 个门:变形菌门、绿弯菌门、放线菌门、浮霉菌门、髌骨细菌门、海微菌门、芽单胞菌门、拟杆菌门、厚壁菌门、酸杆菌门和河床菌门。

1) 热液微生物

热液本身含有的嗜热细菌随着其他热液物质一起喷出海底,自生细菌和古细菌呈"雪花状"悬浮于热液柱水体中,并在热液喷口处附着沉积下来。此外,火山岩中也含有大量细菌。人们推测,在深海热液活动区的海底表面下深部,很有可能存在着一个极端嗜热的主要由古细菌组成的无机自养微生物生态系统,该系统可能与地球上的原始生命系统非常相似。

深海热液喷口被认为是地球上最极端的环境之一,自从 20 世纪 70 年代被发现以来成为深海微生物研究的热点。从深海热液喷口排出的热流体(400 ℃)富含过渡金属、二氧化硅、硫化物和溶解气体,这些流体与海底冷水混合会引起 pH 值、温度的变化,以及金属硫化物和矿物质的沉淀。深海热液喷口拥有不同的微生物群落。这些极端微生物可以栖息在几个不同的生态位,如高温烟囱、靠近烟囱的温水出口以及远离烟囱的底层沉积物的扩散渗出物中。

深海热液喷口区具有骤变的温度、活性气体、溶解元素、氧含量、化学物质、酸碱度和静水压力梯度,以及热液喷口存在的时间长短都会对微生物菌群及其代谢物的组分有显著影响。目前,已经从深海热液喷口流体和沉积物中发现了丰富多样的微生物,包括细菌、古细菌和真菌,其中与硫化物氧化有关的菌群占主导地位,古细菌包括还原硫酸盐的极端嗜热菌属、产甲烷的极端嗜热菌属等。

深海热液喷口作为地球上最极端的环境之一,它们由洋中脊不断扩张而形成。除了具有陡峭的物理梯度外,深海热液喷口区还具有骤变的温度、活性气体、溶解元素、氧含量、化学物质、酸碱度和静水压力梯度。深海热液喷口独特的地质背景影响着生活在喷口内及附近的微生物。尽管深海洋流可以将有机体带到很远的其他热液喷口区,但调查发现许多热液喷口均呈现出独特的生物多样性及某些特有种的富集。例如,加拉帕戈斯裂谷和东太平洋海隆具有相似的生物群落,但与胡安·德富卡海岭热液活动区的生物群落明显不同。在东太平洋海隆热液活动区,可见散布或呈"灌木"状的多毛类生物聚集体(无消化系统的巨型管状蠕虫),偶尔可见虾和雪人蟹;在中大西洋海脊,则多为成群结队的虾(Rimicaris)围绕在热液流体周围,而很少见到各种蠕虫。同样,印度洋 Kairei 和 Edmond 热液区也发育了独特的生物种群。不同的海底火山岩和沉积物有不同的生物种属。

2) 冷泉微生物

第一个海底冷泉 1984 年首次被报道。冷泉的特点是其甲烷和/或硫化物浓度高于周围海水。冷泉微生物以硫酸盐还原菌和厌氧甲烷氧化古细菌 ANME-2 和 ANME-1 为优势类群,它们在许多富含甲烷的海洋极端环境中被发现。ANME-2 类群已被证实与硫酸盐还原细菌协同作用,在许多富含甲烷的沉积环境中氧化甲烷。ANME-1 类群也被认为在厌氧甲烷氧化中起着积极的作用。冷泉沉积物中含有丰富的古细菌,包括嗜中温产甲烷古细菌(如 Methanolobus)、Methanosarcinales 菌中的 ANME-2 类群,以及 ε-Proteobacteria。这些微生物的存在表明,在该冷泉种中同时存在厌氧甲烷氧化和甲烷生成两种反应过程。冷泉沉积物中的真核微生物主要为担子菌酵母(如 Cryptococcus curvatus),这与以前报道的其他海洋环境明显不同。

10.4.2　深海微生物的极端环境适应

1) 高压适应

深海的平均压力为 400 个大气压(每增加 10 m 增加 1 个大气压)。根据微生物在不同静水压力下的生长能力,深海微生物可以分为几类:压力敏感菌、耐压菌、嗜压菌、专性嗜压菌。耐压菌是指在比较广的压力范围(1~40 MPa)可以生长,但是高压不是其最适生长条件。嗜压菌是指最适生长压力高于常压。尽管高压是嗜压菌最佳生长条件,但是在常压下也能生长。专性嗜压菌是指只有在高于 40 MPa 压力下才能生长的微生物,在常压下就会死亡。

深海微生物的高压适应研究主要来自细胞膜组成的改变机制。大部分嗜压菌细胞膜中都有长链的多不饱和脂肪酸,并且脂酰链的分布更为密集。另外,为适应高压环境,深海微生物采取的另外一个策略是细胞变小,这样也可以增加比表面积,从而更有效地获取营养。高压往往会抑制酶的活性;酶对高压的适应主要是蛋白质构型改变,同时脯氨酸与甘氨酸比例下降。此外,在高压条件下,微生物细胞还含有较高浓度的渗透活性物质,可以保护蛋白质在高压条件下不受水合作用的影响,从而帮助微生物细胞应对高压胁迫。

2) 低温适应

深海平均温度为 2~4 ℃,因此很多深海微生物具有嗜冷性。与极地海冰不同,深海海水温度比较稳定。嗜冷微生物一般是指那些最适生长温度低于 15 ℃、最高生长温度不高于 20 ℃的微生物。低温条件下,微生物细胞膜含有大量的不饱和脂肪酸,以维持细胞膜的流动性,同时保障营养物质高效地主动转运。嗜冷微生物的蛋白质在低温情况下有较强的柔韧性,有较多的 α 螺旋和较少的 β 折叠;尤其是在酶活性部位的特定区域存在特殊的氨基酸,使底物更容易进入细胞。

3) 高盐适应

海水的平均盐度 35‰,即每千克海水中的含盐量为 35 g。一般认为能在盐度大于 10‰的条件下生长良好的微生物可称为嗜盐菌。根据盐度范围,可以将微生物分为三类:极度嗜盐菌(200‰~300‰)、中度嗜盐菌(30‰~200‰)、微嗜盐菌(10‰~50‰)。

深海微生物为了保持在高压条件下不失水,必须维持很高的细胞质浓度,以维持渗透压平衡。一般有两种途径:① 胞内高盐策略。在细胞内积累高浓度的无机离子来抵抗胞外的高渗环境。② 渗透适应策略。从细胞内排出盐,并积累有机溶质保持渗透压平衡。这些相容性又称为渗透压保护剂,如甘油、瓜氨酸甜菜碱、蔗糖、脯氨酸等。采用这种策略的微生物可以耐受更高的盐浓度。

10.4.3   深海极端条件下的微生物代谢特殊性

从瓜伊马斯深海热液喷口流体和沉积物中,科学家发现了丰富的微生物多样性,囊括了细菌、古细菌和真菌,其中古细菌类群包括能够还原硫酸盐的极端嗜热菌属 *Archaeoglobus*、产甲烷的极端嗜热菌属 *Methanopyrus* 和 *Methanococcus*。此外,在该地发现的许多细菌种群已经适应了富石油烃的环境。这些细菌中,有能够氧化烷烃、芳香族化合物和脂肪酸的厌氧硫酸盐还原细菌,也有偏好芳香族羧酸的好氧芳香烃降解细菌。

上海交通大学研究组针对东太平洋深海热液区域两个硫化物烟囱体样本,其中 L - vent 样本在采样时正在活跃喷发,而 M - vent 则处于非活跃状态。基于全面的宏基因组学比较分析,研究发现活跃的 L - vent 与近期非活跃的 M - vent 具有完全不同的微生物群落结构和代谢特征,其中具有反硝化潜能的硫/氢气氧化细菌 *Campylobacteria* 和 *Aquificae* 在活跃的 L - vent 中占有主导地位,并可以利用还原性三羧酸途径(rTCA)固定 CO_2;而在近期非活跃的 M - vent 中,Gammaproteobacteria 为主要的初级生产者,可能通过耦合金属硫化物/铁氧化和硝酸盐还原支持卡尔文循环(CBB)介导的碳固定。此外,研究中还发现一支具有独特系统发育地位的"sulfide mineral"(硫化物矿物)硝化螺旋菌门(Nitrospirae)类群,具有耦合金属硫化物氧化和氧气/亚硝酸盐/硫酸盐还原的潜能,并且很可能是一种标志微生物,可指示其所栖息的烟囱体正处于熄灭后的早期阶段。此工作为后续探究深海热液微生物在地球化学元素循环中的贡献和作用机制奠定了基础。

自然资源部海洋三所的团队进行了西北印度洋卡尔斯伯格洋中脊热液区微生物多样性

调查,发现硫单胞菌的丰度在某些热液样品中高达细菌总数的 47.5%。为认识其代谢特征与生态功能,团队成员们开展了化能自养微生物的培养技术研究,并成功分离与纯化,得到了代表性的菌种。硫单胞菌($Sulfurimonas$)是深海热液环境重要的一类化能自养菌。它们在全球热液环境中广泛分布,栖息于热液羽流、低温热液流体、热液烟囱、热液沉积物,并且可能与热液盲虾等大型生物形成共生关系。通过一系列实验,团队成员们首次证实了该类群微生物具有硫还原功能,耦合着氢气的氧化获得能量,而非此前一直认为的硫氧化细菌。该菌可以通过非直接接触方式进行固体硫的还原,并揭示了其单质硫还原的关键基因和代谢途径。还发现了两种硫的还原途径,即周质多聚硫化物还原酶($PsrA_1B_1CDE$)和胞质多聚硫化物还原酶($PsrA_2B_2$)共存于一个细菌中,这种特殊组合广泛存在于热液区硫单胞菌中,为认识其环境适应性与生态贡献奠定了基础,其单质硫呼吸新机制为评估热液区氢能利用与黑暗碳固定的耦合过程提供了新的依据。

中国科学院深海研究所的团队基于新的基因组分析技术,成功获取了 30 个深渊微生物类群的高质量基因组序列,阐明了与氮硫相关的元素循环过程和转录活性特征,并重点阐释了 Chloroflexi 和 Marinimicrobia 分别在深渊难降解型有机物和蛋白类有机物的代谢方面所发挥的重要作用。该研究揭示了深渊特殊极端环境对微生物种群分化的驱动作用。另外,研究还表明深渊特定微生物类群可能通过氧化 CO 来获取能量,拓展了 CO 氧化菌的生存空间范围。

死亡的海洋动植物(浮游生物)、原生生物、微生物、粪便颗粒等组成的碎屑像雪花一样不断飘落到深海,称作海雪。海雪可以被视作深海和底部栖生态系统的基础,因为阳光不能到达这里,深海生物严重依赖海雪作为能量来源。此外,鲸鱼死去后沉入海底形成鲸落(whale fall)。一座鲸的尸体可以供养一套以分解者为主的循环系统长达百年。这些深海环境滋养了大量深海异养微生物。尤其是深海沉积物中异养微生物丰度与多样性都比较高。由于海雪中大多数的有机物不能到达海底,而是在前 1 000 m 飘浮过程中被微生物、浮游动物和其他滤食性动物消费掉。因此深海还普遍是一个寡营养环境。因此,化能自养微生物就成为深海微生物的主要组成和代表。尤其是在热液、冷泉等深海生态系统中,由于喷出或者溢出的海水中含有大量的硫化氢、甲烷等气体,化能自养细菌可以通过氧化甲烷、硫化氢获得能量。9.2 节提到深海生物多与化能自养细菌共生获取营养与能量,保障在深海寡营养条件下的生存。

基于对马里亚纳海沟深海-浅滩过渡带沉积物样本进行的宏基因组的研究,结果显示,在不同沉积层的细尺度上,原核微生物群落组成存在较大差异;并提示在沉积物中异养途径优于化能自养途径,并且与呼吸和碳固定(卡尔文循环和 rTCA 循环)、硝化过程相关的基因丰度较高,揭示马里亚拉海沟沉积物原核微生物在氮/碳生物地球化学循环中的作用和贡献。

生物地球化学循环是地球系统科学的核心研究方向之一。中国科学院海洋研究所针对热液、冷泉及深渊三种典型深海生境的微生物,结合宏基因组测序、微生物纯培养及各种组学技术系统揭示了三类深海典型微生物驱动碳、氮、磷、硫及镉等元素循环的机制。基于宏基因组序列组装信息发现热液口存在 5 个已知门类的 DPANN 古细菌,还包括一个新门类"Kexuearchaeota"。进一步分析发现,DPANN 古细菌尽管基因组非常小,但仍然保留了同化氮、硫等元素的能力,还能利用环境中的核酸和氨基酸用于代谢,进而促进氮、磷等元素的循环。从冷泉样品中获得一株典型的硫酸盐还原细菌新种——*Pseudodesulfovibrio cashew*。该菌株能够通过还原硫酸盐生成硫离子,进而同环境中的镉、钴等重金属离子形成不溶性矿物质。这一过程在去除重金属胁迫的同时,有效地促进了环境中硫及各种重金属的元素循环(图 10 - 6)。可见,不同生境的深海微生物都进化出了不同驱动元素循环的机制。

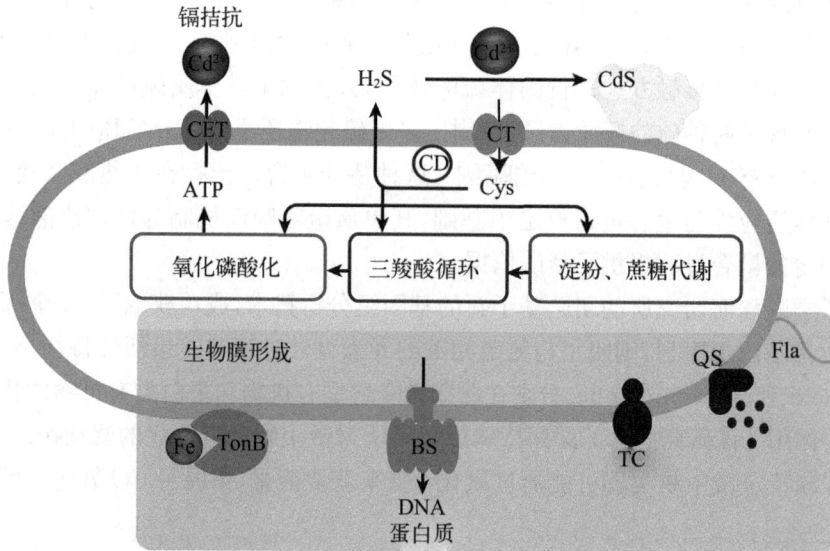

图 10 - 6　深海冷泉(*Pseudodesulfovibrio cashew*)菌株的硫代谢与镉拮抗

10.4.4　深海海绵共生微生物的代谢功能

海绵是最古老的多孔动物(porifera)(约 6.4 亿年),也是最原始的多细胞动物,有 8 500～10 000 种,约占海洋动物种类的 1/15。海绵在浅海与深海广泛分布,尤其是在珊瑚礁生态系统中最为丰富多样,是珊瑚礁生态系统的第二大组成生物,能够为生态系统中的其他生物提供营养与栖息场所。海绵与原核、真核共生生物组成的有机整体称为"海绵共生综合体"(sponge holobiont)。海绵是目前已知生物中共生生物组成最复杂的,拥有 60 多个门以上的细菌、多个门的古细菌、真菌以及微藻等共生生物。

海绵是双上皮生物。外上皮由路面样细胞(胞外细胞,xp)组成。内部上皮界定了内部含水管道,也由路面样细胞(内卵母细胞,xp)组成。然而,在某些时候,含水的管道会扩展成腔室,在腔室中,路面状细胞被立方细胞(具有远端微绒毛和鞭毛的细胞),即软骨细胞所取代。软骨细胞鞭毛的跳动导致了外部海水的流入(虚线箭头),海水通过海绵"皮肤"上的孔隙(po)进入吸入性含水层(iac),将悬浮颗粒(fp)携带到软骨细胞室(cc)。软骨细胞保留并吞噬到达腔室内腔的微生物或其他颗粒(fp),在那里开始将食物颗粒消化成消化囊泡(dv)。去除颗粒的海水通过呼出的含水层(eac)和吻孔(os)流出。在内外上皮细胞之间,存在一个被称为中叶的厚区域。它由一种凝胶状的细胞间介质组成,含有丰富的胶原纤维(cf),其中有不同类型的变形虫细胞四处游荡。该区域有胶原细胞(产生胶原纤维,cf)、硬化细胞(sc;构建骨针,sp)和原型细胞(充当细胞防御系统)。太古细胞是全能的,可以转化成几乎任何其他细胞类型。在中层,也有自由生活的共生微生物(sm)以及暂过性微生物的细胞。细菌细胞(ba)是在大细胞质内囊泡的细胞内环境中宿主共生微生物(sm)的细胞。一种特殊类型的细菌细胞是袋状细菌细胞(pb),它来自一种上皮细胞,该细胞将自由生活的微生物(am)从环境水中吸引到海绵表面。然后,细胞离开上皮细胞进入中胚层(黑色实心箭头),折叠形成细胞外袋状腔,是细胞外环境微生物的宿主(ee)。卵母细胞(oo)和孵化胚胎(be)也在中胚层发育(图 10-7)。

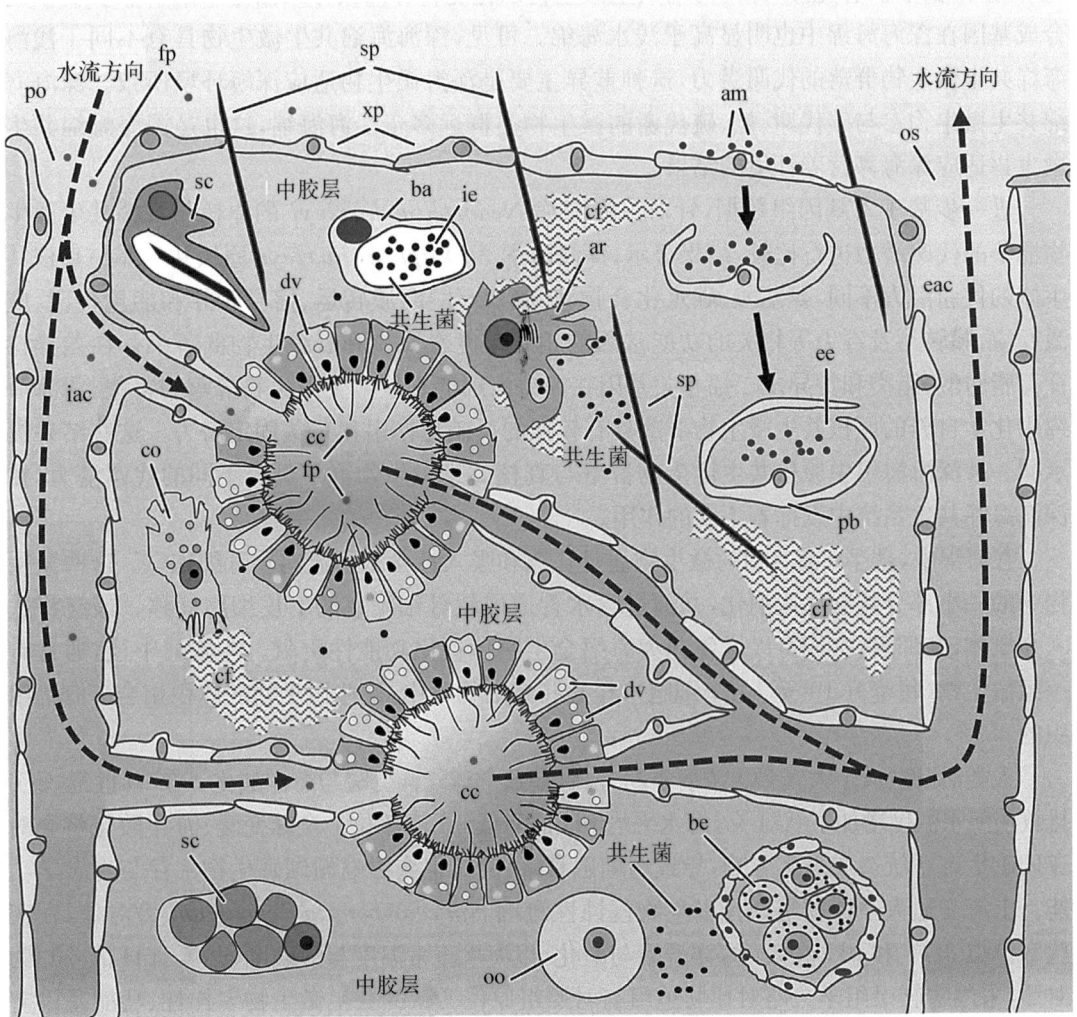

图 10-7　海绵的组织结构与共生微生物分布

海绵具有复杂的共生群落,但迄今为止,海绵微生物群代谢潜力的全貌仍不清楚,特别是浅水和深海海绵共生体生物之间的差异。上海交通大学课题组针对来自南海的浅水海绵 *Theonella swinhoei* 和来自印度洋的深海海绵 *Neamphius huxleyi*,比较了它们整体共生群落结构和代谢潜力。在浅水海绵 *T. swinhoei* 和深海海绵 *N. huxleyi* 中均检测到不同种类的细菌、古细菌、真菌和藻类,并显示出不同的微生物群落结构。基于宏基因组的基因丰度进行分析,结果表明,尽管这两种海绵微生物群具有相似的核心功能,但它们在碳、氮、磷和硫的转化和利用过程中表现出不同的潜在策略。深海与浅海海绵共生微生物都具有复杂的氮代谢网络,但是深海海绵的反硝化潜力大于浅海海绵,深海海绵共生微生物中更多富集了硝酸盐还原酶 β 亚基($narY$,COG1140)、硝酸盐还原酶 α 亚基($narG$,COG5013)、$nosZ$(COG4263)和 $ntrY$(参与氮固定的信号转导组氨酸激酶,COG5000)基因,这可能是由于随着海水深度增加,硝酸盐浓度也增加的结果。浅海海绵共生微生物富集有尿素转运蛋白基因。此外,由于没有光照,深海海绵共生微生物以化能自养固碳方式固定 CO_2。脂多糖生物合成基因在深海海绵中也明显高于浅水海绵。可见,深海海绵共生微生物具有不同于浅海海绵共生微生物群落的代谢潜力,这种差异主要是深海微生物适应深海环境所致。深海海绵共生微生物参与碳代谢、氮、硫代谢的微生物类群远多于浅海海绵,这也是深海海绵共生微生物适应深海寡营养环境的结果。

进一步基于宏基因组数据,针对深海海绵 *Neamphius huxleyi* 的原核与真核共生微生物群落的代谢潜力进行比较,结果显示,深海海绵 *Neamphius huxleyi* 原核共生体与真核共生体的代谢潜力不同,氨基酸、碳水化合物、呼吸、冷休克、膜转运、信号转导和能量代谢、应激反应、膜转运及毒力等相关的功能基因的相对丰度在原核和真核生物群落中存在差异特征。脂肪酸、脂类和类异戊二烯相关基因在深海海绵的真核共生微生物群落中富集,深海海绵中化学自养的原核共生微生物群落具有较强的反硝化作用和 CO_2 固定潜力。这些结果提示同一种深海海绵中原核共生微生物群落与真核共生微生物群落具有不同的代谢潜力,在深海海绵共生系统中发挥着不同的作用。

在海绵中,悬浮在海水中的微生物通过孔隙和吸入性含水层流向软骨细胞室。这些微生物中的一小部分能够逃避消化,并通过含水管道或软骨细胞室的上皮细胞迁移。最终将进入介质体,在那里,它们可以增殖并为海绵全生物体提供功能性贡献。在海绵中层,通常有一组微生物(每毫升 10^6 至 10^9 个细胞),在某些海绵物种中,这些微生物的体积相当于海绵组织的 40%。

人类活动造成了大气 CO_2 浓度不断升高,导致全球气候变暖与海洋酸化。在 20 世纪,CO_2 排放使海水温度增加了 0.74 ℃,海水平均 pH 值降低 0.1 个单位。全球变暖、海洋酸化将会对珊瑚礁生态系统造成恶劣影响,导致珊瑚礁衰减,同时也会影响珊瑚礁生物生存与生态学功能。上海交通大学课题组选择以生物侵蚀性海绵 *Spheciospongia vesparium* 为对象,在实验室模拟 32 ℃和 pH 值 7.7 海洋升温与酸化,以海水正常温度与酸碱度(26 ℃、pH 值 8.1)为对照,采用宏转录组学策略对比胁迫组与对照组原位活跃的共生微生物多样性、功能基因差异性表达变化,研究海绵共生微生物群落结构与功能变化以及胁迫去除后的恢复潜力。结果发现:单独酸化胁迫升温和酸化造成的影响没有显著性差异,但是升温或升温-酸化的影响显著,尤其是升温胁迫会打破海绵共生微生物群系的组成与代谢平衡,如 *Nesiotobacter*、*Oceanospirillaceae*、*Deltaproteobacteria*、*Epsilonproteobacteria* 等潜在致病微生物相对丰度升高,毒力因子基因表达上调。同时,升温胁迫还破坏了海绵共生综合体内的营养交换和分子相互作用,促进了厌氧代谢过程,如增强了微生物反硝化、硝酸盐和硫酸盐的异化还原,从而破坏了海绵-微生物的共生关系,影响了海绵全功能体的健康。在去除升温或升温-酸化胁迫后,发现海绵共生微生物群系的结构与功能在实验期间无法恢复,并增加了一些新的基因差异性表达,提示升温或升温-酸化胁迫对海绵共生微生物群系的影响具有不可逆性,并具有持续性。尤其值得一提的是,该研究发现酸化可以在一定程度上减轻升温对海绵共生微生物群系带来的负面影响,揭示升温、酸化两种胁迫因素之间具有协同效应。

参考文献

［1］ ROTHSCHILD D, WEISSBROD O, BARKAN E, et al. Environment Dominates over Host Genetics in Shaping Human Gut Microbiota[J]. Nature, 2018, 555(7695): 210 – 215.

［2］ CAO Y Y, OH J, XUE M Z, et al. Commensal Microbiota from Patients with Inflammatory Bowel Disease Produce Genotoxic Metabolites[J]. Science, 2022(378): eabm3233.

［3］ JHA A R, DAVENPORT E R, GAUTAM Y, et al. Gut Microbiome Transition across a Lifestyle Gradient in Himalaya[J]. PLos Biology, 2018,16(11): e2005396.

［4］ ZIMMERMANN M, ZIMMERMANN-KOGADEEVA M, WEGMANN R, et al. Mapping Human Microbiome Drug Metabolism by Gut Bacteria and their Genes[J]. Nature, 2019(570): 462 – 467.

［5］ Michael Zimmermann. Separating Host and Microbiome Contributions to Drug Pharmacokinetics and Toxicity[J], Science, 2019(363): eaat9931.

［6］ ZHANG J, LIU Y, ZHANG N, et al. *NRT1.1B* contributes the association of root microbiota and nitrogen use in rice[J]. Nature Biotechnology, 2019(37): 676 – 684.

［7］ CAI R, ZHANG J, LIU R, et al. Metagenomic Insights into the Metabolisms and Ecologic Functions of Abundant Deep-sea Hydrothermal Vent DPANN Archaea [J]. Applied and Environmental Microbiology. 2021(87): e03009 – 20.

［8］ CUI J, GAO Z, WANG Y. Spatial Variations of Microbial Communities in Abyssal and Hadal Sediments across the Challenger Deep Guojie[J]. PeerJ, 2019(7): e6961.

［9］ LI Z Y, WANG Y, LI J, et al. Metagenomic Analysis of Genes Encoding Nutrient Cycling Pathways in the Microbiota of Deep-sea and Shallow-water Sponges[J]. Marine Biotechnology, 2016 (18): 659 – 671.

［10］ LI Z Y, WANG Y Z, HE L M, et al. Metabolic Profiles of Prokaryotic and Eukaryotic Communities in Deep-sea Sponge *Neamphius huxleyi* Indicated by Metagenomics[J]. Scientific Reports, 2014 (4): 3895.

［11］ 张晓华.海洋微生物学:第 3 版[M].北京:科学出版社,2024.

［12］ 彭晓彤,等.深渊科学:地质、环境与生命新前沿[M].北京:科学出版社,2023.

［13］ 汤伟,张军,李广善,等.深海极端微生物菌群及代谢产物多样性的研究进展[J].微生物学报,2019,59 (7): 1241 – 1252.

第 11 章　病毒与微生物群落

　　病毒(virus)是由核酸分子(DNA 或 RNA)与蛋白质构成的非细胞形态的靠寄生生活的生物体。借由感染的机制,这些简单的生物体可以利用宿主的细胞和代谢系统进行自我复制,但无法独立生长和繁殖。

　　病毒生物学性质的最早研究可追溯至 1892 年俄国科学家德米特里·伊凡诺夫斯基(Dmitrii Ivanovich)的先驱性工作,以及 1898 年荷兰科学家马丁努斯·贝叶林克(Martinus W. Beijerinck)的研究。贝叶林克首先推测,该研究的对象是一种新的传染源,他将其命名为"传染性活流体",这意味着它是一种不同于其他生物的活生物。这两位研究人员都发现,烟草植物所患的一种疾病可以通过一种后来被称为烟草花叶病毒(tobacco mosaic virus)的媒介传播,尤为关键的是,这种物质能够穿过一个极其细微的过滤器,该过滤器连细菌都无法穿透。它们不能在人工培养基上生长,在光学显微镜下也看不到。英国研究员弗雷德里克·特沃特(Frederick W. Twort)和法裔加拿大科学家费利克斯·德赫勒(Félix d'Hérelle)进行了独立研究,分别在 1915 年和 1917 年发现了细菌培养物的受损,并将其归因于一种名为噬菌体("细菌的食者")的制剂。由此开始了专门针对感染细菌的病毒(即噬菌体)的研究。

　　目前,经国际病毒分类委员会(International Committee on Taxonomy of Viruses, ICTV)认定的病毒种类已达 14 690 种(EC55,2023 年 8 月公布),它们分属于 6 个域(Realm)、18 门(Phylum)、2 亚门(Subphylum)、41 纲(Class)、81 目(Order)、11 亚目(Suborder)、314 科(Family)和 3 522 个属(Genus),其中绝大部分为侵染原核生物的病毒。

　　根据生命周期的特征,病毒可以分为烈性(virulent)和温和型(temperate)。两者的区别在于,烈性病毒侵染宿主后,短时间会大量产生子代病毒颗粒,从而造成宿主的裂解死亡;温和型病毒侵染后可以将自身 DNA 整合到宿主基因组上或独立于染色体之外,并在相当长的时间内保持以原病毒或前病毒(provirus)的形式存在,使得宿主进入溶原状态(lysogeny)。当外界环境产生胁迫条件(如 DNA 损伤)时,温和型病毒会被诱导进入裂解循环(lytic cycle),从而导致宿主死亡(图 11 - 1)。研究表明,溶原状态的微生物(lysogen)在环境中普遍存在。

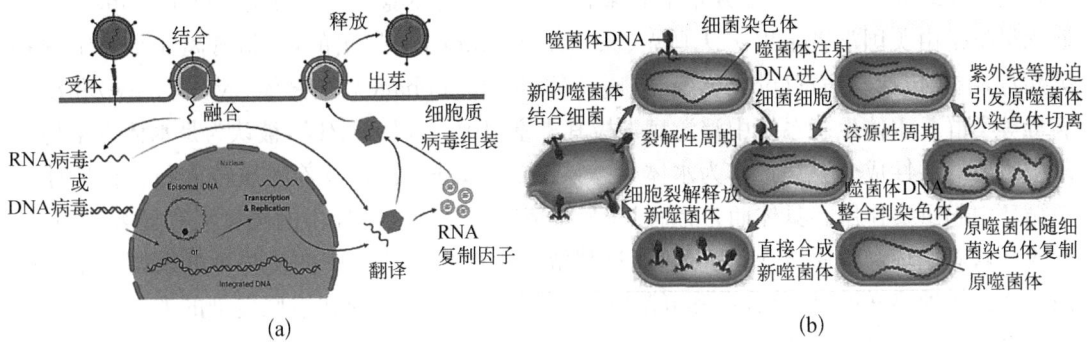

图 11-1　病毒的生活史

（a）真核生物病毒的生活史；（b）原核生物病毒的生活史

11.1　病毒的生态分布

据估算，全球病毒总量约为 4.80×10^{31}。在全球尺度上，大多数病毒栖息于海水、沉积物和土壤中（表 11-1），它们占病毒总量的 99% 以上，并发挥着重要的生态功能。相较而言，淡水中的病毒总量要低 2~3 个数量级，而人体环境的病毒总量要低 8~9 个数量级。

表 11-1　地球上各类环境中生物的估算总数量

生态环境	原核细胞数	VMR 中位数	VLPs 数
海洋	1.01×10^{29}	12.76	1.29×10^{30}
淡水	1.26×10^{26}	14	1.76×10^{27}
其他水体	2.44×10^{27}	30	7.32×10^{28}
沉积物	3.80×10^{30}	11	4.18×10^{31}
土壤	2.50×10^{29}	19.5	4.88×10^{30}
人类	2.80×10^{23}	0.1	2.80×10^{22}
其他宿主	未知	25	未知
总计	**4.15×10^{30}**	**12**	**4.80×10^{31}**

注：VMR（virus-to-microbe ratio）为病毒与微生物数目之比；VLPs（virus-like particles）为病毒样颗粒。

11.1.1　水体环境中的病毒

水体环境约占地球表面积的 70.8%，包括海洋、湖泊、河流等。从北极到南极，从青藏高原到马里亚纳海沟,病毒广泛分布于地球上的各类水体环境中。浮游病毒(viroplankton)的概念最早是由美国学者基思·沃马克(K. Eric Wommack)提出的,是指游离在水体中的各类病毒,主要包括藻病毒(phycovirus)、噬菌体(bacteriophage)、噬藻体(cyanophage)和动物病毒等类群。水体生态系统中浮游病毒极其丰富($10^6 \sim 10^7$ mL/L),被认为是水体微生物群落中重要的活性成分。病毒作为水体生态系统的重要成员,在营养物质转化和生物地球化学循环中起重要作用。具体而言,病毒在某些情况下对微食物环中的碳氮流有显著影响,从而改变营养循环和物质流动;它可以通过裂解水生微生物群落中的优势种群来调节水体中微生物的物种多样性、群落分布和群落结构;病毒还可通过转导和溶原侵染的方式介导水体生态系统中微生物之间的基因转移,从而影响微生物群落的遗传多样性。

对于浮游病毒的研究最初着重于藻类病毒的分离和生物学特性的研究。1963 年萨弗曼(Safferman)和莫里斯(Morris)报道了第一例噬藻体(LPP-1)。在以后的 20 多年间,许多研究人员不断分离得到新的噬藻体,并对它们的形态、直径等生物学特性及与宿主相互关系进行了较为详细的研究。自 1990 年代以来发现噬藻体在海洋中大量存在后,又掀起了海洋浮游病毒研究的热潮。1995 年藻病毒保守蛋白-DNA 聚合酶的发现,开启了藻病毒遗传多样性研究的时代;2002 年 5 月第一株噬藻体 *P60* 的全基因组序列发表,随后 *PBCV-1*、*EsV-1* 和 *EhV-863* 等真核藻类病毒的全基因组序列也相继被测定。这些研究成果对于浮游病毒多样性的研究提供了较为丰富的遗传背景和研究基础。浮游病毒在水体中的多样性极高,其研究对于了解病毒分类、病毒与宿主之间的相互关系、病毒在生态系统中的地位等具有深刻的意义。

1) 海水环境中的病毒丰度及多样性

海洋面积约占地球水体面积的 97.5%,是地球上最大的生态系统。研究发现,病毒是海洋中丰度最高的生命形式,在海水中的丰度为 $10^5 \sim 10^7$ VLP/mL,为细菌丰度的 5～25 倍。海洋中病毒的总数量可达 10^{30},其丰度占据了海洋全部生物体的 90% 以上。海洋病毒中的绝大部分为侵染原核生物的病毒,它们每天可裂解 20%～40% 的海洋微生物,并释放出碳和其他营养物质到(微)食物网。除了数量巨大,海洋病毒还表现出极为丰富的多样性。近30 年来,随着采样手段的进步,高通量测序技术及生物信息学的飞速发展,人们在表层海水、深海、深渊、热液、冷泉等各种海洋环境中发现了数量巨大、多样性丰富的病毒,极大地拓展了我们对海洋病毒的认识。

海洋中包含多样且未知的病毒。Global Ocean Viromes 2.0 (GOV 2.0)是目前全球最大的海洋病毒数据集,它包含了从全球主要海洋区域(北冰洋、印度洋、地中海、大西洋、太平洋等)采集的 145 个站点的样品,样品深度覆盖了海洋表层到深海 4 000 m 左右的范围。经过测序、拼接、病毒鉴定等环节最终得到了 488 130 种 DNA 病毒,其中绝大部分是未知的病毒(90.2%),其余可分类的病毒则主要属于肌尾病毒科(*Myoviridae*)、短尾病毒科(*Podoviridae*)、长尾病毒科(*Siphoviridae*)和藻类 DNA 病毒科(*Phycodnaviridae*)。另外,这些海洋病毒中超过 85% 的蛋白簇(protein cluster)功能未知,宿主未知的病毒比例高达 69.3%,表明海洋病毒具有极高的多样性和未知度。研究分析表明,海洋病毒分布在 5 个差异显著的生态区:北冰洋、南极洲、深海区(水深>2 000 m)、温带和热带表层海洋(水深<150 m)和中层海洋(水深为 150～1 000 m)。研究发现,海洋病毒的宏观和微观多样性呈现

不同的趋势：在北冰洋区域,不仅病毒的宏观多样性与微观多样性都增加,而且表现出了独特的模式。北冰洋区域病毒的宏观多样性在表层水体中随着深度的增加,多样性下降。近期,一项针对海洋 RNA 病毒的研究通过机器学习算法发现了 5 504 种新的海洋 RNA 病毒,并将已知的 RNA 病毒从 5 个门拓展到了 10 个门,这些 RNA 病毒遍布全球各大海域。

深渊是海洋中深度最大的区域(水深>6 000 m),也是地球上未知程度最高的生态系统之一,主要由海沟组成,其与上层海洋的主要区别在于极高的静水压力和相对隔绝的地理环境。研究显示,马里亚纳海沟深层海水中病毒颗粒数量为 $2.2 \times 10^5 \sim 3.6 \times 10^5$ VLPs/mL,而病毒-原核生物比率(virus-prokaryote ratio)随深度增加而有所提高(在 10 257 m 为 40～50,显著高于浅海海水)。研究数据表明,与上层海洋相比,马里亚纳海沟深渊区的病毒可能更倾向于采取溶原性的生活方式。

2) 淡水环境中病毒的丰度及多样性

淡水环境分布相对独立,目前还缺乏针对淡水环境病毒的大规模系统性研究。一般来说,病毒丰度随着生态系统生产力的增加而增加。因此,从河口到远海,从地表到深水,病毒丰度通常会降低,所以淡水生态系统中的病毒颗粒丰度通常高于在海洋生态系统中的含量,通常为 10^7 VLPs/mL 左右,最高的超过 10^9 VLPs/mL,如法国布尔歇(Bourget)湖的病毒丰度在 $3.4 \times 10^7 \sim 8.2 \times 10^7$ VLPs/mL 之间,安纳西(Annecy)湖的病毒丰度在 $2 \times 10^7 \sim 8 \times 10^7$ VLPs/mL 之间,德国康斯坦茨(Constance)湖的病毒丰度在 $1 \times 10^7 \sim 4 \times 10^7$ VLPs/mL 之间,而多瑙河中的病毒丰度高达 5.39×10^9 VLPs/mL。淡水环境病毒通常易受季节、温度以及人类活动的影响而表现出较大的变化。

淡水环境包含多种多样的病毒。对法国、加拿大等国家和地区的湖水的分析发现,主要包括微病毒科(*Microviridae*)、圆环病毒科(*Circoviridae*)、微小病毒科(*Nanoviridae*)、肌尾病毒科(*Myoviridae*)、长尾病毒科(*Siphoviridae*)和短尾病毒科(*Podoviridae*)在内的多类病毒(注：目前 ICTV 已经取消了 *Myoviridae*, *Siphoviridae*, *Podoviridae* 这三个科级分类单元),此外,还检测到了藻类 DNA 病毒(phycodnavirus)和蓝细菌病毒(cyanophage),以及包括腺病毒(adenovirus)、痘病毒(poxvirus)、疱疹病毒(herpesvirus)在内的能感染人和动物的真核病毒。与其他环境相比,极地淡水环境的病毒组更加独特,以小型环状单链 DNA 病毒为特征,如北极淡水湖泊中主要是圆环病毒。不同的是,南极淡水环境病毒的独特性则是由藻类病毒 *Phycodnaviridae* 的变化导致的。

11.1.2　沉积物环境中的病毒

据估算,沉积物中的病毒占据了全球病毒的绝大部分(87%),其中海洋沉积物是病毒最丰富的环境。据推算,深海沉积物的病毒总数达 3.5×10^{31},占沉积物病毒总数的 83.7%。

1) 海洋沉积物病毒的丰度及多样性

海洋沉积物中的病毒丰度是周围海水的数百倍,一般可达 10^7 VLPs/g。有报道东地中海深海沉积物中病毒丰度达 2×10^9 VLPs/mL,比深海海水中高 3 个数量级。对包括大西洋、南太平洋在内的 232 份深海表层沉积物进行分析后发现,平均病毒丰度为 0.96×10^9 VLPs/g,与近海沉积物中病毒的丰度相当。

海洋沉积物病毒具有高度的多样性。对黑海、地中海和大西洋等不同海域的深海沉积物样品(水深在 1 970~5 571 m 之间)的宏病毒组分析表明,不同病毒组之间存在大量显著差异且无法注释的序列,说明深海环境中病毒存在很高的遗传多样性,其中可能包括了大量未知的病毒种类。有报道指出,马里亚纳海沟深海-深渊过渡带沉积物(水深在 5 481~6 707 m 之间)的分析中,鉴定出 111 个高质量的病毒基因组,这些基因组涵盖了 105 个不同的病毒属,其中约 59% 是病毒新属。对深度超过 10 000 m 的海沟沉积物的宏病毒组进行分析,发现仅有 24%~30% 的序列能在数据库中找到同源序列。在热液区沉积物中,病毒不仅呈现出极大的多样性,其基因组中还包括大量可能参与多种微生物代谢过程的基因,形成了包括核酸代谢、氨基酸代谢、氮代谢和糖代谢等在内的支链途径,从而发挥着重要的代谢补偿(metabolic compensation)功能。对冷泉沉积物的研究发现,超过 84% 的病毒仅在单一采样点出现,显示出冷泉病毒分布的高度特异性。

2) 淡水沉积物病毒的丰度及多样性

淡水沉积物中病毒的丰度相较于海洋沉积物通常更高,一般约为 $\times 10^9$ VLPs/g。有报道河口沉积物病毒丰度随深度增加而持续下降,此外,细菌和病毒的丰度在表层沉积物中最高,随沉积物深度增加而下降。

淡水沉积物病毒形态多样,种类繁多。对恒河沉积物的宏基因组分析表明,97% 的病毒为双链 DNA(dsDNA)病毒,还发现了部分逆转录(RT)病毒、ssDNA 病毒、ssRNA 病毒、dsRNA 病毒和卫星病毒等。有尾病毒目的病毒占绝大多数(约 85.2%),其中肌尾病毒科最多(56.2%),其次是长尾病毒科(27.3%)和短尾病毒科(2.11%)。此外,该研究中还发现了杆状病毒科(*Baculoviridae*)和痘病毒科(*Poxviridae*)的病毒。

11.1.3　土壤环境中的病毒

全球土壤环境病毒数量巨大,总量可达 4.88×10^{30}。病毒可以调控土壤微生物的死亡率和群落结构,推动宿主进化以及影响土壤中元素的生物地球化学循环,在构建健康土壤环境、调控根际微生态、农业生产,乃至影响全球气候变化等方面发挥重要作用。

1) 土壤的病毒丰度及其影响因素

病毒丰度与土壤生态系统生产力基本呈正相关。研究发现,病毒丰度在沙漠土壤中最低,在农田土壤中居中,在森林和湿地土壤中最高。具体而言,沙漠土壤病毒丰度为 $2.2 \times 10^3 \sim 1.1 \times 10^7$ VLPs/g,冻土土壤病毒丰度 $2 \times 10^8 \sim 8 \times 10^8$ VLPs/g,农田土壤中,病毒丰度为 $8.7 \times 10^8 \sim 1.1 \times 10^9$ VLPs/g,而森林和湿地土壤病毒丰度分别可达 $1.3 \times 10^9 \sim 4.1 \times 10^9$ VLPs/g 和 $3.0 \times 10^9 \sim 5.7 \times 10^9$ VLPs/g。除土壤类型以外,土壤病毒丰度还受多种环境因子的影响,如 pH 值、温度、土壤湿度、土壤深度等。这些非生物因素是驱动土壤病毒群落分布的重要因素(图 11-2),如土壤 pH 值、钙含量和海拔高度已被证明是南极干谷土壤中病毒群落的重要驱动因素。地上植物作为重要的生物因子,可以通过影响土壤性质(如养分有效性、有机质)和调节地下土壤微生物(如优先选择特定的土壤微生物类群)来影响土壤病毒群落。一项研究发现,根际土壤与非根际土壤中的病毒群落组成不同,不同植物物种的根系分泌模式和土壤微生物分类群都会影响病毒多样性。

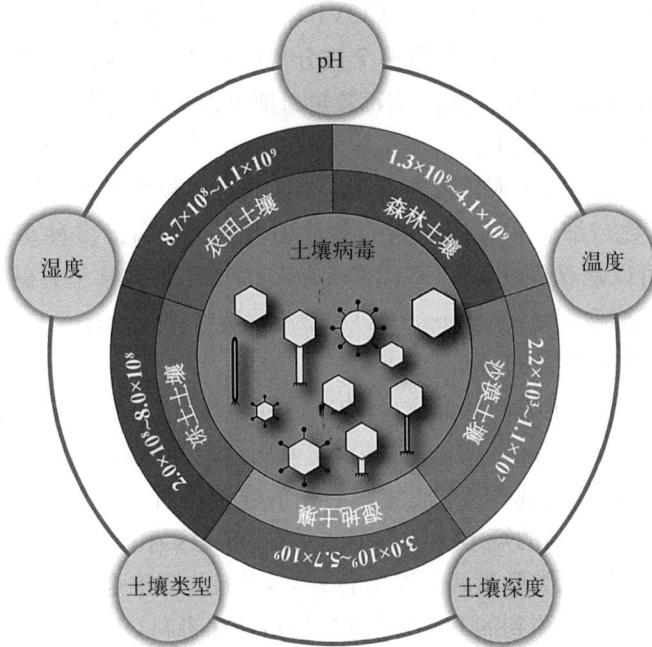

图 11 - 2 不同土壤类型病毒丰度及影响因素（修改自 Pratama A A.和 van Elsas J D, 2018）

2）土壤病毒的多样性

土壤病毒具有极高的多样性且活跃。一项针对解冻泥炭地土壤病毒的研究利用宏病毒组的方法，从 197 个土壤样品中发现了约 2 000 种病毒。通过相同样品的宏转录组分析，可检测到 58％病毒的 RNA 序列，表明它们在土壤中高度的活跃性。这些病毒的宿主分布在包括细菌和古细菌在内的 19 个门中，其中有 15 种病毒的宿主是产甲烷菌，有 13 种病毒宿主为嗜甲烷菌，提示病毒可能可以通过宿主影响土壤碳循环，对生态系统的功能产生重要的影响。土壤环境的高度异质性及其与生物体之间的复杂作用网络使得土壤病毒具有很高的多样性。一项对来自森林土壤生态系统的 28 个样品的研究中发现了 16 个新的核质大 DNA 病毒或称巨病毒（nucleo-cytoplasmic large DNA viruses，NCLDV），它们的基因组最长可达 2.4 Mbit。同时，在这些样品的宏基因组中发现了接近 300 种不同的 NCLDV 主要衣壳蛋白，表明土壤环境可能存在大量新的巨型病毒。一项全球尺度上的土壤病毒研究从横跨三大洲 75 个采样点的 668 个土壤样本中鉴定出 24 335 个病毒基因组（可归为 17 229 个病毒种）。在这些样本中，根际土壤和一些陆地沉积物的病毒丰度较高，而草地和森林土壤的病毒丰度较低，说明土壤病毒具有高度的生物群落特异性。

11.1.4 人体环境中的病毒

人类与病毒的复杂关系有着漫长的历史。目前已知的可以感染人类的病毒超过 200 种，如天花病毒（smallpox virus）、人类免疫缺陷病毒（human immunodeficiency virus，HIV）、严重急性呼吸综合征冠状病毒（severe acute respiratory syndrome coronavirus，SARS）、乙型肝炎病毒（hepatitis B virus，HBV）、狂犬病病毒（rabies virus，RABV）、近年肆

虐全球的新冠病毒(coronavirus disease，COVID-19)，还有在山东、河南等地新发现的琅琊病毒(langya virus)等。至 1901 年，第一个被分离的感染人类病毒的黄热病病毒(yellow fever virus，YFV)以来，可感染人类的病毒数量目前仍以每年 3 到 4 种的速度不断增加，它们占新的人类病原体的 2/3 以上。

人体中的细菌数量约等于人体细胞数量。人体内病毒和细菌之间的比率为 0.1～10，表明人体内的病毒总数与细菌和人体细胞的数量相当。这些病毒多种多样，基因组可以是 RNA 或 DNA，也可以是双链或单链，基因组大小可以从几千碱基至万碱基，它们大多数为噬菌体，主要是有尾病毒纲(*Caudoviricetes*)和微小病毒科(*Microviridae*)中的病毒。

1) 人体不同部位中病毒的分布

胃肠道通常是病毒丰度最高的部位，每克肠内容物约含 10^9 个病毒。电子显微镜观察显示大多数肠道病毒属于有尾病毒纲，人类肠道宏基因组的测序数据也表明有尾病毒纲和微病毒科通常占优势。研究发现人类肠道中最普遍的噬菌体通常是 crAssphage(属于有尾病毒纲)，并且以侵染拟杆菌门的短尾病毒为主。crAssphages 存在于超过 50% 的人类肠道内容物样本中，丰度可高达人类肠道病毒群落的 90%，并且呈现出全球分布。健康的人体肠道真核病毒通常较少，偶尔检测到的 DNA 病毒包括指环病毒科(*Anelloviridae*)、双生病毒科(*Geminiviridae*)、疱疹病毒科(*Herpesviridae*)、矮化病毒科(*Nanoviridae*)、乳头瘤病毒科(*Papillomaviridae*)、细小病毒科(*Parvoviridae*)、多瘤病毒科(*Polyomaviridae*)、腺病毒科(*Adenoviridae*)和圆环病毒科(*Circoviridae*)等。最常检测到的 RNA 病毒包括杯状病毒科(*Caliciviridae*)、小 RNA 病毒科(*Picornaviridae*)、呼肠孤病毒科(*Reoviridae*)和一些可能起源于食物的植物病毒。肠道病毒的一个显著特征是大多数病毒颗粒都没有包膜，原因可能在于脂质包膜很难在胆汁盐和干燥的大肠环境中保持活性。冠状病毒是一个例外，尽管具有脂质包膜，但研究证据显示许多冠状病毒可通过粪口途径传播。

人类口腔也是病毒丰度较高的部位。唾液样本一直是表征口腔病毒组的主要材料来源，研究显示健康人唾液中约有 10^8 VLPs/mL。健康成人口腔中常见的真核病毒包括疱疹病毒科、乳头瘤病毒科、指环病毒科和圆形病毒科(*Redondoviridae*)。呼吸道样本病毒组分析表明指环病毒科是丰度最高的 DNA 病毒家族，其次是圆形病毒科。其他能检测到的病毒还包括腺病毒科、疱疹病毒科和乳头瘤病毒科。在呼吸道中，噬菌体也很常见，包括有尾病毒纲、微病毒科和丝状病毒科的成员。至于泌尿生殖系统，据报道，健康人的尿液样本中含有 10^7 VLPs/mL 的病毒，其中大多数可识别的病毒是噬菌体。对健康阴道样本的病毒组分析表明，大多数病毒序列来自双链 DNA 噬菌体，真核病毒比例极低。在精液中，也检测到了指环病毒科、疱疹病毒科和多种基因型的乳头瘤病毒科病毒。

与身体其他部位相比，皮肤的微生物量相对较低，且皮肤上的微生物群落易受外界环境影响。宏基因组分析显示人类皮肤上存在多种真核病毒，包括多瘤病毒科、乳头瘤病毒科和圆环病毒科等。皮肤上的噬菌体主要与有尾病毒纲的病毒相关。血液中可观察到病毒颗粒的存在，它们主要是指环病毒科、疱疹病毒科和小 RNA 病毒科的病毒。

2) 影响人类病毒组的因素

许多因素会影响人类病毒组，并最终对健康造成影响。这些因素包括饮食结构、遗传因素、地理因素、药物作用、年龄变化、健康状况等。对婴儿来说,母乳含有多种成分,可保护婴儿肠道免受病毒感染,例如母体抗体、寡糖和乳铁蛋白,这些抗病毒成分可以起到抑制病毒的效果。一项针对中国不同地区人类粪便样本的研究发现,与其他变量(包括饮食、种族和药物)相比,地理因素的影响最大。对婴儿病毒组的研究表明,非洲裔人群中感染人类细胞病毒的比例高于美国人群中的感染比例。与西方国家人群相比,非西方国家人群的病毒多样性更高。此外,年龄也是影响人类病毒组的重要因素,研究发现,儿童和老年人(>65 岁)的病毒多样性低于健康成年人(18~65 岁)。

11.2 影响病毒的生态因素

病毒作为一种寄生生物,其在环境中的存在及分布受到多种因素的影响。从病毒自身来说,病毒颗粒的耐久性、吸附亲和力、潜伏期、裂解量、宿主范围和抗防御机制等都是重要的特征;此外,病毒的种间关系及病毒-宿主之间的相互作用等也会对病毒在生态系统中的存在产生重要的效应。

11.2.1 病毒生命特征的影响

1) 病毒粒子耐久性

一般而言,环境中可吸附的宿主密度越高,病毒粒子耐久性的增加对其适应性的贡献就越小,因为病毒在这种环境中能够更快地找到新的宿主;反之,病毒在寻找宿主之前等待的时间越长,那么病毒粒子耐久性就可能越强,比如一些病毒在找到新的宿主进行感染之前,可能会作为胞外病毒粒子持续存在几十年甚至更久。这些相关性与病毒的适应性策略有关。

病毒显示出更高的细胞外耐久性似乎是更好的。然而,病毒粒子耐久性的增加并不总能提高其适应性,这一过程也可能会导致一定的生存成本,例如裂解量的下降或吸附率的下降,这可以被看作是与耐久性增加有关的拮抗多效性(antagonistic pleiotropy),也就是一种权衡(trade off)。例如,噬菌体 ΦX174 在低温(4 ℃)条件下会产生一种表型突变体,这种突变体在 4 ℃时不能吸附在宿主上,但于 37 ℃培养后,又可恢复为易吸附的形式。有趣的是,若处于低 pH 值环境,这种吸附性的恢复会受到限制。此外,ΦX174 的 4 ℃突变体也比37 ℃下的形式更能抵抗 65 ℃下的灭活,表明 4 ℃突变体的耐久性更强。大肠杆菌噬菌体T4 也是一个在病毒耐久性增加的情况下降低吸附能力的例子:其耐久性的增加可能是病毒尾部纤维"回缩"的结果,而这又会导致吸附能力的降低。

2) 病毒的吸附亲和力

病毒对其易感宿主的吸附亲和力影响了病毒的吸附率,因为它体现了特定的病毒与宿主细胞相遇后产生附着的可能性。因此,对宿主吸附亲和力高的病毒,理论上能更快地将其基因组传递到宿主中。然而,在宿主密度足够高的环境中,吸附亲和力的小幅度增加不一定能够提高其适应性,因为吸附失败的病毒可以迅速找到另一个细菌进行侵染。

病毒不仅会与宿主细胞上的受体相互作用,还可能与细胞外的非宿主实体相互作用,如一些噬菌体也可能会附着于动物组织或土壤颗粒。在一些环境中,降低对宿主的吸附亲和力可能是有益的,因为它允许病毒在吸附到宿主细菌之前进一步扩散,从而减少单个细菌被多次吸附的可能性。已被感染的细菌或被裂解的细菌碎片可能会充当"吸附性清道夫"的角色,来阻止其他病毒的侵染。此外,对某一特定宿主的高特异性也可能会带来代价,这会导致更窄的吸附范围,使得其他潜在的宿主不会被感染。这种权衡是另一个拮抗多效性的例子:病毒可吸附的潜在宿主越少,那么其可用的宿主数量就越低,宿主吸附之间的延迟也就越长。

3) 病毒潜伏期

潜伏期(latent period)指病毒感染细胞后完全消失,直至子代病毒可被检出之前的一段时期,即病毒颗粒在受感染的宿主细胞内繁殖所花费的时间。较短的潜伏期看似比较长的潜伏期有利,然而,潜伏期的缩短可能以牺牲病毒的裂解量为代价,因为一般情况下,较短的潜伏期是通过减少子代病毒的成熟期来实现的。因此,只有在病毒生成的时间缩短的收益超过减少裂解量的成本的情况下,更短的潜伏期才更加有利。例如在宿主密度较高的情况下,仅通过潜伏期的小幅增加,就能够将病毒捕获新宿主的速度显著加快。

在一些特殊条件下,潜伏期较长的情况可能更加有利,如在胞外病毒容易失活的条件下,或当宿主密度较低较难找到新的宿主时。在这些情况下,病毒可以通过进入溶原循环,或裂解抑制从而延长潜伏期来有效度过"困难时期"。

4) 病毒裂解量

裂解量(burst size)是指每个受染细胞所产生子代病毒粒子的平均数目。较大的病毒裂解量看起来会更有利于病毒的生长,不过更大的裂解量可能需要更长的潜伏期才能实现,也就意味着需要更长的病毒生产时间。潜伏期只是决定病毒裂解量的三个关键因素之一,其余两个是隐蔽期(即从病毒基因组进入宿主细胞,到细胞内出现第一个组装好的子代病毒之间的时期),以及第一个子代病毒粒子组装后的子代积累速率。一般情况下,裂解量应该等于隐蔽期后病毒粒子成熟速率乘以病毒潜伏期与隐蔽期的差值。然而,目前对决定隐蔽期长度和隐蔽期后病毒积累速率的因素仍然了解不足。

在现实情况中,并非所有释放的子代病毒都能够引发新的感染,很多病毒可能在寻找合适的新宿主的过程中失活。因此,病毒的"有效裂解量",即能够存活下来、引发新的感染的病毒数量,不仅是其裂解量的函数,也与病毒颗粒的耐久性相关。

5) 抵抗宿主的防御

细菌具有多种抗病毒的防御机制。对病毒而言,有助于逃避宿主防御机制的能力显然是有益的。然而,这种能力的获得也需要一定的代价:如果需要编码额外的基因,就需要更大的病毒基因组,可能会导致代谢负担;而如果通过突变来逃避特定的防御机制,也可能会产生适应性成本,因为其他有用的核苷酸会被替换。尽管如此,仅仅由于病毒在感染宿主后的生存,对宿主防御机制的逃避仍能够出现净适应性收益。

当一株病毒显示出宽宿主范围时,意味着它需要应对多种宿主的主动或被动抗病毒机制。为了能够感染多种类型的宿主,病毒可能会牺牲感染一种特定宿主类型的能力。由于单一的病毒类型可能难以跟上多个潜在宿主的同时进化,并考虑到与病毒逃避宿主防御的特定机制有关的成本,许多病毒趋向于显示出相对狭窄的宿主范围。

11.2.2　病毒的种间及病毒-宿主间相互作用的影响

1) 病毒的种间关系

微生物之间存在多种形式的相互作用,包括交流、合作、竞争,甚至是"战争"。在病毒群体中,也存在很多类似社会性互动的相互作用,这些行为可能普遍存在于自然环境中,具有重要的生态和进化意义。近年来,已经出现了一个描述病毒-病毒相互作用及其对病毒进化影响的新兴领域,即社会病毒学(sociovirology)。

共感染(coinfection)是指来自不同分类群和具有不同生活方式的病毒可以侵染同一宿主,这为宿主内病毒之间的相互作用提供了平台。大规模的环境宏基因组和单细胞研究表明,35%~50%的受侵染细菌中含有多种病毒。共感染的可能性取决于环境背景(如病毒与细菌的密度和比例)、病毒的生活方式(如温和型病毒比烈性病毒更易参与共感染),并且可能受到病毒自身的影响(如病毒 φ6 可以通过诱导病毒受体的表达上调来加强共感染)。

共感染对病毒群落的组成、行为和进化有重要的影响。第一,共感染病毒可能通过裂解抑制等方式影响烈性病毒的裂解时间,也可以影响温和型病毒的溶原/裂解决定。第二,共感染病毒可能会竞争产生病毒后代所必需的细胞内资源,如核糖体、核苷酸和氨基酸。第三,一些"作弊"(cheating)病毒可能会在共感染的群体中进化,如卫星病毒(satellite virus),这些病毒通常会删除自身的大部分基因组,包括必需的蛋白质,并利用共感染病毒产生的蛋白质完成生命周期。较小的基因组为这些"作弊"病毒提供了复制优势,从而使它们在混合侵染中胜过野生型病毒。第四,共感染可能会使病毒进化出有利或排斥彼此的性状。例如,编码抗 CRISPR 蛋白(Acr)的病毒通常需要能够合作克服宿主的免疫系统:第一个病毒侵染时并不能杀死宿主,但能够阻断宿主的 CRISPR - Cas 免疫系统;当其他编码 Acr 的病毒再次侵染宿主时,便可以利用这种免疫抑制状态成功复制。第五,在宿主细胞中,病毒之间可以进行直接的基因交换。病毒中的高频率水平基因转移目前已经被宏基因组学研究所证实,一些参与宿主识别和抗宿主防御系统的特定基因更容易发生重组。这些观察表明,重组可能是自然群落中病毒多样性和适应性的一个重要驱动因素,可以促进病毒基因组的功能创新和遗传多样性。

2) 病毒的宿主范围

不同病毒的宿主范围是不同的。有些病毒的宿主范围较小,也有一些病毒能够侵染的宿主范围较广,甚至跨越不同的细菌属。体外和体内进化实验表明,宿主范围是一种高度可进化的性状,能够扩大或缩小,而敏感宿主的密度、多样性和质量是决定病毒宿主范围的关键参数。

宿主范围进化的一个关键步骤是获得结合新受体的能力,这个步骤往往需要编码病毒尾部蛋白的基因发生突变,并且可能因为"中间宿主"的存在而得到促进。例如,侵染大肠杆菌 LF82 的病毒 P10 可以在常规的小鼠肠道中进化出侵染大肠杆菌 MG1655 的能力。当环境中仅有大肠杆菌 LF82 和大肠杆菌 MG1655 存在时,就无法观察到这种情况,因为 P10 宿主范围的进化需要在"中间宿主"大肠杆菌 MEc1 中进行扩增。此外,一些病毒能够编码产生多样性的逆转录元件（diversity-generating retroelements，DGRs），这些逆转录元件在其尾部基因中产生变异性，以加速它们对新宿主的适应。

微生物区系内的细菌多样性有利于病毒的宿主转移，进而能够促进病毒基因组的多样性和宿主范围的改变。一般而言，微生物群落的多样性越高，对宽宿主范围的病毒的选择压力就越大。直观来看，扩大宿主范围对病毒是有利的，可以帮助病毒在生态位中稳定存在。但与此同时，宿主范围的扩展也伴随着一定的代价。例如，与在原始宿主中相比，当宿主范围扩大时，病毒在新宿主中的复制速率可能会降低，或产生较少的病毒后代（生态代价）；此外，在新宿主中的病毒适应性也可能会降低（进化代价）。因此，当微生物群落中有高丰度的优质或劣质宿主时，病毒可能都会缩小其宿主范围，导致特化（specialization）。

除了细菌多样性以外，群落中病毒的多样性也会对宿主范围造成影响。例如，将大肠杆菌病毒 T2 和 T4 混合共感染，其中一部分病毒子代具有一种病毒的基因型和另一种病毒的宿主范围，还有一部分自子代具有混合宿主范围。另一种影响方式是协同作用，如编码降解细菌荚膜酶的病毒能够帮助其他病毒吸附到宿主上。病毒的多样性也可以通过驱动宿主的进化变化来间接影响某个特定病毒的宿主范围，从而影响其对该病毒的敏感性。

3）病毒生命周期的选择与进化

在自然群落中，病毒进化受到细菌种群密度、多样性以及竞争相同宿主资源的其他病毒的影响。病毒之间的竞争可以推动自身特征的进化，包括它们的传播方式、裂解时间等，并进一步影响它们的细菌宿主。例如，温和型噬菌体可能获得突变，从而使它们能够克服同源免疫，杀死已经携带其他病毒的宿主。这些超毒性突变体在操纵基因中携带一个突变，该突变阻止了抑制裂解周期的蛋白质的接合。然而，这种侵染能力的增强可能是短暂的，在某些情况下，这些超毒性突变体可能又会获得补偿性突变，从而恢复溶原性，这种裂解抑制-恢复的循环可能在与宿主协同进化的"军备竞赛"中出现。

微生物群落中易感宿主的丰度也会影响病毒生命周期的选择和进化。在病毒生态学中已建立的模型预测中，裂解性在高宿主密度下占主导地位，而溶原性在低宿主密度时发挥主要作用。当接触宿主的机会有限时，病毒通常会利用更谨慎策略感染宿主，从而避免宿主资源的耗尽。类似地，在病毒扩散和迁移受到限制的环境中，也通常会进化出延迟裂解等有利于侵染效率降低的性状。然而，病毒也会在宿主密度高的情况下选择进入溶原循环，跟随宿主基因组复制自身的基因组以从快速生长的宿主中更多获利。

11.3 病毒生态功能相关模型、病毒对微生物群落的影响

11.3.1 病毒生态功能相关模型及假说

在自然环境中，病毒对微生物的侵染影响着微生物群落结构、物种进化以及细菌与其他生物体之间的相互作用。烈性病毒可以直接导致宿主裂解，加速微生物群落的更替，参与生态系统的物质循环和能量流动；溶原性病毒将其基因组嵌入到宿主染色体中（此时称为原病

毒或前病毒),随宿主基因的复制而复制,并随宿主菌的分裂传递到子代菌的基因组中,具有长期潜伏于宿主胞内的能力,可以促进微生物间的水平基因转移,其携带的辅助代谢基因能辅助宿主菌生长。因此,病毒对微生物群落的生态功能具有重要的调控作用。

病毒对微生物群落生态功能的调控,直观体现在对微生物种群丰度、群落结构的影响。例如,杀死胜利者(kill the winner,KtW)模型和借助胜利者(piggyback-the-winner,PtW)模型表明了噬菌体群落的变化与其对应宿主的物种丰度密切相关;机会均等/王室(equal opportunity/royal family)模型补充说明了 KtW 模型中病毒优势种群的形成过程;铁马假说(the ferrojan horse hypothesis)强调了病毒和宿主在利用和传递铁元素方面的重要功能。

1) 杀死胜利者(kill the winner, KtW)模型

由于病毒无法主动向宿主移动,所以其对宿主的侵染主要依靠与宿主的随机碰撞或相遇,这也一定程度上决定了病毒的感染和繁殖能力取决于宿主的密度。若病毒的种群要进行繁殖,相应细菌种群的密度必须高于"复制阈值"(replication threshold)这一临界值。在此前提下,杀死胜利者模型认为,由于高丰度的类群有更高的病毒-微生物比率(virus-to-microbe ratio,VMR),所以被病毒侵染的可能性也越高,相应地也更容易被裂解。病毒由此实现对生态系统中优势种群的抑制,维持群落的稳定性和多样性(图 11 - 3)。KtW 模型代表的是一个理想化的微生物食物网,其前提是基于稳定环境,并且认为一个宿主至多只能被一种病毒侵染。由此可见,"杀死胜利者"模型仍需进一步完善。

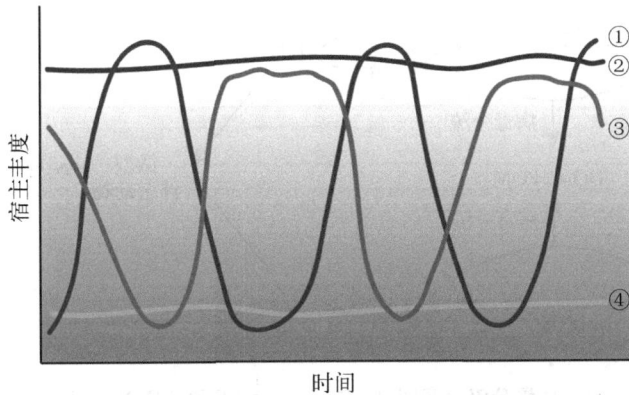

图 11 - 3   病毒侵染导致宿主的丰度变化(修改自 Winter et al., 2010)

注: ① 代表宿主种群的丰度周期性变化;② 代表宿主群体对病毒具有抗性,宿主种群保持在高丰度;③ 代表宿主种群与其病毒共同进化;④ 代表宿主群体对病毒敏感,宿主种群保持在低丰度。

2) 借助胜利者(piggyback-the-winner, PtW)模型

随着对微生物群落的深入探究,研究者发现微生物生物量越高,病毒越少的现象普遍存在,并提出了杀死胜利者模型的补充模型:借助胜利者模型。该模型强调了温和型病毒对生态系统中高丰度微生物群落的影响,认为其潜伏于宿主细胞内,依赖宿主的复制而复制,避免了与其他病毒的竞争,最终随着宿主细胞的分裂而实现繁殖,实现了病毒丰度与微生物丰度相关联的现象。

　　PtW 模型的选择很大程度上与病毒的生存策略有关。在微生物种群密度高的情况下，病毒更倾向于采用溶原方式而不是裂解方式侵染宿主。一方面的原因是，对微生物来说，溶原方式能够获得对同类病毒的抗性，其能量代价小于通过突变获得的抗性；另一方面，溶原病毒可以通过水平基因转移的方式赋予宿主微生物对抗捕食真核生物的功能（如毒性基因等），从而增加宿主存活的概率。

　　3) 病毒分流(viral shunt)和病毒穿梭(viral shuttle)

　　海洋中除了大鱼、小鱼、浮游动物、浮游植物这一传统食物链外，还有着众多原核微生物参与的微食物环(microbial loop)。在"微食物环"中，异养细菌有助于有机营养物质转化为无机营养物质，然后供浮游植物所利用；另外，异养细菌可以被原生动物和浮游动物摄食，促进碳在食物网中的传递。异养细菌使得食物网结构复杂，而病毒的存在更是进一步令食物网层层嵌套。病毒在裂解宿主后，会释放大量可溶性有机物(dissolved organic material，DOM)，以及颗粒有机物(particulate organic material，POM)，其中大部分被异养细菌利用。此外，这一过程也会对生态系统中碳、氮、磷、硫等生命元素的循环造成影响，这一过程称作"病毒分流"(图 11-4)。"病毒穿梭"模型描述了病毒导致颗粒聚集后从浅海沉降至深海，被原生生物摄食或埋藏这一过程，强调了病毒在深海环境中对碳循环的推动作用。据估计，海洋中每天有 10^{28} 个海洋细菌被裂解，包括约 30% 的蓝细菌和约 60% 的异养细菌。因此，在如此大数量背景下，"病毒分流"和"病毒穿梭"对于促进元素在微生物间的循环，乃至调控全球生物地球化学循环至关重要。

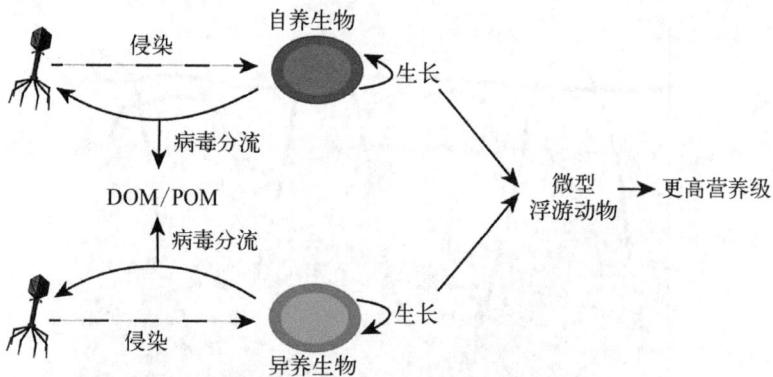

图 11-4　病毒分流示意图(修改自 Weitz J S 和 S W Wilhelm，2012)

　　4) 机会均等(equal opportunity)/王室(royal family)模型

　　在 KtW 模型之后，又有学者提出机会均等/王室模型来解释占有优势的病毒类群的更替过程。此模型假设，占据主导地位的宿主和噬菌体是"皇室"，而生态系统中其他的宿主和噬菌体是"平民"。在机会均等模型中，包括平民在内的所有宿主(各自的噬菌体)都有平等的机会扩大"势力"并取代其空位，成为皇室成员。尽管每个平民的力量相对薄弱(丰度较低)，但所有平民总的数量要比王室成员多。而王室模型认为，细菌君主死亡后的下一个占据主导地位的宿主更有可能是能够抵抗被其主要噬菌体捕食的王室后裔，而不是占据主导地位的平民。

　　5) 铁马假说

　　铁是一种关键的微量元素，对全球海洋环境中主要生产力产生及微生物群落多样性有重要塑造作用。然而,由于铁的溶解度低且倾向于以颗粒形式下沉,海洋环境中缺乏可溶性铁。铁马假说提出,病毒颗粒是海洋中的有机铁接合配体,可以大量富集铁元素,是海水中铁元素的重要存在形式之一。该假说认为,在病毒侵染过程中,病毒尾部纤维内的铁被宿主的铁受体识别,使病毒能够附着在细菌细胞上,刺穿细胞膜,将其核酸注入宿主体内进行感染;当宿主胞内进行病毒的蛋白合成和组装时,宿主胞内储存的铁被合成至子代病毒并利用于尾部纤维中;当细胞裂解后,子代病毒(包含大部分细胞中的铁元素)被释放到环境中,可以继续感染新宿主。该假说强调了病毒将宿主对铁元素的生理需求及自身作为铁接合配体这两个特点有机接合,以此作为侵染的重要策略。对该假说的验证,在海洋微量金属生物地球化学和海洋病毒-宿主相互作用方面具有重要意义。

11.3.2　病毒对微生物群落的影响

病毒除了能够影响微生物群落的组成、功能和稳定性之外,还在细菌群落的进化动力学中发挥重要作用。这不仅是因为病毒给宿主施加了高度的选择压力,还与溶原性转化、基因转移等多种机制有关。

1) 调节微生物群落结构和多样性

病毒能够直接或间接地影响微生物群落的结构和多样性。这一影响最直接的来源是病毒通过裂解作用杀死微生物群落中的部分类群。此外,病毒还可通过溶原性转化、引入辅助代谢基因、水平基因转移等方式,为宿主群体引入新的性状,通过自然选择影响微生物多样性。病毒造成的潜在间接影响包括:通过杀死细菌的捕食者来释放捕食压力,以及通过有机底物的再循环来刺激微生物群落中亚群的生长等。所有这些影响都取决于宿主和病毒组合之间的瞬时匹配,且与其他生物和非生物因素紧密相关。因此,病毒对宿主种群的影响在空间和时间上可能是高度可变的。

目前,有多种方法可用于推断环境中病毒引起的微生物死亡率。虽然尚且难以进行高精度的检测,但越来越多的研究表明,在广泛的海洋环境中,病毒的侵染和裂解是引起微生物死亡的主导因素之一。早期的透射电子显微镜图像显示,来自不同海洋环境的 7% 的异养细菌和 5% 的蓝藻中都含有成熟的病毒。在表层海水中,病毒引起的细菌死亡率为 10%～50%,与浮游动物捕食作用引起的细菌死亡率基本相当。对细菌、病毒和鞭毛虫丰度的多重相关分析表明,病毒引起的细菌死亡率有时会超过鞭毛虫的捕食。而在一些不利于原生动物生存的环境中,病毒介导的细菌死亡率为 50%～100%。

病毒引起的微生物死亡能够直接改变其丰度,而由于病毒通常以特定的宿主为目标,不会作用于整个微生物群落,因此病毒的裂解作用能够特异性地影响微生物群落的组成。通常认为群落中最丰富、最活跃的微生物也是最容易被病毒感染的目标。一旦优势微生物被消灭,由于缺乏宿主,相应的病毒数量也会随之下降。病毒与其宿主之间,便形成了经典的捕食者-猎物动力学的丰度振荡周期中。这一生态动态过程被总结为"kill-the-winner"模型,即病毒会选择性地杀死环境中丰度最高的微生物种类,从而使得少数群体的微生物种类的相对频率上升。这一过程抑制了单一优势物种的增殖,确保了竞争性物种的共存,有利于维持微生物群落的多样性。例如,在对浮游植物的研究中,在单一物种的水华期间,可以见到明显较高比例的病毒感染。此后,病毒引起的高死亡率可以导致水华衰退,从而产生更大的物种多样性。然而,"kill-the-winner"模型目前也受到了一些挑战,如"piggy-back-the-winner"模型的提出,即随着环境中微生物浓度的增加,病毒与微生物的比率降低,溶原性感染的比例增加。病毒在高宿主密度下选择进入溶原循环,使它们利用快速生长的宿主来帮助自身遗传物质的复制。此外,一些病毒还可以通过"仲裁"(arbitrium)系统向其后代发出信号,当群落中已有足够比例的宿主被感染时,后代便会转变为溶原性生活方式。这些裂解-溶原性决策的动态变化都会进一步影响微生物群落。

　　2) 影响微生物群落功能和活性

　　病毒感染对微生物群落的影响不仅限于杀死宿主细胞和释放裂解产物,它们还可以重塑宿主细胞的代谢。这一过程可能使受感染的细胞与未感染的细胞在生化功能上发生巨大的差异,甚至可被视作一种全新的细胞类型,称为病毒细胞(virocell)。考虑到在每个微生物栖息地中,几乎都有相当一部分微生物细胞被病毒感染,因此,受感染细胞的代谢变化会影响到整个微生物群落的功能和活性,改变系统中能量和营养物质的流动。

　　(1) 裂解性感染重编程宿主细胞。裂解性病毒感染从根本上重新规划了宿主细胞的代谢,使其目标从细胞复制转为子代病毒的生产。这种重编程在转录水平上十分明显,mRNA的合成以被高度调控的方式迅速且几乎完全转移到病毒基因的表达上。这种现象已在蓝细菌、噬纤维菌属以及多种真核藻类的病毒感染中出现。与此同时,病毒感染还可能诱导宿主的其他转录变化,其中尤为显著的是抗病毒系统相关基因的表达被显著上调。

　　除了基因表达之外,烈性病毒感染还以其他方式改变宿主细胞的代谢和组成。在海洋系统中,赫氏颗石藻细胞在受病毒感染期间的变化包括代谢方式从碳固定变为磷酸戊糖途径、脂质重塑和透明胞外聚合颗粒物(TEP)生成等。此外,代谢物分析揭示了在感染期间微生物细胞代谢的其他全局变化。例如,在亚硫酸盐杆菌属的相关实验中,宿主代谢活动全面增加,受感染的培养物比对照多吸收了49%的C和148%的N,对N的需求增加导致感染细胞中C/N的不平衡,这可能进一步影响对营养物质的转移和刺激次级生产。病毒的感染极大地改变了宿主的代谢状况,由于这种代谢重塑,病毒感染可以在宿主细胞裂解之前就产生大量的生理和生态影响。

　　(2) 辅助代谢基因调控能量代谢。除了完成自身生命活动所需的结构基因之外,病毒基因组中还包含了大量的辅助代谢基因(auxiliary metabolic genes, AMGs)。病毒侵染宿主细胞后,通过自身携带的辅助代谢基因,改变宿主的代谢途径及生态学功能。最典型的是蓝细菌病毒 SGPM2 携带编码光系统Ⅱ(PSII)的 $psbA$ 和 $psbD$ 基因,它们在侵染蓝细菌后可以使得其具有耐强光能力,以更好地完成病毒复制周期。在噬藻体 S-PM2 基因组中发现了编码 PSII 核心反应中心的关键蛋白 D1、D2 的基因。病毒编码的 AMG 在侵染蓝细菌的噬藻体病毒基因组中广泛存在,其中包括 hli、$psbA$、$psbD$ 等与光合作用相关的辅助代谢基因,它们能够参与色素合成、光捕获、电子传递等过程。宏基因组学分析发现,全球表层海水中约 60% 的 $psbA$ 基因来源于噬藻体,全球总光合作用中约 10% 来源于这部分 $psbA$ 基因。此外,噬藻体还能影响光系统以外的光能营养能量和碳代谢,通过连锁的卡尔文循环和磷酸戊糖途径重新引导代谢途径。许多噬藻体可编码 zwf、gnd、tal 等磷酸戊糖途径酶的基因,以及两种卡尔文循环酶的变构抑制因子 $cp12$。这些基因的表达牺牲了卡尔文循环,促进了磷酸戊糖途径,从而增强用于噬菌体复制的 dNTP 合成。

随着对病毒基因组的不断挖掘,研究者还发现了许多可以直接影响硫、氮、碳和其他元素代谢的基因。例如,在感染硫氧化细菌 SUP05 的病毒基因组中发现了编码反向异化亚硫酸盐还原酶和 Sox 硫氧化酶的基因 $rdsrA$ 和 $rdsrC$;此外,感染化能自养细菌和古细菌的病毒也能操纵宿主群体的能量代谢。已报道的重要 AMGs 还包括氮循环代谢过程中调节因子 $P-II$ 基因,以及在土壤病毒基因组中发现的编码糖基水解酶和糖基转移酶的基因。这些发现表明,病毒编码的 AMG 参与了光合作用、碳代谢和硝酸盐还原等多种过程,其高度多样性和丰富性也揭示了病毒对细胞代谢活动的全面影响。这些影响可能会改变细菌群落及其生态系统的功能,在生物地球化学循环中具有重要作用。

(3)影响营养元素的获取。对噬菌体和藻类病毒颗粒的化学计量学分析表明,与宿主细胞相比,它们富含氮和磷,这意味着病毒必须依靠这些元素来繁殖。对几种海洋噬菌体-宿主进行的放射性示踪剂实验表明,噬菌体 DNA 中的磷主要来自宿主的核苷酸。同时,一些病毒可以利用宿主细胞外的资源,来缓解感染期间的资源短缺。此外,病毒能够识别并应对宿主细胞内的磷限制。在感染磷匮乏的宿主细胞期间,噬藻体的磷吸收基因的转录水平被宿主 PhoBR 双组分系统上调,从而增强磷元素的获取和代谢,以应对环境中的磷限制。感染原生藻类的病毒还能编码磷和氮的转运蛋白,增加了对宿主转运蛋白的底物亲和力。

除了氮和磷外,病毒还可能影响与辅助因子及其他小分子合成有关的代谢途径。例如辅助因子维生素 B_{12},它能够参与脱氧核糖核酸的合成,帮助病毒复制。几种噬藻体和一种古细菌病毒编码假定的 $cobS$ 基因,推测该基因的产物可催化细菌中维生素 B_{12} 合成的最后一步。

3) 溶原性转化提高微生物适应性

由于原噬菌体在微生物基因组中广泛存在,溶原性转化可能对微生物群落的适应和进化产生重大影响。与烈性病毒相比,温和型病毒与其宿主的利益更趋向一致,因此可能有更多的互惠行为。原噬菌体常携带一些为其宿主提供适应性优势的基因,例如毒力因子、代谢基因、抗逆基因等,从而帮助其宿主在不断变化的环境中生存。针对禽类致病性大肠杆菌、人类共生的粪肠球菌、引起猩红热的化脓性链球菌等细菌的实验都表明,原噬菌体的敲除显著降低了细菌在其宿主动物上的定植能力。除此之外,当温和型病毒随机裂解部分宿主时,能够促进宿主产生的或自身编码的毒素的释放,从而抑制或杀死群落中的其他细菌,而释放的病毒粒子本身也能够杀死敏感的竞争微生物,这些过程也可以为宿主群体提供适应性优势。有趣的是,假单胞菌基因组中包含两段噬菌体尾部基因簇,其编码的尾毒素(tailocin)能够有效抑制其他细菌的生长,提高宿主的生存竞争力。

4) 作为水平基因转移的载体

HGT 是细菌群落适应环境变化的重要驱动因素。而病毒可以作为载体,通过广泛和特定的转导途径介导 HGT,从而影响细菌基因组的进化。研究人员在线虫中发现了一种水平基因转移的载体,这种载体是一种病毒样转座子(mavericks),它可以在物种之间传播,并促进自然种群中基因不相容的进化。在分离的病毒基因组和病毒组数据集中对抗生素抗性基因(ARG)的鉴定表明,病毒可能作为在细菌之间转移的 ARG 的"储存库"。然而,目前自然环境中病毒介导 HGT 的转导频率尚不明确。

此外,病毒还可以通过水平基因转移参与生物地球化学过程。在这个过程中,病毒作为水平基因转移的载体,可以从宿主获得一些关键基因,并通过水平基因转移传递给其他微生物,从而增强宿主的适应性,扩宽宿主的生态位。这个过程同时也促进了宿主的进化,间接影响了生物地球化学循环过程。例如在土壤环境中,病毒可以通过水平基因转移调控细菌对重金属的代谢。

5) 调节微生物的突变频率

病毒与微生物之间的协同进化可以调节微生物的突变频率。当存在病毒时,具有高突变率的细菌克隆可以被正向选择,它们能够迅速产生多种突变体,提高种群在病毒侵染下的存活率。研究表明,当有多个病毒物种存在时,可能进一步加速细菌的进化,并加强对高突变率细菌的选择。虽然高突变率增加了有益突变的可能性,但它们也不断产生有害突变,从长远来看可能会损害种群的适应性。然而,如果增加的突变率仅在一小部分群体中出现,且仅限于特定的基因组位点,那么这种正向选择可能不会发生。

此外,温和型病毒的整合可能引起宿主的染色体重排,从而直接影响宿主的表型和代谢。虽然温和型病毒一般会整合到宿主染色体非必需基因区域,几乎不会造成细菌基因组的破坏。然而,某些病毒(如转座病毒)会随机将自身插入宿主染色体,并拷贝到其他位点进行复制。这种整合和复制的模式会大大改变宿主的基因组,甚至导致必需基因的破坏,对宿主造成有害影响。然而,这一过程也可能增加获得有益突变的机会,从而增强细菌的适应性,在环境压力下被正向选择。此外,病毒在复制过程中可能会出错,产生新的病毒变种,这些变种可能具有不同的特性,包括更高的复制能力、更强的感染力或对不同环境条件的适应性。这些病毒变种在与微生物的相互作用中可能会进一步促进微生物的突变频率增加。

微生物也可以通过自身的进化来应对病毒的感染。例如,微生物可能产生抗病毒蛋白或改变其细胞膜结构来抵抗病毒的入侵。这些适应性进化也可能导致微生物突变频率的变化。此外,病毒与微生物之间的协同进化可能受到多种因素的调控,包括病毒和微生物的种类、环境条件以及进化历史等。

6) 病毒的生物地球化学影响

生态系统生态学是研究生态系统内的营养循环和环境中的能量流动的学科。生态系统由"自下而上"(资源)和"自上而下"(捕食)的力量控制。病毒的裂解作用被认为是生态系统中微生物生长对其"自上而下的"控制,但与此同时,病毒导致的微生物死亡和对细胞的破坏也会影响到资源的可用性,并进而产生"自下而上"的影响。病毒对生物地球化学过程的影响开始于感染的那一刻,甚至在细胞裂解后仍在继续。病毒子代和细胞碎片分散到周围环境中,并成为更广泛的微生物群落的营养物来源,催化生物地球化学转化并引发新的感染。因此,病毒对环境中营养物及元素循环,乃至能量流动都有着显著的影响。

(1) 病毒作为营养物循环的催化剂。病毒是加速营养物质从活体中的颗粒状态转化为溶解状态的催化剂,而这些物质在溶解状态下往往更易被微生物吸收利用。具体而言,细菌中的部分聚合物在吸附、感染和随后的裂解过程中会被噬菌体酶分解或破坏,如细胞膜和肽聚糖的部分降解。此外,许多噬菌体还会降解细菌的基因组来获取自身 DNA 复制所需的核苷酸。裂解作用会使细胞内容物泄漏到环境中,其中也包括释放的子代病毒粒子。这一过程也会使细菌的组成成分更容易受到胞外酶等其他环境因子的影响。

从营养物质释放的角度来看,病毒感染也可能使微生物群落在生理上受益。病毒仅将被感染宿主细胞成分的一部分纳入新的病毒颗粒中,而剩余细胞成分转化为可溶性物质后被"回收",供其他异养微生物再次利用。这种循环使生态系统中被某些微生物获得的物质和能量再次回到微生物群落中,而不会全部被更高的营养级同化。这一现象通常被称为病毒分流。病毒分流可以通过提高营养循环的效率来提高海洋生态系统的整体生产力,它们也是深海等极端生态系统中溶解有机物(DOM)的重要来源,可以帮助微生物群落应对生态系统中严重的有机资源限制。

在病毒的影响下,营养成分的可利用性和再循环率能够直接调节生态系统中的初级生产力。例如,磷和氮分别是淡水和海洋环境中初级生产力的最常见限制元素,除此之外的其他元素也可以限制特定类群的生长速度。此外,不同的元素在生态系统中表现出不同的地球化学行为。因此,病毒通过裂解作用释放的不同细胞成分,以及产生的新病毒后代,都代表了不同生物利用度的潜在营养来源,在地球元素循环中发挥重要作用。这些循环最终对海洋的化学和物理学过程产生深远影响。例如,碳收支的全球变化会影响温度,进而影响海洋环流和气候。

(2)病毒与碳循环。碳可以被认为是生物系统能量流动的示踪剂,因为各种生物体都以碳基复合物中化学键的形式储存能量。因此,了解生态系统中有机碳的供应和循环利用途径,对于营养物质和能量通量的量化至关重要。环境中的碳主要通过光合作用进入生物群落,而浮游植物负责了地球上大约一半的光合作用。

海洋生态系统中的有机碳通常分为溶解有机碳(DOC)和颗粒有机碳(POC)。DOC 被定义为能够通过 0.2 μm 或 0.4 μm 孔径过滤器的有机碳,而 POC 是无法通过的有机碳。大部分 DOC 被微食物环内的微生物群落循环利用。相比之下,大量的 POC 通过捕食作用被一步步转移到更高的营养级,从藻类到微型浮游动物再到大型浮游动物。病毒对异养和自养微生物的裂解作用会释放出细胞质和细胞壁及细胞膜的结构物质。对这种释放的评估通常是基于病毒破坏率和对每个细胞中碳含量的估计。病毒的裂解作用可在每代细菌中释放大约 1 μg/L 的 DOC,这种 DOC 主要由核酸(约 8.3 ng/L)和小型蛋白质(约 26.6 ng/L)等多种细胞组分组成。脂质双层、大型蛋白和细胞壁等一些结构材料可能难以被利用,并以类似于 POC 的方式循环。

病毒的裂解作用能够直接影响有机碳库。研究者发现,深海表层沉积物中的病毒裂解减少了细菌和古细菌约 80% 的总异养碳产量,导致每年在全球范围内释放 3.7 亿~6.3 亿 t 的有机碳。保守估计病毒分流提供的有机碳占底栖原核生物总代谢量的 35% 左右。此外,由裂解释放的 25% 的病毒颗粒本身在环境中以极快的速率被降解利用,估计每年可提供的有机碳含量高达 $37 \times 10^6 \sim 50 \times 10^6$ t。这些过程都能够增加深海底栖原核生物的周转率,并促进其他关键元素的再循环。

病毒裂解作用还可以将有机碳从浮游植物转移到异养细菌,这在浮游植物大量繁殖期间尤为显著。在水华期间,病毒介导的抑食金球藻裂解可以使环境中的 DOC 浓度增加 $40\ \mu M$(约 29%),释放的 DOC 导致培养物中的细菌丰度增加近 10 倍。病毒对异养细菌的裂解使非宿主细菌对 DOC 的吸收增加,而导致非宿主细菌的生长效率(产生的生物量与利用的底物之比)下降,这反映了从复杂的裂解产物基质中吸收营养所需的能量增加。为了产生这种能量,细菌不得不呼吸更多的碳,从而减少了转化为生物量的碳。

除了增加系统中的生物呼吸量外,病毒裂解可能会影响生物泵向深海输出的碳量,这是一个具有全球意义的过程。POC 的沉降每年可导致约 30 亿 t 的碳从表层转移到深层水域。而病毒引起的细胞裂解将活的生物体转化为 POC 和 DOC,由此降低了碳从浅海输入深海的通量,使更多的碳被保留在表层海洋中,其中大部分又会通过呼吸作用或太阳辐射转化为 DOC,这一过程也将可能增加 CO_2 在大气中的积累。

(3)病毒与氮、磷、硫循环。病毒裂解也会影响其他营养物质的循环,其中特别重要的是氮元素和磷元素。与碳的情况一样,细胞裂解释放的氮和磷存在于生物利用度不同的成分中。一些氮和磷是以病毒或完整的细胞成分(例如真核浮游生物的细胞壁或细胞器)的形式存在,而另一些则以可溶性形式释放。此外,宿主细胞的裂解释放出的核酸和氨基酸,也是有机氮和磷的丰富来源。

研究表明,从病毒裂解中释放的有机磷能够支持未感染的磷依赖海洋弧菌对磷的需求。病毒感染过程中对宿主广泛的代谢重塑,与捕食导致细胞破裂释放的 DOM 或浮游植物分泌的 DOM 相比,受感染细胞或病毒裂解释放的 DOM 在成分上有一定不同。例如,已在多种类型的病毒裂解物中观察到氨基酸和蛋白质的相对富集,这表明病毒裂解可能是氮元素循环和分流的重要机制。

在硫循环方面,病毒可能对生物地球化学循环产生重要影响的是加速二甲基硫(DMS)的形成。DMS 是一种大气微量气体,能通过影响云的形成来影响全球气候。许多浮游植物都可产生二甲基巯基丙酸内盐(DMSP),它是 DMS 的前体。许多研究表明,病毒对浮游植物的裂解,尤其是对一些水华物种的裂解,可导致 DMSP 的释放,从而加速 DMS 的形成。

(4)病毒与微量元素。微量元素的可用性限制了一些水生系统的初级生产力。在微量元素中,铁在多个价位上有稳定性,是许多参与光合作用、电子传递和营养物质获取的酶的组成部分。由于生物对可溶性铁的广泛需求和铁在海水中的不溶性,铁在很多海洋环境中会对初级生产力产生限制。这些区域在对全球海洋的初级生产贡献巨大的海洋区域,如赤道太平洋、西北太平洋环流等地区,铁元素的作用已得到证实。

研究者们在对褐潮藻裂解的研究中,发现病毒裂解能够释放生物可利用的溶解铁(其中主要为有机络合铁),随后这些可溶性铁被快速转移到颗粒相。因此,铁的转移是异养细菌快速同化的结果,这种转移过程在铁含量有限的浮游系统中可能十分重要。病毒衣壳对溶解的质子和铁具有反应性,铁原子可以通过病毒衣壳并与反应位点接合,使病毒衣壳作为氧化铁颗粒生长的核。此外,负责铁螯合的官能团可能也有螯合其他溶解金属的潜力,因而病毒上的官能团也可能作为除铁之外的多种元素吸附和成核的位点。考虑到环境中病毒极高的丰度,它们可能在金属元素的循环中发挥重要作用。

参考文献

[1] COBIÁN G, ANA G, YOULE M, et al. Viruses as Winners in the Game of Life[J]. Annual review of virology, 2016(3): 197 - 214.

[2] PRATAMA A A, PRATAMA J D, VAN E. The 'Neglected'Soil Virome-potential Role and Impact [J]. Trends in Microbiology, 2018. 26(8): 649 - 662.

[3] LIANG G, BUSHMAN F D. The Human Virome: Assembly, Composition and Host Interactions[J]. Nature Reviews Microbiology, 2021. 19(8): 514 - 527.

[4] WINTER C. Trade-offs between Competition and Defense Specialists among Unicellular Planktonic Organisms: The "Killing the Winner" Hypothesis Revisited[J]. Microbiology and Molecular Biology Reviews, 2010. 74(1): 42 - 57.

[5] WEITZ J S, WILHELM S W. Ocean Viruses and their Effects on Microbial Communities and Biogeochemical Cycles[J]. F1000 Biology Reports, 2012(4): 17.

[6] SUTTLE C A. The Significance of Viruses to Mortality in Aquatic Microbial Communities[J]. Microbial Ecology, 1994. 28(2): 237 - 243.

[7] FUHRMA J A, SUTTLE C A. Viruses in Marine Planktonic Systems[J]. Oceanography, 1993. 6 (2): 51 - 63.

[8] STEWARD G F, SMITH D C, AZAM F. Abundance and Production of Bacteria and Viruses in the Bering and Chukchi Seas[J]. Marine Ecology Progress Series, 1996(131): 287 - 300.

[9] WEINBAUER M G, FUKS D, PUSKARIC S, et al. Diel, Seasonal, and Depth-related Variability of Viruses and Dissolved DNA in the Northern Adriatic Sea[J]. Microbial Ecology, 1995. 30(1): 25 - 41.

[10] FUHRMAN J A, NOBLE R T. Viruses and Protists Cause Similar Bacterial Mortality in Coastal Seawater[J]. Limnology and Oceanography, 1995. 40(7): 1236 - 1242.

[11] WEINBAUER M G, PEDUZZI P. Significance of Viruses Versus Heterotrophic Nanoflagellates for Controlling Bacterial Abundance in the Northern Adriatic Sea[J]. Oceanographic Literature Review, 1996. 43(5): 475.

[12] 蹇华晔, 肖湘. 深海病毒的特征及其生态学功能探讨[J]. 科学通报, 2019. 64(15): 1598 - 1609.

技术与应用篇

第 12 章 微生物生态学研究技术

12.1 代谢功能测定技术

微生物具有催化活性,不同的微生物群落由于群落组成与结构的差异,其催化活性也各不相同,因此,通过对其活性的测定,可以反映出群落的差异。加兰德(Garland)和米尔斯(Mills)最早于 1991 年就提出了通过检测微生物样品对底物分子的利用或转化活性的模式来反映样品微生物群落的酶催化活性的分析方法,这一方法被称为群落的生理学指纹方法(community level physiological phenotype,CLPP)。

常用于测定底物利用率,以反映群落的生理功能的特征图谱的方法是 Biolog 微孔板法。Biolog 方法是利用碳源在微生物利用过程中产生自由电子与四唑盐染料发生还原显色反应,通过颜色深浅反应底物的利用程度,进而对不同的样品进行比较。Biolog 提供了多种类型的测定板,如 Biolog GN、Biolog GP 或 Biolog ECO 等。这些 Biolog 微孔板最多能在一块 96 孔板中包含 95 种不同的碳源,样品中各不相同的微生物群对这些碳源的利用程度可反映出样品群落所特有的代谢特征。

一般可以用 95 孔吸光度的平均值 AWCD 值(average well color development)或直接对 95 孔的吸光值多元向量进行主成分分析(PCA),以此反映不同样品的微生物菌群组成的差异程度。

12.2 磷脂脂肪酸分析技术

磷脂是生物活细胞细胞膜重要的组分,在真核生物和细菌的膜中磷脂分别约占 50% 和 98%。磷脂脂肪酸(phospholipid fatty acid,PLFA)是磷脂的主要构成成分,也是活微生物细胞膜的重要组分。测定纯菌的 PLFA 可以对菌种进行初步鉴定。PLFA 图谱分析,又称为磷脂脂肪酸图谱分析,是一种将磷脂作为存活微生物群落的标记物,利用气相色谱分析,并与已知数据库(厌氧菌库、酵母菌库等)对比即可得到环境样品中微生物的生物量和群落结构信息。测定环境样品的 PLFA,可定量反映样品中活微生物的组成及不同微生物类群的生物量及总生物量。

磷脂在细胞死亡后快速降解(如厌氧条件下约需 2 天,而好氧条件下需 12~16 天),故可用以表征微生物群落中"存活"的部分群体。通过对 PLFA 的定量测定可用于对微生物活细胞生物量进行测定,而对 PLFA 的种类进行分析可了解土壤微生物群落的结构。

具体的分析方法包含如下步骤：冻干的土壤样品放在 2 : 1 : 0.8 的甲醇、氯仿和磷酸（K_2HPO_4）缓冲液中旋转振荡。收集氯仿相，通过硅酸色谱法将磷脂从中性脂质和糖脂中分离出来，随后进行皂化，甲基化为脂肪酸甲酯。所得的脂肪酸甲酯用气相色谱法进行分离和鉴定。与 IDI Sherlock 微生物鉴定系统相匹配，使用 Agilent Chemstation 软件解析微生物组组成，可区分革兰氏阴性菌、革兰氏阳性菌、放线菌、厌氧菌、普通真菌和 AMF，并根据气相色谱分离峰的面积进行不同组分的定量（图 12-1）。

根据气相色谱的测定结果，可以计算出所有不同类型细菌群体的总 PLFA 的含量，这包括革兰氏阴性菌、革兰氏阳性菌、放线菌、厌氧菌和各种真菌的生物量之和，从而获得样品的总细菌生物量。真菌的总生物量的计算是通过计算普通真菌和丛枝菌根真菌（arbuscular mycorrhizal fungi，AMF）的生物量之和来获得的。

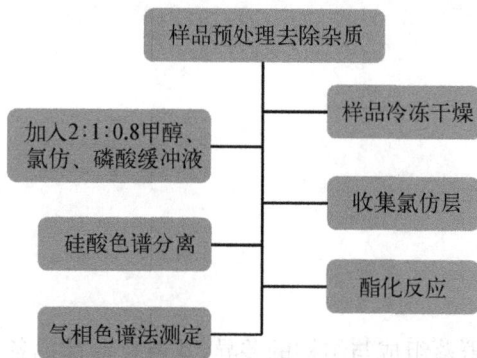

图 12-1　PLFA 技术方法的流程

12.3　核酸指纹图谱技术

12.3.1　ERIC-PCR 指纹图谱技术

肠道细菌重复性基因间一致序列（ERIC），也称为基因间重复单位，其显著特性在于其分布广泛，涵盖了多种物种，这与大多数其他细菌重复序列形成鲜明对比。ERIC 序列最初是在大肠杆菌、鼠伤寒沙门氏菌、肠杆菌科的其他成员以及霍乱弧菌中被发现并报道的。ERIC 序列是 127 bp 的不完全回文。

由于不同细菌的 ERIC 序列的序列、拷贝数和出现位置等具有差异，使得不同细菌物种（如大肠杆菌）的变异性可通过 ERIC 序列的同源引物进行扩增加以辨识（图 12-2）。

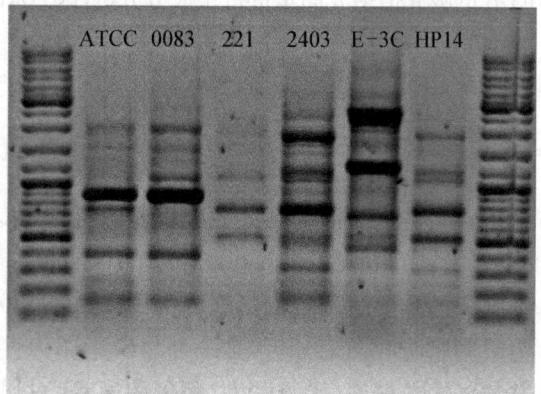

图 12-2　不同菌株样品的 ERIC-PCR 电泳图示例

12.3.2　PCR-DGGE 指纹图谱技术

普通的聚丙烯酰胺凝胶电泳只能通过片段大小不同在同一浓度的胶上电泳迁移率不同，而分离不同的 DNA 片段，对于片段大小接近或相同但序列不同的 DNA 片段无法做到有效的分离；变性梯度凝胶电泳(denaturing gradient gel electrophoresis，DGGE)，是利用 DNA 在不同浓度的变性剂中解链行为的不同而导致电泳迁移率发生变化，从而将片段大小相同而碱基组成不同的 DNA 片段分开。1979 年，菲舍尔(Fischer)和勒曼(Lerman)等最先把 DGGE 电泳技术用于检测 DNA 突变。1993 年，穆泽(Muyzer)等人首次将该技术应用于微生物生态学研究，通过对细菌菌群的 16S rRNA 基因的扩增与电泳进行菌群样品的分析(图 12-3)。该技术直至 21 世纪前 10 多年都是微生物生态学研究的最有利方法之一，对学科发展作出了重要贡献。

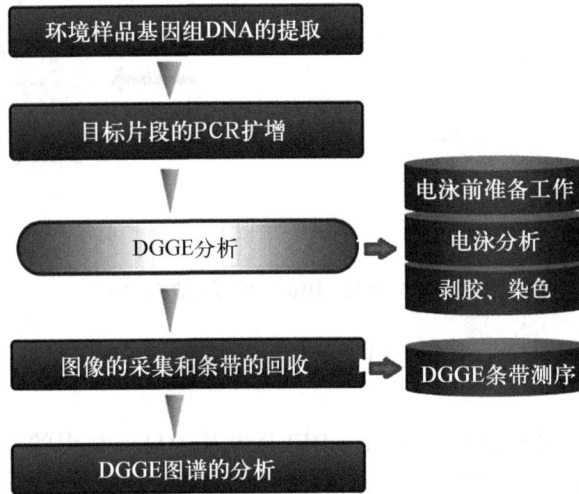

图 12-3 进行菌群分析的 PCR-DGGE 技术的步骤

DGGE 的原理是，聚丙烯酰胺凝胶中的变性环境由从低到高的均匀运行温度或尿素和甲酰胺形成的线性变性剂梯度形成。不同的变性温度或变性剂浓度会使得不同结构域中的双链 DNA 进行解链。在低变性剂浓度下，DNA 片段保持双链，当达到最低结构域的变性剂浓度或熔化温度(Tm)时，DNA 将部分解链，在聚丙烯酰胺凝胶中产生迁移率降低的支链分子。当变性剂浓度足够高时，DNA 全部解链(除引物端的 GC 夹子外)，形成 DNA 分支结构，此时该 DNA 分子在胶中的迁移停止。电泳的结果就会使来自不同微生物的多样的 PCR 产物在凝胶中迁移不同的位置，从而得以分离(图 12-4)。

12.3.3 T-RFLP 指纹图谱技术

末端限制性片段长度多态性(terminal restriction fragment length polymorphism，T-RFLP)是一种分子生物学技术，基于最接近扩增基因标记末端的限制性位点的位置来分析微生物群落。该方法使用一种或多种限制性内切酶消化单个基因的 PCR 扩增子的混合物，并使用 DNA 测序仪检测每个带有荧光标记的末端片段的片段长度大小。得到的结果是图形图像，其中 x 轴表示片段的大小，y 轴表示荧光强度。

该方法最初由阿瓦尼斯-阿加哈尼(Avaniss-Aghajani)等人于 1994 年首次报道，后来由刘文佐(WenTsuo Liu)于 1997 年描述，该方法使用从几个分离的细菌和环境样本的

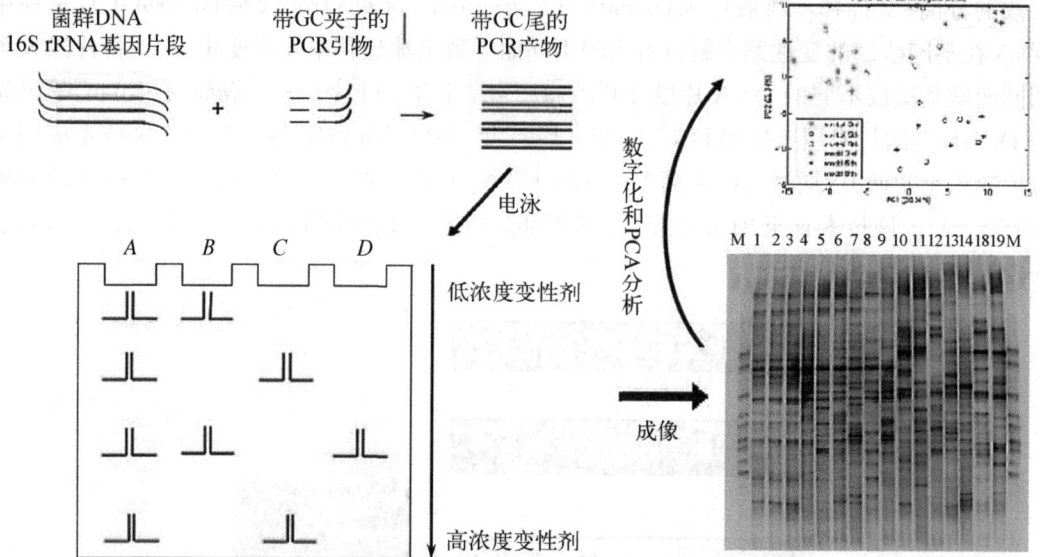

图 12 – 4　PCR – DGGE 的原理与流程图

DNA 中扩增 16S rRNA 基因,也被应用于其他标记基因,如功能标记基因 *pmoA* 来分析甲烷营养群落。

与大多数其他群落分析方法一样,T – RFLP 也基于目标基因的 PCR 扩增。用一个或两个引物进行扩增,引物的 5′端用荧光分子进行标记。如果两种引物都被标记,则需要使用不同的荧光染料。几种常见的荧光染料如 6 – 羧基荧光素(6 – FAM)、ROX、羧基四甲基罗丹明(TAMRA,一种基于罗丹明的染料)和六氯荧光素(HEX),最广泛使用的染料是 6 – FAM。扩增子的混合物然后进行限制性酶切反应,通常使用四核苷酸识别的限制性酶。限制性反应后,在 DNA 测序仪中使用毛细管电泳分离片段混合物,并通过荧光检测器测定不同末端片段的大小。因为切除的扩增子混合物在测序仪中进行分析,所以只读取带有荧光标记的末端片段(扩增子的标记末端),而忽略所有其他片段。因此,T – RFLP 不同于所有限制性片段都可见的 ARDRA 和 RFLP,它所包含的信息少于后两个方法,由于使用测序仪的激光器进行片段的检测,灵敏度大大提高,使得该方法的结果仍具有较高的价值。

12.4　荧光原位杂交技术

荧光原位杂交技术(fluorescence in situ hybridization,FISH)是一种分子技术,通常用于识别和显示特定的微生物群。该技术通过测定是否存在荧光信号而确定样品中是否存在特定的遗传成分。可以确定所研究的样品中的微生物是否存在特定基因和/或该基因是否在给定条件下表达。荧光探针被设计成能够接合在微生物的特定遗传区域,从而将它们与其他不能接合的微生物群体区分开来。该技术可以使用荧光显微镜来检测某个特定微生物群的存在与否。另一种姊妹技术,称为流式细胞术分析(FCM),也可以在将荧光标签应用于微生物种群时进行。

   FISH 探针可针对不同类型的微生物类群,如细菌、古细菌和真核域,或阿尔法、贝塔和伽马变形菌类等,甚至可以针对不同的科或属,甚至种的探针对特定类群进行分析。由于其广泛的特异性,这些探针可用于分析从海洋和淡水环境到沉积物和土壤的许多不同环境中的样本。它们也有助于对某些分类群在特定环境中的优势微生物进行初步、快速的评估。荧光原位杂交(FISH)能够可靠地定量复杂环境样品中的微生物种群。

   FISH 的步骤主要包括探针制备、样本固定、探针杂交、显微观察(图 12 - 5)。标准FISH 方案采用化学交联(或固定),通常用多聚甲醛以稳定细胞;通常涉及乙醇以允许探针穿透。这些步骤导致核酸的化学修饰和细胞死亡。有人开发了无固定 FISH(FFF)技术,可以避免由于化学交联引起的 DNA 的破坏。

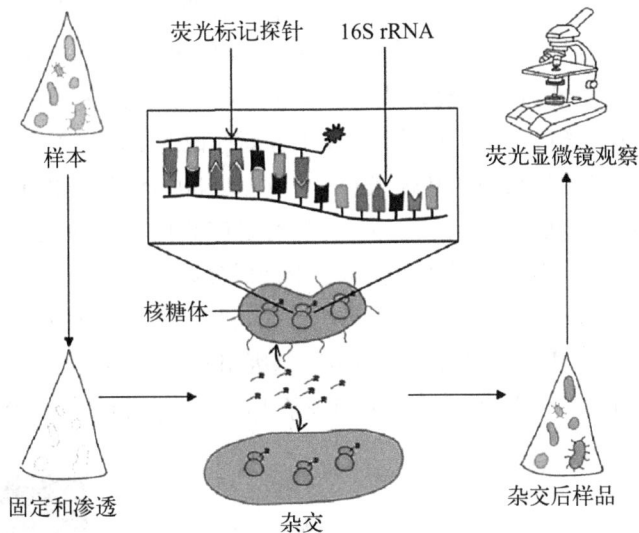

图 12 - 5 荧光原位杂交原理图

12.5 稳定同位素探针技术

   稳定性同位素核酸探针技术 DNA - SIP(DNA based stable isotope probing),是采用稳定性同位素示踪复杂环境中微生物基因组 DNA 的分子生态学技术。基于 DNA 的稳定同位素探测(DNA - SIP)是一种通过靶向群落的活性部分来缩小序列空间的有力手段,特别是对于那些未培养的微生物。DNA - SIP 技术最早可以追溯到 1958 年的一项实验,该实验证明了 DNA 复制的半保留机制。不同的是,DNA - SIP 不像是在经典的 Meselson - Stahl 实验中使用单一细菌,而是针对自然环境或样本中利用 ^{13}C 标记底物生长的微生物群落。通过给环境样本喂食 ^{13}C 标记的底物,吸收 ^{13}C 底物的微生物的基因组被重碳原子标记,DNA - SIP 的关键是在培养结束时通过密度梯度离心从样品总基因组 DNA 中分离出 ^{13}C 同位素标记的 DNA。被^{13}C 同位素标记的 DNA 来自可代谢被^{13}C 同位素标记的底物的微生物，因此，这部分 DNA 的组成反映了群落中具有代谢活性的那部分微生物。

第一个 DNA - SIP 实验使用了掺入 CsCl 梯度的溴化乙啶在紫外光下可视化标记 DNA 的位置，然后用针和注射器回收标记 DNA。结果表明，在这种方法下，$0.1\mu g$ ^{13}C - DNA 就因其量太低而无法观察到。为了解决这个问题，弗里德里希（Friedrich）和路德斯（Lueders）在 2004 年开发了一种更灵敏的方案，用于检测离心梯度组分中的"轻"和"重"DNA。他们在 SIP 梯度的整个密度范围内收集 DNA，通常将梯度分成约 15 个部分。然后通过 16S rRNA 基因的结构域特异性 PCR 定量整个梯度中总微生物群落的 DNA 分布。除非消耗大量的 ^{13}C 底物导致目标群体大量富集，否则通常难以仅根据^{13}C 的"重"级分中 16S rRNA 基因的结构域特异性 PCR 定量，来检测到这部分低丰度的^{13}C - DNA 类群。

除磷外，几乎所有具有重要生物学意义的元素都有两种或多种稳定的同位素。合成代谢是微生物生命的关键特征，DNA 中浮力密度的差异取决于元素比例。例如，与核苷酸分子中的碳原子相比，氮的相对丰度较低，导致^{13}C 和^{15}N 完全标记的 DNA 之间的浮力密度差异较小。为了通过超速离心从未标记的 DNA 中分离标记的重同位素，就需要同时考虑重同位素的标记比率以及微生物细胞的基因组 G＋C 含量。30％和70％的 G＋C 含量的微生物的 DNA 浮力密度的偏差可达 0.039 2 g/mL。只有足够高比率的标记和正常 G＋C 含量的微生物可以根据同位素的丰度在密度梯度离心中加以分离。

采用稳定性同位素如^{13}C 标记底物培养环境样品，利用标记底物的环境微生物细胞不断分裂、生长、繁殖并合成^{13}C - DNA，提取环境微生物基因组总 DNA 并通过超高速密度梯度离心将^{13}C - DNA 与^{12}C - DNA 分离后，进一步采用分子生物学技术分析^{13}C - DNA（图 12 - 6），将能

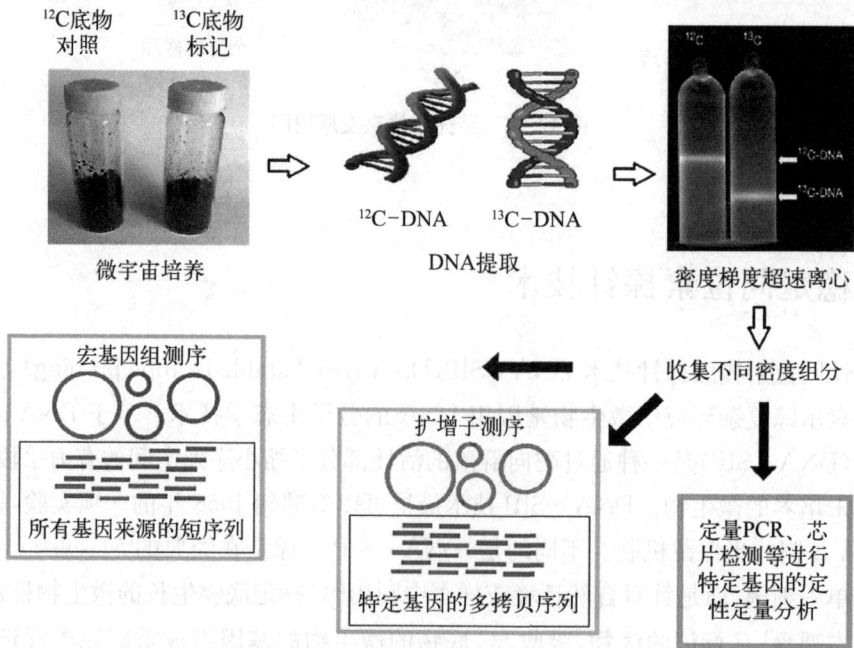

图 12 - 6　DNA - SIP 的原理与实验技术路线

揭示复杂环境样品中同化了标记底物的微生物作用者。这种方法将特定的物质代谢过程与复杂的环境微生物群落物种组成直接耦合起来,使得在微生物群落水平上,可以以^{13}C-物质代谢过程为导向,发掘重要功能基因,揭示复杂环境中微生物重要生理代谢过程的分子机制。

1998 年,博斯克尔(Boschker)等首次用稳定同位素探测技术分析同位素标记的生物标志物 PLFA,鉴别出河流底泥中对温室气体甲烷有氧化作用的微生物。2000 年,英国科林·默雷尔(Colin Murrell)教授实验室采用^{13}C-甲醇培养森林土壤,成功获得^{13}C-DNA,发现甲基营养微生物以及酸性细菌具有同化甲醇的能力,他们首次提出 SIP 一词,此时 SIP 特指 DNA-SIP。2002 年,马尼菲尔德(Manefield)等首次证明同位素标记的 RNA 可以作为示踪物用于研究土壤中碳循环。SIP 起初被提出时只特指 DNA-SIP,随着研究的不断深入,SIP 的概念逐渐发展为囊括 PLFA、DNA、RNA 为生物标志物的稳定同位素探测技术。最初该技术主要用来研究单碳化合物的代谢,现已涉及丙酸盐、甲苯、菲等多碳脂肪烃、单环和多环芳香族化合物。

SIP 技术是一系列技术的总称,包括稳定性同位素富集基质的选择、合适生物标志物的选择、环境样品的标记、被标记生物标志物的提取分离和纯化检测等。

在鉴定微生物种类、微生物群落结构和多样性方面,PLFA-SIP 是一种相对成熟的技术。在 PLFA-SIP 中,环境样品暴露于同位素标记基质中,一段时间后,样品中总磷脂脂肪酸 PLFA 被提取,进行 PLFA 图谱分析,确定样品中微生物的种类和群落结构,然后用气相色谱-燃烧-同位素比值质谱仪(GC-c-IRMS)进行同位素丰度分析,鉴别出功能微生物。

SIP 在功能菌群研究中也有一定的局限性,主要表现为:① 可以利用的同位素标记底物相对有限;② 同位素标记底物的成本相对较高;③ 对于并非以同位素标记底物为单一碳源或者不优先利用该底物的功能微生物,探查难度较大。

12.6 拉曼光谱单细胞技术

拉曼显微光谱是一种能够提供 0.5~1.0 μm 空间分辨率的单个微生物细胞内化学结构信息的研究技术。近几年来,拉曼显微光谱被越来越多地应用于微生物单细胞的研究中,它可以快速无损地检测微生物细胞内的特征化学组分。典型的单个微生物细胞的拉曼光谱包含核酸、蛋白质、碳水化合物、脂质和细胞色素等信息,这些信息能够表征微生物细胞的基因型、表型和生理状态。所以单细胞拉曼显微光谱是一种可用于区分微生物样品的"全生物指纹"技术,它可用于研究单个微生物细胞生命阶段的转变、鉴定微生物单细胞中的色素及其他化合物的含量变化等(图 12-7)。

拉曼光谱技术与稳定同位素标记、拉曼成像和细胞分类分选技术结合,可拓展拉曼光谱技术的应用,使其在微生物功能和细胞分离方面显示出强大的能力。

Raman-SIP 技术,用同位素标记的底物孵育微生物细胞后,单细胞拉曼光谱中同位素

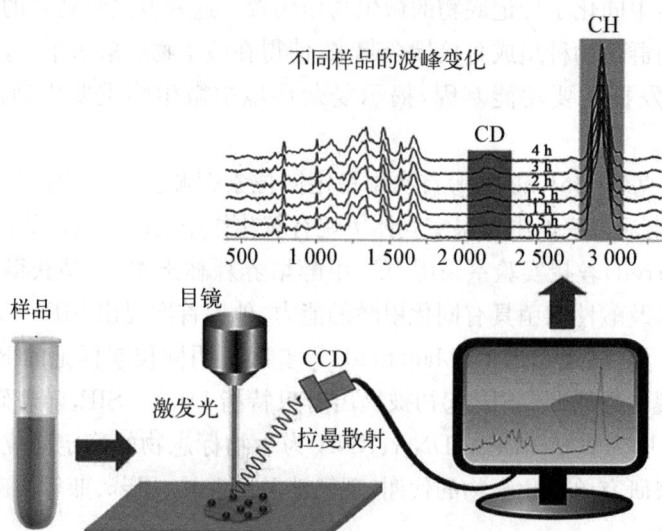

图 12-7 拉曼技术进行单细胞分析原理

依赖性条带的位移可以作为同位素掺入的指示剂,而这种变化在未标记底物的对照实验中无法观察到。当研究微生物群落时,控制实验是必不可少的,以排除未标记细胞中具有同位素掺入指示物拉曼谱带的未知化合物。大多数 Raman-SIP 的研究主要使用 ^{13}C、^{15}N 和 ^2H 进行底物标记。通过共振拉曼光谱-SIP 可以在原位快速定量鉴定活性 $^{13}CO_2$ 固定微生物。库布里克(Kubryk)等利用共振拉曼光谱观察了含有细胞色素 C 的金黄色葡萄球菌对 ^{13}C 的摄取情况,发现仅需 6 s 采集时间可以观察摄取结果,说明共振拉曼光谱能够加快 ^{12}C 和 ^{13}C 标记细菌的区分。表面增强拉曼光谱(SERS)利用附着的纳米尺寸的金属结构(Ag 或 Au)改善拉曼光谱灵敏度(可以使拉曼信号比自发拉曼光谱高 10~14 个数量级)、快速分析和识别微生物单细胞。有报道,使用 SIP 和类胡萝卜素的共振拉曼显微光谱研究了光合微生物细胞生成的拉曼图像,结果表明拉曼图像可以帮助原位定量鉴定培养混合物和真实海水样品中活性 $^{13}CO_2$ 固定微生物,这表明 SCRR-SIP 结合拉曼成像作为快速原位技术在天然微生物群落中的光合细胞成像和筛选方面具有很大的潜力。

拉曼技术在单细胞精度,可快速、低成本地测定与监控"代谢物组",其变化可反映和表征该细胞体系全景式、几近无限的"状态"与"功能"。此外,水分子在关键的指纹区没有很强的信号干扰,使其具备活体检测的能力。因此,拉曼组技术具备理想单细胞表型分析/分选技术所需的几乎所有特征,是单细胞表型组(phenome)识别的理想工具。

拉曼光谱结合显微镜提供了通过分析细菌细胞的独特光谱指纹来进行单细胞水平上的细菌鉴定的方法,拉曼显微光谱可以鉴定尚未纯培养的微生物。可见光和近红外激光通常在拉曼光谱中被用来激活微生物样品,被激活的微生物细胞不会产生任何显著的化学或生物学变化,细胞可以继续培养或用于 DNA 分析。拉曼光谱中的谱带与样品中存在的化学键的振动频率相匹配,根据微生物细胞的种类和生理状态的不同而不同,具有高度特异性。

拉曼光镊分选(laser tweezer Raman sorting，LTRS)：光镊已成为捕获和操纵生物颗粒(包括细胞、细菌、病毒和电介质颗粒)的有用工具,拉曼光谱与光镊相结合可以表征单个有机微滴或微胶囊中包含的分子。

拉曼弹射分选(Raman activated cell ejection，RACE)：其基本原理是在拉曼测量基片上溅射一层薄膜(通常为铝膜)，将合适浓度的细胞悬液点在该基片上并室温风干；通过拉曼光谱识别到目标细胞后，可施加一束高频脉冲激光，将目标细胞弹射剥离到收集孔内。该方法可灵活实现单孔单细胞或多细胞的收集。

12.7　基因芯片

近年来,基因芯片的发展及其在环境 DNA 杂交分析中的应用,极大地促进了对环境微生物种群多样性和活性的分析。在这种方法中,样本 DNA 通常是在基于 PCR 扩增之后,荧光标记并与基因芯片反应。在基因芯片上,多达数以万计的核苷酸探针,无论是由 16S rRNA 基因片段或功能基因片段组成,被置于一个密集阵列中。样本中与芯片上的探针同源的基因,将会通过基因组杂交来获得其同源对应基因的位置。经过杂交,芯片上的信号被数字化分析。这样可以在高通量下获得系统发育多样性和群落组成以及功能位置的信息。

GeoChip 是一种高通量基因芯片,用于分析微生物群落,并研究其群落结构对生态系统的作用。该高通量基因芯片,包括了编码参与主要地球化学循环(如,碳循环、氮循环、金属抗性、有机物降解、硫循环和磷循环等)的微生物酶类的寡聚核苷酸探针。最新的 GeoChip 5.0 版本涵盖超过 570 000 种探针、靶向与基础生物地球化学循环、能量代谢及热点研究主题密切相关的 2 400 多种功能基因家族中 260 000 余种编码基因。该芯片由华裔微生物生态学家周集中教授研发,近年来,已应用于全球气候变化对微生物群落影响的研究、油田污染物对微生物生态的影响、矿山酸性矿坑水中微生物群落功能结构的分析等领域。

微生物生态学芯片技术的又一重要里程碑是朱永官团队研发的创新技术,该团队针对 71 个碳、氮、磷、硫循环功能基因,设计开发了一款高通量 qPCR(实时荧光定量聚合酶链式反应)芯片,该芯片将对应 qPCR 引物包装至薄层金属合金纳米孔,得到基于 SmartChip 的 Real-Time PCR 系统,可对多个样本进行高效性、高通量、高精确性和高灵敏度的目标基因检测和定量计算。同时搭建高通量自动微量加样和基因定量分析平台,可一次性高速完成 5 184 个反应和数据分析,规避了以往传统 qPCR 方法的基因检测单一化、费用成本高和效率低等缺点(图 12-8)。芯片类型主要有：抗生素抗性基因芯片(含 383 种不同的抗性基因探针)、碳氮磷硫功能基因芯片(含 71 种功能基因探针)、病原菌定量芯片(含 69 种病原菌探针)、环境粪便污染溯源芯片(含 23 种污染标记基因探针)、砷功能基因芯片(含 79 个相关功能基因探针)、毒力因子芯片(含针对四种典型的人畜共患致病细菌,*K. pneumoniae*、*A. baumannii*、*E.coli* 和 *S.enterica* 的 96 个毒力因子基因)。

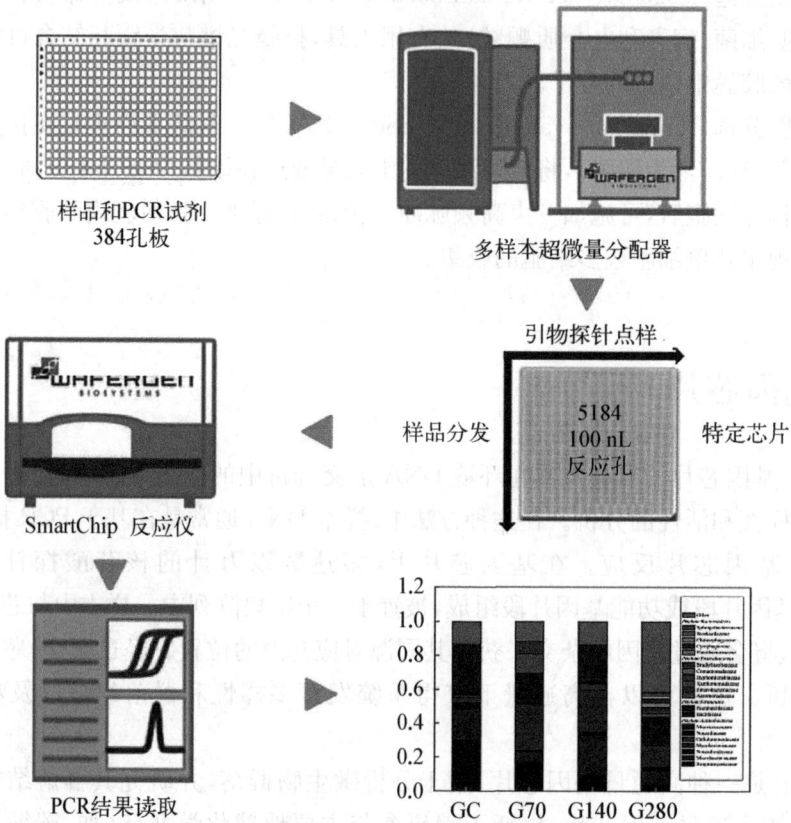

图 12 - 8　高通量 qPCR 芯片检测流程

12.8　基于 16S rRNA 基因的群落结构分析

12.8.1　核糖体 RNA 基因作为系统发育标记基因

早期人们对自然界中存在的微生物的认识主要靠显微镜观察和分离培养。人们发现，通过一般分离培养方法，从自然环境中能检测到的微生物，还不到实际种类的 1%。分离培养后的细菌的鉴定是一项重要的工作，细菌分类学上最具代表性的《伯杰氏鉴定细菌学手册》(*Bergey's Manual of Determinative Bacteriology*)是早期人们认识细菌的最好指导书。但 20 世纪 80 年代左右开始，分子生物学的方法越来越成为生物学研究的重要工具，微生物的鉴定也逐渐开始依赖于分子鉴定。

核糖体是真核和原核两类细胞生物进行蛋白质合成所必需的细胞器，核糖体都是由数十种蛋白质和几种 RNA 分子共同构成的复合体。其中原核生物的 RNA 包括 5S、16S 和 23S rRNA，真核生物主要是 5.8S、18S、28S rRNA。研究发现，16S 和 18S rRNA 分子序列的保守性与变异性的特征非常适合于作为微生物系统发育标记基因，对不同的微生物进行区分与鉴定。20 世纪 70 年代,卡尔·沃斯(Carl Woese)基于小亚基核糖体 RNA(SSU rRNA,16S/18S rRNA)的系统发育学,分析提出了三域学说(three domains theory),这给微生物分类学和微生物生态学带来了革命性的发展。

在此基础上,《伯杰氏系统细菌学手册》(第 1 版)(*Bergey's Manual of Systematic Bacteriology*)于 1989 年问世。该书最大特点是将原来基于形态等表观特点的分类体系,改为基于核酸杂交、16S rRNA 寡核苷酸序列等系统发育分析为基础的遗传分类体系,并基于此划分出许多新的分类单元。后又将系统扩大范围到古生菌,改名为《伯杰氏古生菌和细菌系统学手册》。通过分子生物学方法从生态环境样品获得的只是一堆序列或指纹图谱,若从这些信息得到这个环境样品中主要微生物组成,以及这些微生物可能起的作用,必须要把这些序列信息与已培养的、已知生理生化特点的微生物联系在一起。2015 年 4 月开始,《伯杰氏古细菌和细菌系统学手册》(*Bergey's Manual of Systematics of Archaea and Bacteria*,*BMSAB*)开始在线发布更为快捷的电子版手册。基于遗传信息的微生物系统学分类体系的建立,为微生物分子生态学的发展奠定了重要基础。

12.8.2　基于 16S rRNA 基因的微生物群落结构分析

微生物群落结构的分子生物学检测方法主要是从环境样品中提取 DNA 并对 SSU rRNA 基因进行 PCR 扩增,然后通过克隆文库的构建、变性梯度凝胶电泳(DGGE)、或末端限制性片段长度多态性(T - RFLP)等方法进行群落结构分析。DGGE 和 T - RFLP 方法作为指纹图谱方法,因可节省测序费用,早期广泛用来替代克隆文库方法。但随着测序价格的下降和高通量测序的普及,这些方法已逐渐被高通量测序分析的方法所代替。

构建 16S rRNA 克隆文库是微生物分子生态学中用来调查环境中原核微生物组成的最常用方法之一,最早被用于复杂环境中的研究是 1990 年对马尾藻海(Sargasso Sea)和温泉中的细菌的多样性的研究,其后在众多研究中得到了广泛应用。之后,基于 SSU rRNA 基因序列的分子生态学分析成为人们研究生态环境样品中细菌、古生菌和真核微生物群落结构及其变化的主要方法。

核糖体 RNA(rRNA)由小亚基 rRNA 和大亚基 rRNA 组成。16S rRNA 是细菌和古生菌中的小亚基 rRNA,约 1 500 个碱基;真菌和其他真核生物的小亚基 RNA 是 18S rRNA,约 2 300 个碱基,但不同生物类型差异较大。16S rRNA 序列包括 9 个高变区,一般以 V1~V9 表示(图 12 - 9)。常用的"通用"引物是基于 9 个高变区之间的保守区中序列来设计的。不同引物对多样的微生物的覆盖度是有差异的,此外,选择不同的可变区进行测序对微生物多样性的反应的灵敏度也有所差别。一般来说,更长的序列能够揭示的多样性更高。若要扩增较完整 16S rRNA 基因,可使用 V1~V9 外侧保守区的序列对应的引物来扩增,如 27F(或 8F)和 1492R(或 1512R)。

真菌微生物多样性分析时用 18S rRNA 基因序列来进行分析。但因 18S rRNA 基因较保守,有时仅根据 18S rRNA 基因序列对有些属也都难区分,因此,ITS(internal transcribed spacer)扩增更广泛应用于真菌等真核微生物多样性分析中。一般真核微生物基因组上,rRNA 基因序列按 18S - 5.8S - 28S - 5S rRNA 基因顺序重复排列,18S 和 5.8S 之间的高变

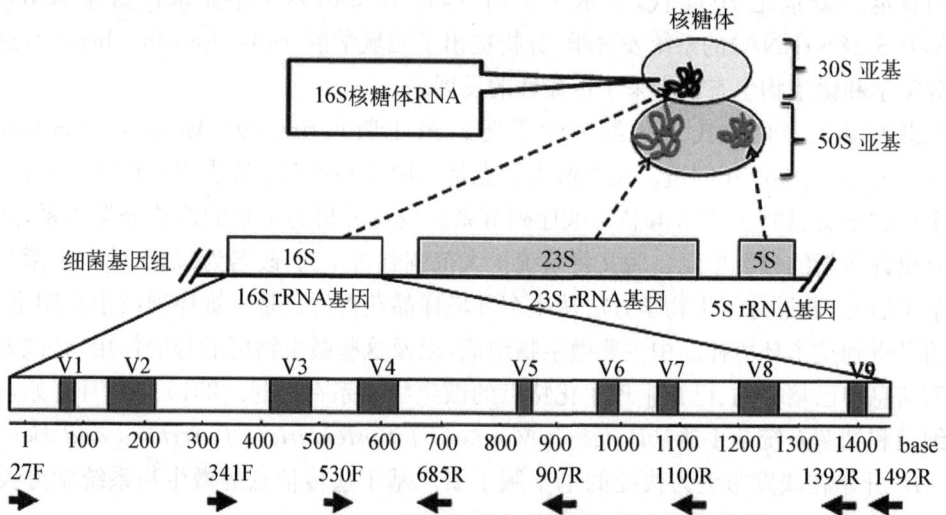

图 12‑9 核糖体 rRNA 基因及其可变区的结构示意图

区是 ITS1,5.8S 和 28S 之间的高变区是 ITS2。一般都是在 18S、5.8S 和 28S rRNA 基因序列上高保守的区域设计引物来进行扩增。若通过构建克隆文库测序时,为获得更完整信息,一般用 18S 末端和 28S 开端保守区的"通用"引物同时扩增 ITS1‑5.8S‑ITS2 区域。若要得到的是短片段时可用 18S 末端和 5.8S 保守区或 5.8S 和 28S 保守区通用引物来扩增 ITS1 或 ITS2。

随着高通量测序技术的发展和测序成本的下降,基于 SSU rRNA 基因短片段 PCR 产物的高通量测序已成为微生物群落结构分析的常规方法。现在基于二代高通量测序的微生物多样性分析中最常用的扩增区域是 V3~V4 区,通过 2×300 bp 的 MiSeq 测序策略,全面覆盖并深入解析扩增子片段,最终获得约 500 bp 长的序列数据;也有使用扩增 V4 区的通用引物,特别是引物 515F 和 806R 能同时覆盖细菌和古生菌,在考虑同时分析细菌和古生菌的群落结构分析时更广泛应用。通过高通量测序来分析真核微生物群落结构时,一般用通用引物来扩增 ITS1 或 ITS2。

基于通用引物 PCR 产物的高通量测序分析方法主要流程包括:从环境样品获得高质量的 DNA、靶基因扩增、测序文库构建、上机测序、序列分析。为了多个样品混合建库来降低成本,一般要在用于每个样品的"通用"引物的 5′ 段加 8~16 个碱基(barcode)的引物来进行扩增。不同样品所用 barcode 一般至少差两个碱基。这些样品用加 barcode 的"通用引物"对(含有 barcode 和测序接头)扩增 SSU rRNA 基因,扩增产物进行纯化及定量后,就可以对多个样品进行混合建库、测序,依据所拿到的序列的末端碱基的对应 barcode 序列,区分每条序列来源样品。由于可一次同时对数百个样品进行上机测序,大大降低了单个样品的高通量测序费用。由于产生的数据量较大,可操作分类单元(operational taxonomic unit,OTU)就成为数据分析的基本单位,方便了后续序列的注释、系统发育分析以及群落结构和多样性的预测。为了提高分析的准确性,最近的微生物群落结构分析中以扩增子序列变异体(amplicon sequence variants,ASV)来代替 OTU。

不管是克隆文库、DGGE 或 T‑RFLP 等指纹图谱分析，还是 PCR 产物的高通量测序，都要使用"通用引物"进行 PCR 扩增，因此包含了 PCR 过程的缺陷。PCR 扩增过程中的嵌合体(chimera)的产生和测序错误会产生许多假 OTU(或 ASV)，会导致微生物多样性被高估，引起对"rare biosphere"中新型微生物多样性的质疑。因此，数据分析过程中必须要认真对待降噪步骤。

此外，PCR 反应体系中酶的类型、各底物的浓度、PCR 循环数，以及退火温度等都可能引起分析结果的偏向性。PCR 过程中使用的模板浓度过低会导致反应的启动效率发生随机的波动，也会对群落结构评估造成偏差。过高的 PCR 退火温度也会造成偏向性扩增，同样地，过高的 PCR 循环数也会造成产物中人工产物和嵌合体的产生，这些都会对微生物的多样性和丰度评估造成误判。在微生物群落结构分析的实验过程中，特别要注意的是实验过程中的污染，包括提取 DNA、PCR 扩增过程中的试剂、移液器和试管等工具的交叉污染，以及周围环境中的气溶胶引起的污染。特别是当样品中的微生物量较少时，即使是微量的污染也可能对结果造成很大影响。

测序结果的数据分析中，最常用的方法是 QIIME 流程(图 12‑10)。

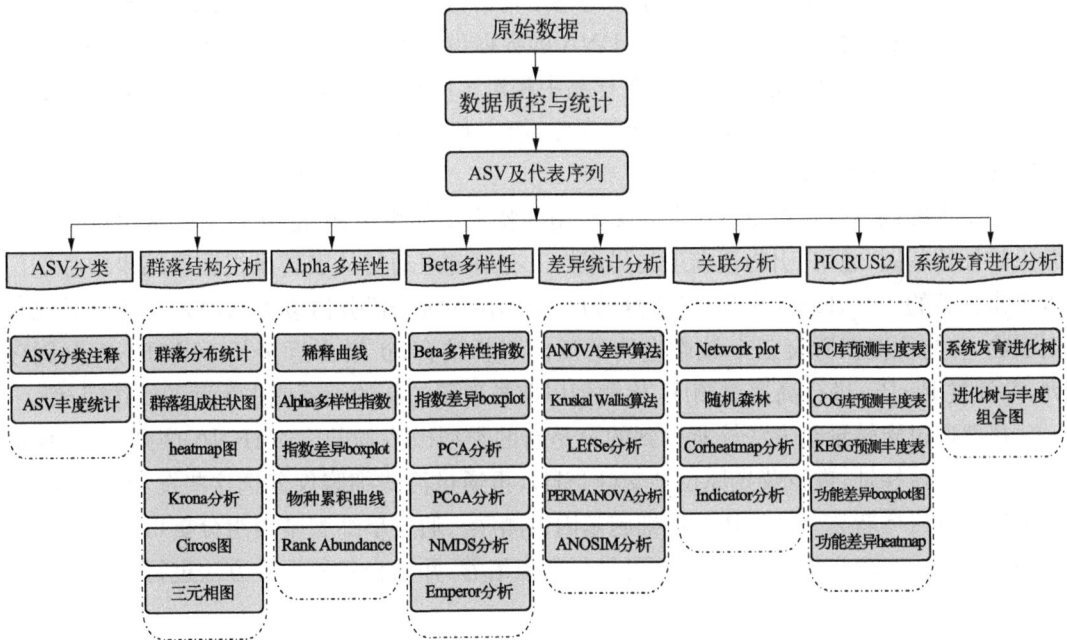

图 12‑10　QIIME 流程

基于"通用"引物 PCR 扩增产物的微生物群落结构分析中，对结果的影响最大的是所用"通用"引物与模板的匹配度。利用"通用"引物对环境样品 DNA 进行 PCR 扩增时，因不同种类微生物的扩增效率不尽相同，PCR 产物并不能准确反映原始模板中不同微生物含量的比例，甚至有些微生物不会被扩增。引起这种 PCR 偏向性的主要原因之一是"通用"引物与不同种类微生物基因序列的匹配程度不尽相同。当引物和特定微生物 DNA 模板之间存在不完全匹配时，其相对丰度会被低估或甚至未被检测到，而且这个偏向性会随着 PCR 扩增循环数的增加而增加。

现在广泛使用的大多数"通用"引物是根据培养出的微生物的 16S rRNA 序列信息为基础设计的。随着公共数据中越来越多包括来自宏基因组测序的 SSU rRNA 基因序列的积累,人们也意识到"通用"引物的覆盖度问题。有报道通过多个宏基因组数据集(datasets)中筛选细菌 16S rRNA 基因序列进行了常用"通用"引物的覆盖度的分析,发现这些"通用"引物的覆盖度一般低于 90%,尤其在特定环境样品中对微生物的覆盖度甚至低于 50%。对 6 000 多个宏基因组数据集的分析也得到常用"通用"引物覆盖度低于 90% 的结论,并发现大部分辐射候选门(candidate phyla radiation,CPR)超门(superphylum)细菌和未分类的古生菌都不被"通用"引物所覆盖。这说明因"通用"引物覆盖度的局限性,常用的微生物群落结构分析中会遗漏很多微生物种类。

12.8.3　基于宏转录组中 SSU rRNA 的微生物群落结构分析

为了追寻这些基于 16S rRNA 基因"通用"引物的 PCR 扩增的微生物群落结构分析中被"遗漏"的微生物,必须要考虑不依赖于"通用"引物的微生物群落结构分析方法。宏基因组方法是避开"通用"引物来认识微生物群落结构的方法。但因宏基因组测序覆盖的是所有基因,宏基因组所含有的可用的 SSU rDNA 的数据量只占总体数据量的千分之一到万分之一,通过宏基因组方法所能检测到的是样品中相对丰度较高的微生物。所以,如果要用宏基因组做群落结构的分析需要很高的测序深度,而宏基因组测序的成本相对于扩增子测序要高很多,限制了其被广泛应用的可能。

为了更准确了解生态系统中起重要作用的特定功能微生物,必须要突破常用特定功能微生物标签基因"通用"引物覆盖度的局限性。有研究组通过从宏转录组测序结果中筛选门水平未分类的 16S rRNA 序列,基于这些序列中不被"通用"引物覆盖的序列设计特异性正向引物,并与能覆盖所有三个域微生物的反向引物结合,扩增出近全长 16S rRNA 基因序列,并通过 PacBio 进行高通量测序,检测到以前被遗漏的新的细菌或古生菌的候选门/纲。

虽然通过宏转录组方法等所得到的只是新的类型微生物的 16S rRNA 序列,但可根据这些序列设计探针,进行荧光原位杂交(FISH),再通过流式细胞仪分选这些发荧光微生物,就可以进行目标新类型微生物的单细胞基因组测序。通过单细胞基因组分析可预测这些新类型微生物的生理生化特点,基于此可进行富集培养,并结合各种组学方法进行实验来验证其生理生化特点。

12.9　宏基因组和宏转录组学分析技术

传统的微生物学研究方法,如细菌培养和 Sanger 法测序,虽然有助于了解一部分微生物的分类鉴定与功能信息,但是也受到了很多限制:如许多微生物无法在实验室中培养;传统测序方法的烦琐和高成本也限制了大规模微生物组的研究开展。随着高通量测序技术的发展,出现了宏基因组和宏转录组测序技术,它们能够对复杂微生物群落的混合 DNA 或

RNA 样本进行高通量测序和分析,使我们能够深入了解微生物世界的多样性和功能,更好地研究微生物与环境之间的相互作用。

本节将介绍宏基因组和宏转录组技术的发展历程及其在微生物生态学研究中的应用,探讨其原理和常规数据分析流程,展望其未来发展方向与潜力。

12.9.1　宏基因组学概述

宏基因组学是一种研究微生物群体整体基因组的技术。它通过直接将环境样品中所有微生物的 DNA 提取出来,构建宏基因组文库,并对其中包含的所有微生物基因组进行测序分析。与传统微生物学方法相比,宏基因组测序不需要对微生物进行实验室培养,从而突破了对许多难以培养的微生物的观测限制。宏基因组技术针对微生物"暗物质"类群,进行基因预测以获得其基因信息,并完成基因组的功能注释,结合注释信息,预测其代谢潜能。

理论上通过改进总 DNA 提取过程,结合一定的测序深度,能够全面反映样品中的所有遗传信息,从而获得所有微生物的全基因组信息。但该技术存在的主要挑战是,测序获得的基因信息是来自环境中丰度各异的不同物种的集合体,同时还存在群落内部各物种丰度的异质性,因此想得到单一物种的基因组信息并不容易。特别是针对具有复杂微生物群落结构的环境样品,或者是群落中的那些低丰度类群以及缺少完整的参考基因组的未培养微生物的基因组。但是随着测序通量、读长的增加,以及基因组组装和数据分箱(binning)算法的完善,现在也可以从复杂环境样品中获得较高质量的宏基因组组装基因组(metagenome-assembled genomes,MAGs)。

宏基因组学的发展受益于测序技术的发展。第一代测序技术(如 Sanger 测序)是测序领域的里程碑,但其检测的低通量和高成本限制了宏基因组学的应用。第二代测序技术(如 Illumina)以高通量以及低成本解决了这些问题,使得宏基因组学得以快速发展。但是由于二代测序对读长的限制,其得到的序列是片段化的,难以区分某些特殊区域如高度保守区域、重复片段等。第三代测序技术(如 PacBio 和 Oxford Nanopore)的兴起带来了更长的测序读长以及检验基因组上修饰的能力,为宏基因组的研究提供了更多的可能性。

宏基因组学研究中的现场、实验室和生物信息学工作流程。微生物霰弹枪宏基因组学研究可以按照许多不同的现场、实验过程和生物信息程序分析进行。而一旦研究的设计被确定,工作流程从样本的收集和保存开始,并继续进行实验室处理,生成 DNA 文库。

DNA 测序后的生物信息学处理。生物信息学处理策略不仅取决于所研究问题,还取决于生成的数据的质量和数量。研究人员必须在这个过程的每一步做出许多决定,而每一步都可能对结果产生潜在的偏见。这种工作流的线性特性意味着后续步骤取决于先前过程的输出。简单地说,在样本采集中很容易犯错误,这在许多步骤后,甚至在多年后才发现其对最终结果的负面影响。宏基因组测量样本中所有的遗传物质,其中样本的准备和 DNA 的提取纯化是宏基因组研究中至关重要的环节,它直接影响着后续测序和数据分析的质量与准确性。研究者需要仔细选择代表性样本,并确保样本采集过程中避免污染。样本可以来自各种环境,如土壤、水体、植物、动物体液或人体组织等。在收集后,样本需要经过物理处理(如颗粒过滤、离心等)或化学处理(如细胞裂解、蛋白质去除、核酸纯化等)来获得包含不同类型的微生物 DNA(包括细菌、古细菌、真核微生物等)。获得微生物 DNA 后,需要将其转换为可测序的 DNA 文库,将微生物 DNA 片段连接到测序平台所需的适配体上。文库构建完成后,样品通过高通量测序平台进行测序,得到原始的序列数据。通过对原始序列数据的质控以及基于比对或者从头组装的方法可以获得样本中微生物群落的组成信息和功能潜力信息。

宏基因组数据分析是宏基因组学研究中至关重要的一环,它涉及从原始测序数据中提取有关微生物群体结构、功能和相互作用的有用信息,目的是揭示微生物群体的组成、丰度、功能潜力以及它们在不同环境条件下的变化,从而深入了解微生物群体在生态系统中的角色和相互关系。

宏基因组学的原始测序数据可能包含各种噪声和误差,因此需要先进行数据的质控和预处理。这包括去除低质量的序列、去除引物序列、去除来自宿主或者环境等的污染序列。得到高质量的序列后,可以直接将其与参考序列进行比对或者对序列进行从头组装。其中直接进行比对的方法能够充分利用已有的参考数据库中的信息,相比于从头组装对低丰度微生物检测的能力更强。而从头组装能够得到样本中存在的微生物的基因组草图,有助于从样本中发现参考数据库中不存在的微生物以及对应的功能。

直接将高质量序列与参考序列进行比对的方法,其核心在于依赖一个全面且高质量的参考序列数据库。这种方法依据高质量序列的序列特征,如使用 Kraken2 等工具,它们基于 k-mer(即长度为 k 的短序列)的分布模式,来将高质量序列划分到不同的分类地位中。然后,依据不同分类地位的微生物所分配到的序列数目,来评估其存在与否及其丰度。或者将高质量序列比对到事先构建的标记基因数据库上(如 MetaPhlAn4 等工具利用事先构建的 CHOCOPhlAn 数据库),依据标记基因的有无及丰度,预测不同分类的微生物的丰度。其中后者还能进一步根据样本中存在的微生物对其功能基因进行详细检测,预测样本中功能基因的丰度变化,以达到预测功能的目的。

从头组装的方法多采用德布鲁恩图来将高质量序列组装形成更长的连续片段(contigs),这种更长的连续片段有利于后续的基因预测和功能注释。但是由于特殊基因片段、测序深度限制等因素,组装得到的长的连续片段只代表了单个微生物基因组中的一部分,想要得到足以代表微生物基因组草图的序列集合,还需要依据序列的特征(如四核苷酸频率,GC 含量等)以及序列丰度来将序列分箱(binning)形成不同的类别,常称其为基因组草图。得到基因组草图后,可以借助多个分箱工具的结果对得到的基因组草图进行进一步的优化,也可以通过组装图、单拷贝基因、参考数据库等对基因组草图进行优化,最后,还需要对得到的基因组草图进行质量检测,筛选可信度高的基因组草图进行后续研究。Check M 依据独特的单拷贝基因的有无及拷贝数目来判断基因组草图是否完整以及是否存在污染,得到预测的完整度和污染度。根据业内普遍接受的建议,可以将得到的基因组草图划分为完整(没有 gap 或者低于 Q50 的序列)、高质量(部分 gap,存在 23S、16S、5S rRNA 基因序列和至少 18 个 tRNA 基因,完整度大于 90%,污染度小于 5%)、中等质量(完整度大于等于 50%,污染度小于 10%)和低质量(完整度小于 50%,污染度小于 10%)的基因组草图。

得到高质量的基因组草图之后,可以通过不同样本间基因组草图的相似性计算去除冗

余的基因组草图,得到非冗余的基因组草图集合。之后将序列比对到这个非冗余的基因组
草图集合上可以得到各个基因组草图在样本中的相对丰度,同时也可以使用 GTDB、NCBI
等数据库对其进行分类鉴定,得到各个样本中微生物的组成信息。另一方面,还可以对其进
行基因预测与注释,得到其对应的功能信息。对于得到的基因组草图,可以首先进行基因预
测,Prodigal、MetaGeneMark 等工具基于 DNA 序列的开放阅读框(ORF)和编码蛋白质的
特征,识别潜在的基因。得到潜在的基因之后,需要将预测的基因序列与已知功能数据库进
行比对,如 UniProt 蛋白质数据库、KEGG 数据库、COG 数据库等。比对结果将提供与已知
功能相对应的注释信息,如基因名称、功能描述、代谢通路等,这有助于了解微生物群落中的
代谢功能,并揭示其在生态系统中的功能潜力。

基于比对的方法和从头组装的方法都能通过将序列与已知微生物分类进行比对以确定
微生物群落中不同分类单位的丰度和组成,基于功能数据库也能得到相应的功能信息。对
于这些信息,可以通过计算 Alpha 多样性指数(如 Shannon 指数、Simpson 指数等)和 Beta
多样性指数(如 Jaccard 距离、Bray - Curtis 距离等)等来评估群落的多样性和相似性。这些
指数可以帮助研究者比较不同环境样本中的微生物群落组成,并探索微生物群落的多样性
格局。根据不同样本的微生物的组成或功能差异,能够进行差异分析,通过统计手段检验不
同组别中存在显著差异的微生物或特定功能,有助于理解不同微生物在不同条件下发挥的
作用。

12.9.2 宏转录组学概述

宏转录组学是一种研究微生物群体的整体转录组的技术。与宏基因组学关注微生物群
体的基因组不同,宏转录组学专注于在特定环境条件下微生物群体的全体基因表达情况。
它通过高通量测序技术,对环境样本中的 RNA 进行测序分析,揭示微生物群体在特定条件
下所表达的基因以及其功能。宏转录组学的出现为我们提供了了解微生物群体功能和生物
活动的全新途径。随着高通量测序技术的不断进步,宏转录组学在微生物生态学和生物医
学研究中的应用前景愈发广阔,成为深入理解微生物世界的一个有力工具。

宏转录组学与宏基因组学类似,其发展历程与高通量测序技术的发展密切相关。随着
第二代测序技术的成熟和广泛应用以及相应方法的发展,宏转录组学的使用也逐渐成为可
能。在宏转录组学兴起之前,研究者主要通过单个基因或少量基因的定量 PCR 实验来研究
微生物的基因表达情况。这种方法虽然能够提供特定基因的表达水平信息,但其局限性在
于只能关注少量基因,无法全面了解微生物群体的整体基因表达情况。与传统的基因表达
分析方法相比,RNA - Seq 技术能够以全转录组的方式定量测量 RNA 的表达水平,不仅能
够获取宏观层面的表达数据,还能够识别新的转录本。

宏转录组学的应用范围非常广泛,它可以帮助我们了解微生物在不同环境条件下的响
应和适应策略,以及它们在生态系统中的功能和相互作用。一些典型的宏转录组学应用包
括:① 环境适应研究。了解微生物群体在不同环境条件下的基因表达变化,以及它们是如
何适应和响应环境变化的。② 生态功能解析。揭示微生物群体在生态系统中的功能潜力,
包括参与养分循环、生物降解、抗生素产生等生态功能。③ 疾病诊断与治疗。在生物医学

领域,用于揭示人体内微生物的基因表达情况,为疾病的诊断和治疗提供参考依据。④ 药物发现与开发。了解微生物在不同条件下的基因表达变化,进而筛选和开发潜在的药物靶点和抗生素。

宏转录组学的实验流程包括样本采集、RNA 提取、cDNA 合成、测序和数据分析等步骤。首先,从特定环境样本中收集 RNA,这是研究微生物群体在特定条件下基因表达的关键。随后,通过 RNA 提取和纯化,将 RNA 转录成 cDNA,这是宏转录组测序的前提。与宏基因组研究针对所有 DNA 有所不同,宏转录组提取的 RNA 包含了 rRNA、tRNA、mRNA、regulatory RNA(sRNA)和 long noncoding RNA (lncRNA),在人相关样本中,rRNA 约占总数的 80%,因此通常需要根据研究目的对样本进行处理,去除或者富集某些 RNA 来提高对目标 RNA 的检测能力。接着,使用高通量测序技术对 cDNA 进行测序,得到原始测序数据。最后,对原始测序数据进行预处理、质控和数据分析,得到关于微生物群体基因表达的信息和结果。

宏转录组数据分析涉及对大量 RNA 测序读段进行预处理、质控、基因表达量计算和功能注释等过程,以了解微生物群体在特定环境条件下的基因表达模式和功能。

与宏基因组数据分析类似,宏转录组测序数据可能受到测序误差、低质量序列、适配器污染等影响,因此首先需要进行数据预处理和质控。对采样、提取样本、扩增等实验过程中可能存在的污染可以通过添加阴性和阳性对照物来进行判断。除此之外还需要去除低质量序列、修剪引物序列、去除污染序列等步骤以确保后续分析的准确性和可靠性。宏转录组学数据分析需要将测序读段与参考基因组进行比对或对测序读段进行从头组装。通过将读段比对或组装到参考基因组,可以得到基因的表达量信息,以及新转录本和剪接异构体等信息。基因表达量计算是宏转录组数据分析的核心步骤之一。通过将测序读段比对到基因组,可以计算每个基因的表达量,通常使用 FPKM(fragments per kilobase of transcript per million mapped reads,对总 reads 数目和基因长度进行标准化)或 TPM(transcripts per million,对总 reads 数目进行标准化)等单位来表示基因的表达水平。

得到基因表达量之后,可以进行差异表达基因分析,通过比较不同样本之间的基因表达量(如使用 t 检验,方差分析、wilcoxon 秩和检验等方法),可以识别哪些基因在不同条件下表达量显著改变,帮助了解微生物群体在不同环境中的响应和适应策略。同时由于差异表达基因分析结果通常涉及大量的基因,为了更好地理解它们之间的关系,可以对差异表达基因进行层次聚类将其按照差异表达分成不同的组,以便于观察。也可以通过功能注释、富集分析等手段,将差异表达基因映射到已知功能数据库,如 KEGG、GO 等,可以了解微生物群体在不同环境中表达基因的功能和代谢通路,识别在特定生物学过程中过表达或者欠表达的功能类别,帮助揭示微生物在特定条件下的功能潜力和生物学过程。

12.9.3 宏基因组与宏转录组联合分析

宏基因组学揭示了微生物群体的存在的功能潜力,而宏转录组学则关注了在特定样本中微生物群体的基因的表达情况。通过将这两个层面的数据进行整合,可以更准确地预测微生物的功能特征,揭示微生物在不同环境条件下的代谢途径和生态功能。宏基因组和宏转录组联合分析可以帮助我们深入了解微生物群体在不同环境条件下的响应机制。通过比较微生物群体在不同环境条件下的基因组和转录组变化，可以揭示微生物对环境变化的适应策略，探索其对环境因子的敏感性和响应机制。联合分析可以帮助我们更好地理解微生物在生态系统中的生态功能和生态位。宏基因组和宏转录组联合分析可以提高数据解释和验证的可信度，通过从两个不同的角度对微生物群体进行分析，可以更加全面地了解其特征和功能。随着技术的不断发展和数据分析方法的不断改进，宏基因组和宏转录组联合分析将在未来继续发挥重要的作用，推动微生物生态学研究的进步和创新。

12.9.4　宏基因组和宏转录组技术的未来发展

当前以 Illumina 为代表的短序列二代测序仍是研究宏基因组和宏转录组的主力军，但是以 Pacific Biosciences 和 Oxford Nanopore Technologies 为代表的三代测序带来的更长的读长可以更好地解析复杂的区域，提高分类鉴定和功能注释能力。Oxford Nanopore Technologies 还具有一边生成数据一边分析数据的能力，能够在测序的时候通过实时分析去除不需要的序列来富集其他序列。随着三代测序不断发展，低通量、较低的碱基准确率、高成本等问题得到解决，未来可能会转向联用二代与三代测序或者只使用三代测序对微生物群落进行研究。

宏基因组和宏转录组技术在研究粪便等微生物丰富的样本中的使用比较常见，但是对一些微生物相对占比较低或绝对量较低的样本，如人体的黏膜、组织样本等，宏基因组和宏转录组技术的应用还处在起步阶段，需要依靠更好的微生物富集手段和实时长读长测序等方法。

空间分辨率和时间序列研究在宏基因组和宏转录组学领域具有重要的意义，它们为我们深入了解微生物群体的动态变化和相互作用提供了独特的视角。空间分辨率研究着重于对不同空间位置的样本进行测序和分析。通过采集来自不同微生物栖息地或生态系统的样本，可以揭示微生物群体在空间上的分布格局和多样性变化。时间序列研究关注微生物群体在时间上的动态变化。通过在不同时间点采集样本，追踪微生物群体的变化，可以揭示微生物在不同季节、不同生长阶段和不同环境条件下的响应和适应机制。空间分辨率和时间序列研究产生的数据对于建立生态学模型和进行生态预测具有重要价值。另一方面，通过追踪微生物在宿主体内不同部位与宿主交互的变化，可以了解微生物群体与宿主之间的相互作用模式和调控机制，这对于深入理解微生物在宿主健康和疾病发展中的作用具有重要意义，为微生物与宿主相互作用的精准医学应用提供科学依据。

在宏基因组和宏转录组学领域，算法和数据分析工具的优化是推动研究进展的关键。随着测序技术的不断发展和数据规模的增大，建立更加开放的数据平台，促进数据共享和合作，有助于整个研究社区共同进步。加强数据标准化和元数据的收集，有助于提高数据的可比性和再利用性。高效、准确、高自动化、高易用性的数据分析工具，以及提高计算效率对于处理和解释海量测序数据变得越发重要。机器学习和深度学习等算法的发展也将对于宏基因组和宏转录组数据解读提供便利，帮助构建效果更好的生态学模型、预测基因的蛋白结构、鉴定复杂的非线性基因、转录子、发现微生物与表型之间的联系等，提高对数据的解释能力。

12.10   未培养微生物的研究技术

微生物一般个体微小(一般小于 0.1 mm)、结构简单。微生物经过几十亿年的进化,进化出适应地球各种环境的生理和生化机制,成为地球上数量最大、种类最多的生命。17 世纪,列文虎克通过自制的显微镜,从雨滴、井水、湖水、人类口腔和粪便中观察到微生物,让人类踏入探索微生物的大门。19 世纪,科赫发明的利用固体培养基进行微生物分离培养的方法,使得人们可以区分不同种类的微生物,研究其生理生化特点,迎来了微生物学科的建立和发展。但是,人们慢慢注意到,其实用常规分离培养方法培养出的微生物不到 1%,特别是在贫营养的自然环境样品中可培养微生物比例很低,如有报道指出海水中只有 0.001%~0.1%的微生物可培养。那为什么大部分微生物用常规方法很难分离培养呢? 若找到其原因就可以找出解决方法,扩展能分离培养微生物的范畴。

12.10.1   难培养的原因

1) 营养物质浓度太高

在一般的细菌培养中,常用的培养基中营养物质含量都比较高(如 LB 培养基中含有较高含量的胰蛋白胨和酵母提取物),但一般自然环境(土壤、海水、河流等)中营养物质含量远低于此。之前的研究发现,有些微生物在 LB 培养基以及稀释到 1 000 倍的 LB 培养基上都不能生长,但稀释到 1 万~100 万倍时就可以生长。在这些培养基中生长的微生物,因为营养物质少,生长极为缓慢,难以获得较大的菌落,即使培养 1 个月以上,只能获得针尖大小的菌落。高浓度的营养物质可能对一些自然环境中的微生物生长有抑制作用。长期进化过程中,微生物为了适应环境,进化出了适合低营养环境的代谢途径。例如,最近分离鉴定的细菌新纲 Fimbriimonadia 的菌株是稀释 5 倍的 R2A 培养基培养 2 个月后才被分离培养出来的,基因组分析发现,该菌缺少完整的 TCA 循环,缺少的一些途径是通过多步的其他途径来完成的。这种走“弯路”的代谢途径,对所需中间代谢产物的有效合成反而更有利。当营养物质丰富时,前后代谢步骤的速度不匹配,则容易积累中间代谢产物,起到毒性作用,抑制生长或引起细胞死亡。

2) 琼脂培养基抑制部分微生物生长

固体培养基的发明是人类对微生物认识的重要转折点,因为有了固体培养基之后,人们才能分离微生物来认识一个个微生物,也是淘菌热的重要基础。琼脂是早期找到的凝固剂,而且一直沿用至今并且是最普遍使用的凝固剂。但是有研究表示固体培养时用结冷胶(gellan gum)来替代琼脂进行固体培养时,能分离培养的微生物数量可增加近 100 倍,分离菌株的 16S rRNA 基因序列与数据库已有序列相似度低于 95%(新属或新科以上程度)的菌株比例从 30%增加到 60%以上。

这可能与高压灭菌时琼脂与磷酸盐反应生成的过氧化氢有关。通过非固体培养分离出的一些好氧微生物被证明不能产生过氧化氢酶,说明过氧化氢酶的存在并不是所有好氧微生物的共同特点。若要提高分离菌株的种类,使用琼脂时应考虑将磷酸盐分开灭菌降温后混合。

不依赖固体培养基的方法也可获得微生物菌落。在嗜高温或嗜酸性微生物分离培养中常用漂浮滤膜(floating filter)法。此方法是把稀释的样品液过滤到疏水性滤膜上,并把滤膜漂浮在液体培养基上进行培养。这样,滤膜上没有水层,微生物从液体培养基获得营养,并能形成单菌落。利用此方法,有研究报道分离培养了短链烷烃氧化微生物。

12.10.2　难培养的解决方案

12.10.2.1　基于组学技术对未培养微生物的认识

单细胞基因组技术通过从样品中分选出单一细胞,然后利用全基因组扩增和测序,借助生物信息学分析软件组装获得单细胞基因组(SAGs),从最基本的生物学单位(单个细胞)来研究样品中的微生物。通过单细胞基因组技术挖掘未培养微生物主要步骤包括:① 单细胞分选。目前可以通过不同的方式来分选样品中的细胞,包括梯度稀释、细胞捕获、显微操作、流式分选以及微流控芯片技术等。② 单细胞基因组扩增。分选获得单细胞之后进行细胞裂解,以释放基因组 DNA,然后通过多重置换扩增(multiple displacement amplification,MDA)进行全基因组扩增,使单细胞基因组 DNA 从飞克级别扩增到纳克至微克级别,以用于下游实验。③ 未培养微生物的筛选和测序。后续一般先通过 PCR 扩增和测序对分选获得的单细胞进行初步鉴定,选择感兴趣的未培养微生物类群进行全基因组测序,并参照组装得到的单细胞基因组中单拷贝保守基因(single-copy conserved markers,SCMs)的数目来确定所获得的单细胞基因组的完整度。

单细胞基因组技术的挑战主要在于从复杂环境样品中筛选单细胞以及单细胞所含的DNA量太低而必须要借助于全基因组扩增。在环境样品中紧密黏附在固体颗粒表面或者呈聚集生长状态的微生物细胞,往往要经过相应的前期处理来富集和分散细胞,以便于细胞分选。另外在分选过程中还要保证细胞的完整性。由于单细胞极微量的基因组 DNA 需要大量扩增,对污染问题特别敏感,因此对样品制备要求严格,需要考虑所使用的试剂、仪器等。后续的序列质控(核苷酸使用频率,SCMs 的拷贝数,与可能的污染源库进行比对),同时借助一些软件可以在一定程度上剔除单细胞基因组中的污染序列。此外在单细胞基因组多轮扩增中往往会引入嵌合体,扩增过程本身也存在一定程度的偏好性。针对这个问题,目前可以借助一些特殊的算法,同时合并同一物种的多个单细胞基因组来提高单细胞基因组的质量。

随着 PCR 扩增和测序技术的发展,基于 16S rRNA 基因通用引物的微生物群落结构分析方法,广泛应用于微生物分析。到 1994 年,细菌 13 个门都有分离培养菌株,但到 2003 年,细菌的门类增加到 50 多个,其中一半是基于通用引物 PCR 扩增获得的 16S rRNA 基因序列来确认的。2013 年《自然》杂志上发表的一篇论文,通过多个环境样品的单细胞基因组测序,确认了细菌 21 个候选门和古生菌 8 个候选门。2015 年伯克利大学班菲尔德(Banfield)课题组用 0.1 mm 孔径滤膜去过滤已通过 0.2 mm 孔径滤膜的水体,并进行元基因组分析,发现了包括 25 个以上新细菌候选门的 CPR 超门(super-phylum)。之后用同样方法,从多种水体中发现 47 个新的细菌候选门,其中 46 个是以前基于"通用"引物的 16S rRNA 基因分析中未被检测到的。这些微生物新的门类都是基于分箱(binning)出的 MAG 获得的基因组为基础来确认的门类。在基于微生物基因组重新建立的从门到种的分类体系,24 700 多种中近 16 000 种是基于基因组信息确认的新种。随着技术的进步,以前未知的全新的微生物将继续被发现,使得我们对微生物的认识不断迈上新台阶。

12.10.2.2 控制营养的分离培养措施

1) 控制营养物浓度

在一个混合的样品中,很可能感兴趣的想要分离的细菌的生长情况没有其他的细菌好,其他细菌的大量生长而导致无法分离得到目标菌。这也就是生态学上所谓的能够快速适应环境生长的 K 策略和相对稳定广泛存在的 R 策略的竞争,往往难以分离的菌大多是属于 R 策略。降低培养基中营养物质的浓度,以抑制杂菌的快速生长,为分离得到 R 策略的微生物创造先决条件。有报道在低 NH_4^+ 的培养条件下通过将样品稀释到消失浓度(dilution to extinction),减少了培养基中的营养成分,限制了 K 策略菌的快速生长,增加了分离成功的概率,最终分离得到了氨氧化细菌和古细菌。此外,选用模拟瘤胃环境的培养基,采用稀释到消失浓度的方法,也成功分离到了属于新属的多个分离物。

2) 控制营养物类型

针对不同的目的微生物的生理生化特点,选取适宜的培养条件、营养物类型等,而让其能够相对较好地生长,从而达到富集而易于分离的目的。有报道在研究能够与丛枝菌根真菌共生的微生物时,采用丛枝菌根真菌菌丝进行初步筛选培养,再用低浓度 TSA 培养基进行后续分离,得到了分属 7 个菌种的菌株。有人在一种新的合成培养基 KG 培养基中添加了革兰氏阴性菌群体感应的信号分子 AHL 后,从废水中分离得到了降解 AHL 的变形菌。在研究微生物对某些污染物的降解时也常用到这样的方法,如在分离培养黑酵母时就采用了分别以苯、甲苯和二甲苯作为唯一碳源和能量来源的方法分离得到了可降解这些物质的单菌落。

在分离一些具有有毒化合物降解能力的细菌时,往往会用很高浓度的选择性培养基来筛选培养,这种方式虽然很容易分离得到功能类似的微生物,却由于培养条件与原始环境相差太大,很有可能无法得到在原位微生物群落中占主导地位的微生物。熊顺子等在分离焦化废水处理系统污泥中的降酚菌时,就先采用不含苯酚的培养基进行分离培养,再在以苯酚为唯一碳源的平板上筛选,分离得到了 24 株降酚菌株,其中 6 株从未见报道过具有降酚功能。

3) 模拟原位环境的分离培养方法

由于我们对于绝大部分的微生物的了解还是很有限的,不同的微生物需要不同的特定的营养物质或者生存的条件。以硫酸盐还原菌(SRB)为例,对其纯培养需要环境的还原势能在 -100 mV 左右,在有螯合剂的培养基中,SRB 的数量能够呈指数增长,45 ℃以上 SRB 将会在几分钟内失活死亡等等。分离培养从本质上来说是还原微生物原位的生长条件的一个过程,而这个模拟环境稍有偏差,我们可能就无法顺利地分离培养目标微生物。在研究环境微生物时,还要考虑到微生物在生长的过程中可能会有细胞与细胞直接的交流,或者形成独特的生物膜结构,这个整体结构网络中很可能会有信号分子的传递。缺乏了这些相互作用和信号分子后一些微生物可能就无法生长,而有些则可能会进入一种活的但非可培养(viable but non-culturable, VBNC)的状态,从而导致分离失败。

通过固体培养基分离培养微生物时常遇到的问题是,培养基上挑出来的单菌落传代在同样培养基生长效果不好。把样品涂布到平板上培养时,一个菌落周围会有其他多种微生物菌落,这些菌之间有可能存在互养共栖,如:提供代谢产物或降解对方产生的有毒代谢产物,或通过群体感应(quorum sensing)来促进生长。产铁载体(siderophore)的菌帮助其他菌的铁吸收早有报道。为了更好地培养一些难培养微生物,人们在微生物培养过程中保持微生物之间的互养共栖。大部分产甲烷菌以氢气或乙酸为底物。氢气浓度的不同,改变氢营养型产甲烷菌的种类。科学家们通过控制不同类型的产氢微生物生存条件,获得了不同类型的氢营养型产甲烷菌。

考虑到一些微生物可能需要在特定的原位环境下生长,许多科学家提出了能够模拟原位环境的方法来对微生物进行分离培养。例如,将 0.03 μm 孔径的聚碳酸酯膜加在垫圈的两边,形成了一个仅能够透过化学物质的扩散小室(diffusion chamber),将潮间带海洋沉积物与琼脂混合后加至小室中,然后把整个扩散小室置于原始生态环境中进行培养,获得了许多微菌落,并成功从里面分出了两株之前没有报道过的新的菌株,与平板涂布相比,能够在小室的膜上生长的菌落数高出 300 倍左右。有人采用相同的扩散小室的方法从被放射性元素、重金属、硝酸盐和有机化合物污染的地下沉积物中分离得到了 61 株分属 50 个种的细菌,从淡水池塘底泥中分离得到了 121 个菌株,均远多于直接涂布法所分离得到的菌株。为了满足高通量分离微生物的需要,有人设计出了一种包含有几百个扩散小室的分离芯片(incubation chip,Ichip),选用海水样品和土壤样品培养比较后发现,这种芯片能够获取的总菌落数均是传统平板培养的 5 倍左右,而这些菌落中大部分是之前没有发现过的微生物。

在分离甲烷氧化菌时采用了另一种模拟原位环境的方法——土壤基质膜系统(soil substrate membrane system)。该法将土壤稀释菌液涂布在 0.4 μm 孔径聚碳酸酯膜的 transwell 膜系统小室上,并在下层嵌套中加入适量土壤悬浮液,使悬浮液能与膜充分接触,以交换土壤生态环境中的代谢产物。法拉利(Ferrari)在这种膜系统的基础上引入了荧光原位杂交(fluorescent in situ hybridization)、激光显微解剖(laser microdissection)等技术并用于其他土壤样品中难分离微生物的分离,分离结果展现出了这种系统的实用性。

还有人对浓缩过的海水样品以及土壤样品进行凝胶微粒包埋(gel microdroplets encapsulation)处理后得到单细胞的凝胶微粒,再利用流式细胞仪高效分选培养。具有一定通透性的凝胶微粒的结构既可以让细胞与细胞之间能够交换信号分子,整个微粒也处于一个类似于自然环境的动态的开放系统。凝胶微粒的大小决定了其可支持生长的细胞数为 20 至 100 个,再利用其光散色能力的不同,将其分离出来即可应用于后续实验。

然而,前两种膜系统所培养得到的菌落往往是微小菌落,如何进一步分离得到纯的菌落是一个需要考虑的问题。而凝胶微粒包埋需要将样品充分分散,保证每个微粒里面只有一个细胞,如何高效完成这样的操作也是一个比较复杂的过程。

12.10.2.3 DNA 序列引导的分离培养方法

结合分子生物学的相关技术,如聚合酶链式反应(polymerase chain reaction)、实时荧光定量 PCR(real-time quantitative PCR)等可以准确地反映样品中特定微生物的含量,从而进行比较来寻找适合培养的条件。毛跃建等人在研究一个受到干扰的工业废水处理装置中 *Thauera* 属细菌时采用了 *Thauera* 特异性 PCR - DGGE(denatured gradient gel electrophoresis)的方法,成功地监测了其中 *Thauera* 属细菌种类在扰动影响下的变化,并在分离一个焦化废水

处理装置中的 *Thauera* 属细菌时先筛选出合适的培养基和培养条件,采用了之前建立的以 *Thauera* 特异性 PCR 为指导的方法,成功分离得到了三株 *Thauera* 属细菌。

随着分子生物学的不断发展,高通量技术的革新,能够在分子生物学的协助下将序列相关的信息应用指导特殊微生物的分离,对难分离培养的微生物的分离是一个值得尝试的方法。

2019 年发表在《自然生物技术》(*Nature Biotechnology*)的一篇论文,通过反向基因组学的方法,分离获得了 5 株未被培养过的新微生物菌株。作者首先从 *Saccharibacteria* 中挖掘单细胞基因组数据,寻找预测编码膜蛋白的基因,这些膜蛋白具有 *Saccharibacteria* 中常见但其他细菌中不存在的序列。接下来,他们对候选膜蛋白进行了建模,并确定了蛋白的胞外区序列,并以此指导用来产生抗体的短肽的合成,然后免疫动物获得抗体,并对抗体进行荧光标记。两种不同的标记抗体与人类唾液样本孵育后,接合了样本中的 *Saccharibacteria* 菌,使用细胞分选仪将带荧光的 *Saccharibacteria* 菌细胞分选到补充了葡萄糖、酪蛋白氨基酸和羊血的黏蛋白琼脂平板上。生长的菌落使用 16S rRNA 扩增子测序进行分析。有些菌落同时含有 *Saccharibacteria* 菌和放线菌。分类标记和显微镜观察表明,培养的 *Saccharibacteria* 菌是共分离放线菌细胞的表生菌,由此获得了必须依靠共生的 *Saccharibacteria* 菌家族的 5 个新菌株。

12.10.2.4 单细胞操纵分离方法

采用各种显微单细胞操作的仪器在微生物分离中代表了一类依靠机械与物理而非生物的分离方法,这些方法大部分是直接分离挑选得到单个的微生物细胞用于后续的培养与分析。

最为直接的方法为机械显微操作和光学显微操作法。机械操作时多采用适当孔径和倾角的毛细管吸取在盖玻片上充分分散的细胞,转移后用于后续处理;而光学显微操作则利用微生物细胞在激光照射下受到的散射力(scattering force)和梯度力(gradient force)达到平衡而能够在激光束束下被移出分离。

然而,这些直接分离单细胞的方法还存在着一些问题,比如在利用激光分离时选用的激光的强度、波长等必须合适,以免对细胞造成损伤而影响其生长,同时,上文也提到过,细胞在生长时可能会需要细胞与细胞之间的信号分子的交流,获取了单个细胞而缺少这些必要因素的话可能还是会导致后续培养的失败。

12.10.2.5 其他特定类型细胞的分离方法

微生物细胞可以被看作是一种胶体,由于不同微生物各自独有的特征,其外表面所带电荷也各不相同。因此,可以在合适的条件下,通过毛细管电泳法对不同的微生物活体细胞进行分离。西蒙内特(Simonet)等人总结了利用毛细管电泳方法进行微生物的分离,包括各种缓冲液的选择和条件的优化等。然而值得注意的是,要想高效地把微生物分离出来,其前提是知道它的带电特性,因此从复杂的环境微生物群落中分离特定微生物显然是比较困难的,这种方法对于已知种类细菌的分离可能会更为有效。

荧光原位杂交可以直观快速地反映出微生物群落中目标微生物的分布,鉴于单纯的荧光探针杂交的效率比较低,可以在其中引入催化信使共沉淀(cAtalyzed reporter deposition,CARD)的过程,利用级联放大的效果而增强荧光信号强度。如,利用土壤基质膜系统培养得到微菌落后,采用 CARD - FISH 的高敏感性对其进行快速实时的鉴定,或通过直接培养,结合 CARD - FISH 鉴定滩涂沉积物中活性硫酸盐还原菌的种类和含量。此方法针对不同的微生物需要,设计不同的探针来杂交,也需要先了解微生物的信息,而且样品中的细胞在经过固定作用后已失活,无法进行后续的分离培养。但是,FISH 或 CARD - FISH 结合流式细胞分选技术,可对特定的微生物类型的细胞进行分离,此时,虽然无法获得纯培养的菌株,但是可以通过基因组学研究了解该类微生物的代谢等功能机制。

　　被特定抗体包被的磁珠与样品混合,若有特定抗原存在则可以形成菌体-免疫磁珠复合物,在适当的磁场条件下即可被分离出来,这种方法被称为免疫磁分离技术(immuno magnetic separation)或称免疫捕获技术。如将免疫磁分离技术与实时荧光定量 PCR 结合起来分析牛肉糜中 *E.coli* O157：H7 的含量,能够充分保证分析的高效、特异且定量。这种技术还可用于家禽环境样品中沙门氏菌的监测,相对于传统的培养检测方法,不仅大大缩短了检测时间,同时也节省了培养所用的平板、培养基等材料。目前免疫磁分离技术因其高效与特异的特征而广泛用于食品中病原菌的检测与分离,如何将其转化引入环境未培养微生物的分离与培养,值得进一步研究。

　　难培养微生物的培养是微生物生态学研究的重要一环,对认识微生物的功能和资源的利用具有重要的意义。这些微生物的培养可以通过多种策略进行探索,最终找到适合这些微生物生长的特殊条件,从而加以培养。图 12 - 11 对各种不同的培养策略进行了总结。

内圈图例
■ 方法被用于从未培养的样品中分离或培养无分离物的难培养微生物类群
■ 方法被用于分离已有分离物代表的类群的新菌株
■ 方法仅用于从人工模拟菌群中分离培养某种微生物的原理验证

图 12 - 11　各种不同的培养新策略

12.11 系统生态学与多组学研究方法

微生物在生态系统中往往不是独立的,而是以多个微生物种群形成群落的方式存在,群落中的微生物成员通过代谢物互作等方式形成错综复杂的关系,并形成群落的整体功能,在物质循环和能量转化过程中发挥重要的作用。外界环境因子,如营养来源、pH 值、压力等可以影响群落的组成结构,并进而改变群落的整体功能;而群落整体功能的变化又可以反过来对外界环境产生影响,如重金属污染可以降低土壤中的微生物生物量,但同时又可以逐渐产生一些对重金属耐受的特异性菌株,这些菌株可以减轻重金属对环境的毒性作用。可见,对微生物生态系统的研究不可局限于单个的微生物以及单个的时空节点,必须把目标生态系统内的所有微生物作为整体,并对其随着环境、时空等的变化信息进行综合分析,才能获得全面、客观的认识。因为传统的微生物研究通常是基于对环境中发现的感兴趣微生物进行纯化培养后,再借助一系列微生物学或分子生物学手段进行这些微生物特定功能的研究,然而很多微生物在环境中的量低,而且往往是以与其他有机体共生的状态存在的,这不仅给分离培养增加了很大难度,而且即使纯化得到了该菌株可能也不能对其在生态环境中发挥的作用有全面的认识。

微生物系统生态学就是用系统生物学的分析方法研究微生物群落中的成员组成、结构、功能以及动态变化过程,探究微生物成员间的互作方式及其与环境的相互影响规律。微生物系统生态学的方法学研究强调微生物生态系统是一个整体。对一个微生物群落来说,由于不同的生物区域或生物过程可以体现出不同的生物信息,如微生物组包含了生态系统中所有的微生物及其遗传信息,代谢物组则包含了微生物在生命活动中产生的所有低分子代谢物,因此通过多方位的生物区域或生物过程信息可以更完整地反映该生态系统的特点。

随着测序技术的不断革新和发展,特别是宏基因组和单细胞基因组技术的应用,以及相关生物信息学分析工具的完善,基于严格的质控和相关技术的联合应用,让我们能够获得宏基因组组装的基因组(metagenome-assembled genomes,MAGs)和单细胞基因组(single amplified genomes,SAGs)。通过这些方法可以从环境中得到部分未培养微生物的基因组信息,并探索其代谢潜能,有利于发现全新的生理代谢功能和过程,进而完善对生态系统过程及功能的了解;同时还有助于拓展对微生物多样性的认识,有利于重构生命之树,解析生命起源及其进化历程。

随着基因组学、转录组学、蛋白质组学以及代谢组学等多组学研究体系的快速发展,多组学分析技术作为系统生物学基本的研究方法在微生物系统生态学研究中已被广泛使用。在实际应用中,需要综合考虑多重因素,包括研究目标、样本特点以及研究经费等,来进行适当的实验设计。合理地采用多组学分析技术,并且恰当地运用数据分析方法,是确保能够经济、高效且完善地完成研究任务的关键。

本小节将从实验设计、多组学分析技术以及多变量统计分析方法三个方面对微生物生态学的应用技术进行概述。

12.11.1　实验设计

实验设计是一件很复杂的事情,但是它是系统生态学研究至关重要的一环。首先,实验设计需要有明确的研究目标。研究者要清楚即将开展的研究是为了解决或回答什么科学问题。之后,再考虑研究实施的方式和实验对象。系统生态学研究常采用横断面或者队列研究的方式。横断面研究多用于在同一时间点对两组或两组以上的群体进行比较,寻找群体间的差异,如通过对一个儿童群体横断面研究中轮状病毒感染儿童和健康儿童的拟杆菌组分结构差异分析,发现了与轮状病毒感染相关的三个重要菌群。队列研究则多用于对同一群研究对象进行多个连续时间点的观察,评判某种因素对研究对象的影响并探究其可能的作用机制。例如,在用高纤维膳食干预 2 型糖尿病患者的过程中,通过不同时间点采集的肠道菌群和代谢物的关联分析,发现患者健康状况的改善和高纤维膳食选择性促进部分短链脂肪酸的菌株有密切关系。此外,随机化盲法实验也是常用的一种研究设计,主要用于研究因果关系或评价某种因素的干预效果。

在研究对象的决策方面,实验设计需要根据研究目标选取合适的研究对象和测量变量,并对样本量进行估算。系统生态学的研究一般都会涉及大数据的采集,花费的时间长,人力和经费消耗大,一个好的实验设计有助于更经济地获得可靠的实验结论,达到事半功倍的效果。

12.11.2　多组学分析技术

基因组、转录组、蛋白质组和代谢物组作为系统生物学的四大重要组成部分,使我们能够了解生命体从基因开始,到基因表达,到蛋白质表达,以及分泌小分子代谢物的整个过程。本小节将针对微生物基因组学、微生物转录组学、蛋白质组学以及代谢组学等多组学技术在微生物系统生态学的应用特点进行简要概述。

微生物宏基因组学(metagenomics)是研究特定生态系统中所有微生物及其遗传信息的学科,它是进行微生物生态系统研究的基础。微生物的研究在过去很长的一段时间里主要依赖实验室培养,不但耗时、费力、费钱,而且相当多的微生物因为难以掌握适当的培养条件,导致无法培养出来,极大地局限了对微生物群落的认知。新一代测序技术(next-generation sequencing technology,NGS)和计算工具的崛起对微生物基因组学的发展起到了至关重要的作用。人们不需要对样本进行实验室培养,直接对样本中提取的 DNA 进行高通量测序,通过已知微生物数据库的信息比对,即可估算样本内的微生物组成结构和功能信息。

微生物基因组的测序方法主要包括扩增子测序和宏基因组测序两大类型。扩增子测序通常针对特定靶基因区域,如 16S rRNA、18S rRNA 和 ITS 等区域选定通用型引物进行 PCR 扩增,将捕获到的目的 DNA 片段进行富集后再行测序。扩增子测序通过检测目的区域的变异和丰度,获取样本的微生物组成和结构信息,可用于多样性分析,并且多用于群落结构差异比较以及重要差异微生物的寻找。扩增子测序的价格相对较为便宜,并且对后续数据分析的算力以及分析技能要求不高,因而被广泛使用。但是扩增子测序的局限性也是显而易见的。首先,受测序区域的限制以及测序长度的限制,扩增子测序不能提供准确的功能信息,并且其分辨能力有限,有相当多的种甚至属水平的菌株在测序区域有相同的序列,导致无法区分。其次,由扩增子测序获取的群落组成结构还可能受 PCR 扩增中引物的偏好性、目标片段的拷贝数等因素的影响,造成偏差。另外,由于不同域的生物(如细菌和真菌)需要不同的引物及 PCR 扩增条件,扩增子测序不能对含有多个域的微生物混合样本进行同时测序,给定量带来偏差。扩增子测序这些局限性对后续使用多变量分析寻找重要的群落差异有较大的影响。

宏基因组测序又称全基因组鸟枪测序,它不需要 PCR 扩增就可以一次性同时获取样本中所有微生物成员(如细菌、真菌和病毒等)的组成、结构和功能信息。微生物群落宏基因组测序数据的分析主要有两种方式,一种是将测序短序列与数据库的参考序列直接进行比对,另一种是对短序列从头组装后再进行分析。两种方式相比较,序列直接比对的方式比较节省算力,对样本中低丰度的微生物成员具有较好的检出能力,但是不能准确做到功能与菌株的对应。而从头组装的方式不但可以在菌株水平进行对应的功能分析,还可以发现数据库中没有的新成员及其潜在功能特性。从头组装的方式在菌株的检出能力方面受测序深度的影响较大,一些中低丰度的菌株由于序列数目不足会造成组装质量不高甚至难以检出等问题。对于时空序列样本的研究,由于研究重点是寻找与时空变化相关的微生物,因而有的方法会既不先行比对,也不先行从头组装,而是依据随时空变化的相关性,对拼接的 contig 进行聚类,从中选取相关性较高的聚类后,再对每个聚类进行单独的微生物分类判定、组装以及功能分析。这种方法对目标微生物的选择性较强,并且可以较好地减少非相关微生物序列片段对组装的干扰。

微生物转录组学(metatranscriptomics)是研究特定生态条件下微生物全部基因组的转录本及其转录调控规律的学科,它以微生物的全部 RNA 为研究对象,通过 RNA-seq 高通量测序技术捕获基因的表达情况以及功能信息。由于微生物转录组学检测的是 RNA 转录物而不是 DNA,因此其识别的是生态系统内在特定时间点有活性的微生物成员,能更好地提供群落的基因动态变化信息以及群落成员的互作信息。在实践应用中,常将环境因子的变化与整个群落的基因表达变化之间进行关联或者差异判别分析,用于明确与环境变化相关的关键功能信息以及关键群落成员。

蛋白质是生命活动的直接执行者,蛋白表达的差异往往预示着某种生物功能或者生物机制的改变。蛋白质组学(proteomics)是以蛋白质组(proteome)为研究对象,通过分析特定条件下生态系统内基因组表达的蛋白质产物的状况,如蛋白质组分、表达水平与修饰状态等,了解蛋白质活动规律的学科。蛋白质组学常用来探究蛋白质间的相互作用,揭示环境因子对细胞代谢的影响及其作用机制。

蛋白质组学优于转录组学之处在于它可以直接提供蛋白质的信息,常作为转录组学和其他组学的补充。蛋白质组学的分析分为靶向和非靶向两种方式,前者是对特定的目标蛋白质进行研究,后者则是尽可能对体系内的所有蛋白质进行研究。质谱技术是进行蛋白质组学分析的最常用手段,它先对样本内的分子进行离子化处理,然后根据分子的质荷比(m/z)差异,分离这些离子化分子并确定其分子量。质谱技术可以提供蛋白的鉴定以及定量的信息,具有灵敏度高、分子量检测范围广、高通量,以及检测快速等特点,但在定量的重复性以及准确性方面还有待技术的进一步提高。市场上可供选择的质谱仪器品种繁多,各有优缺点,需要依据研究目的进行适当选择。目前液相色谱串联质谱技术(LC‐MS/MS)多用于非靶向的蛋白质组定性和定量分析,蛋白质组的鉴定则多使用电喷雾质谱(ESI‐MS/MS)和基质辅助激光解析/电离飞行时间质谱(MALDI‐TOF‐MS)技术。

蛋白质组学数据库是蛋白质组学研究的基础。权威的数据库包括 UniProt 的 SWISS‐PROT 数据库,其收录的蛋白都是经过了人工验证的;此外还有结构蛋白质数据库 PDB 以及蛋白质相互作用数据库 STRING 等,它们提供了蛋白质的鉴定以及功能研究的信息。同时,生物信息学和数据分析软件是蛋白质组学研究必需的工具,在质谱数据的预处理、基于数据库比对的蛋白质鉴定及搜索以及基于定量的差异蛋白质分析等方面起着重要的作用。

代谢产物是基因表达的最终产物,反映着机体内代谢的状态和功能。代谢组学(metabonomics/metabolomics)是对某一生物或细胞在特定生理时期的小分子代谢物组(metabolome)进行定性定量分析的学科。代谢组学作为系统生物学的重要组成部分,位于系统生物学的下游,常作为基因组和其他组学的补充。

同蛋白质组学一样,代谢组学的分析也分为靶向和非靶向两大类型。靶向代谢组学针对特定的某一类代谢物进行分析,检测目标明确,具有较好的定性定量能力。非靶向代谢组学则是尽可能发现所有的代谢物,虽然其灵敏度相对较低,但是检测范围广,具有发现新代谢物的能力。代谢组学的技术手段以核磁共振(NMR)和色谱质谱联用技术为主。核磁共振的样本前处理简单,不会造成检测的偏向性,可进行物质的定性定量,但是其灵敏度相对较低,检测通量较低。色谱质谱联用技术分为色谱分离和质谱两个阶段,依据色谱分离的方式不同,进一步分为气相色谱质谱联用(GC‐MS)和液相色谱质谱联用(LC‐MS)两大类别,两者在质谱阶段均需要将分子离子化后再进行检测。气相色谱质谱联用(GC‐MS)技术利用气相色谱,依据不同化合物在载气流动相和固定相中分配系数的差异,将样本的各种组分在色谱柱的流动相中进行分离,该方法适用于检测分子量小、易挥发的物质,具有较好的灵敏度和分辨率,但是样本的前处理比较复杂,对样本的要求高。液相色谱质谱联用技术(LC‐MS)则是利用液相色谱将样本的组分进行分离,该方法对样本的前处理较 GC‐MS 简单,适用于不稳定、难挥发的物质,具有较好的灵敏度和分辨率。

在代谢物的定性方面,代谢组学对数据库有很强的依赖性;此外,化学计量学在代谢组学的研究中占据着重要的地位。化学计量学是一门将应用数学、统计学与计算机科学应用于化学测量数据,并从中最大限度提取化学信息的交叉学科。代谢组学的数据分析,从前期代谢物图谱的处理到后期差异性代谢物的发现都离不开化学计量学方法的运用。

12.11.3　多变量统计分析方法

在系统生态学研究中,无论是采用单个的组学数据还是多个组学数据的联用,由于这些数据大多通过高分辨率的仪器获取,测得的数据往往都是高通量的,即每一个观测样本都含有成百上千甚至更多的测量点;而由于实验样本的收集难度及成本原因,总体的样本数常常远远少于测量点,并且样本间的生物差异也较大。组学数据的这种复杂性,使得传统的数据统计方法已无法满足从数据中提取生物和化学信息的需求,多变量的统计分析方法因此得到快速的发展与运用。

在系统生态学研究中常用的多变量统计方法有两大类：模式识别与分类、关联分析法。模式识别主要用于判别不同群体间是否存在差异以及造成差异的自变量有哪些，可分为无监督和有监督两种方式进行。无监督的模式识别利用聚类分析法，或者将高维数据投射到低维空间来对样本进行分类。无监督模式识别无须对样本的类别有事先的认知，可以无偏见地观察样本在投射空间/平面的分布，主成分分析和聚类分析是最常用的无监督方法。如果预先设定特定的类别各自应含有哪些对象，则可以使用有监督的方法来判断不同类别间是否真正存在差异并找出差异变量。已开发的有监督方法众多，常用的有判别分析（如偏最小二乘判别分析 PLS‐DA、冗余分析 RDA、线性判别分析 LDA）、多变量方差分析（MANOVA）、决策树（decision tree）以及神经网络（neural network）等等。关联分析法是指利用线性或非线性方法对不同数据组中的变量或同一数据组中的不同变量建立相关关系，常用于解析变量间的互作关系，如在对一个四世同堂 7 名家庭成员的样本分析中，通过对 PCR‐DGGE 肠道细菌组成谱与尿液代谢物核磁共振图谱采用正交偏最小二乘关联分析法（OPLS），将两者的变化进行关联，发现并鉴定出 10 种与宿主代谢密切相关的重要肠道细菌类型，提示肠道菌群与宿主在代谢水平上存在互作。关联分析法通常会对高通量数据进行筛选，仅对相关性高的变量建立关联关系，OPLS、随机森林、机器向量学习等是较为常用的方法。关联分析法产生的结果常通过 Cytoscape 等可视化软件将所有相关的变量及它们之间的关联关系以网络的形式展现出来，方便系统观察。

12.11.4　多组学在微生物生态学未来应用的展望

多组学技术正在变得越来越好用，首先是获取数据的仪器在持续地提高其测量通量、分辨率、准确性以及灵敏度，且使用价格越来越被接受；其次是多组学技术依赖的数据库在快速扩容，可以获得更多、更可靠的信息；最后是出现了大量的数据解析及可视化软件工具，为多组学数据的整合与分析提供了方便。此外，新的组学技术（如空间组学技术）和人工智能领域的新算法（如 AI 深度学习）也在不断涌现。这些改进使得多组学技术在微生物生态学研究中的应用变得更为普及。

多组学技术为我们研究微生物群落的组成和功能提供了多角度的视野，使我们能够更完整、更系统地了解群落成员以及环境间的互作规律。相信未来它能帮助我们更好地实现微生物群落的定向调控，在环境改善、疾病诊断与治疗、药物研发，以及食物发酵等广阔的领域更好地利用微生物。

参考文献

[1] LU J, RINCON N, WOOD D E, et al. Metagenome Analysis Using the Kraken Software Suite[J]. Nature Protocols, 2022, 17: 2815‐2839.

[2] BLANCO-MIGUEZ A, BEGHINI F, CUMBO F, et al. Extending and Improving Metagenomic Taxonomic Profiling with Uncharacterized Species Using MetaPhlAn 4[J]. Nature Biotechnology, 2023(41): 1633‐1644.

[3] PARKS D H, IMELFORT M, SKENNERTON C T, et al. CheckM: Assessing the Quality of Microbial Genomes Recovered from Isolates, Single Cells, and Metagenomes[J]. Genome Research, 2015, 25(7): 1043 - 1055.

[4] BOWERS R M, KYRPIDES N C, STEPANAUSKAS R, et al. Minimum Information about a Single Amplified Genome (MISAG) and a Metagenome-assembled Genome (MIMAG) of Bacteria and Archaea[J]. Nature Biotechnology, 2017, 35(8): 725 - 751.

[5] WESTERMANN A J, VOGEL J. Cross-species RNA-seq for Deciphering Host-microbe Interactions [J]. Nature Reviews Genetics, 2021, 22(6): 361 - 378.

[6] KANEHISA M, FURUMICHI M, TANABE M, et al. KEGG: New Perspectives on Genomes, Pathways, Diseases and Drugs[J]. Nucleic Acids Research, 2017, 45(1): 353 - 361.

[7] ALBOU L P. The Gene Ontology C. The Gene Ontology Resource: 20 Years and Still GOing Strong [J]. Nucleic Acids Research, 2019, 47(1): 330 - 338.

[8] OJALA T, HAKKINEN A E, KANKURI E, et al. Current Concepts, Advances, and Challenges in Deciphering the Human Microbiota with Metatranscriptomics[J]. Trends in Genetics, 2023, 39(9): 686 - 702.

[9] ZHAO L, ZHANG F, DING X, et al. Gut Bacteria Selectively Promoted by Dietary Fibers Alleviate Type 2 Diabetes[J]. Science, 2018, 359(6380): 1151 - 1156.

[10] WU G, ZHAO N, ZHANG C, et al. Guild-based Analysis for Understanding Gut Microbiome in Human Health and Diseases[J]. Genome in Medicine, 2021, 13(1): 22.

[11] LINDON J C. Overview of NMR-Based Metabonomics[M]. Amsterdam: Academic Press, 2017.

[12] TRYGG J, HOLMES E, LUNDSTEDT T. Chemometrics in Metabonomics[J]. Journal Proteome Research, 2007, 6(2): 469 - 479.

[13] SEGERS K, DECLERCK S, MANGELINGS D, et al. Analytical Techniques for Metabolomic Studies: a Review[J]. Bioanalysis, 2019, 11(24): 2297 - 2318.

[14] LI M, WANG B, ZHANG M, et al. Symbiotic Gut Microbes Modulate Human Metabolic Phenotypes [J]. Proceedings of the National Academy of Sciences of the United States of America, 2008, 105(6): 2117 - 2122.

[15] JANSSON J K, BAKER E S. A Multi-omic Future for Microbiome Studies[J]. Nature Microbiology, 2016(1): 16049.

[16] LEWIS W H, TAHON G, GEESINK P. et al. Innovations to Culturing the Uncultured Microbial Majority[J]. Nature Reviews Microbiology, 2021(19): 225 - 240.

[17] LEWIS W H, ETTEMA T J G. Culturing the uncultured[J]. Nature Biotechnology, 2019(37): 1278 - 1279.

[18] RADAJEWSKI S, INESON P, PAREKH N R, et al. Stable-isotope Probing as a Tool in Microbial Ecology[J]. Nature, 2000, 403(6770): 646 - 649.

第13章　微生物生态技术的应用

13.1　废水处理中的生物脱氮技术应用

过量的氮和磷元素排放至自然水体将会导致水体的富营养化,因此从废水中除去氮、磷具有格外重要的意义。生物法脱氮相较于物理化学法具有投资少、效率高、污泥产量少等优点而在实际污水厂中得到广泛应用。生物脱氮是利用硝化细菌在好氧的环境中将氨氮氧化成硝态氮,再利用反硝化细菌在缺氧的环境中将硝态氮还原为氮气最终实现脱氮的目的。

13.1.1　生物脱氮的化学过程

通常情况下,生物脱氮可分为氨化-硝化-反硝化 3 个步骤。由于氨化反应速度很快,在一般废水处理设施中均能完成,故生物脱氮的关键在于硝化和反硝化。废水中存在着有机氮、$NH_3 - N$、$NO_x - N$ 等形式的氮,其中以 $NH_3 - N$ 和有机氮为主要形式。在生物处理过程中,有机氮被异养微生物氧化分解,即通过氨化作用转化为成 $NH_3 - N$,而后经硝化过程转化变为 $NO_x - N$,最后通过反硝化作用使 $NO_x - N$ 转化成 N_2 而逸入大气。

13.1.1.1　氨化作用

氨化作用是指将有机氮化合物转化为 $NH_3 - N$ 的过程,也称为矿化作用。参与氨化作用的细菌称为氨化细菌。在自然界中,它们的种类很多,主要有好氧性的荧光假单胞菌和灵杆菌、兼性的变形杆菌和厌氧的腐败梭菌等。在好氧条件下,主要有两种降解方式:一是氧化酶催化下的氧化脱氨。例如,氨基酸生成酮酸和氨:

$$CH_3CH(NH_2)COOH \longrightarrow CH_3C(NH_2)COOH \longrightarrow CH_3COCOOH + NH_3$$

二是某些好氧菌,在水解酶的催化作用下能进行水解脱氨反应。例如,尿素能被许多细菌水解产生氨,分解尿素的细菌有尿八联球菌和尿素芽孢杆菌等,它们是好氧菌,其反应式如下:

$$(NH_2)_2CO + 2H_2O \longrightarrow 2NH_3 + CO_2 + H_2O$$

在厌氧或缺氧的条件下,厌氧微生物和兼性厌氧微生物对有机氮化合物进行还原脱氨、水解脱氨和脱水脱氨 3 种途径的氨化反应。

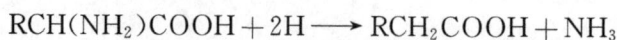

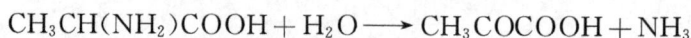

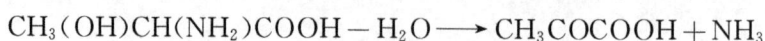

$$RCH(NH_2)COOH + 2H \longrightarrow RCH_2COOH + NH_3$$
$$CH_3CH(NH_2)COOH + H_2O \longrightarrow CH_3COCOOH + NH_3$$
$$CH_3(OH)CH(NH_2)COOH - H_2O \longrightarrow CH_3COCOOH + NH_3$$

13.1.1.2　硝化作用

硝化作用是指将 NH_3 - N 氧化为 NO_x - N 的生物化学反应,这个过程由氨氧化菌(amonium oxidizing microorganisms,AOM)和亚硝酸氧化菌(nitrite oxidizing bacteria,NOB)共同完成,包括亚硝化反应和硝化反应 2 个步骤。该反应历程为

$$亚硝化反应　NH_3 + 3/2O_2 \longrightarrow NO_2^- + H^+ + H_2O + 273.5\ kJ$$

$$硝化反应　NO_2^- + 1/2O_2 \longrightarrow NO_3^- + 73.19\ kJ$$

$$总反应式　NH_3 + 2O_2 \longrightarrow NO_3^- + H^+ + H_2O + 346.69\ kJ$$

氨氧化菌有亚硝酸单胞菌属、亚硝酸螺杆菌属和亚硝酸球菌属。亚硝酸氧化菌有硝酸杆菌属、硝酸球菌属。氨氧化菌和亚硝酸氧化菌统称为硝化菌。发生硝化反应时细菌分别从氧化 NH_3 - N 和 NO_2 - N 的过程中获得能量,碳源来自无机碳化合物,如 CO_3^{2-}、HCO^-、CO_2 等。假定细胞的组成为 $C_5H_7NO_2$,则硝化菌合成的化学计量关系可表示为

$$亚硝化反应　15CO_2 + 13NH_3 \longrightarrow 10NO_2^- + 3C_5H_7NO_2 + 22H^+ + 4H_2O$$

$$硝化反应　5CO_2 + NH_3 + 10NO_2^- \longrightarrow 10NO_3^- + C_5H_7NO_2$$

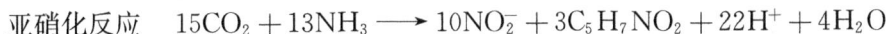

在综合考虑了氧化合成后,实际应用中的硝化反应总方程式为

$$NH_3 + 1.86O_2 + 0.98HCO_3^- \longrightarrow 0.02C_5H_7NO_2 + 1.04H_2O + 0.98NO_3^- + 0.88H_2CO_3$$

由上式可以看出硝化过程的三个重要特征:① NH_3 的生物氧化需要大量的氧,大约每去除 1 g 的 NH_3 - N 需要 4.2 g O_2;② 硝化过程细胞产率非常低,难以维持较高物质浓度,特别是在低温的冬季;③ 硝化过程中产生大量的质子(H^+),造成环境酸化,为了使反应能顺利进行,需要大量的碱中和,理论上大约为每氧化 1 g 的 NH_3 - N 需要碱度 5.57 g(以 $NaCO_3$ 计)。

13.1.1.3　反硝化作用

反硝化作用是指在厌氧或缺氧(DO 为 0.3～0.5 mg/L)条件下,NO_x - N 及其他氮氧化物被用做电子受体被还原为氮气或氮的其他气态氧化物的生物学反应,这个过程由反硝化菌完成。反应历程为

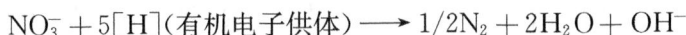

$$NO_3^- \longrightarrow NO_2^- \longrightarrow NO \longrightarrow N_2O \longrightarrow N_2$$

$$NO_3^- + 5[H](有机电子供体) \longrightarrow 1/2N_2 + 2H_2O + OH^-$$

$$NO_3^- + 3[H](有机电子供体) \longrightarrow 1/2N_2 + H_2O + OH^-$$

电子供体可以是任何能提供电子,且能还原 NO_x - N 为氮气的物质,包括有机物、硫化物、H^+ 等。进行这类反应的细菌主要有变形杆菌属、微球菌属、假单胞菌属、芽孢杆菌属、产碱杆菌属、黄杆菌属等兼性细菌,它们在自然界中广泛存在。有分子氧存在时,利用 O_2 作为最终电子受体,氧化有机物,进行有氧呼吸;无分子氧存在时,利用 NO_x - N 进行呼吸。研究表明,这种利用分子氧和 NO_x - N 之间的转换很容易进行,即使频繁交换也不会抑制反硝化的进行。

大多数反硝化菌能在进行反硝化的同时将 NO_x - N 同化为 NH_3 - N 而供给细胞合成之用,

这也就是所谓同化反硝化。只有当 NO_x-N 作为反硝化菌唯一可利用的氮源时 NO_x-N 同化代谢才可能发生。如果废水中同时存在 NH_3-N,反硝化菌有限地利用 NH_3-N 进行合成。

13.1.1.4　同化作用

在生物脱氮过程中,废水中的一部分氮(NH_3-N 或有机氮)被同化为异养生物细胞的组成部分。微生物细胞按细胞的干重量计算,微生物细胞中氮含量约为 12.5%。虽然微生物的内源呼吸和溶胞作用会使一部分细胞的氮又以有机氮和 NH_3-N 形式回到废水中,但仍存在于微生物的细胞及内源呼吸残留物中的氮可以在二沉池中得以从废水中去除。

13.1.2　生物脱氮工艺介绍

13.1.2.1　传统脱氮工艺

传统的生物脱氮工艺基本原理是在二级生物处理过程中,先将有机氮转化为氨氮,再通过硝化菌和反硝化菌的作用将氨氮转化为亚硝态氮和硝态氮,最终通过反硝化作用将硝态氮转化为氮气完成脱氮。

三段生物脱氮工艺是将有机物降解、硝化作用,以及反硝化作用 3 个阶段独立开来,每一阶段后面都有各自独立的沉淀池和污泥回流系统。第一段曝气池的主要作用是代谢分解有机物,并使有机氮氨化。第二段硝化池主要进行硝化反应,将氨氮氧化,同时需投加碱度以维持一定的 pH 值。第三段是反硝化反应器,硝态氮在缺氧条件下被还原为 N_2 或 N_2O,安装搅拌装置使污泥混合液呈悬浮状态,并外加反硝化反应所需的碳源。

A/O 生物脱氮工艺将缺氧段置于系统前端(图 13-1),其发生反硝化反应产生的碱度能够少量补充硝化反应之需。另外,缺氧池中反硝化反应以原废水中的有机物为碳源可以减少补充碳源的投加量。通过内循环将硝化反应产生的硝态氮转移到缺氧池进行反硝化反应,硝态氮中氧作为电子受体,供给反硝化菌的呼吸作用和生命活动,并完成脱氮工序。在 A/O 生物脱氮工艺中,硝化液回流比对系统的脱氮效果影响大。若回流比控制过低,则无法提供充足的硝态氮进行反应,使硝化作用不完全,进而影响脱氮效果;若回流比控制过高,

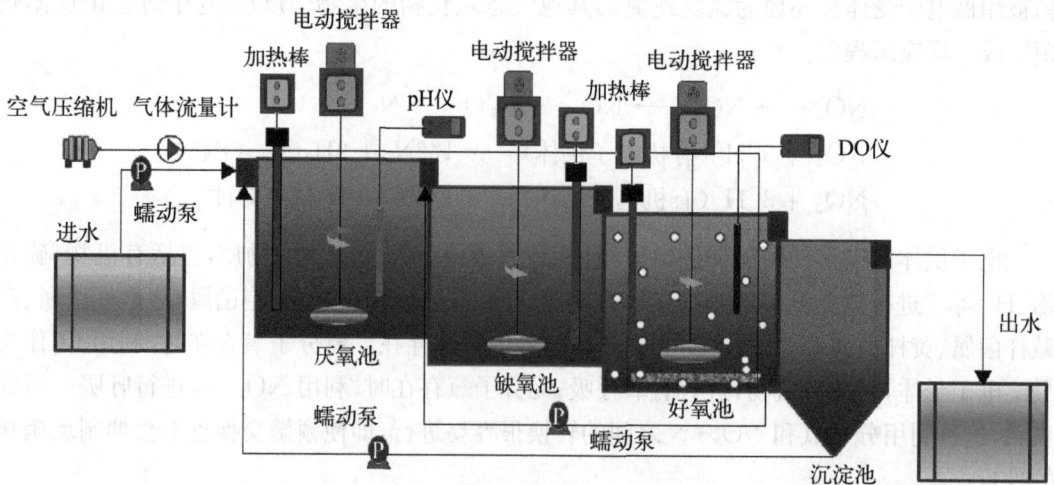

图 13-1　A/O 生物脱氮工艺流程

则导致硝化液与反硝化菌接触时间减短,从而降低脱氮效率。因此,在实际的运行过程中需要控制适当的硝化液回流比,使系统脱氮效果达到最佳水平。

另外一种传统工艺是 SBR 脱氮工艺。SBR 脱氮工艺与 A/O 工艺相比,其运行方式有所不同,但在脱氮反应机理上基本与 A/O 生物脱氮工艺一致。SBR 工艺为间歇的运行方式,采用一个独立的反应池替代了传统的由多个具有不同功能的反应区组合而成的 A/O 生物脱氮反应器。SBR 脱氮工艺以时间的交替方式实现了缺氧/好氧环境,取代了传统空间上的缺氧/好氧,因其具有简单的结构和灵活的操作方式而备受研究者的关注和研究。

分子生物学方法已成为研究污水生物脱氮过程中微生物作用的主要技术之一。随着 16S rRNA 基因测序、宏组学方法的引入,研究人员对污水处理厂中微生物群落组成和多样性进行了广泛研究。变形菌门(Proteobacteria)、拟杆菌门(Bacteroidetes)、放线菌门(Actinobacteria)、厚壁菌门(Firmicutes)和疣微菌门(Verrucomicrobia)是活性污泥体系中丰度较高的细菌门,绿弯菌门(Chloroflexi)、酸杆菌门(Acidobacteria)和浮霉菌门(Planctomycetes)等丰度有所下降;主要的细菌属包括硝化螺菌属(*Nitrospira*)、索氏菌属(*Thauera*)、亚硝化螺菌属(*Nitrosospira*)、拟衣藻属(*Dechloromonas*)、烟杆菌属(*Ignavibacterium*)、亚硝化单胞菌属(*Nitrosomonas*)、不动杆菌属(Acinetobacter)和丛毛单胞菌属(*Comamonas*)等。与氮代谢相关的微生物中,反硝化相关基因序列数最多(76.74%),其次是氨化(15.77%)、固氮(3.88%)和硝化(3.61%);也有研究表明,活性污泥中与反硝化相关的基因(膜接合/周质硝酸盐还原酶基因 *narG*/*napA*、亚硝酸盐还原酶基因 *nirB* 和一氧化氮还原酶基因 *norB*)序列在 DNA 和 cDNA 数据库中均占主导地位,而硝化相关基因(氨单加氧酶基因 *amoA* 和羟胺氧化还原酶基因 *hao*)也以相对较高的水平表达。

氨氧化细菌 AOB 包括亚硝化单胞菌属(*Nitrosomonas*)、亚硝化螺菌属(*Nitrosospira*)、亚硝化弧菌属(*Nitrosovibrio*)、亚硝化叶状菌属(*Nitrosolobus*)和亚硝化球菌属(*Nitrosococcus*),其中污水处理厂最常见的 AOB 是 *Nitrosomonas* 和 *Nitrosospira*。AOB 几乎存在于所有污水处理厂中。

近年来,污水处理过程中一种新型生物脱氮工艺——部分亚硝化-厌氧氨氧化(partial nitrition-anammox, PN/A)工艺由于其不可替代的优越性得到研究学者的广泛关注。在 PN/A 工艺运行过程中,AOB 为 Anammox 菌提供反应所需的亚硝氮,为实现高效经济的生物脱氮提供了保障。然而,使 AOB 在 PN/A 工艺运行过程中保持稳定作用仍具有挑战性,AOB 同时受到溶解氧(dissolved oxygen, DO)、曝气速率、污泥停留时间(sludge retention time, SRT)和温度等环境因子的影响。采用 PN/A 工艺序批式反应器(sequencing batch reactor, SBR)处理高盐高氨氮废水时发现,微生物群落组成结构、功能基因及相互作用会显著影响氮去除效率和 N_2O、NO 排放性能。虽然 AOB 可在低 DO,高 pH 值(7.0~8.5)条件下生存,但在实际高氨氮废水处理过程中仍会有亚硝酸盐累积不充分、异养菌大量繁殖等问题,并且不同种类微生物之间相互作用(如竞争、互惠共生和协同作用等)还需借助分子生物学技术来进一步探究。

污水处理厂活性污泥系统内 AOB 对污水中氨氮氧化成亚硝氮过程的贡献远高于氨氧化古菌(AOA),但 AOA 对极端条件的适应性要强于 AOB。近年来,有研究证实了在土壤海洋环境生态系统中 AOA 含量和古细菌 amoA 基因丰度高于 AOB,并在温泉和淡水系统中普遍存在。AOA 在氨限制条件下能适应环境。越来越多的研究表明,AOA 在污水生物脱氮过程中可能发挥着重要作用。因此,对 AOA 在污水处理厂的高度富集、代谢机理及其在不利条件下的生存机制应予以重视。

目前研究认为亚硝酸氧化细菌 NOB 分为 4 个系统发育不同的类群:硝化球菌属(Nitrococcus)、硝化杆菌属(Nitrobacter)、硝化螺菌属(Nitrospira)和硝化刺菌属(Nitrospina)。在污水处理厂中发现 NOB 优势属是 Nitrospira 和 Nitrobacter,而且 Nitrospira 相比 Nitrobacter 更具代谢多样性,是污水处理厂存在的主要 NOB。NOB 的丰度受 DO、温度、pH 值和 SRT 影响较大。

近年分子生物学分析结果表明,NOB 具有较多样的代谢途径,除了将亚硝酸盐转化为硝酸盐,还具有编码氰化酶(可将氰酸盐转化为 NH_3 和 CO_2)、尿素转运蛋白和胞质尿素酶的基因及降解尿素的能力,从而进一步与 AOB 相互作用产生新的"互惠取食效应"。亚硝氮氧化并不是 NOB 的主要代谢方式,还具有其他生存机制,这也取决于其生存条件。随着 PN/A 等新型自养脱氮技术研究的推进,近年关于 NOB 的研究则主要致力于自养反应体系中 NOB 抑制策略。NOB 和 AOB 的环境耐受性有所差异,通过调节 pH 值和 DO 等环境因子可实现有效的 NOB 抑制。

在污水生物氮去除过程中,与常规硝化工艺相比,提高 AOB 和 AOA 活性、抑制 NOB 增殖,从而将硝化反应控制在部分亚硝化阶段,具有显著优势:① 减少 40% 化学需氧量(chemical oxygen demand,COD)、亚硝氮生成量增加 1.5~2.0 倍;② 节省 25% 耗氧量、减少 300% 污泥生成、CO_2 排放量降低 20%。近年来,关于部分亚硝化研究也逐渐增多,其中 PN/A 工艺和短程硝化反硝化工艺适用性的探索已逐步成为热点。因此,如何利用分子生物学方法揭示 AOB 和 AOA 微生物的活性维持技术、NOB 抑制机理、微生物之间的交互作用、反应过程中代谢途径和调控机制将成为后续研究重点。

完全氨氧化菌(Comammox)能够独立执行整个硝化过程,将氨直接氧化成硝酸盐(图 13-2)。奥地利 Daims 等发现 Comammox 菌来自 Nitrospira,并于 2015 年分离出了第一株 Comammox 菌 Candidatus Nitrospira inopinata。随后,Ca. Nitrospira nitrosa、Ca. Nitrospira nitrificans 和 Nitrospira sp. strain Ga0074138 被相继报道,同时 Lawson 等证实了所有已知 Comammox 菌都属于 Nitrospira Ⅱ亚分支,其基因组均含有参与氨和亚硝氮氧化过程的功能基因。Comammox 菌的发现改变了学界对硝化过程的认识,在污水生物除氮方面有一定应用基础,但是其在废水处理领域的作用还尚待研究,与其他微生物之间的相互作用及调控机制还需进一步探究。

硝化与反硝化反应的进行存在相互制约的关系;在有机物大量存在的情况下,自养硝化菌对氧气和营养物的竞争力不如好养异养菌,无法占据主导地位;反硝化需要有机物作为电子供体,但是好氧过程去除了大量的有机物,导致反硝化过程中碳源缺乏,所以为平衡两单元的不同需求,发展出多种生物脱氮方法相结合的工艺。

传统的生物脱氮工艺主要依靠调整工艺流程来缓解硝化菌反应环境和反硝化菌反应环境之间存在的矛盾。如果硝化反应阶段在前,则需要外加电子供体如甲醇等物质,提高了运

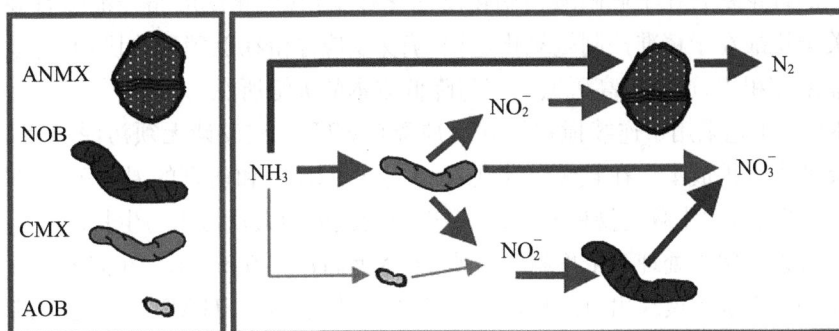

图 13-2　与氨转化相关的微生物的代谢路径

注：ANMX 为厌氧氨氧化菌（ANAMMOX）；NOB 为亚硝酸氧化菌；CMX 为完全氨氧化菌
　　（Comammox）；AOB 为氨氧化细菌。

行费用；如果硝化反应阶段在后，则需要将硝化废水回流，容易产生污泥上浮并且需要提高回流比以获得更高的去除率。这个矛盾在处理氨氮浓度较低的市政废水中尚不明显，但在处理垃圾渗滤液、畜牧废水等高浓度氨氮废水时，极大地限制了系统脱氮效率。

近年来通过理论研究和实践创新，人们发现了一些与传统生物脱氮理论相反的生物脱氮方法，如 SND 工艺、SHARON 工艺、ANAMMOX 工艺、SHARON-ANAMMOX 组合工艺、OLAND 工艺、CANON 工艺。

13.1.2.2　同步硝化反硝化(SND)脱氮工艺

根据传统生物脱氮理论，脱氮途径一般包括硝化和反硝化两个阶段，硝化和反硝化两个过程需要在两个隔离的反应器中进行，或者在时间或空间上造成交替缺氧和好氧环境的同一个反应器中；实际上，较早的时期，在一些没有明显的缺氧及厌氧段的活性污泥工艺中，人们就曾多次观察到氮的非同化损失现象，在曝气系统中也曾多次观察到氮的消失。在这些处理系统中，硝化和反硝化反应往往发生在同样的处理条件及同一处理空间内，因此，这些现象被称为同步硝化/反硝化(SND)。

对于各种处理工艺中出现的 SND 现象已有大量的报道，包括生物转盘、连续流反应器以及序批示 SBR 反应器等等。与传统硝化-反硝化处理工艺比较，SND 能有效地保持反应器中 pH 值稳定，减少或取消碱度的投加；减少传统反应器的容积，节省基建费用；对于仅由一个反应池组成的序批式反应器来讲，SND 能够降低实现硝化-反硝化所需的时间；曝气量的节省，能够进一步降低能耗。因此 SND 系统提供了今后降低投资并简化生物除氮技术的可能性。

13.1.2.3　短程硝化脱氮(SHARON)工艺

SHARON 工艺，全称为短程硝化脱氮工艺，是由荷兰 Delft 技术大学在 1997 年研发的一种高效生物脱氮技术。其核心原理是巧妙地结合了自养型亚硝酸菌与异养型反硝化菌的作用，在同一反应器内分阶段完成脱氮过程。在有氧环境下，亚硝酸菌负责将氨氮(NH_3-N)高效转化为亚硝酸盐(NO_2^-)，随后在无氧或低氧条件下，反硝化菌利用有机物作为能量来源，以亚硝酸盐为目标，进一步将其还原为氮气(N_2)，实现氮的彻底去除。

此工艺的理论基石在于亚硝酸型硝化反硝化技术,其生化反应路径清晰且高效。实现该工艺的关键挑战在于精准控制氨氧化过程,确保反应停留在亚硝酸阶段,并持续维持较高的亚硝酸盐浓度积累,这是提高脱氮效率与降低成本的关键所在。

SHARON 工艺采用了连续搅拌槽式反应器(CSTR),该设计无须污泥停留,有效简化了操作并降低了维护成本。在较短的水力停留时间(HRT)和适宜的温度范围(30~40 ℃)内,通过"洗泥"策略优化微生物种群结构,促进亚硝酸菌的大量富集与生长。

该工艺特别适用于处理高浓度氨氮废水(如浓度高达 500 mg/L),在需要深度脱氨的预处理或旁路处理系统中展现出卓越性能。相比传统脱氮工艺,SHARON 工艺能够显著节省 25% 的供氧量,并减少 40% 的反硝化所需碳源,从而在节能减排、降低成本方面展现出巨大优势。

13.1.2.4　厌氧氨氧化(ANAMMOX)工艺

ANAMMOX 工艺,作为荷兰 Delft 大学在 1990 年代的杰出贡献,是一种革命性的脱氮技术。该工艺在严格的厌氧环境下,利用特定的 ANAMMOX 菌(厌氧氨氧化菌)作为生物催化剂,直接将氨氮(NH_3-N)和亚硝酸盐(NO_2^-)转化为氮气(N_2),实现了氮素的高效去除。这一生化过程不仅简化了传统脱氮路径,还显著降低了能耗和成本。

ANAMMOX 菌作为这一工艺的核心,是一种独特的专性厌氧化学无机自养细菌,其生长速度极为缓慢,实验室条件下世代周期长达 2 至 3 周。这一特性导致厌氧氨氧化过程的生物产量极低,相应产生的污泥量也非常少,从而减少了后续污泥处理的负担。

ANAMMOX 工艺的稳定运行和高效性能受到多种系统环境因素的制约,主要包括反应器内的生物量、基质(即反应物)浓度、pH 值、温度、水力停留时间(HRT)以及固体停留时间等。这些因素对 ANAMMOX 菌的活性和种群稳定性有着至关重要的影响。

相较于传统的脱氮工艺,ANAMMOX 工艺展现出了显著的优势:耗氧量大幅降低 60% 以上,无须额外添加碳源,节省了运行成本;同时,由于无须频繁调节 pH 值,降低了操作复杂性和运行费用。然而,该工艺目前仍面临一些挑战,如尚未实现大规模实用化和长期稳定运行,ANAMMOX 菌的缓慢生长导致启动周期长,以及为维持反应器内足够的生物量而需采取的有效污泥截留措施等。

尽管如此,随着对 ANAMMOX 菌生理生态特性的深入研究和技术的不断优化,ANAMMOX 工艺在废水处理领域的应用前景仍然十分广阔,有望在未来成为高效、低耗、环保的脱氮新技术。

13.1.2.5　亚硝酸型硝化-厌氧氨氧化脱氮(SHARON - ANAMMOX)技术

SHARON 工艺可以通过控制温度、水力停留时间、pH 等条件,使氨氧化控制在亚硝化阶段。目前尽管 SHARON 工艺以好氧/厌氧的间歇运行方式处理富氨废水取得了较好的效果,但由于在反硝化期需要消耗有机碳源,并且出水浓度相对较高,因此目前很多研究改为以 SHARON 工艺作为硝化反应器,而 ANAMMOX 工艺作为反硝化反应器进行组合工艺的研究。通常情况下 SHARON 工艺可以控制部分硝化,使出水中的 NH_3-N 与 NO_2^- 比例为 1∶1,从而可以作为 ANAMMOX 工艺的进水,组成一个新型的生物脱氮工艺,其反应如下式所示:

$$0.5NH_4^+ + 0.75O_2 \longrightarrow H^+ + 0.5NO_2^- + 0.5H_2O$$

$$0.5NH_4^+ + 0.5NO_2^- \longrightarrow 0.5N_2 + H_2O$$

$$0.5NH_4^+ + 0.75O_2 \longrightarrow 0.5N_2 + 1.5H_2O + H^+$$

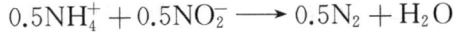

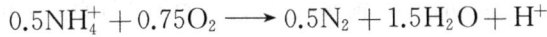

SHARON-ANAMMOX 的组合工艺具有耗氧量少、污泥产量少、不需外加碳源等优点,是迄今为止最简捷的生物脱氮工艺,具有很好的应用前景。

13.1.2.6 限制自养硝化反硝化(OLAND)工艺

根据亚硝酸型硝化—厌氧氨氧化脱氮技术原理,比利时 Gent 大学微生物生态实验室开发出 OLAND 工艺(限制自养硝化反硝化),具有耗氧量少、污泥产量少、不需外加碳源等优点。

OLAND 工艺是限氧亚硝化与厌氧氨氧化相耦联的一种新颖的生物脱氮反应工艺,该工艺分两个过程进行:第一步是在限氧条件下将废水中的部分氨氮氧化为亚硝酸盐氮;第二步是在厌氧条件下亚硝酸盐氮与剩余氨氮发生厌氧氨氧化反应(ANAMMOX),从而去除含氮污染物。其机理是由亚硝化细菌对亚硝酸盐氮催化进行歧化反应。总反应式为

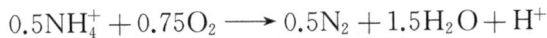

$$0.5NH_4^+ + 0.75O_2 \longrightarrow 0.5N_2 + 1.5H_2O + H^+$$

该工艺的核心技术是在限养亚硝化阶段严格控制溶解氧水平,将近 50% 的 $NH_3\text{-}N$ 转化为 NO_2^-,实现硝化阶段稳定的出水比例($NH_3\text{-}N : NO_2^- = 1 : 1$),从而为厌氧氨氧化阶段提供理想的进水,提高整个工艺的脱氮效率。

相比传统工艺,OLAND 工艺可以省 62.5% 的耗氧量,不需要加入外加有机碳源,产生的污泥量也很少,可有效降低运行成本。与 SHARON-ANAMMOX 组合工艺相比,可节省 37.5% 的能耗,在较低温度($22\sim30\ ℃$)仍可获得较好的脱氮效果,在两阶段悬浮式生物膜脱氮系统中,内浸式生物膜的加入克服了 SHARON-ANAMMOX 组合工艺中生物量流失的缺点,避免了硝化阶段的微生物对厌氧氨氧化阶段微生物的影响,使反应过程更加容易控制,增加了脱氮反应过程的稳定性。

OLAND 工艺在混合菌群连续运行的条件下,尚难以对氧和污泥的 pH 值进行良好的控制,若工艺运行过程中可以通过化学计量方法合理地控制氧的供给,则可有效地控制在亚硝化阶段。同时,该工艺仅在生物膜系统中获得了良好的效果,在悬浮系统中低氧下活性污泥的沉降性、污泥膨胀以及同步硝化反硝化等问题仍有待于进一步研究与完善。在实际应用中,由于厌氧氨氧化阶段的生物量生长非常缓慢,同 SHARON-ANAMMOX 组合工艺一样仍然存在着启动时间长的问题。

13.1.2.7 单级全程自养脱氮(CANON)工艺

1999 年 Third K A 等首先提出,CANON 是一种基于亚硝态氮的单级全程自养脱氮工艺,其理论基础是在一体化反应器体系内同时实现半短程硝化与厌氧氨氧化反应。在生物膜表面或颗粒污泥表面,由于处于低溶解氧环境,部分氨氮在氨氧化菌的作用下被氧化成亚硝酸氮;在生物膜内部或颗粒污泥内部,由于处于厌氧环境,产生的亚硝酸氮和剩余氨氮在厌氧氨氧化菌的作用下反应生成氮气,并产生很少量的硝态氮,从而实现氨氮从废水中的去除。

该工艺去除氨氮的影响因素有温度、DO、pH值、水中游离氨（FA）、有机物、重金属离子、重金属沉淀物等。CANON工艺虽然革新了传统生物脱氮的思路，但要大规模工程化还存在一些局限性。例如启动周期长，厌氧氨氧化反应阶段的功能菌AnAOB增殖缓慢，世代时间为7～14天，是反硝化菌的几十倍，因此富集培养困难，世界上第一个生产性装置启动时间长达3.5年；其次温度要求高，现已报道的CANON工艺基本都是30℃以上，并不是所有废水都能达到该标准，若加热势必会带来能耗增加，运行易失稳，由于亚硝酸盐积累而进行排泥，结果降低了反应器的生物质浓度而造成系统失稳；还会排放温室气体 N_2O。

CANON工艺是迄今为止更为新型的生物脱氮方法，与传统的生物脱氮工艺相较有明显的优势，因而有广阔的应用前景。目前CANON已逐步向实际工程推进，但作为一项新型脱氮工艺，其还存在一些问题尚需改进与解决。

13.2 有机物污染的修复技术应用

环境污染是几十年来全球范围内最关键、最常讨论的问题之一，但为这个问题制定适当的解决方案或补救措施仍处于很不完善的阶段。尽管科学技术取得了重大进步，但世界目前正经历着环境污染的各种不利影响。大规模排放污染物加剧了健康风险和环境退化，对发展中国家和发达国家都产生着影响。根据世界银行的报告，疾病和过早死亡的最大环境原因是污染，为此全球有900多万人过早死亡。这比战争和其他形式的暴力造成的死亡人数高出15倍。

持久性有机化学品（POPs）的污染严重威胁着人类和生态系统的健康。持久性有机污染物的环境修复是一项全球性挑战，通常涉及昂贵、复杂的多步骤过程。迄今为止，修复方法通常涉及一系列处理，包括污染物吸附、解毒和随后的材料降解。

多年来，已经采取了各种物理、化学和热方法来减轻污染或恢复受污染的场地。然而，这些方法的固有局限性和缺点（例如，高成本和有毒中间体的生产）使科学家转向新的环境修复方法，如生物降解或生物修复。这种环保方法利用微生物和植物的自然酶过程（植物修复）或有时两者的结合（根修复）将有毒污染物转化为无害状态。根据应用地点的不同，生物修复有两种类型：异位修复和原位修复。生物修复技术已应用于各种生态系统，如清理地下水、泻湖、污泥、石油泄漏、水流、农业场地，以及回收受重金属、放射性元素、石油和碳氢化合物污染的场地。

13.2.1 微生物在环境污染修复中的作用

重金属污染、农药污染以及石油化工等领域产生的污染在全球范围内引起了越来越多的关注。如今，污染问题已成为人类面临的严峻挑战。随着人口的快速增长，各技术行业蓬勃发展，为满足粮食需求，化肥和杀虫剂的使用量也不断攀升，这无疑给空气、水和土壤等自然资源带来了沉重的环境压力。

大量含有农用化学品、染料、重金属的废弃物，以及工业生产产生的碳氢化合物，正不断被排放到自然环境中。在 20 世纪,随着工业化的增加,固体和液体污染物的排放也达到了临界水平,从而产生了一些严重的污染问题。

周围环境的主要污染源有:① 采矿、金属加工、石化工业和化学加工等工业活动。② 电镀、钢铁制造、皮革鞣制、电子和汽车、制浆造纸、纺织等行业排放的废物。③ 其他活动包括农业实践和大气沉降。

这些人为活动极大地改变了生物地球化学循环,影响了陆地和水生生态系统,从而成为对环境的普遍威胁。污染物释放到自然中时,会对人类、动物、动植物和微生物造成不利影响。除此之外,温室气体、核废料、杀虫剂、重金属和碳氢化合物等污染危害饮用水、食品和空气质量。

修复是运用物理、化学和生物手段,从环境中去除污染物的过程。修复方法能够解决各种污染物来源而造成的潜在损害的问题。"修复"与"恢复"和"复垦"有所不同,目前已被广泛应用的传统修复方法有膜分离、过滤、离子交换、反渗透、电化学处理和吸附等,这些方法可以有效消除环境中的污染物。

20 世纪 70 年代至 80 年代的石油和管道泄漏引发了对微生物降解石油碳氢化合物的大量研究,并首次证明生物修复是恢复受原油产品影响的表层土壤的有力方法。这是一种多学科的方法,它集中推动了微生物学领域的发展。微生物通过将有毒有机化学物质转化为无害的最终产品,即 CO_2 和水,克服污染带来的挑战。微生物能够在地球上的所有地方生存,因为它们具有不同的营养能力和代谢能力。微生物可以生物降解外源性物质,尤其是土壤中的杀虫剂。

13.2.2　生物修复方法的应用案例

污染物修复是采用一种处理或多种处理的组合,去除或减轻污染物对人类和周围的生物造成的不利影响。生物修复是污染物修复众多方法中的一种,涉及通过微生物处理策略解决和消除污染物。生物修复是管理污染土壤、沉积物和地下水的可持续且更环保的方法。生物修复涉及利用微生物代谢和生物酶的作用将污水、生活垃圾、污染土壤和工业废水中的有毒废物转化为毒性较小或无毒的物质。生物修复方法侧重于利用生物的代谢能力,通过以下方法减轻污染物的有害影响:① 将有毒化合物解毒为毒性较小的形式,② 完全降解污染物或者固定污染物;③ 根据污染物的性质和现场条件,生物修复可以分为原地和异位修复。

1) 原位生物修复

"原位生物修复"涉及在自然环境条件下利用微生物的代谢潜力对污染物进行修复,而无须从原始位置挖掘或物理去除受污染的土壤或水。由于不需要将污染物从一个地点运输到另一个地点,其成本效益和干扰最小,使其成为最具吸引力的替代方案。土壤深度是主要的限制因素,因此在少数情况下可以使用。趋化性是原位生物修复方法中的一个重要过程,因为具有代谢趋化能力的微生物可能会转移到受污染物影响的区域。随着微生物细胞趋化能力的增强,原位生物修复将成为未来生物降解危险废物的安全方法。

2) 异位生物修复

"异位生物修复"过程涉及从环境中物理挖掘受污染的土壤或水,然后将其运送到其他地点进行处理。迁地生物修复策略是通过生物降解化学污染物的干预措施来考虑的。不同的技术可以促进原位和异位生物修复方法,如生物反应器、生物堆、土地耕种、生物细胞处理、堆肥、料堆、生物刺激、生物强化、生物通风、生物包装、生物沉降和生物吸附。

(1) 生物反应器。生物反应器基本上是一个容器,为微生物降解污染物的分解代谢活动提供最佳条件。泥浆(含水土壤)或污泥与微生物一起被送入生物反应器,微生物通过一系列代谢反应将污染物转化为毒性较小的形式。需要对受污染的土壤进行预处理,或者在将污染物放入生物反应器之前,可以通过真空提取从土壤中去除污染物。生物反应器有不同的操作模式,即分批、补料分批、序批、连续和多级生物反应器。

(2) 生物桩。这种生物修复方法涉及在地面上挖掘受污染的土壤。提供营养和通气以增加微生物活性,从而改善生物修复过程。

生物制浆为本地需氧微生物提供了有利条件。这是一种不受限制的微生物技术,其中去除的土壤与土壤改良剂混合并放置在处理区,并使用强制曝气进行生物修复。基本的生物桩系统包括处理床、曝气系统、灌溉/营养系统和渗滤液收集系统。控制水分、热量、营养物质、氧气和 pH 值等因素以提高生物降解速率。土堆可以高达 6 m,可以用塑料覆盖,以控制径流、蒸发和挥发。此方法维护和运营成本相对较高。

(3) 土地耕种。在这个过程中,未覆盖的污染土壤在地面上分散形成一层薄薄的土壤。通过提供适当的通气、营养和水分来修复土壤中存在的污染物,从而刺激本土微生物群落的代谢活动。它是最简单的生物修复技术之一,成本低,设备要求低,在土地充足时可以采用。

由于处理地点的不同,它主要被认为是异位生物修复,而在某些情况下,它也被认为是一种原位生物修复技术。为了促进降解,通过定期犁地、耙地或碾磨来增加氧气供应和混合。该污染区域还可进行翻耕,以增强通气性,并确保污染物在上层和下层土壤中的降解和固定。土地耕种法最适合农药污染的土壤的修复。

(4) 堆肥。将受污染的土壤和有机材料的混合物放入堆床上,用微生物对高度污染的场地进行处理,主要用于修复碳氢化合物的污染物。这种特殊的方法,涉及一系列嗜中温和嗜热微生物,并与有机填充剂(如稻草或木屑)混合。桩体通过强制曝气或桩体翻转进行曝气。水分含量、pH 值和营养成分等因素受到控制。在微生物堆肥有机化合物的过程中,温度会因热量而升高,范围可能在 55 ℃ 至 65 ℃ 之间。

机械处理是通过研磨、混合和筛分来完成的,以去除金属、塑料、玻璃和石头等不可降解材料,为可堆肥材料的生物处理提供了良好条件。堆肥中的高底物水平会导致有机污染物的共代谢。

(5) 料堆。添加了改良剂的土壤以长桩的形式分层,称为料堆。首先,将受污染的土壤从现场清除,然后对其进行筛选,以清除大块岩石和废渣。然后将这些土壤转移到堆肥垫上,添加填充剂,如稻草、苜蓿、粪便、农业废物或木屑,以及补充碳源。通过定期翻转制备料堆和商用料堆翻转机的彻底混合物,进一步增强了生物修复。这种对受污染土壤的定期翻转,以及加水,增强了通气性、污染物的均匀分布、营养物质和微生物的降解活性,从而提高了生物修复率。监测湿度、pH 值、温度和污染物浓度等因素。堆肥期结束时,移除料堆,将堆肥运至最终处置区。

（6）生物刺激。在这个过程中,对自然存在的微生物种群进行管理,以监测并提供一个优化微生物生长及其活性的环境。在这个过程中,添加了土壤的营养物质、微量元素中的矿物质、电子的受体或供体以及一些限制因素和修正剂,以增强受污染土壤中各种污染物的生物转化。

（7）生物强化。这种方法包括将特定菌株或微生物群落应用于仅针对特定化合物结构域的污染场地,无论是本地的还是外源的。有两点限制了这种方法中添加的微生物培养物的使用:① 外源培养物必须与本地微生物种群竞争,以获得有用微生物的可持续性。② 本地微生物是有效的降解剂,这些微生物长期接触可生物降解的废物,受到良好驯化。

生物强化通常与生物刺激过程相接合,在污染部位添加适量的水、营养物质和氧气;它增加了添加的微生物的作用或增强了共代谢。

（8）生物通气。该方法包括调节气流,通过向不饱和区输送氧气来刺激本地微生物的活性来增强生物修复过程。生物通风修复的同时,可通过添加氮、磷和水分等营养物质来增强生物修复,最终目标是实现污染向毒性较低状态的生物转化。生物通风利用低速气流以及生物降解所需的氧气,最大限度地减少污染物的挥发和释放。它有利于更简单的有机化合物的去除,可用于土壤表层和地下水深处的污染物的修复。这种方法非常适合从排水良好到质地粗糙的所有类型的土壤。如生物通风通过向土壤中的微生物提供氧气来增强石油润滑油的原位生物修复。在这个系统中,氧气是通过将空气注入土壤的残留污染中直接供应的。典型的生物通气装置包括一口井和一台鼓风机,鼓风机通过井向土壤提供通气。

（9）生物沉降。这种方法结合了真空泵送、土壤蒸汽分离和生物通风,通过间接利用空气诱导污染物生物降解来实现地下水和土壤的生物修复。它还可以用于降解污染土壤中存在的挥发性和半挥发性有机化学物质。在这个过程中,土壤中过多的水分限制了空气的渗透性,降低了氧气的转移速率,从而降低了微生物的活性。

（10）生物填埋。这项技术类似于生物通风技术,因为它通过向土壤的地下层提供曝气,以刺激微生物的活动,从而促进有机污染物从污染场地去除。生物填埋技术的效率主要取决于两个因素,即土壤的渗透性和污染物的生物降解性。这个过程涉及利用当地的微生物来生物降解土壤中的有机污染物。

（11）生物吸附。从生态和实用的角度来看,生物吸附是所有方法中最重要的方法之一,通过使用功能活性位点,包括羧基、咪唑、巯基、氨基磷酸酯、硫酸盐、硫醚、苯酚、羰基、酰胺和羟基部分,结合活的或死的生物质的这些位点,从水溶液中去除金属离子。微生物从其水溶液中与金属结合的能力被称为生物吸附能力。微生物中与金属结合并负责生物吸附的成分称为生物吸附剂。使用微生物对金属的生物吸附受以下参数控制:① 正在进行该过程的生物吸附剂的性质;② 微生物培养的年龄和生物质的特性;③ 金属与生物质细胞壁固有官能团之间发生的相互作用的性质;④ 反应过程中生物吸附剂的浓度;⑤ 待去除金属的性质及其在溶液中的浓度;⑥ 其他环境因素如 pH 值、温度和整个过程中其他阳离子的存在。细菌是极好的生物吸附剂,因为它们具有更大的表面积与体积比,以及较多数量的活性化学吸附位点,如细菌细胞壁的磷壁酸等。

13.2.3 工程菌在修复和污染物检测中的应用

1) 基因工程菌与污染修复

基因工程菌(genetically engineered organisms，GEMs)，属于"转基因生物"(GMOs)，指人类使用分子生物学通过体外技术转化的微生物(细菌、真菌和酵母等)。通过插入基因，单个微生物转化为不同的基因工程微生物。由于生物修复是一种利用微生物或其酶系统降解和去除环境中污染物的过程,因此GEM也可用于此目的。

细菌具有很强的降解环境污染物的能力。能够降解不同污染物(如硝基芳烃、氯芳烃和多环芳烃)的细菌菌株已被证明可利用其代谢能力对污染场地进行生物修复。然而,许多微生物无法分解其中一些最顽固和危险的异生物质化学物质,如强烈硝化或卤化的芳香族化合物、杀虫剂和爆炸物,因为它们在自然环境下是化学惰性的,难以正常分解。组合污染物引起的对微生物种群的毒性,使得微生物生物降解变得困难。为了克服这些限制,已经开发出具有高效分解代谢途径的人工细菌菌株,其生物修复潜力高于其他微生物。最近的科学发现表明,使用基因工程来提高微生物固有的修复能力正变得越来越流行。

在过去的几十年里,基因工程微生物(GEM)在生物降解中的应用一直备受关注,以在体外条件下快速降解有毒废物。GEM具有较高的生物降解能力;因此,它们被用于生物修复过程监测、应变监测、应激反应、终点分析和毒性评估。GEM是一种微生物,其遗传物质已经通过使用统称为rDNA技术的基因工程技术进行了改造。重组DNA技术旨在利用各种技术,包括PCR、原位杂交、反义RNA技术、酶特异性抗体和定点突变,改善微生物的代谢结构,有助于重金属的更高积累或减少其有害影响。其中最常用的方法包括使用单基因或操纵子的工程技术系统、途径的构建和已经存在的基因序列的修饰。

最早进行基因工程改造的菌株是铜绿假单胞菌(NRRL B-5472)和恶臭假单胞菌;这两种微生物都含有萘、水杨酸盐和樟脑的生物降解基因。荧光假单胞菌HK44能够降解萘,是用于生物修复的GEM的第一个例子。分子工具简易酶促生物修复特别适合满足需要快速修复以消除污染物的地方的需求。分子工具不仅通过操纵理化条件来帮助我们提高表达水平。而且可以在生物体的遗传水平上提高酶在许多不同条件下的产量。目前,研究人员可以通过以下方法/策略来切割和插入来改造特定有助于污染物的生物修复的酶的基因:改变酶的特异性和亲和力;改变催化路径与调控;生物过程开发,随后是监管和监测过程;生物亲和性生物报告传感器应用于化学物质传感。

转基因微生物已被证明在有机氯和有机磷污染的生物修复中是有效的。例如,使用转基因恶臭假单胞菌KT2440进行了有机磷酸盐和拟除虫菊酯生物修复。自代谢工程出现以来,各种持久性物质的分解代谢和分解已被报道。假单胞菌WBC-3和日本鞘氨醇菌展示了甲基对硫磷和六氯环己烷降解的生物修复。熏蒸剂有一种长效成分,称为1,2,3-三氯丙烷。在重组的大肠杆菌中,这种化合物通过一种称为异源分解代谢的过程释放到环境中,该过程利用了来自两种不同微生物的酶。另外,通过将有机磷水解酶(OPD)和pnp操纵子编码酶整合到恶臭假单胞菌中,开发了催化对硝基苯酚转化为己二酸酯的代谢途径。

乳红球菌 R7 的 *pobA* 和 *chcpca* 基因簇促进了环烷酸的生物修复。*ali*A1 基因编码一种降解直链和非脂环环烷酸长链的酶。上述技术利用微生物对持久性化学物质进行部分或全部矿化,以减少积聚。用于生物修复的基因组编辑利用了各种 CRISPR-Cas 系统(Ⅰ、Ⅱ和Ⅲ型)。当 Cas9(或 CRISPR 相关)被用作一把分子剪刀时,它能够切割 DNA。CRISPR-Cas9 可用于插入或删除我们希望提高其降解效率的微生物菌株中的感兴趣基因。如使用 CRISPR-Cas9 方法删除 *yvmC* 基因,地衣芽孢杆菌的生物转化效率提高到 100%。

2) 工程菌与污染物检测

修复污染场地的最终目标是将其改造成一个无害、无污染物的场地,以达到未来进一步使用的目的。因此,监测生物修复过程已成为环境研究中不可或缺的一个方面,以评估整体性能并预测其结果。尽管生物修复作为清理受污染场地的环保和高效的工具而受到欢迎,为了成功实施生物修复,监测各级的生物修复过程极为重要。以便为优化生物修复过程提供足够的信息,并评估处理的有效性。

尽管早期用于监测环境修复的分析方法在很大程度上取决于污染物去除的动力学,但多年来,对利用微生物的存活和生物降解能力来量化污染物去除的环保分析工具的应用越来越广泛。在此背景下,微生物的存活率和生物降解能力作为时间的函数已被用于确定生物修复过程的有效性。细胞和分子技术用于评估微生物细胞存活及其活性。这些技术可分为两大类,即培养依赖型和培养非依赖型。依赖于培养的方法仅取决于获得菌落形成单位(CFU)计数,并且经常被用作监测目标微生物的存活。

非培养技术已更多地取代了培养技术,变得越来越流行。为了确定目标生物体的存活率,对从样本中分离的 DNA 进行后续分析(如 southern 印迹杂交、点/槽印迹杂交和 PCR 扩增,后者用于 DNA 定量)。感兴趣的 DNA 序列的阳性扩增表明目标微生物的丰度。

生物传感器(biosensor)是一种分析装置,它使用生物分子或活体来感知目标分子(如糖、蛋白质、激素、污染物、毒素、化合物、抗原、酶、核酸和微生物)。近些年,高精度和选择性生物传感器不断被发现,这些生物传感器可用于各种应用,包括医学诊断、环境监测、药物发现和食品质量监测。与传统方法相比,生物传感器的检测限、选择性、准确性和灵敏度的提高导致了该领域的不断发展,并取得了显著进展,为高通量实时监测目的带来了高灵敏度的生物传感器。

微生物在开发生物传感器方面得到了更多的关注,因为它们有可能靶向各种元素,甚至可以很容易地操纵它们来增强对底物的特异性。众多研究工作的证据表明,与使用植物或哺乳动物细胞和其他类型的生物传感器相比,微生物的基因工程相对容易得多,似乎可以更好地控制和定制,以获得最佳的预期结果。

作为目标分析物诱导的微生物细胞代谢变化的结果,传感元件的基因表达也发生了变化。使用微生物生物传感器检测和/或定量基因以表达这种变化(图 13-3)。生物传感器的传感元件主要由调节基因和生物识别基因/报告基因组成。调节基因基于目标分析物的存在或不存在来控制生物识别元件的差异表达。生物识别基因或报告基因通过将生物反应转化为可检测或可测量的信号来发挥作用。鉴于生物认知基因的表达是由调节基因操纵的,因此可以消除对启动子的需求。因此,基因工程微生物生物传感器的设计可能仅由调节基因和生物识别基因组成。然后,可以通过直接整合到染色体中或通过克隆到适当的质粒载体并将其转化到宿主中,将得到的重组基因克隆到微生物宿主中。在目标化合物或分析物存在的情况下,调节因子释放启动子,启动子进而将报告基因转录和翻译成蛋白质,该蛋白质可以通过电化学、化学发光、比色或荧光信号检测到。根据生物传感器的设计,产生的信号可以是定性信号或定量信号。

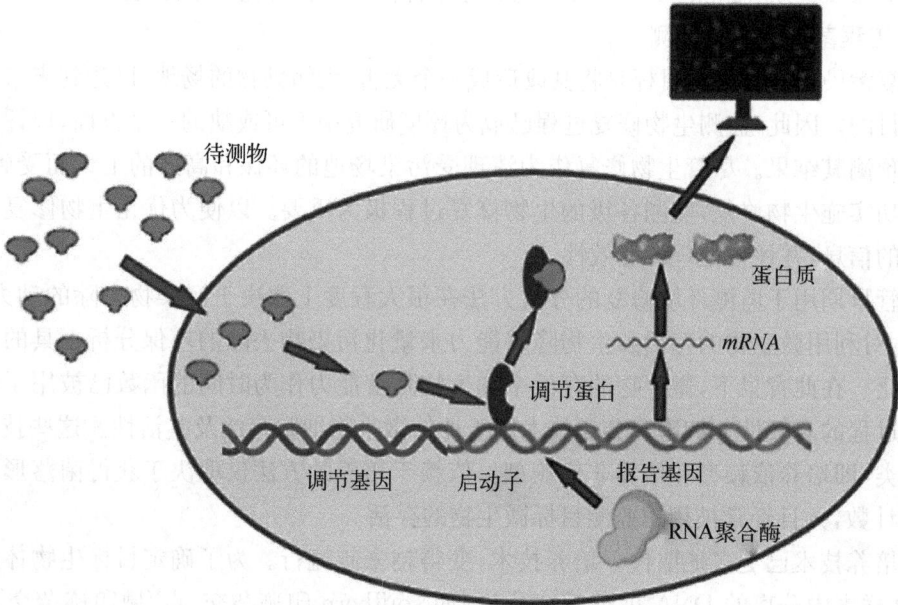

图 13‑3 典型微生物生物传感器机制的示意图

电化学微生物传感器是最广泛使用的微生物传感器类型。在所有可用的微生物传感器中具有最高的灵敏度。它们主要由工作电极、作为检测传感器层的微生物和信号记录设备组成。这些类型的生物传感器利用微生物的呼吸电化学途径。分析物与微生物呼吸途径中的一种成分相互作用,该成分充当电子穿梭器或介质。这种相互作用导致信号传输的抑制,从而导致电化学电位的变化,随后被传感机制检测到。为了提高灵敏度,可以使用外部提供的氧化还原活性介质(可以在电池中进行)通过在系统中转移电子来放大信号。如上所述,电化学微生物生物传感器能够使用生物识别元件提供特定的定量或半定量分析信息,并且可以根据传感器检测信号的机制进行进一步放大。

电化学微生物生物传感器具有简单、便携和成本效益高的优点,已被证明具有识别和分析不同目标化合物的能力。人们已经多次尝试利用电化学传感器的潜力来检测环境中新出现的污染物,包括杀虫剂、抗生素、重金属和全氟化合物。由于电化学生物传感器通常利用微生物的内在电子转移能力,因此可以通过简单地在外部补充电子介质来增强信号,而不需要任何遗传改变。已经构建了各种电化学微生物生物传感器来检测和监测许多环境污染物和参数,包括 BOD、3,5‑二氯苯酚(DCP)和三氯乙烯等毒素、除草剂、药品、Cu^{2+}、Cd^{2+}、Ni^{2+}、Pb^{2+}、As^{3+} 和 Zn^{2+} 等重金属离子,以及硫化物等阴离子。这些生物传感器中使用的微

生物包括 *Shewanella oneidensis*、酿酒酵母、枯草芽孢杆菌、大肠杆菌、紫色色杆菌、硫杆菌和假单胞菌属。最近发现的一组被称为"外电原"的细菌被广泛用于开发电化学生物传感器。外电源具有将电子转移到细胞外的能力。因此,它们的细胞内电化学途径可以与细胞外转导机制联系起来。

在上述的微生物中,大肠杆菌是生物传感器中使用最广泛的生物。一个典型的例子包括开发一种镉传感生物传感器,用于现场监测水、海水和土壤样本的检测。该生物传感器是通过将大肠杆菌的镉响应启动子与编码 β-半乳糖苷酶的无启动子 *lacZ* 融合而设计的。基于 β-半乳糖苷酶活性的电化学测定用于定量镉水平。底物对氨基苯基-β-D-吡喃半乳糖苷(ONPG)酶促转化为对氨基苯酚(ONP)会产生可电化学检测的电流信号。据报道,在厌氧条件下,这种电化学生物传感器可检测到水中低至 25 nM、土壤中低至 5 μM 的 Cd^{2+}。

光微生物生物传感器(optical microbial biosensors)是利用光学原理将生化相互作用转化为可检测输出信号的生物传感器设备。光学微生物生物传感器是通过将微生物识别某种分析物(生物识别传感元件)的能力与光电传感器系统相结合而开发的。视觉信号可以是生物发光、化学发光、荧光或显色检测的结果。通过将报告基因置于分析物特异性启动子的控制下,这两个元件通过基因修饰进行频率耦合。因此,报告基因仅在靶向分析物存在的情况下表达。光学微生物生物传感器具有灵活性和抗电噪声等优点。光纤作为光波导,由于其低成本、小尺寸和灵活的几何形状,在光学微生物生物传感器中得到了广泛的应用。基于光纤的微生物生物传感器可以很容易地带到现场进行现场监测。

光学微生物生物传感器已经过优化,可以监测水体的质量和毒性水平。这些生物传感器可以评估 BOD、汞、钯、砷、铜和锌等重金属、甲醛和甲基对硫磷等有机污染物,以及除草剂和杀虫剂。用于开发此类生物传感器的微生物包括酿酒酵母、大肠杆菌、鞘氨醇单胞菌属、莱茵衣藻和网球藻。例如,利用大肠杆菌开发了一种简单的微生物生物传感器,该传感器利用肉眼检测颜色变化来现场检测水和土壤中的酚类化合物。生物识别是由携带 β-半乳糖苷酶基因的质粒介导的,该质粒与酚反应性 CapR 启动子融合。这种生物传感器对酚类化合物表现出显著的敏感性,可以在 0.1 μM 至 10 mM 的浓度范围内做出反应。

13.3 粪菌移植与疾病治疗

13.3.1 肠道微生物组损伤

尽管饮食、急性疾病或药物的变化会引起随时间的波动,但成年期肠道微生物群的组成相对稳定。多样性测量对于理解群落结构和动态很重要,而多样性测量依赖于细菌物种作为分析的基本单位。给定群落内的多样性(α 多样性)以物种总数(物种丰富度)、物种的相对丰度(物种均匀度)或综合这些维度的指数为特征。相比之下,β 多样性是衡量两个微生物群落之间差异的指标。尽管目前还不可能定义健康的微生物群,但"紊乱的微生物群"的特征是肠道微生物组成的变化和 α 多样性的减少,以及微生物转录组、蛋白质组或代谢组的功能改变。微生物群紊乱与疾病之间具有明确因果关系的典型疾病是艰难梭菌感染(CDI)。慢性疾病大多数具有复杂的病理生理学,但都有一个共同特征是肠屏障功能障碍,这可能导致肠腔内氧张力增加,导致黏蛋白降解以及氧化还原电位和微生物群落结构的改变。这种紊乱的微生物状态被认为促进了肠道炎症。宿主炎症反应的附带损伤包括上皮坏死,这导致磷脂的存在增加,磷脂可被某些微生物用作碳和/或氮源。肠道感染和肠道炎症促进黏蛋白分泌增加,以加速病原体排出并保持黏膜完整性。此外,肠道病原体,如鼠伤寒沙门氏菌和艰难梭菌,可以利用抗生素对固有微生物群的破坏,以及随后肠腔炎症环境中黏膜碳水化合物可用性的变化来扩大和诱导宿主炎症。黏膜缺氧是肠道炎症期间黏液层的另一个特征,肠杆菌通过利用硝酸盐、亚硝酸盐、三甲胺-N-氧化物(TMAO)和富马酸盐在低氧压力下定植肠道的呼吸灵活性。宿主炎症反应触发上皮细胞和中性粒细胞产生活性氮,并有利于大肠杆菌的硝酸盐呼吸。然而,由于发炎组织中的血流量增加,固有层的氧气浓度更高,有利于兼性厌氧菌的定植,防止专性厌氧菌如产丁酸梭菌的增殖。厚壁菌门和拟杆菌门专性厌氧菌的耗竭会导致肠道微生物群紊乱,低丰度分类群或潜在致病菌过度生长,也会促进毒力因子和抗生素耐药性基因的转移。这些变化导致了疾病的发生。

艰难梭菌是一种专性厌氧革兰氏阳性、具有孢子形成能力的杆状细菌。它通过粪口途径和环境在人类和动物之间传播,并可通过产生毒素引起CDI。CDI被认为是肠道微生物群破坏的标志性模型(图13-4)。通常,单独暴露于艰难梭菌孢子不足以引起CDI的临床发作,它常常抗生素的使用导致微生物组的改变而表现。受干扰的微生物组支持艰难梭菌的孢子萌发、促进生长和刺激毒素产生,并改变初级和次级胆汁酸的比例。

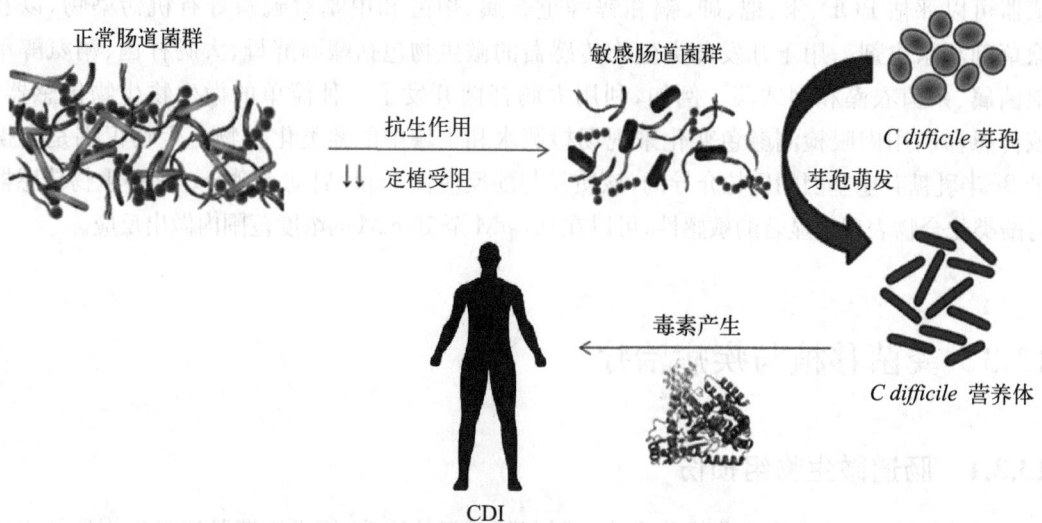

图13-4 肠道菌群与艰难梭菌(*Clostridium difficile*)感染

CDI的发病率在过去20年中明显增加,并已成为医疗系统的一个相当大的负担。根据宿主免疫反应和艰难梭菌核糖型,20%~40%的CDI患者在首次发作后会复发,其中近65%的患者会经历多次复发。复发性CDI患者的治疗是一个很大的临床挑战,因为传统的抗菌药物在很大程度上无法获得不复发的治愈,尽管菲达司明和贝佐托珠单抗的可用性显著降低了复发率。一些实践指南建议以粪菌移植(fecal microbiota transplantation，FMT)预防至少两次复发患者的再次感染，其疗效为 80%～90%。为了适应可能有严重发病或高死亡风险并随后复发的患者，美国胃肠病学会(AGA)的最新指南没有指定两次复发，因为有新的证据支持即使在第一次复发后 FMT 也有临床益处。

FMT 的使用已迅速被接受，主要是因为它在治疗复发性艰难梭菌感染(rCDI)方面取得了成功。来自多个随机对照实验和一个大型病例系列的数据揭示了 FMT 的有效性和安全性。最近对 7 项随机对照实验和 30 个病例系列的系统综述和荟萃分析表明，FMT 优于万古霉素治疗，其有效率高达 92%。研究表明 FMT 优于安慰剂或万古霉素治疗，并且 FMT 在临床上治愈了 91% 未能通过最大限度药物治疗的严重 rCDI 患者。

FMT 的适应证包括标准抗生素治疗后第二次复发后的轻度至中度 rCDI，1 周后对标准治疗无反应的中度 rCDI，以及 48 h 后对标准疗法难治的重度 CDI。

13.3.2　粪菌移植的定义和历史

粪菌移植(fecal microbiota transplantation，FMT)的定义是，将健康人粪便中的功能菌群，移植到患者胃肠道内，重建新的肠道菌群，实现肠道及肠道外疾病的治疗，也被少数人称为 Fecal transplantation、Fecal bacteriotherapy 和 Intestinal microbiota transplantation，可分别译为"粪便移植""粪菌治疗"和"肠菌移植"或"肠微生态移植"。FMT 属于菌群移植技术中的一种。

粪菌移植作为重建肠道菌群的有效手段，已用于难辨梭状芽孢杆菌(*Clostridium diffcile*)感染等多种菌群相关性疾病的治疗和探索性研究，并被认为是近年的突破性医学进展。FMT 已被证明可以用来有效治疗特定状态(或特定类型)的难治性肠道感染、难治性炎症性肠病、癫痫病、肝病、肿瘤合并的肠道疾病、糖尿病合并的神经病变，以及孤独症合并的过敏症等(统称肠道菌群相关性疾病)。

在公元 300 年至 400 年间，东晋时期，葛洪《肘后备急方》(也称《肘后方》)记载，用人粪清治疗食物中毒、腹泻、发热并濒临死亡的患者。述"饮粪汁一升，即活"，可见有奇效。《肘后备急方》是中国第一本急症医学书籍，也是世界上最早记录青蒿作为疟疾患者的"救命草"的文献。用人粪便治疗多种消化道急危重症的应用，在明朝几乎达到极致。李时珍所著《本草纲目》(1596 年出版)，记载用人粪治病的疗方达 20 多种。鉴于粪菌移植的关键原理是移植供者粪便中健康的菌群，所以，发酵粪便的上清液、新鲜粪汁和小儿粪，都可理解为含有健康粪便菌群。

FMT 的状态可分为发酵、新鲜和冻存 3 种形式。粪菌给入途径分为上消化道、中消化道、下消化道 3 种途径。上消化道途径主要指口服粪菌胶囊；中消化道途径包括通过鼻肠管、胃镜钳道孔、经皮内镜胃造瘘空肠管；下消化道途径包括结肠镜、灌肠、结肠造瘘口，以及经内镜肠道植管术(transendoscopic enteral tubing，TET)等。

13.3.3　粪菌移植的实施方法

1) 供体选择

为了最大限度地降低感染或其他疾病传播的风险，潜在捐赠者要接受严格的筛查，包括彻底的病史采集、血清学检测和粪便寄生虫、病毒和细菌病原体检测。尽管各机构之间存在一些差异，但已有公认的严格的捐赠者筛查方案，包括需要对供体进行全面的细菌、病毒和寄生虫检测。

捐赠者粪便由两个来源提供：患者导向的捐赠者和通过粪便库提供的通用捐赠者。患者定向捐赠者由接受者确定，通常是家庭成员，包括配偶、兄弟姐妹、子女或朋友。除非接受者更喜欢饮食和其他特征已知的捐赠者，或者如果接受者担心通用捐赠者中存在的疾病传播因子，否则患者导向的捐赠者的使用频率越来越低。寻找、筛查和检测捐赠者所需的时间，采用基于患者导向的捐赠者粪便分辨方式会导致治疗延误。此外，使用患者导向的捐赠者可能会导致捐赠者感到被胁迫，并有泄露机密信息的风险。

通用使用捐助者的粪便使 FMT 取得了一些进展。微生物多样性降低被认为是 rCDI 和其他微生物组改变疾病的可能原因。从理论上讲，使用来自多个健康捐赠者的粪便材料可以提高输注或摄入的治疗效果。针对多供体 FMT 在溃疡性结肠炎中应用的随机对照实验显示，受试者的临床缓解和内镜改善，并获得的情况，体内微生物多样性也有所增加。

2）粪便处理

尽管有时有细微的差异，但大多数情况下都是根据相同的方案准备粪便的。供体在筛选后 1 个月内提供新鲜粪便。潜在的捐赠者将至少 50 g 粪便收集到一个干净的塑料袋中，并将其带到微生物实验室。然后，将粪便在生理盐水中稀释，在无菌袋中搅拌混合均匀。然后通过漏斗中的湿润的 5 层无菌纱布过滤，并储存在安全柜中，在 4 h 内输送到内窥镜检查套件。在使用通用供体的 FMT 的情况下，粪便材料以类似的标准化方法处理成 250 μL 等分试样，并在 −80 ℃ 以下储存，直到用干冰运送到每个申请机构。

粪便微生物群胶囊可以通过浓缩稀释的混合浆料来制备，并进行类似的处理。再将粪便溶液移液到容纳 650 μL 的胶囊中，然后密封。通常使用市售的耐酸羟丙甲纤维素胶囊。从每个供体粪便中制备总共 30 粒胶囊作为单一治疗剂量。胶囊在使用前也应储存在 −80 ℃ 的温度下，最长可储存 6 个月。

3）FMT 受体的管理

FMT 可以直接给药于结肠，也可以通过胶囊摄入从上胃肠道给药。结肠送药通常使用结肠镜检查，较少使用柔性乙状结肠镜或灌肠。结肠镜送药的疗效为 84%～93%，根据已发表的研究，结肠镜送药是首选的方式。如果使用结肠镜检查实现 FMT 的递送，单次输注的治愈率为 93%。据报道，下消化道给药最严重的风险是穿孔。理论上，出血、对镇静剂的不良反应、心血管事件、短暂发烧或感染都可能发生，正如任何结肠镜检查程序一样。

对于患有肠梗阻、严重结肠炎或对排斥结肠镜检查的患者，FMT 可以通过鼻肠管、食管胃十二指肠镜或胶囊摄入通过上消化道提供。据报道，有效率在 81% 至 86% 之间。所有形式的上呼吸道给药都会增加呕吐或误吸的风险。胶囊递送是 FMT 的最新形式。胶囊递送减少了手术时间、结肠镜检查成本、结肠准备需求和结肠镜检查并发症的风险。尽管每粒胶囊的剂量尚无统一的标准，但几项研究表明，每粒胶囊平均 1.6 g 粪便，通常有 70% 的治愈率，且无不良事件。

13.4　噬菌体技术应用

　　由于病毒具有对宿主的专一性强、繁殖速度快等优势,在食品工业、水产养殖、土壤环境修复、人类疾病治疗等领域的应用研究不断获得重要进展(图 13-5)。在食品工业中,病毒可以被用于发酵和酶的生产的某些过程,如某些病毒能够感染并裂解特定的发酵菌株,从而释放出大量的酶或其他有用的代谢产物。这些酶或代谢产物可以用于食品的生产或改良。在水产养殖中,病毒可被用于控制某些有害微生物的种群数量;通过引入特定的病毒,可以实现对特定病原体的控制,从而保持水产动物的健康生长。在土壤环境修复中,某些病毒可被用于感染并裂解土壤中的有害微生物,从而消除或减轻它们对土壤和植物的负面影响,这有助于改善土壤质量,并提高植物的生长和产量。在人类疾病治疗,病毒的应用是最为广泛的。利用病毒的宿主专一性,科学家可以设计出专门针对特定病原体的病毒药物或药物递送载体,用于病原体的精准治疗或基因治疗载体。此外,灭活病毒也被广泛用于疫苗的生产,它们通过刺激人体免疫系统产生对特定病原体的免疫应答,从而预防疾病的发生。

图 13-5　病毒在不同领域的应用

13.4.1　病毒在食品工业中的应用

　　食品工业的许多环节,例如食品的加工、运输及保藏等,都存在潜在的细菌污染。由食源性致病菌造成的食品安全问题严重威胁了人类的健康。常见的食源性致病菌有沙门氏菌

(*Salmonella* spp.)、大肠杆菌 O157：H7(*Escherichia coli* O157：H7)、空肠弯曲杆菌(*Campylobacter jejuni*)和金黄色葡萄球菌(*Staphylococcus aureus*)等。目前所采用的食用化学防腐剂常难以生物降解、加剧细菌耐药性、对人类健康存在潜在危害，这使得采取安全且高效的手段消灭食源性致病菌更为迫切。由于病毒对宿主的特异性，不会对食品中其他固有菌群造成破坏，有助于维护食品的品质。因此，病毒逐渐被用作食物中的抗菌剂来消除或抑制食源性致病菌。

沙门氏菌是不发达国家引发食品安全问题的主要食源性致病菌之一，据报道，沙门氏菌每年可造成 9 380 万食源性疾病病例和 15.5 万人死亡。研究者们用沙门氏菌噬菌体 LPSTLL、LPST94 和 LPST153 建立了噬菌体鸡尾酒法，将针对同种宿主菌的几株不同噬菌体混合后联合应用，用该方法处理接种了鼠伤寒沙门氏菌的牛奶样品，发现在 4 ℃和 25 ℃条件下噬菌体均能杀灭鼠伤寒沙门氏菌。除沙门氏菌外，金黄色葡萄球菌也是常见的食源性致病菌，它们引起的食物中毒占食源性微生物食物中毒事件的 25% 左右，严重者甚至会出现全身感染，例如败血症。研究者将 2 株侵染金黄色葡萄球菌的噬菌体 vB_SauM_ME18 和 vB_SauM_ME126 接种至感染金黄色葡萄球菌的脱脂牛奶中，发现金黄色葡萄球菌可被显著抑制。

13.4.2　病毒在水产养殖中的应用

在水产养殖业中，由于过高的养殖密度常常引发细菌性疾病，这对于水产和养殖动物以及人类都有着不可忽视的健康风险。引发水产生物患病的病原菌包括：变形假单胞菌(*Pseudomonas pleoglossicida*)、铜绿假单胞菌(*P. aeruginosa*)、哈维氏弧菌(*Vibrio harveyi*)等。相比于用传统的抗生素控制水产生物疾病，噬菌体治疗不容易造成抗性，并且噬菌体颗粒本身容易被降解或者代谢，所以噬菌体也逐渐在水产动物细菌性疾病的防治中发挥重要作用。

变形假单胞菌会在鱼体内大量繁殖并释放毒素，这些毒素会破坏香鱼的组织细胞，严重时会引发细菌性胶水导致香鱼死亡，造成严重的经济损失。研究者发现混合两株变形假单胞菌噬菌体 PPp－W4 与 PPp－W3，拌料投喂给香鱼后，其因变形假单胞菌而导致死亡的比率降低。此外，铜绿假单胞菌会引起鱼类的皮肤溃疡，甚至可以感染其他动植物和人类。研究者将噬菌体 P3－CHA 注射被铜绿假单胞菌感染的小鼠，发现其对铜绿假单胞菌引发的疾病具有显著的治疗效果。

13.4.3　病毒在土壤环境修复中的应用

人类活动中产生的大量废弃物，往往通过各种直接或者间接的方式被丢弃在土壤生态系统中，滋生了致病细菌，引发了土壤污染问题，给人体健康和生态环境造成了严重的安全隐患。利用噬菌体疗法靶向消灭致病细菌，可为保障土壤中植物、动物、地下水体系的稳定作出巨大贡献。

在土壤-植物体系病害细菌防治中，研究者将 φRSL、φRSA、φRSM 和 φRSS 等 4 株青枯雷尔氏菌的噬菌体混合原液注入植物后，发现西红柿和烟草的青枯菌发病率和病害程度显著降低。在土壤-地下水体系中，在浇灌系统中添加靶向沙门氏细菌、空肠弯曲杆菌、大肠杆菌的特异性噬菌体后，可以大幅减少这三类致病细菌的扩散。

13.4.4　病毒在人类疾病治疗中的应用

噬菌体疗法可用于治疗感染性疾病感染前(预防)和感染后(治疗)阶段的细菌感染。最近的研究还表明,它们作为疫苗平台具有巨大的开发潜力,可用于预防细菌和病毒疾病。

疫苗领域的应用:被称为噬菌体的天然病毒只感染细菌,与哺乳动物病毒有共同的特征,这些特征可以有效地引发免疫反应。因此,它们有很强的潜力作为支架,用于创建可以广泛部署的疫苗接种平台。使用噬菌体作为抗原递送系统的原理是将有害抗原整合在噬菌体的特定结构上,然后进行体内细胞或是体外实验中培养,以生成病毒样颗粒(VLE),将受损细胞和病毒衣壳蛋白作为一种产品,刺激物主要以有组织和重复的方式显示在衣壳表面,启动固有免疫防御。噬菌体 VLE 是高度定位的表位密集颗粒抗原,可能在主要组织相容性复合体(MHC)中同时呈现 Ⅰ 类和 Ⅱ 类,因此刺激 CD4＋和 CD8＋T 淋巴细胞。尽管研究已证明了该技术路线的可行性,但还没有基于噬菌体的疫苗进入市场。

1919 年,Felix D'Herelle 等用噬菌体制剂对细菌性痢疾患者治疗成功,证实了噬菌体可作为药物治疗细菌性疾病,开创了噬菌体疗法(phage therapy)的先河。1921 年,Bruynoghe 和 Maisin 率先用噬菌体制剂治疗葡萄球菌引起的皮肤感染。1931 年,D'Herelle 和 D Eliava 首次将噬菌体疗法应用于治疗霍乱引起的消化道传染病,结果发现实验组的存活率比对照组提高了 10 倍。20 世纪 30 年代美国制药公司开始销售以噬菌体为基本成分的治疗药物。20 世纪 60 年代,葡萄球菌噬菌体的溶菌液(SPL)被许可用于治疗人类疾病,后续噬菌体治疗渐渐被用于其他疾病的治疗。随着抗生素的出现,噬菌体疗法被渐渐忽视。近年来,抗生素的滥用引发的细菌耐药性愈发严重,使得噬菌体治疗重新进入大众的视野,并被认为是替代或辅助抗生素的一种安全、有效和有潜力的生物制剂。

噬菌体是生物制剂,与抗生素等化学药物不同。它们可以在细菌宿主中繁殖,因此是对抗细菌感染的完美工具。从理论上讲,由于噬菌体具有复制和自我扩增的能力,在污染位置收集的少量噬菌体足以治愈细菌感染。病原体被破坏后,噬菌体停止增殖,可以通过免疫细胞或其他过程迅速消除。其次,噬菌体在选择的条件下进化,这有助于它们绕过细菌抵抗机制。例如,细菌使用结合位点修饰机制来排除入侵的 DNA,同时将某些区域甲基化以保护其 DNA。为了维持其基因组对细菌靶向位点修饰机制的抗性,噬菌体可以增加碱基修饰系统。例如,T4 噬菌体对胞嘧啶-5-羟基甲基化和糖基化进行两种改造,使其对几乎所有的大肠杆菌限制性内切酶都极为抗拒。

噬菌体具有极强的细胞特异性。噬菌体的唯一特征类型通常被特异性地用作细菌细胞的特定亚群。因此,它们可以用于治疗特定的细菌病原体,而不会损害宿主正常存在的微生物群。然而,有限的宿主范围使得几乎很难使用特定的噬菌体类型来靶向给定物种内部的每个菌株。因此,选择有效的噬菌体和鉴定致病菌株是噬菌体治疗过程中的两个步骤,为治疗过程增加了时间。有一些方法可以绕过这一限制。首先,通过使用上述基因工程方法来修饰受体结合蛋白,可以改变或扩大细胞的噬菌体范围。宿主特异性的变化是通过在几种噬菌体中交换受体结合蛋白基因来实现的,每种噬菌体都有一个独特的宿主。

噬菌体在癌症诊断中的应用。最近,通过对腺病毒/噬菌体的原核真核纳米质粒的组合,作为真核腺病毒中的嵌合体,M13 丝状噬菌体已被开发成用于研究遗传记忆的工具。它主要在肿瘤血管和肿瘤细胞中发挥作用,以及在活跃的内皮中发挥作用。研究表明,M13 噬菌体表面展示的 Aβ 衍生肽可早期检测 β-淀粉样蛋白和 α-突触核蛋白形成的 Aβ 聚集体,这两种蛋白与阿尔茨海默病和帕金森病模型有关。M13 噬菌体在非人灵长类动物大脑的白质和灰质中的分布通过对流增强传输、用于将治疗剂和成像剂递送到病变部位。使其成为一种新型诊断剂。

噬菌体是一种很有前途的替代抗生素的治疗方法。尽管噬菌体疗法是允许的,但开发新的抗菌技术是一个具有挑战性的工作,这些技术可以在不干扰有益天然微生物的情况下进行治疗。噬菌体治疗的另一个主要优势是新的噬菌体与抗生素的作用机制不同,因此,抗生素抗性细菌细胞却易受到噬菌体感染。合成噬菌体是生物学产生的一个组成部分,特别是对生物工程和修饰生物学作出了重大贡献。新的噬菌体基因组是构建遗传通路的主要构建块,基于基因组学评估的噬菌体多样性,噬菌体基因组中隐藏着许多有用功能的基因。

在复杂的人体环境中,病毒与微生物组,以及其共生宿主的关系是一个新兴的研究领域。从人类体表到机体内部都生存着规模庞大的微生物,其群落结构变化与人体健康状况联系密切,其中种类丰富、数量巨大的病毒能通过调节其细菌宿主的多种代谢功能及生理状态、传播致病性或毒力因子、裂解作用改变菌群结构等多种方式来影响人体健康。此外,许多研究表明病毒还可作为抗菌剂,杀死细菌病原体或提高抗生素的效能。如何控制病毒与微生物组,以及其共生宿主三方关系将是了解生态系统在健康和疾病中的复杂性的关键。若能够阐明病毒调节菌群继而影响人体健康和疾病的具体机制,就能够利用病毒对微生物组的精准及快速调节潜能,应用于生物医疗,特别是精准治疗领域。解码病毒如何调节人体微生物组的动态变化,以及它如何响应并影响宿主免疫反应,将是未来研究的重要领域。

13.5 合成微生物组技术应用

微生物群落与人体健康、植物抗逆息息相关,在天然产物生产、食品、酿造业、生物能源、环境治理等众多领域发挥着重要作用。相比于单一菌株,微生物群落可以更好地适应环境变化,在代谢上分工协作,催化更为复杂的反应。如何利用好微生物群落为人类造福却面临着不少的困难。合成微生物群落可以作为简化的模型系统,来研究微生物群落的结构和功能。近年来,随着合成生物学与微生物组学快速发展、交汇融合,合成微生物组成为微生物领域新的研究热点。合成微生物组的设计集中在代谢层面与物种层面,运用合成生物学原理构建代谢途径,将复杂的代谢合成途径分割成独立的功能性模块并整合到不同的菌株中,通过多个菌株的分工与合作实现特定的功能。合成微生物组是人工合成的多个物种共培养的微生物体系,具有组成明确、可操控性高等特点,在研究微生物组的功能和生态机制方面有着明显的优势。与传统的单菌株相比,合成微生物组具有降低菌株代谢负担与遗传改造难度、提供多样的元件表达平台、实现"即插即用"的模块替换等优势,在生物合成平台化合物、复杂大分子,以及生物燃料等方面具有广阔的应用前景,也为实现非天然功能性化合物的生物合成带来了曙光。

中国科学院微生物研究所研究团队利用逆向生物合成分析,通过理性分子结构切割与官能团转化,设计出一条直接从基础生物原料葡萄糖到芳香类氮杂环化合物的新型人工合成途径。为避免中间产物累积造成的细胞毒性和产物抑制效应,以及多个催化体系之间辅酶平衡系统的互相干扰等因素,研究团队将该合成途径所涉及的十余个生物元件分布到不同的工程菌株中,构筑出包括合成砌块供应、碳氮成环以及侧链功能化三个模块的微生物组体系,经过系统性的工艺优化,成功以顺次一锅发酵的方式,首次实现了芳香氮杂环化合物的高效从头生物合成。

Lawson 等人提出以设计-构建-测试-学习(design-build-test-learn,DBTL)循环为核心(图 13-6),开发新的实验和数据分析技术,促进微生物群落生态学的基础研究,推动合成微生物群落的发展,进而实现对微生物群落组成和功能的精准调控和改造。

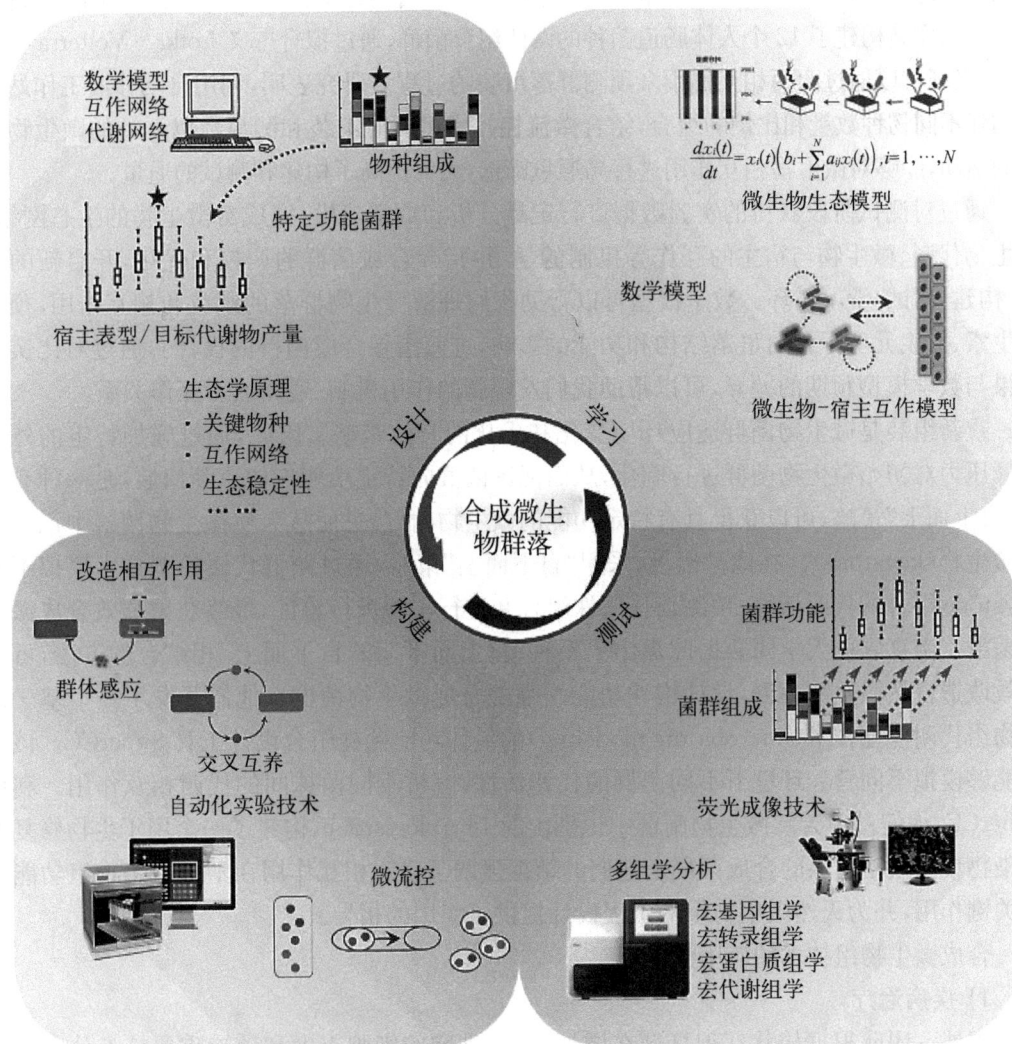

图 13-6　合成微生物组"设计/构建-测试/学习(DBTL)"的构建原则(引自曲泽鹏等,2020)

微生物群落互作网络高度复杂，传统微生物群落设计通常采用自上而下的方法，即通过在生物反应器中优化物理化学参数，实现所需群落功能的最大化。然而，自上而下的方法忽略了微生物群落的代谢网络和成员之间的相互作用，限制了我们通过分子尺度对群落功能进行优化。随着测序技术和多组学分析手段的出现，使得基于菌群相互作用和代谢网络的自下而上的设计方法成为可能。如在一个研究中，科学家从产丁醇的工程大肠杆菌出发，通过自下而上的设计方法以及基因工程的手段，构建出对己糖和戊糖高效协同利用的"Y-型"合成菌群。在该研究中，为了实现菌群共存和代谢分工的目的，分别构造了特异性利用己糖和戊糖的菌株，两菌株产生相同的中间代谢产物，最后经过丁醇合成途径形成丁醇。设计合成菌群来研究微生物生态学的基本原理，进而指导对复杂微生物群落的精准改造。

自下而上构建合成微生物群落的前提是微生物可培养。培养组学的发展使得自然微生物群落中有更多的微生物可以被培养，使得构建组成更加多样的微生物群落成为可能。为了提高构建的通量和精准度，构建合成微生物群落需要借助自动化实验技术。一个报道中，通过自动移液工作站构建了 12 个人体肠道菌种的两两组合菌群，通过拟合广义 Lotka-Volterra 生态模型，发现可以通过两两相互作用来预测群落组装的过程。研究表明，利用自动移液工作站可以构建不同物种数量和比例的组合，结合微流控技术可同时组装和测量数以万计的微生物群落的活动，能够对微生物相互作用进行高通量筛选，大大提高了构建和测试的通量。

通过对测试阶段获得的实验数据进行定量分析和数学建模，完成对微生物的生态网络、微生物代谢、微生物与宿主的互作等机制的学习，指导合成菌群的调控和优化，开启新的设计-构建-测试-学习循环。数学模型可以帮助我们理解微生物群落的组成和相互作用，预测抗生素、益生元等干预对群落结构和功能的影响，进而指导合成菌群的设计。通过对比实验结果与数学模型预期的差异，可以帮助我们发现新的作用机制、通路或者互作关系。

重新组装是微生物菌群适应环境变化和干扰的有效策略。因此，通过施加特定的外部选择压力对初始微生物菌群进行驯化，从而促进菌群向特定功能方向重新组装，是一种有效的"自上而下"策略，可以获得具有特定功能的微生物菌群，进而从天然微生物菌群中识别关键微生物（keystone）。在此基础上，采用"自下而上"策略，通过菌群代谢模型技术模拟不同keystone 组合的代谢活性，预测最佳菌株组合并进行实验进行验证，最终获得高效合成微生物菌群。南京农业大学团队据此提出了一种"自上而下"和"自下而上"相结合的方法，可以有效改造自然微生物菌群，设计构建功能增强的合成微生物菌群。他们开发了一个基于微生物组代谢模型技术（microbiome modeling）的最佳功能菌株组合设计工具 SuperCC。该工具能够模拟不同营养环境下不同菌群的代谢活性，解析不同菌株间的代谢相互作用。利用SuperCC，他们基于天然微生物菌群中识别出的 18 个 keystone，构建了一个用于生物修复的污染物代谢效率更强的合成菌群。他们的结果强调了代谢相互作用在塑造微生物组功能中的关键作用，并为天然微生物组的工程设计提供了实用的指导。

合成微生物组技术的应用如下：

1）疾病治疗

国外一团队根据梭状芽孢杆菌在增加 Treg 细胞的细胞丰度和诱导重要抗炎分子方面的作用，分离并筛选了 17 株梭状芽孢杆菌，通过口服这些菌株，改善了成年小鼠的结肠炎和过敏性腹泻症状。基于这项研究构建的合成菌群 VE202,被用于治疗炎症性肠病,目前已进入临床实验。此外,他们团队从健康的人体粪便中分离出 11 株可以诱导 CD8 T 细胞产生 γ-干扰素的菌株,构建的合成菌群被用于癌症的免疫辅助治疗,目前也已进入临床实验。

2) 植物促生

根际微生物群落,在调节植物健康生长和胁迫抗性方面发挥着重要作用。在水稻根系微生物群落有利于植物对有机氮的利用;合成微生物群落在植物磷胁迫响应与其共生微生物的互作关系方面发挥作用;植物微生物菌群在水杨酸介导的植物先天免疫和磷酸饥饿途径中具有重要作用;植物共生微生物可以有效预防病原菌的入侵。这些都表明了有益菌群对植物的良性促生作用。南京农业大学团队利用合成菌群增强细菌间竞争性互作,以更好地预防土传病害青枯菌的入侵。美国的 Pivot Bio、Joyn Bio 生物公司,将合成生物学应用于农业生产,对植物共生固氮微生物进行改造和应用,以减少氮肥对环境的影响。

3) 天然产物合成

有研究基于合成菌群的混合发酵体系,通过引入微生物之间的相互作用,激活沉默基因的表达,是诱导次生代谢的重要方法。还有报道,将构巢曲霉(*Aspergillus nidulans*)和吸水链霉菌(*Streptomyces hygroscopicus*)共培养,激活了构巢曲霉中聚酮合酶 PKS 的基因簇。最近,有团队利用酿酒酵母和大肠杆菌分工合成了抗癌药物紫杉醇前体,同样的方法也用于合成丹参酮前体和功能化倍半萜。

利用古龙酸菌 *Ketogulonicigenium vulgare* 和巨大芽孢杆菌 *Bacillus megaterium* 组成的功能菌群进行维生素 C 前体 2-KGA 的工业生产,巨大芽孢杆菌的细胞溶菌作用为古龙酸菌生长和 2-KGA 的生产提供必需关键元素。

在淀粉制氢生产过程中,虽然单菌株生产比混合菌株的氢气产量更高,但单菌株生产需要在无菌条件下进行,而共培养不需要预水解就可降解淀粉,因此合成功能菌群的生产成本远低于单菌株生产;而目前的合成功能菌群,如巴氏梭菌 *Clostridium pasteurianum* 和费新尼亚浸麻梭菌 *C.felsineum*、丁酸梭菌 *C.butyricum*,在不同碳源的氢气生产方面比单一菌株表现更好。因此合成功能菌群在淀粉制氢过程中具有明显优势。

4) 生物修复

鉴于一些污染物结构非常复杂,添加合成功能菌群的修复效果远远高于单一微生物,如农药利谷隆的生物降解。利谷隆生物降解体系主要由贪噬菌 *Variovorax* sp.、食酸代夫特菌 *Delftia acidovorans* 和假单胞菌 *Pseudomonas* sp.组成。贪噬菌 WDL1 可以将利谷隆作为营养来源进行降解,食酸代夫特菌 WDL34 和假单胞菌 WDL5 虽然无法降解利谷隆,但可降解中间代谢物。这三种菌株形成合成群落时,多噬菌与另外两种细菌的协同作用可以显著提高利谷隆降解率。另一污染物 4-氯水杨酸酯(4-Chlorosalicylate)的降解也利用了合成功能菌群,只有 *Pseudomonas reinekei*(MT1)、*Wautersiella falsenii*(MT2)、*Achromobacter spanius*(MT3)、*P.veronii*(MT4)相互配合时才能有效降解此化合物。

合成微生物组作为自下而上建立起来的微生物系统,它在微生物生态学的研究中具有巨大的潜力。近年来在人工合成群落的设计、组装、分析、计算机模拟方面的理论和研究进展,使合成微生物体系广泛应用于微生物生态学的研究中,推动了生态理论框架的形成与已知理论的验证,将来必将在理论研究方面和实际应用中起到重要的作用。

参考文献

[1] SUYAL D C, SONI R. Bioremediation of Environmental Pollutants: Emerging Trends and Strategies [M]. Cham: Springer Nature Switzerland AG, 2022.

[2] KIM K O, GLUCK M. Fecal Microbiota Transplantation: An Update on Clinical Practice[J]. Clinical Endoscopy. 2019, 52(2): 137-143.

[3] 王彤,汪涵,周明达,等.污水脱氮功能微生物的组学研究进展[J].微生物学通报,2021,48(12):4844-4870.

[4] 曲泽鹏,陈沫先,曹朝辉,等.合成微生物群落研究进展[J].合成生物学,2020,1(6):621-634.